인간의 본성을 들여다보는 창

나종필의 **동물의 왕국**

Animal Kingdom

Chong Phil Ra

인.간.의.본.성.을.들.여.다.보.는.창

나종필의

동물의 왕국

Chong Phil Ra's Animal Kingdom

나종필 지음

YELIM

www.yelimbook.com

Profile

저자약력

나종필 *Chong Phil Ra*

정치학 박사

1975년 경기고 졸업

1979년 서강대학교 사학과 졸업(중국사 전공)

1981년 서강대학교 외교학대학원 졸업(비교정치학 전공)

1989년 미국university of hawaii 정치학 박사(정치이론 전공)

1890년 서강대학교 정치외교학과 강사(정책학강의)

1989~1997년 교보생명 비서 실장

1990~2005년 뉴로테크 부사장

2006년~현재 (주)코스트 부사장

Foreword

머 리 말

정치학을 전공한 사람으로서 『동물의 왕국』이란 책을 내게 되어서 감회가 새롭다. 조금은 낯설고 어색한 작업인 듯 보이나 실은 사회과학이 과학이 되기 위해서는 반드시 거쳐가야 할 길이라는 강한 신념은 있다.

이 책은 애완견을 사랑하는 사람들을 위해 만들어진 인터넷 신문 "펫페이퍼"에 『나종필의 동물의 왕국Chong Phil Ra's Animal Kingdom』의 제명으로 오피니언 난에 단편으로 쭉 게재해왔던 여러 글을 한 권의 책으로 묶은 것이다. 두서가 없을 수 있는 여러 글을 한 권의 책으로 묶었는데도 시작에서 끝까지 잘 정리가 된 것 같다. 세상에 시끄러운 동물인 아프리카의 사바나 개코원숭이에서 시작되어 인간 질병 치료에 동원된 고마운 동물로 끝이 난다. 글 중에는 용과 같이 상상의 동물도 있고, 납작벌레(Fluke worm)와 같은 기생충도 있다.

책은 6개의 장으로 집필되었다.

첫 번째 장은 인간과 가장 가까운 동물인 침팬지와 난쟁이 침팬지라 불리는 보노보를 다루었다. 침팬지는 인간이 보기에 혀를 내두를 만큼 전략적이며 공격적이어서 이를 바라보는 우리로 하여금 이런 폭력성이 마치 인간의 본성의 모습이 아닐까 경악하게 만든다. 반면 보노보는 유전적으로 침팬지와 매우 가까운 동물이면서도 침팬지와는 상반되게 순한 동물이다. 보노보에게는 어찌 보면 인간의 본성과 관련하여 매우 안심이 되는 측면이 많다. 첫 파트 부분은 정치학적 지향이 잘 드러난 글들이라 하겠다.

두 번째 장은 동물의 왕국에 사는 여러 동물들을 포유동물을 우선으로 나열하였다. 세상의 모든 동물의 신비한 모습이라기보다는 우리가 가장 잘 아는 동물을 중점적으로 다루었다. 잘 아는 동물이지만 잘 모를 수 있는 내용들에 주안점을 두었다. 특히 고양이는 필자가 어릴 때는 귀신이 복수하는 영화에 꼭 나오는 동물이어서 우리나라의 나이 든 분들에게는 그리 호감이 가지 않을 수 있다. 그러나 고양이는 고대 이집트인에게는 매우 신성한 동물이었다. 필자는 동물의 왕국의 왕은 늑대라고 생각한다. 늑대가 사육되어 개가 된 것이니 인류와 함께 한 시간이 정말 길다. 늑대에 관련해서는 정말 잘 쓰고 싶었다. 인간이 가족을 중심으로 사회생활을 이루어 나가는 모습도 늑대가 가장 비슷한 모습을 가지고 있다고 할 수 있다. 이 두 번째 파트에는 이들 동물이 진화해온 모습들이 중점적으로 다루어졌지만, 짝짓는 행태는 매우 재미있다. 특히 아귀라는 생선의 수컷은 암컷에게 먹혀서 암컷의 몸속에서 기생충으로 살아가는 모습이 인상적이다.

세 번째 장은 동물의 왕국에서의 인간의 모습을 다루었다. 사람이 동물과 달리기 시합을 한다면 100m 시합에서는 조그마한 개한테도 이길 수 없지만 마라톤 거리에서는 사람이 가끔 말한테도 이긴다고 한다. 인간의 동물석 특성을 가장 잘 보여주는 것 같다. 그리고 학계에 큰 파문을 던졌던 동물의 왕국에서의 어미에 의한 자식의 살해(Infanticide) 행태를 『예쁜척해야 사는 아이』라는 제목으로 다루었다. 아울러 동물의 왕국에서 인간에게 특이한 털도 없는 매우 연약해 보이는 피부의 발생 문제를 다루었다.

네 번째 장은 동물의 동물 다운 행태라는 주제하에 동물의 본성을 만들어 내는 생물학적 특성들을 모았다. 동물들의 짝짓기에서 차이, 동물의 수면, 또 어느 동물이 수명에 관련된 특성들을 비교하였으며, 이 파트의 주제는 동물에게 보이는 도덕성의 실체에 대하여 인간의 도덕적 특질도 생물학의 주제 밖에 있는 것만은 아니라는 것을 보이고자 하였다.

다섯 번째 장은 인류의 진화를 다루었다. 우리의 조상이 되는 고고학 연구를 소개하였고, 다양한 모습의 우리의 조상을 통하여 동물의 왕국에서 인간의 위치를 바르게 이해하는 데 도움이 되려고 하였다. 특히 한반도에 나타난 우리 첫 조상의 모습에 대해서도 나름 밝혀 보고자 하였다.

마지막 여섯 번째 장은 질병이라는 주제를 별도로 선택하였다. 사람이 진화 과정에서 싸워온 병균, 곤충은 물론 인간이 안고 가야 하는 암과 치매 등에 대한 진화적 의료문제를 소개하고자 하였다.

이제 책이 완성되고 보니 갑자기 선생님들이 생각이 난다. 매우 기뻐하셨을 모습이 생생하다. 나의 지도 교수인 Glendon Schubert 선생은 나의 아버님과 동년배이시다. 연세가 매우 높은 분이셨다. 정년을 모르시는 이분은 당시 D. Easton에 이어 두 번째로 미국 정치학계에서 가장 인용이 많이 되는 학자이셨다. 이분이 나를 학생으로 받아 주신 것에 대해 감사함이 크다. 이런 대학자가 당신 생애 후반기에 생물학적 지식을 정치학에 전적으로 받아들이시는 모습에 큰 감동을 느꼈다. 비록 강단에서 오래 떨어져 있었으나 회갑을 훨씬 지난 나이에 작은 글이라도 쓰다 보니 정치학에서의 동물의 왕국 중요성이 더더욱 잘 드러나는 것 같다. 후학이 있다면 크게 도움이 될 것 같다. 오랜 세월이 지났으나 다시 생각해 보고 나름 연구한 결과들이 선생님들의 가르침과 다르지 않음에 스스로 놀랄 뿐이다.

이 글을 쓸 기회를 만들어 준 펫페이퍼의 여러분과 특히 감수에서 교정까지 본인에게는 매우 낯선 분야의 글이었음에도 불구하고 많은 수고를 아끼지 않았던 서울신문사의 김병철 국장님에 크게 감사한다. 물론 나에게 이런 글을 쓸 수 있는 기회를 만들어준 지엔티파마의 대표 곽병주 박사님과 나를 긴 시간 물심양면으로 지켜준 친구 곽병근에게 무한한 감사를 드린다. 또한, 많은 격려를 보내준 여러 친구분들께도 감사를 전하고 싶다. 끝으로 평생 한마디 사랑한다 말 못 한 아내에게 이 책으로 대신하고 싶다.

2021년 10월 늦은 가을

동물의 왕국에 들어가며...

필자는 1981에 미국 하와이대 정치학과 대학원에 입학하여 1989년에 학위를 마쳤다. 필자를 비교적 오랜 기간을 학교에 붙들어 놓게 된 사연을 두 그림이 잘 보여준다.

[그림 1] 백지장(Tabula Rasa)

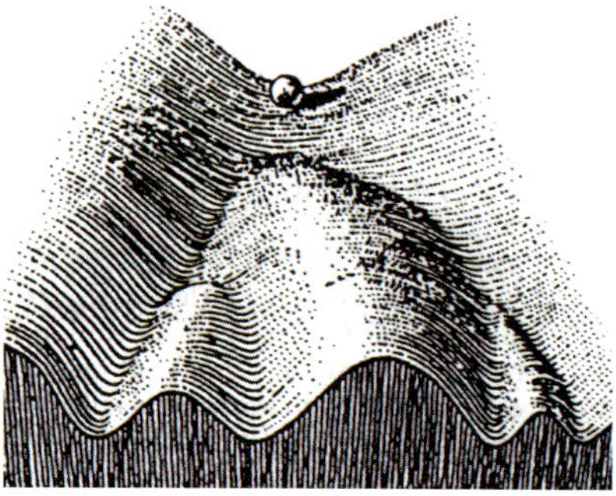

[그림 2] 유전의 발현

[그림 1]은 17세기 스페인의 화가인 Velazquez가 그린 **'백지장**(tabula rasa)' 이라는 그림이다. 그림에서 어머니를 상징하는 이 여인은 자식을 상징하는 화폭인 백지장에 자기가 원하는 자식의 인격체를 그려 넣고 있다.

[그림 2]는 진화론자인 Conrad Waddington이 환경이라는 계곡을 따라 유전체가 굴러 내리면서 이리저리 환경을 마주치면서 인격체를 만들어 낸 모습을 그린 그림이다. 필자도 나름 계곡을 흐름을 가르는 중요한 굴곡을 찾았고 그것이 학위논문이 되었다(Chong Phil Ra, 1994). 1980년의 대학에는 생물학적 과학이 사회과학 전반에 해일처럼 물밀듯 밀려들어 오던 시기였다. 사회학이 먼저 넘어가고(sociobiology) 뒤이어 정치학과 경제학에 해일이 밀어 닥쳤다. 필자는 아마도 그 해일의 위력을 가장 먼저 알아챈 학생이 아니었나 싶다. 사회과학도 해일이 오기 전에도 백지장 모델이 상징하는 소위 학습이론이 사람이 어떻게 정치를 배우고 행하는가를 설명하기에는 너무도 부족한 이론임을 잘 알고 있었다(Albert Somit and Joseph Tanenhaus, 1967).

[그림 2]의 진화론적 생물학 이론이 이를 대체해야 한다는 학문적 반성이 본격화하였다. 오랜 세월이 지나 뒤를 돌아보았는데, 해일은 전 학문 영역을 다 덮었는데 우리나라의 인문사회학만은 철벽을 치고 외면하고 있지 않았나 우려된다. 필자의 동물에 관련된 당면한 첫 필드 과제는 호놀룰루 동물원에 있는 20여 마리의 긴꼬리원숭이의 행태를 파악하라는 인류학 수업이었다. 필자는 돌고래 연구 프로젝트에 참여한 경험이 있었는데, 돌고래는 매우 영리하여 내가 무엇을 원하는지를 돌고래들이 먼저 알아서 반응해 주는 것 같아 비교적 쉬웠다. 그러나 이번 긴꼬리원숭이에 대한 관찰연구(observation)는 매우 난감할 지경이었다. 그렇게 해서 배운 것이 "Niko Tinbergen의 동물학 행태 연구 방법론"이었다. 그의 방법론은 대상 동물 행태연구는 그들 종(種)이 진화해 온 역사와 그들 개체들의 성장한 역사를 함께 다루어야 하며 또한 모든 동물행동에는 당장의 목적과 아울러 궁극적 목적을 함께 다루어야 한다는 매뉴얼이었다.

사회과학자들이 규명하려 애쓰는 사회 구조라는 것이 결국은 동물의 가족관계, 성별, 나이, 그리고 지능과 건강의 문제라는 것이 아닐까 하는 생각이 들었고 이로 인해 필자는 사회과학의 일반적 접근 방식과는 거리가 멀어지게 되었다. 당시 James Schubert 교수는 호놀룰루시의회의 의원들의 토론과정을 비디오에 담아 관찰 분석을 하였는데 동물학에서 나온 주목 이론(attention theory)이 완벽하게 맞는 것을 보고 놀라웠다. 이 이론은 동물사회에서 두목이 존재하고 두목의 행동에 대해 예의주시하는 것으로 동물들의 행동반경을 설명하는 이론이다. 시의회의 한 여성의원은 긴 시간을 발언하였으나 나머지 시의원은 시의장이 그녀의 발언에 대해 보이는 반응에만 눈치 보고 있었다. 본서의 **『동물의 왕국』**에서는 여러 동물들의 생존방식을 생물학적 이론이 어떻게 설명하는 가를 보이려고 노력하였다. 사회학에서도 또 인문학에서도 꼭 알아야 할 동물 행태를 선별하여 보았다. 침팬지나 보노보의 영장류는 물론 늑대나 사자의 집단행동들이 인간의 행태를 깊게 들여다볼 수 있는 지식의 창이 되리라고 믿는다.

물론 이 책은 전문가를 위한 것이 아니라 일반인이 이해하기 쉽도록 학문적 논쟁거리에 대한 비판은 일체 피하였다. 동물에 대한 이해가 재미있는 이야깃거리가 되었으면 하는 바람이다.

목차 contents

목차

contents

목차 contents

목차

contents

3장 동물의 왕국속에서의 인간

4장 동물의 동물다운 행태

목차

contents

5장 인류의 진화

6장 질병과의 전쟁

1장 정의로운 평화

Just peace

순한 사회의 모델을 찾아

1. 정의로운 평화
2. 영역적 동물들
3. 보노보
4. 착한 사람이 이기는 사회
5. 경쟁이 만들어 내는 진짜 사회적 동물
6. 할머니 가설과 인간수명
7. 리바이어던

정의로운 평화 *just peace* 란?

타인이 자신의 행복을 추구할 자유를 침범하지 않는 범위에서 내가 누리는 최대한의 자유가 보장된 사회이다.

순한 마음으로 개인 간의 다름과 다툼에 대하여 온순한 타협의 가능성이 열려 있다는 것이다.

1. 정의로운 평화 *Just peace*

동물의 왕국에서 들여다본

" 정의로운 평화란 개인 간의 다름과 다툼에 대하여 온순한 타협의 가능성이 열려 있다는 것이다. "

[평화로운 개코원숭이]

정의로운 평화(just peace)란 유토피아에서나 가능할 매우 낭만적인 단어처럼 들린다.

이 말의 정의에서 좌우의 논쟁을 피할 수 있다면 그 뜻은 "타인이 자신의 행복을 추구할 자유를 침범하지 않는 범위에서 내가 누리는 최대한의 자유가 보장된 사회를 말한다R. J. Rummel, 1981."

동물의 왕국(포유동물 수준)에서 순하고 착한 사회를 찾아보기는 상상하기 어렵다.

특히 사람이 속해 있는 영장류의 동물사회에서의 삶은 홉스(T. Hobbes)의 "야비하고, 거칠며, 단명하는" 자연상태의 표본이다. 그 중 아프리카 사바나에 사는 개코원숭이(savannah baboon)는 더욱 심하다. 맹수와도 싸우는 매우 사나운 동물이며, 50내지 100마리가 무리를 지어 생활하는 집단 내에서 종일 서로에게 으르렁대며 살아간다. 두목이 된 수놈이라 해봐야 그 지위가 1년을 가기가 어렵다. 행여 도가 지나치게 거친 두목은 그룹이 협력하여 단체로 물어 죽이기까지 한다. 암컷에 대한 수컷의 행패가 심하고 수컷이 아이를 돌보는 경우는 거의 없다. 정의로운 사회는 고사하고 평화스러운 사회와도 거리가 멀어도 아주 멀어 보이는 이들 개코원숭이의 어느 한 집단에 커다란 변화가 목격되었다 Sapolsky, 2004.

대학원 시절 스트레스 레벨을 측정하기 좋은 이 동물 집단을 연구하던 한 동물학자가 10여 년 만에 이들을 다시 찾게 되었을 때 놀라운 변화를 목도하고 그 원인을 조사하였다. 이들 집단이 10년 전과는 달리 암컷 수컷을 가리지 않고 평화롭게 한 나무 위에서 오손도손 평화롭게 지내고 있는 것을 보았다. 심지어 한 수컷은 어린 새끼를 등에 업고 다니는 모습도 목도되었다. 이는 본성 탓으로 밖에는 달리 설명할 방법이 없었던 동물의 행태에 큰 변화가 생긴 믿기지 않는 일이다.

사폴스키에 의하면 이 동물 집단에 평화가 찾아온 이유는 십수년 전부터 그들 생활지역에 침범한 인간을 대면하게 되고, 인간이 처분한 음식물을 먹게 되면서 일어난 일이라 한다. 당연히 인간이 버린 음식물 찌꺼기를 먼저 먹고자 접근한 원숭이들은 이 집단에 가장 사납고 힘센 수컷들이었을 것이다. 불행히도 이들 사나운 수컷들이 인간의 음식물로부터 인간에서 전달되는 전염병에 먼저 감염이 되었고, 이들 힘세고 사나운 수컷들부터 치명적인 결핵으로 사라져

갔다. 이들 사나운 수컷들이 대부분 없어진 후에 나타난 변화가 바로 이 동물학자가 목도한 야생 개코원숭이 사회에서는 생각하기 힘든 커다란 평화스러운 모습인 것이다. 이런 사건은 동물에 대한 우리의 잘못된 편견을 심각하게 재고하게 만든다. 우리가 동물의 본성이나 인간의 본성이니 하는 결정론적 선입관에 대해 주의 깊게 접근해야 할 것을 잘 보여 주는 예이다.

『정치심리학Political Psychology』란 책을 쓴 사람은 1954년에 한스 아이셍크(Han Eysenck)로 그는 정치학자가 아닌 심리학자였다.
아이셍크는 책에서 정치학자로는 쉽게 답을 할 수가 없는 심각한 정치이론의 딜레마에 대한 답을 주고 있다. **공산주의란 좌익의 극한 이념이고, 파시즘이란 우익의 극한 이념이다.** 그런데 공산주의가 파시스트가 되고 또 역으로도 되는 가변적인 이 두 극단 이념의 친연성은 도대체 어디에서 나오는 것일까에 대한 정치학적 난제에 대한

[한스 아이셍크Han Eysenck]

답이었다. 우리의 역사 속에 잘 드러난 이러한 모순적 상황은 초기 공산주의자들이 믿었던 세계주의적 공산주의는 이상으로 사라지고, 오히려 스탈린, 모택동, 김일성 등의 편협한 자기 민족 중심의 권위주의가 등장하여 최악의 파시스트 정권이 여러 공산주의 국가에 차례로 등장하게 되는 역설적인 모습이다. 공산주의와 권위주의는 정치학 이론으로는 서로 양립될 수 없는 상반된 두 이념이다.

정치이념이란 분배의 정의를 앞세우는 공산주의, 안녕과 질서를 앞세우는 권위주의, 그리고 개인의 권리를 우선시하는 자유주의의 3가지 이념 스펙트럼으로 구성된 3두 마차를 말한다. 그런데 아이셍크에 의하면 정치이념을 결정하는 요인 중에는 "순한 기질 과 거친 기질"의 차이라고 하는 심리적 성격의 차이가 더 근본적 결정요인이 될 수 있다고 한다.

두 기질의 차원에서 본다면 공산주의와 권위주의는 거친 마음 성격형(tough-minded personality)에 속하고 자유주의는 순한 마음 성격형(tender-minded personality)에 속한다. 곧 좌익의 극한과 우익의 극한 둘 다 거친 마음 성격형이라는 묘한 친연성이 있다. 70년대의 심리학은 아이셍크와 카텔(Eysenck&Cartell)을 두 축으로 한 성격분석(personality analysis)을 주제로 하고 있었다.

두 학자에 의해서 인간의 성격이란 5개(Eysenck) 또는 6개(Cartell)의 기질(traits/temperaments)차이로 설명이 가능한 심리학의 대상이 되었다. 이들 두 학자가 공히 "상대방과의 합의에 열려있는 마음(agreeableness)"을 성격의 주요한 한 형태로 파악하였다.

이와 상반된 성격은 도전적이며 고집이 세어 닫혀있는 마음이다. 이 합의가 가능한 성격과 아울러 자신의 경험에 대하여 반성할 줄 이는 열려 있는 성격(openness to experience)이 있다고 한다. 이에 반하는 성격을 '교조적 사고를 하는 성격(dogmatism)' 이라 한다.

순한 마음의 성격이란 합의하는 성격과 열린 사고를 하는 두 성격의 사람들을 가리킨다. 이들 성격의 차이가 정치행태의 차이로 나타나는 과정은 정치적 이슈에 직면하는 개인의 정치적 태도(political attitudes)에서의 차이로 드러난다.

거친 마음의 성격과 순한 마음의 성격 차이는 다음 4가지 태도에서 극명하게 드러난다. **저항적 태도와 순응적 태도, 권위적 태도와 인도적 태도, 성적 개방성과 종교적 엄숙성, 차별 주의적 태도와 인류 평등에 대한 태도**의 차이로 나타난다.

그런데 이런 정치적 태도의 차이를 우리의 정치 현실에서 들여다보면 우리 정치는 어쩌면 거친 마음 성격의 정치적 태도가 순한 마음 성격의 태도를 크게 앞서지 않나 우려가 된다.

저항적이며 권위적이고 성적 문란과 민족주의적인 모습들을 너무 자주 접하는 것이 아닌가 우려스럽다.

정의로운 평화란 개인 간의 다름과 다툼에 대하여 온순한 타협의 가능성이 열려 있다는 것이다. 순한 마음이 전제되어야 한다. 정의로운 평화의 제1원칙은 서로 간의 자유권을 최대한 존중하는 것이다. 정의로운 평화가 가능하다면 아마도 개코원숭이가 의도치 않게 맞이하게 된 평화처럼 거친 마음 성격을 가진 사람들이 모두 사라져야 하는 것이 아닐까 하는 생각을 잠시 해본다.

순한 마음을 갖은 사람이 동물의 왕국에서 들여다보았다.

2. 영역적 동물 *Territorial animals*

침팬지와 사자

"사자나 침팬지가 영역싸움을 하는 이유에 대해서는 암컷을 확보하기 위해서라는..."

[자기영역을 따라 순찰하는 침팬지]

대부분 동물은 자기 생활의 영역(home range)이 있으며 이 영역을 한계로 서로 벗어나지 않고 서로의 영역을 존중하며 살아간다.

그러나 소수의 동물군에서 영역은 치열한 생존경쟁의 현장이다.

독수리는 90㎢의 영역이 있으며 다닥다닥 붙어사는 재갈매기(herring gulls)는 자기 둥지 정도 떨어진 거리를 영역이라 여기며 결사적으로 이를 지키며 살아간다.

영역적 동물이란 말을 쓸 때는 동종 간에 영역을 두고 서로 경쟁하며 또 그 과정에서 폭력이 난무한다. 오드리(Audrey), 로렌츠(Lorenz), 모리스(Morris) 등 동물의 왕국의 고전적 저술가는 사람을 영역적 동물이라 규정짓고 있다. 이들 저서에서 영역 간에 남성의 폭력이 정당화되는 이유는 영역을 지키는 것이 수컷들의 본능에 깊이 자리한 진화적 소이라 생각하기 때문이다.

타이거(Tiger)와 폭스(Fox)에 이르러서는 『사람을 제국적 동물 The Imperial Animal, 1971』이라 규정짓기까지 하였는데, 이로 인하여 "동물의 왕국" 학계는 사회 각계로부터 거센 비판에 직면하게 되었다. 이들 비판은 동물의 왕국이 동물의 본성이라는 핑계로 폭력을 정당화하고, 전쟁 또 식민제국을 정당화한다는 거센 비판들이었다. 이후 동물의 왕국 학계가 인문 사회학자들로부터 의심에 눈초리를 끊임없이 받아왔으나 현대의 동물의 왕국은 고전적 주장들에 대해 전혀 동의하지 않게 되었다. 이들 주장과 상반되는 과학적 논거와 경험적 사실들을 충분히 제공하고 있다고 필자는 변명하고 싶다. 사자와 침팬지 그리고 늑대는 영역적 동물이며 이들의 영역 행태를 비견해 보는 것이 인간의 사회활동에 대해 많은 시사점이 있다.

현재 제인 구달(Jane Goodall) 연구재단을 운영하는 듀크(Duke) 대학의 앤 퓨지(Anne Pusey) 교수는 침팬지와 사자를 연구한 독특한 경력을 가지고 있다.

침팬지가 자기 영역을 인간의 국경수비대처럼 줄을 서서 경비(patrol) 하는 모습(위 사진)은 잘 알려진 사진이다. 이들은 모두 수컷들이며 두목 수컷(α-male)을 선두로 서열 순으로 뒤따라 간다. 이들은 대부분은 형제간이며 서로를 매우 잘 아는 집단 구성원들이다. 침팬지의 사회는 수컷들이 사회에 남고 암컷들이 다른 집단으로 가서 사는 남성 중심의 사회(male philopatry)이다.

침팬지의 수컷들은 한 사회로 태어나서 평생 그곳에 살아가기 때문에 서로를 매우 잘 아는 친숙한 사회 구성원이다. 이들은 먹이를 먹는 시간이 아니면 자주 이렇게 영역을 순찰한다. 그러나 이들이 영역을 순찰만 하는 것은 아니다. 이들이 순찰 중에 간혹 마주치게 되는 다른 집단 침팬지에 대하여는 수적으로 우세한 상태라면 발견된 침팬지를 집단으로 죽인다. 살상이 나면 한 집단이 8:1 정도로 수적 우위에 있을 때이며 공격한 집단에는 거의 피해가 생기지 않을 일방적 우위에서 발생한다.

영역을 침입한 상대 대상이 암컷이라면 사고 없이 받아들인다. 침팬지의 이러한 경비대가 행하는 중요한 기능은 기회가 엿보이면 상대방의 집단을 기습하여 그 영역을 갈취하는 행위이다. 침팬지가 기습할 때에는 이들이 보여 주는 협력은 고도의 지적 능력으로 행해진다. 이들은 소리가 나지 않도록 극도로 조심하며 마치 인간의 기습공격 행위를 방불케 한다.

사자는 침팬지와는 전혀 다르게 암컷이 난 곳에서 자라며 수컷은 사춘기에 이르면 다른 집단으로 가서 살아야 한다. 사자의 한 집단을 프라이드(pride)라 하는데 보통 5마리 정도의 암컷과 1~9마리 정도의 수컷이 살아간다. 사자 간의 영역싸움은 매우 잦고 치열하다. 그리고 이 영역싸움은 두목 암컷이 주도하는 싸움이다. 수컷들은 물론 자기 집단의 암컷을 위해 협력해 싸우나 매우 소극적이다. 특히 적극적인 참여가 기대되는 같은 집단내의 암컷들의 협력이 절실한데 실제 상황에서는 침팬지와 같은 주도면밀한 협력이 이루어지지는 않는다고 한다. 사자가 사바나의 왕좌에 오를 수 있는 이유로 사자들이 사냥에서 보여 주는 협력의 능력에서 그 이유를 찾고 있으나, 그 협력의 정도는 매우 즉흥적이며 늑대가 보여 주는 잘 훈련된 협력의 모습은 아니다. 특히 수컷들의 참여도는 매우 낮은 편이다. 그야말로 수컷들은 사회의 주인이 아닌 모습을 하고 있다.

침팬지나 사자의 영역싸움 결과는 대량학살(genocide)로 끝이 난다. 피해를 본 집단은 거의 다 죽는다. 특히 사자도 새롭게 얻는 영역 내의 새끼들을 몰살시킨다. 암컷들은 살아남겠으나 수컷들은 거의 다 죽는다.

제인 구달은 한 집단에서 태어나 가장 친했던 두 마리의 침팬지가 오랜 세월이 지나 다른 집단의 소속원이 되어 침팬지 간의 영역싸움 끝에 결국에는 서로 물고 죽이는 광경을 목격했다. 사자들의 영역싸움에서는 수컷들이 도망갈 수는 있겠으나 침팬지의 싸움에서는 살아남기 어렵다.

이러한 상황을 피터슨(Peterson)과 랭엄(Wrangham)은 『악마적 수컷들 Demonic Males, 1997』이라 부르고 있다.

사자나 침팬지가 영역싸움을 심하게 하는 이유는 암컷을 확보하기 위해서라는 이론과 식량자원을 풍부하게 확보하기 위해서라는 이론이 제시되었다. 지금까지 조사된 바로는 식량자원을 확보하기 위해서라는 주장이 우세하다. 큰 영역을 확보한 집단의 구성원이 그렇지 못한 집단의 구성원보다는 덩치도 크고 건강하다고 한다.

USC대학의 크리스토퍼 보엠(Christopher Boehm) 교수는 현존하는 원시 사회에 관련한 기록들을 총망라하여 그중 촌장 사회(chiefdom society)에 이르지 못한 수렵채취(foraging band) 사회를 중심으로 인간의 폭력성을 조사 분석하였다. 정치가 제도적으로 아직 발달하지 않은 작은 이동 집단(small mobile bands) 상태의 사회에서는 부족 간의 전쟁은 매우 빈번하게 일어났다고 한다. 복수와 기습적인 여성 갈취는 항시, 집단 간 대결은 매년, 대규모 살상이 뒤따르는 전쟁도 4년에 한 번은 발생하였다고 한다. 폭력 가해자의 96%는 대부분 남성이며 매년 피해 사망자가 인구 10만 명당 600명 정도로 현대 산업사회의 몇천 배 수준에 달하는 수치이다. 보엠은 폭력의 제일 큰 원인은 인간 본성에 깊이 뿌리박힌 자기민족중심주의(ethnocentrism)라 단정한다. 자기들만이 사람(the people)이라고 생각하기 때문이라고 한다.

루소 혹은 엥겔스이래 사회적 계급분화가 이루어지지 않은 작고 평등한(small and egalitarian) 사회에서는 전쟁이 없는 평화로운 사회라 간주하는 그릇된 생각을 해왔다. 그러나 인류 역사에서 영역 전쟁이 끊이지 않았던 시기는 작고 평등한 사회였다.

현대사회에서도 동물의 왕국에서나 볼 수 있는 영역적 사고를 목격하는 것은 어렵지 않은 일이다.

우리가 민족이라 부르는 Nation의 실체는 사실상 매우 가식적인 것들이다. 시대를 조금만 올라가 보면 그 민족(Nation)이라는 것이 얼마나 정치적으로 악용되기 쉬운가를 알 수 있다. 전쟁에 이르는 민족주의란 대개는 허상에 근거한다. 우리나라는 일본에 대해 강한 반민족 정서를 갖고 또 이것을 정치적 목적에 이용하려는 사람이 많다. 최근에 이루어진 대부분의 유전학 연구들은 일본인과 한반도인과의 유전적 차이가 거의 없다고 한다. 일본의 고대 역사가 한반도에서 건너간 사람들에 의해 주도되었고 유전적으로는 고대 일본인이라는 죠몽인 들은 유전적 자취마저 희미한데 일본에 대해 민족주의적 적개심을 지닌다는 것이 오히려 이상하다. 일본은 한반도인에 의해 오래전에 유전적으로 완전 식민지가 된 것이 아닐까 한다.

동물의 왕국에서 자기 민족주의를 경계해 본다. 영역적 동물의 오랜 흔적이며, 인간의 본성일 수 있겠다. 그러나 이를 정치적으로 이용하지 않는다면 우리가 우리 집단내의 사람에게 그랬듯이 잘 관리해 갈 수 있을 것이라 기대해본다.

Review 1

지능적이며, 사회적이고, 폭력적인 침팬지

Science Daily, *April 7. 2021*

침팬지는 인간과 많은 습성을 같이 하지만
매우 사나운 것이 독특하다.

[침팬지]

"침프"로 불리는 『침팬지 pan troglodytes』는 고릴라, 오랑우탄, 보노보, 인간과 함께 위대한 유인원과(great apes)에 속하는 인간과 가장 가까운 동물 중의 하나이다. 침팬지는 인간과 DNA의 98.7%를 공유하고 있으며 동일한 특성을 많이 가지고 있다. 침팬지는 복잡한 사회를 이루고 사는 지능적이며 사회적이고 폭력적인 동물로 유명하다. 그러한 침팬지는 현생 인류의 등장과 영향력 증가로 그들의 환경에서 크게 고통을 겪게 되었으며 이제 멸종 위기에 처해 있다.

침팬지의 키는 인간처럼 똑바로 서 있을 때 1미터에서 1.7미터 사이이다. 그들은 자신의 손목과 발을 사용하여 주로 네 발로 걸어 다니며, 수컷은 암컷보다 약간 크다.

미시간 대학의 동물 다양성 웹(ADW)에 따르면 야생 수컷은 70kg이고, 암컷은 최대 50kg의 체중이 나가며 수명은 최대 50년 정도 산다. 침팬지는 사람보다 작지만, 사람보다 약 1.35배 정도 힘이 세다. 그것은 사람보다 더 빠른 근육섬유를 가지고 있기 때문에 힘도 세고 속도도 빠르다. 또한 이러한 근육섬유로 침팬지는 당기는 힘이나 점프력에서 사람들을 능가한다. 인간의 근육은 상대적으로 느리게 작동하며 그 이유는 인간에게는 지구력과 장거리 이동이 더 중요한 진화적 생존방식 때문이다. 침팬지는 주로 과일과 잎을 먹는다. 그러나 식성은 그들이 사는 지역과 계절에 따라 달라질 수 있다. 침팬지는 인간처럼 잡식성 동물이므로 고기를 먹을 수도 있다.

영국에 있는 제인 구달 연구소에 따르면 그들의 식단에는 곤충과 원숭이와 부시벅 영양과 같은 포유류가 포함된다고 한다. 침팬지는 매우 지능적인 동물이며 다양한 방법을 사용하여 먹이를 찾는다. 그들은 인간을 제외하면 지구상에 있는 다른 어떤 동물보다도 더 많은 도구를 사용하는 것으로 알려져 있다. 다양성 웹에 따르면, 공구를 사용하여 바위를 들고 망치로 견과류를 깨고, 흰개미 굴로부터 흰개미를 잡기 위해 나뭇가지에서 잎을 떼어내어 사용하고, 자신을 닦기 위해 잎을 분쇄하여 스펀지로 사용하는 것 등이 목격되었다.

야생 침팬지는 일반적으로 인간을 두려워하고 거리를 유지한다. 그러나 침팬지가 사람들을 공격하고 죽이는 사건도 있었다. 이런 사건은 대체로 인간이 침팬지 영역으로 들어가 침팬지가 먹이에 접근하기 어려워질 때 발생하는 일이다. 침팬지가 곡식과 같이 내버려

둔 인간의 음식을 훔치는 것이 목격되었으며 이러한 과정을 통하여 점차 인간과 가까워지는 것에 자신감을 가지게 된다고 한다.

침팬지는 지난 20년간 우간다 서부 지역에서 20명 이상의 사람을 공격했으며 2014년 이후에만 최소 3명의 어린아이를 사망케 했다고 내셔널 지오그래픽은 2019년에 보도했다. 침팬지는 일반적으로 자신보다 큰 사람(성인)을 두려워하기 때문에 아이들을 향해 그들의 공격이 행해지고 약탈적인 행동을 저지른다.

내셔널 지오그래픽에 따르면, 위 사건의 침팬지는 인간의 아기를 납치하여 죽였다. 대부분 사건은 단발적인 사건이었고, 겉보기에는 무모한 한 침팬지에 의해 저질러진 망동(妄動) 이긴 하지만 1990년대에 벌어진 사건에서는 한 침팬지가 인간에 의해 살해되기 전에까지 일곱 명이나 되는 아이를 죽게 했다고 한다.

동물원에 사육용과 애완용 침팬지는 야생 침팬지보다 사람들을 자주 공격한다. 이는 사람에 대한 두려움을 잊었기 때문이다. 공격 시에는 사람의 얼굴, 손, 발 및 성기를 대상으로 한다고 한다.

[야생 침팬지와 새끼]

제인 구달 연구소는 침팬지는 애완동물로 키우기에는 매우 파괴적이고 위험하다고 경고하였고, 침팬지가 인간 환경에서 재밌고 만족하기는 어려울 것이라고 덧붙였다.

독일 막스플랑크 진화인류학 연구소에 따르면 침팬지는 고도의 사회적 동물이며 10마리에서 18마리 정도의 공동체로 살고 있다. 그들은 때로는 분열하여 작은 하위 그룹으로 나누어지고 때로는 융합하여 큰 집단으로 살아간다고 한다. 수컷과 암컷 침팬지는 일 년 내내 여러 파트너와 짝짓기를 한다. 짝짓기는 번식 목적에 필요한 것보다 훨씬 더 자주 발생하여 개인 간의 유대를 강화하는 것과 같은 사회적 기능을 한다. 수컷은 때때로 암컷과 짝짓기에서 다른 수컷들의 교미를 방지하기위하여 한 암컷에 대한 독점적인 접근을 확보할 수 있으며, 암컷 또한 몇 가지 짝짓기 선택이 가능하다. 막스플랑크 연구소에 따르면 침팬지 사회의 구조 및 번식 전략에서는 다른 동물 보다 모든 양상에서 많은 변이가 관찰된다고 한다. 국제자연보호연맹(IUCN)에 의하면 침팬지의 임신기간은 약 230일(약 33주) 지속한다.

다양성 웹은 새끼 침팬지는 출생 시 약 2kg이며 어머니의 복부에 달라붙어 운반된다. 새끼가 자라면서 유아는 스스로 걷기 시작하지만, 이유기가 되는 4~5세에 이르기까지 새끼들은 어미에게 업혀서 살아간다. 침팬지는 일반적으로 야생에서 약 50살까지 살고, 동물원에서는 암컷이 70살까지 산 기록이 있다. 국제자연보호연맹은 침팬지는 아프리카 대륙 전역의 숲에 살고 있으며 서아프리카의 세네갈 남부에서 동아프리카의 탄자니아 서부까지 찾을 수 있다. 그러나 그들은 꽤 먼 거리로 분리될 수 있다는 것을 보여 주는 의미에서 불연속적으로 분포되어 있다. 침팬지는 주로 열대 우림과 관련이 있지만, 늪이 있는 숲과 사바나를 포함한 다양한 서식지에서도 발견된다. 또한, 해발 2,750m 높이의 고지대 숲까지 다양한 고도에서 살고 있다.

침팬지 종은 통합 분류 정보시스템(ITIS)에 따라 4개의 종으로 나뉜다.

중앙아프리카 침팬지Pan t. troglodytes	콩고 민주 공화국에서 카메룬까지의 지역 서식
서부아프리카 침팬지Pan t. verus	세네갈과 가나 사이의 지역
동부아프리카 침팬지Pan t. schweinfurthii	중앙아프리카 공화국과 콩고민주공화국에서 탄자니아 서부
나이지리아-카메룬 침팬지Pan t. vellerosus	나이지리아와 카메룬 국경 주변

침팬지는 멸종 위기에 처한 종으로 간주하며 멸종될 위험이 있다. 국제자연보호연맹에 의하면 개체 수는 감소하고 있으며 야생에 남아 있는 침팬지가 300,000마리 미만인 것으로 추정된다고 한다.

침팬지에 대한 주요 위협이 되는 것은 밀렵과 서식지의 손실 및 저하 그리고 질병이다. 큰 영장류를 죽이는 것은 어디서나 불법이지만 밀렵은 대부분 침팬지에게 가장 큰 위협이다. 밀렵꾼들은 침팬지를 먹이로 사냥하며 스스로 먹거나 도시 시장에 야생 고기로 내다 판다. 밀렵꾼이 침팬지를 밀렵의 대상으로 하지는 않지만 다른 목적의 사냥꾼 올무에 걸리는 때와 같이 기회가 생기면 사냥꾼이 취하게 되는 경우가 많다고 한다. 새끼 침팬지는 애완동물로 판매하기 위해서 불법적으로 잡는 일도 있다고 한다. 혹은 농부들이 작물을 보호하기 위하여 때때로 침팬지가 습격하는 것을 막을 수 있다고 한다.

인간에 의해 아프리카 전역의 숲이 농지로 개조되며 침팬지의 서식지가 크게 줄었다. 또한, 벌목, 광업, 석유 시추 및 도로 건설 등은 침팬지 서식지를 완전히 파괴하여 침팬지의 생존에 큰 악영향을 미친다.

인간과의 접촉에 의해 에볼라 바이러스에 희생이 되기도 한다.

Review 2

고릴라가 가슴을 치며 내는 소리의 비밀

Live Science, *April 9. 2021*

더 큰 수컷 고릴라일수록 잘 가슴을 쳐서 친구(상대)에게 신호를 보낼 수 있다는 것이 과학자들에 의해 밝혀졌다.

[고릴라가 뒷발로 서서 손을 오므려서 가슴을 치는 모습]

고릴라의 인상적인 가슴드럼 사운드는 예상한 대로 고릴라의 크기와 사나움을 잘 드러낸다. 암컷은 수컷들이 싸움을 하려할 때 짝을 선별하는 방법으로 가슴에 올려진 손의 패턴에 주의를 기울인다. 이런 소리는 고릴라가 사는 울창한 열대 우림에서 매우 강력한 의사소통 수단이다. 회색빛의 털에 은빛 머리털을 가진 성년 수컷(silver back)이 두드리는 가슴드럼 소리는 1킬로미터 이상 밖에서도 들을 수 있다고 한다.

독일 막스플랑크 진화인류학연구소의 에드워드 라이트(Edward Wright)에 의하면 "오랜 시간 동안 우리는 그것이 고릴라 자신이 얼마나 강력한지 보여 주는 일종의 과시라 생각해 왔으며, 이제 이것이 수컷이 암컷을 향해서도 하는 일인 것을 알았다"라고 한다.

수컷들에게는 '봐, 나는 크고 강해, 나한테 덤비지 마!' 라고 하는 것이고 암컷에게는 '나는 매우 크고 강해, 나를 짝으로 선택하는 것이 좋을 걸!' 라고 주장하는 것이라 한다.

연구자들은 처음으로 드럼소리는 몸의 크기와 관계가 있고 그 소리는 몸의 크기를 정확하게 내보이는 것이라는 것을 확신할 수 있게 되었다고 한다. 고릴라 사회는 일반적으로 한 마리의 수컷과 여러 마리의 암컷으로 구성되어 있다. 암컷은 그룹 사이를 이동할 수 있으며, 수컷은 암컷들의 주의를 끌기 위해 서로 경쟁한다. 수컷 고릴라는 크기가 매우 중요하다. 신체 크기는 계급과 전투 능력 그리고 번식의 성공 가능성을 정한다. 실버백 고릴라는 가슴드럼을 사용하여 소리의 크기로 다른 수컷을 경고하고 암컷에게는 구애한다. 수컷 고릴라는 어린 시절부터 가슴을 두드리는 것을 배우고, 자라면서 기술을 습득한다고 한다.

사이언티픽 리포트(Scientific Reports)에 발표된 연구는 큰 수컷이 그들의 가슴을 칠 때 더 깊고 낮은 주파의 소리를 낸다는 것을 보여

주었다. 소리의 크기는 신체 크기의 정확히 반영한다. 즉, 수컷 고릴라는 소리를 가짜로 위장할 수는 없다고 한다. 소리는 고릴라와 인간을 제외한 다른 유인원들에게는 소리상자 옆의 공기주머니의 크기와 관련이 있으며 이것이 고릴라가 만들어내는 으르렁대거나 소통하는 기능을 한다. 게다가, 고릴라마다 가슴에서 나는 소리가 다르므로 가슴드럼 소리만 듣고도 그의 정체를 알 수 있다.

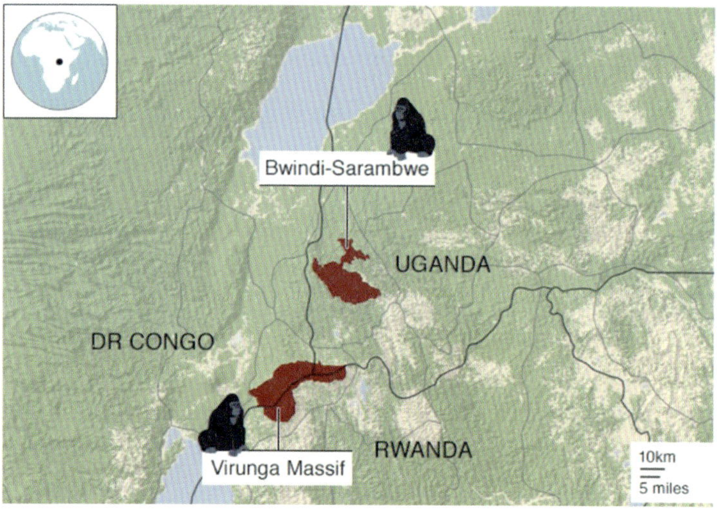

[야생 고릴라의 서식지]

2008년에는 약 600마리의 산악 고릴라가 야생에 남았었다. 그러나 집중적인 보존 노력 끝에 숫자는 이제 1,000마리 이상으로 증가했다고 한다. 이 보존 노력에는 야생의 고릴라를 돌보기 위한 훈련된 밀렵 방지 순찰과 수의사가 포함되었다고 한다. 고릴라는 콩고 민주 공화국, 르완다, 우간다의 보호 지역에서만 살며, 밀렵, 정치 불안, 인간이 전하는 질병 등의 위협은 여전히 남아 있다고 한다.

3. 보노보 Bonobo

또 다른 침팬지의 여성화된 사회

[Chimpanzee]

[Bonobo]

침팬지와 '난쟁이 침팬지'라 불리는 보노보를 오랜 기간 그들의 서식지에서 연구해 온 하버드대의 동물학자인 리처드 랭엄(Richard Wrangham) 교수는 2019년 『선악 패러독스 : 인간 진화에서 도덕성과 폭력성의 이상한 관계』라는 책을 냈다. (The Goodness Paradox : The Strange Relationship Between Virtue and Violence in Human Evolution)

동물학자가 동물의 폭력적 행태 연구를 통해 인간에 대한 폭력성의 실체를 밝히려는 시도는 콘라트 로렌츠(K. Lorenz)의 저서 『공격성론 On Aggression, 1963』를 위시하여 자주 등장하고 또 많이 연구된 주제이다.

랭엄 교수의 책은 특히 인간과 가장 유사하다고 생각되는 침팬지와 보노보를 비교하는 데서 출발한 것으로 다른 연구들과는 달리 동물과 인간의 비교 연구가 비유(analogy) 수준을 넘어서 상동(homology) 수준에서 쓰인 것이라 더욱 값지다.

침팬지와 보노보는 영장류의 진화 과정에서 가장 최근(약 100만 년 전)에 갈라진 거의 비슷한 두 종의 동물이다. 두 종 모두 서식지는 중앙아프리카 지역인데 약 100만 년 전 콩고강이 범람하면서 강을 사이로 같은 종의 두 집단이 다르게 진화하게 되었고 한 종은 침팬지로 다른 한 종은 보노보로 갈라졌다. 보노보는 비록 난쟁이 침팬지라 불리지만 실제 크기의 차이는 별로 없다. 두 종을 확연하게 구분 짓는 차이는 침팬지의 집단은 치고받고 싸우는 소란스러운 남성적 사회이고 보노보의 집단은 싸움이 보이지 않는 조용한 여성적 사회이다.

보노보는 동물 중에 단연 가장 야한 동물이다. 동물 중에 사람처럼 프렌치 키스를 하는 유일한 동물이며, 모든 갈등을 섹스로 해결한다. 심지어 먹이를 나누어 달라고 할 때도 섹스로 청하며, 동성 간에 성행위도 많다. 보노보의 암컷 몸 크기는 인간보다 반 정도(평균 30Kg)인데 반해 여성 음핵의 크기는 인간보다 4배나 크다고 한다. 우리가 TV에서 보노보를 자주 접하지 못하는 이유는 대부분 화면이 미성년자 관람 불가의 등급이 매겨져서 일 것이다.

침팬지 사회는 인간 사회보다 폭력성의 빈도가 1,000배에 달한다고 한다. 그야말로 수컷들 간에 야단법석으로 살아간다. 그러나 보노보의 사회는 인간 사회만큼이나 평화롭다. 서로 즐겁게 놀며 서로를 보듬어 준다. 이들 사회가 평화롭게 된 이유에는 침팬지의 서식지와는 다르게 보노보 서식지는 먹을 것이 풍부해서라고 한다. 먹을 것으로 다툴 일이 없고 각자가 자유롭게 충분한 먹이를 취할 수 있다고 한다. 그러나 먹이만의 문제는 아니다.

보노보는 침팬지의 모습에서 사육화(domesticated)된 특징을 다 갖고 있다. 얼굴의 길이가 짧고, 이빨이 작으며, 암수 간의 덩치 차이가 적고, 뇌의 크기가 작다. 랭엄은 보노보가 침팬지에서 사육된 종이라고 확신한다. 이것은 마치 사람이 30만 년 전의 고대 인류와 현생인류의 차이점과 같은 것이라 지적하고 있다. 동물이 사육되는 생리학적 이유는 사회생활에서 공격성이 줄고, 공포심이 줄며, 스트레스 반응이 줄어드는 것을 말한다. 즉 매우 순한 종이 되는 것이다.

랭엄은 인간의 공격성에 대해 침팬지와 보노보의 두 특성을 모두 갖고 있다고 한다. 그가 말하는 도덕성과 폭력성 간의 역설(the paradox)이란 인간이 집단내의 사회를 향해서는 매우 평화적이나 집단 밖의 사람에게는 가장 폭력적인 동물이라는 사실을 말한다.

보노보의 평화적인 집단 내 행태와 침팬지의 공격적인 집단 밖 행태가 크게 다른 것을 인간은 모두 갖고 있는 것을 지적한 것이다. 사람은 냉철하고 계획적인(proactive aggression) 전쟁행위에서 침팬지의 특성을, 집단내의 행동에서는 감성적인 폭력성(reactive aggression)을 감소하는 보노보의 특성도 갖고 있다고 한다.

랭엄은 사나운 놈을 처단하는(capital punishment) 집단처벌이 보노보 사회가 평화적인 모습으로 사육화되는 과정에서 중요한 기능을 한다고 생각한다. 거칠고 사나운 지배적 동물에 대하여 순한 동물들이 집단적으로 대항하는 모습은 사람에게서 가장 잘 나타난다.

프로이트(Freud)는 문명의 시작이란 이러한 못된 지배자를 처단해 버리는 것이 핵심이라고 했다. 실제 현존하는 원시사회에서도 집단 내에 폭력적인 문제아들에 대해서는 집단전체가 은밀하게 협력하여 제거한다. 그에 의하면 폭력적 군주를 징벌할 수 있는 능력이 인간 사회를 평화적으로 만들어 왔다고 한다. 모세의 율법에서나 단군의 8조 금법 중에도 그 으뜸이 사람을 죽인 자는 사형에 처하는 수단이야말로 인간 사회를 순화시키는 핵심적 장치라고 한다.

랭엄은 이러한 행태를 침팬지 사회에서도 보았고 보노보 사회에서도 보았다.

그러나 필자는 랭엄의 위 주장에 대해 모두 공감하지는 않는다. 필자가 생각하기에 더 근본적인 이유는 여성화된 집단사회의 성격에 기인한다고 본다. 여성화된 사회란 사회적으로 암컷이 수컷보다 집단 서열의 우위에 선 집단을 말한다. 보노보는 암컷이 수컷과 덩치도 크게 차이가 나지 않고 실제 위계에서도 암컷이 우위에 선다. 암컷이 우위에 설 수 있는 핵심적 이유는 거친 수컷에 대해 집단으로 대항할 수 있기 때문이며, 여기에 더하여 보노보의 수컷 새끼들이 사람으로 말하자면 모두 마마보이이기 때문이다. 암컷 우위의 사회에서는 자식들의 위계 역시 어미의 위계에 따르게 된다. 거친 수컷을 대항하기 위해서는 자식을 앞세우는 방법이 최고일 수 있다. 아마도 보노보의 사회에 여성 인권운동이 가장 성공적으로 이루어졌는지 모르겠다.

순한 사회의 핵심적 특징은 여성화된 사회를 말한다. 여성화된 보노보 사회를 바라보는 것은 매우 흥미로운 일이다. 거칠고 폭력적일 수 있는 야생의 동물일망정 수컷들이 새끼들에게 성질을 부리는 일도 거의 없다. 수컷이 폭력을 사용하려 하면 모든 암컷이 집단으로 대항한다. 그렇다고 보노보의 암컷이 침팬지의 암컷에 비해 별다르게 순한 것은 아니라 한다. 수컷들이 암컷처럼 변한 것이다.

스티븐 핑커(S. Pinker)가 말하는 인간 본성의 더 나은 천사는 사회가 여성화되어 가는 과정에서 얻어지는 것이 아닐까 한다.

정치학의 오랜 주제인 성선설과 성악설의 논쟁에 대해 랭엄은 역설적으로 인간은 두 본성을 모두 갖고 있다는 것으로 결론짓고 있다. 자연 상태에서 평화로운 사회로 진화한 모습을 보여줄 수 있는 동물이 있어 참 다행이다.

동물의 왕국은 순한 사회를 지향하는 페미니즘(feminism)을 적극 지지하며 그 실현 가능성을 시사한다 G. Schubert, 1991.

우리나라의 삼국사기에는 랭엄의 주장을 방증하는 많은 실례가 있다. 대부분 해로운 국왕에 대해 국인(國人)들이 집단으로 제거한 것으로 기록한다. 가까운 실례로는 아마도 사도세자의 처형문제일 것이다. 사도세자의 자세한 행적은 실록을 없앴기 때문에 전하지 않으나 많은 사람을 해한 것으로 전해오고 있다. 사도세자의 부인인 혜경궁 홍씨는 세자가 의대를 갈아입지 못하는 병이 있었다고 쓰고 있고 이 과정에서 내시나 궁인 여럿이 해를 입었다 한다. 최근 여러 사도세자에 대한 영화나 드라마에서 사도세자의 병적 행동에 대해 재해석을 시도하려는 노력이 보이나 그들이 근거하는 증언은 사도세자가 어린 시절 경연을 담당했다는 남인의 주장에 의한 것인데, 조울병(manic depression)이라 부르는 정신질환은 사춘기가 지나야 발병하는 것이어서 이런 경험담을 참고할 이유가 없다. 사도세자는 친부와 친모 그리고 장인이 상의하여 결정한 일이다.

포악한 두목(α-male)을 처단하는 매우 인간적인 선제적 행동이었다고 생각된다.

Review

암컷 원숭이는 수컷을 하수인처럼 부려서 포식자를 막는다

Science Daily, *April 1. 2021*

암컷 붙인코원숭이는 특정 포식자가 나타나면 수컷들을 불러 모은다.

[큰흰코 원숭이라고도 불리는 붙인코원숭이]

야생동물보호협회 콩고프로그램과 누아발레-은도키 재단의 연구자들은 암컷 붙인코원숭이(cercopithecus nictitans)가 표범과 같은 포식자로부터 방어하기 위해 수컷을 하수인처럼 사용하는 것으로 밝혔다. 로얄소사이어티 오픈 사이언스지에 발표된 결과에 따르면, 연구팀은 암컷 원숭이가 포식자로부터 그들을 방어하기 위해 수컷을 부르는 알람 콜(경계경보)을 하는 것을 발견했다.

연구진은 콩고북부 누아발레-은도키 국립공원의 숲 내 연구 지역인 음벨리 바이에서 119마리의 야생 붙인코원숭이 집단을 대상으로 연구를 수행했다. 그 연구는 암컷의 일반적인 경계경보가 수컷들이 위협의 본질을 알 수 있도록 하여야 하며, 이에 따라 수컷들이 집단을 방어하기 위하여 동원된다는 생각을 발전시킨 것이다.

암컷의 경계경보는 수컷이 포식자와 관련된 알람 콜로 반응할 때까지 계속된다. 이러한 결과는 알람 콜 전략이 성별에 따라 다르다는 것을 시사한다. 수컷은 암컷에 반응하여 달려오면서 자신이 누구인지를 알리는 소리를 낸다. 수컷은 포식자의 공격 대상이 된 암컷이 자기 집단의 구성원인가 재확인하며 포식자로부터의 방어를 돕는다. 이런 행동은 아마도 미래에 자식을 낳을 기회를 보장받기 위해서일 것이다.

수컷들은 집단 보호를 위해 달려갈 때 "피우"소리를 내며 자기가 청부 일을 맡았다고 선전을 하며 정보가 거의 없는 소리지만 수컷이라는 점과 자기가 누구라는 것 정도를 알릴 수 있는 소리를 내는 것이다. 다가오는 수컷으로부터 "피우" 콜을 듣게 되면 암컷은 멀리에서 벌써 자신이 집단의 우수한 수컷으로부터 잘 보호받게 된다는 것을 알 수 있다. 수컷에게는 이러한 행위가 장래에 암컷이 가장 믿을 만한 파트너를 짝으로 선택하는 과정에 그 수컷의 명성을 드높이는 기능을 한다고 한다.

이 연구의 수석 저자인 프레데릭 그네파 메혼은 "다른 원숭이인 긴꼬리원숭이를 관찰해보면 수컷이 좋은 그룹 보호자임을 증명하지 못한다면 다른 수컷들보다 일찍 그룹을 떠나야 한다"라고 한다. 아직은 암컷 긴꼬리원숭이가 짝을 선택하느냐는 잘 모르지만, 현재까지의 결과로 보면 그 가능성은 매우 크다고 한다. 연구의 과정에서 "켁"이라는 새로운 유형의 콜이 지속해서 사용되는 것을 알게 되었다. 이 콜소리는 수컷이 실험에서 표범 모형을 드러내 보일 때 내는 소리라는 것을 발견했다고 한다. 나이지리아의 붙인코원숭이의 이전 연구에서는 보고되지 않은 콜이다. 그러므로 새로운 유형의 콜은 지역에 특화된 것일 수가 있으며, 따라서 붙인코원숭이 간에는 지역 방언이 존재한다고 해야 할 것이다. 이번 연구는 동물 왕국에서 오랜 기간 논쟁거리가 되어온 소리에 의한 학습능력이 있다는 가능성에 대해 긍정적인 지표가 될 것이라 한다.

공동저자인 클라우디아 스테판에 의하면 "성적 선택은 동물들의 커뮤니케이션 진화 과정에 알려진 것보다 더 중요한 역할을 할 수 있다. 계통 유전학적 맥락에서 보면 어떤 전략이 궁극적으로 암컷과 수컷 사이 의사소통의 진화를 끌어냈을까? 심지어 인간 언어에서도 암컷과 수컷 원숭이의 다른 커뮤니케이션 전략과도 유사점이 있을 것이다"라고 한다.

저자들은 이번 연구의 결과가 이들 동물의 성적 차이에서 오는 차이도 잘 알게 했고, 사용용도에도 차이가 있음을 잘 밝혀낸 것이라 한다. 흥미롭게도 수컷은 암컷보다 더 복잡한 보컬레퍼토리를 가지고 있지만, 단순한 레퍼토리를 가진 암컷의 콜이 전략적인 측면에서는 더 복잡한 인지능력이 필요한 것 같다고 한다. 즉, 암컷 붙인코원숭이의 경계경보는 소리 중에 거의 정보가 포함되어 있지 않을 수도 있지만, 수컷들의 행동 조작을 쉽게 하기 위해 의도적으로 그렇게 하는 것이라 한다.

4. 착한 사람이 이기는 사회

착한 놈이 매번 꼴찌를 한다.

[먹이감을 노리는 야생개]

정치 과학자 로버트 액설로드(Robert Axelrod)는 1984년 『협력의 진화 The Evolution of Cooperation』라는 저서를 출판하였다. 착한(nice) 사람들에게 매우 위로되는 책이다.

"착한 놈이 매번 꼴찌를 한다(nice guys finish last)"라는 영어숙어가 있다. 사회생활 속에서 착한 사람이 매번 손해 보는 것 같은 매우 억울한 현실을 빗댄 것 같다. 그런데 액설로드가 그렇지 않다는 실험을 했다.

'죄수의 딜레마(prisoners' dilemma)'는 잘 알려진 결정이 어려운 상황을 말한다.

죄수의 딜레마는 체포된 공범 피의자 두 명 간 선택의 문제이다. 피의자 간에 범행을 자백하지 않는 것을 "**협력**"이라 하고 "**범행**"을 자백하는 것을 배신이라 한다. 피의자 두 명이 협력하여 범행 자백이 없다면 모두 적은 형량(–1, –1)을 받게 되는 상황이나 두 명 중 한명만 자백하는 경우에는 배신한 사람이 득을 얻고(0) 협력한 사람만 커다란 피해(–3)를 입게 된다. 둘 다 자백하는 형량(–2, –2)보다도 높다. 이를 죄수의 딜레마라 한다. 이런 상황이 한 번이 아니라 수차례 계속된다면 궁극에는 강한 맞대응 즉 상대가 협력하면 같이 협력하고 상대가 배신하면 같이 배신하는 선택(tit for tat)이 최선의 전략이 된다.

내쉬균형(Nash Equilibrium) 수학자 존 내쉬(John Nash)에 의해 고안된 게임

이를 컴퓨터를 통해 득점 경쟁 토너먼트를 통한 실험을 해 본 것이 액설로드의 중요한 발견이다.

액설로드는 이러한 죄수의 딜레마 실험을 통하여 선택의 첫걸음을 우선 협력에서 시작하는 것이 최선이라는 것을 알아내었다『착한 전략 nice strategy』. 내가 우선 협력하고, 상대가 배신하기 시작한다면 상대의 배신에 대하여 내가 맞대응을 해가면 착한 선택이 궁극에는 최고의 득점을 하는 최선의 결과를 낸다는 것이다.

우리의 사회생활이 무릇 낯선 개인 간에는 적대적인 제로섬 게임 관계를 일반적인 것으로 상정을 해야 한다고 해도, 궁극적으로는 착한 사람이 협력하여 이긴다는 진화론적으로 중요한 발견이다.

동물의 왕국에도 협력하는 동물들이 있다. 80%~95% 이상 대부분 육식동물은 혼자 사냥하고 혼자 먹으나 사자, 늑대, 야생 개, 점박이하이에나, 침팬지, 그리고 사람은 대표적인 협력을 통해 사냥하는 동물이다.

협력하는 것이 당연하게 보이는 이들 동물에게도 실제 협력이 잘 이루어지는 것은 아니다. 이들 동물사회에도 인간과 마찬가지로 협력을 악용하는 '사기꾼(cheaters)'과 '빌붙는 자(scavengers)'가 즐비하다.

사기꾼은 먹이를 먼저 발견했을 때는 최소한만 노력하고 두 번째로 발견했을 때는 먼저 온 놈이 다 처리할 때까지 기다리는 유형이다. 빌붙는 유형은 절대 사냥에 참여하지 않으며, 다른 놈이 사냥할 때까지 기다렸다가 먹이 분배에만 참여하는 유형이다.

협력 사냥하는 동물은 분배에 매우 민감하므로 가장 큰 문제는 먹이를 나누는 문제를 수반한다. 사냥에 참여하지 않은 동물은 분배에 참여할 수 없고 설사 집단내의 서열이 높다 해도 분배에 무상으로 참여할 수 없다. 침팬지의 경우 사냥에 참여하지 않고도 먹이를 얻는 대상은 극히 제한적으로 애를 갖은 암컷이나 가능하다.

이들에게는 관전자(bystanders) 자격으로서 먹이를 나누어 먹을 수 있다.

[늑대무리]

동물의 협력에서 착한 자는 찾아보기 어렵고 가능하면 기회를 엿보아 부득이하지 않으면 사냥에 직접 참여하지 않는다. 그러므로 협력이 매우 제한적으로만 지속하게 된다.

사마천이 **"사기"**를 쓰면서 공자님께 하고 싶은 말이 있다고 한다. 공자님이 성인으로 추대했던 그 착한 사람들은 역사 속에 이름도 남기지 못하고 다 어디로 갔냐고 반문한 것이 사기의 저술 동기라 한다. 그래서 사기열전은 아무도 신경 쓰지 않고 버려졌던 **"백이숙제"**가 열전의 첫머리에 위치한다(**공자의 성현인 요나 순이 아니다**). 그렇지만 공자님이 옳을 수도 있다. 비록 역사라는 기억에서 잊혀졌다고 하지만 이 사회를 협력으로 이어가는 마치 **"사회의 보이지 않는 손"**과 같은 마력은 착한 사람이 궁극에 쭉 이겼기 때문일 수 있다.

인간이 문명화 된다는 것, 폭력이 사라지고 인간존중의 방향으로 나간 증거는 너무도 명백하다(The Better Angels of Our Human Nature, S. Pinker).

액설로드는 협력의 진화에 대한 그의 두 번째 책을 내었고, 인간 사회에서 협력이 지속할 수 있는 이유에 대해 답하고 있다. 협력이 지속이 되게 하기 위해서는 별도의 보장책이 필요하다고 한다. 그는 컴퓨터 경쟁을 통하여 사람들이 배신에 대하여 매우 민감하게 반응한다는 것을 특기하였다. 이러한 배신자들에 대한 사회적 응징이야말로 협력의 지속을 보장하는 사회적 보장책이 될 수 있다고 한다.

동물의 왕국에서는 사기꾼과 빌붙는 자들을 효과적으로 제제할 방법이 없다. 경제학에서 이들을 무임승객(free-riders)라고 부른다. 자유경제 질서에 기생하는 큰 비용이며, 인간 사회에 참 많다. 국가가 존재해야만 하는 중요한 이유이다. 동물의 왕국에서 인간 사회의 무임승객들을 경계해 본다. 착한 사람들이 항상 지켜보고 있음을 이들은 알아야 한다.

5. 개미

경쟁이 만들어 낸 진짜 사회적 동물

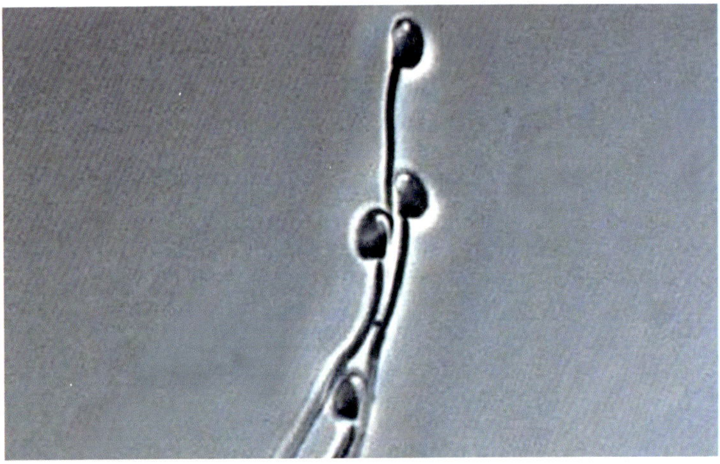

[가짜 정충들이 진짜 정충을 도와 헤엄치는 모습]

경쟁(competition)이란 자연선택의 핵심 메커니즘이다.

자연의 기적적인 모습(the wonder of nature)들은 경쟁이 만들어 낸 결과물이다. 아마도 경쟁의 모습이 가장 적나라하게 드러나는 현장은 정자들이 서로의 경쟁에서 이겨 생식에 성공하는 과정일 수 있다.

동물의 생식을 연구하던 한 학자는 한 들쥐의 정충에서 이상한 모양의 정충을 발견하였다. 이 동물의 정충은 한 가지 모습이 아니라 여러 모습을 하고 있는 것(heteromorphic sperms)을 발견하였다. 생성된 정충의 반 이상이 유전자를 가지고 있지 않으며, 낫 모양의 모습에 머리 꼭대기에는 갈고리를 달고 있다.

이들 정충 중에 유전자를 운반하는 정충은 진짜 정충(eusperm)이라 하며 혹이 달린 정충은 가짜 정충(parasperm)이라 한다.

가짜 정충은 생식 과정에서 진짜 정충에 갈고리로 달라붙어서 진짜 정충이 속력을 낼 수 있도록 도와준다(앞 페이지 그림). 가짜 정충이 많이 달라붙을수록 진짜 정충의 속력이 증가하며 아울러 진행하는 방향이 빗나가지 않는다. 정충 간의 경쟁에 있어 매우 유익한 협력(cooperation)이 이루어지는 장면이다. 그러나 정충을 생성한 수컷의 입장에서는 자기 정충끼리 서로 경쟁할 이유는 없을 것이다. 어느 정충이 수정에 성공하든지 자기 유전자의 전달 가치가 달라지지는 않는다. 따라서 이러한 별종의 정충이 생겨나는 이유는 정충들이 다른 수컷의 정충과 경쟁해야만 하기 때문이다.

혹이 달린 정충을 가진 동물은 사슴쥐(deer mouse)라 불리는 들쥐로 암컷이 생식기에 여러 수컷과 교배를 한다. 따라서 같은 난자를 향해 여러 수컷의 정자들이 서로 경쟁하는 일이 발생한다. 이때 필요한 것이 속도를 높이는 정충들이 달라붙어 경쟁에 이기기 위해 맹렬히 속도를 높이는 것이다.

사슴쥐와 비슷한 들쥐(oldfield mouse)는 암수 한 쌍으로 살며 이들에게는 사슴쥐와 같은 갈고리 정충이 없다. 암컷의 교배 행태가 별종 정자의 필요성을 만든다. 이런 정자 간의 경쟁은 많은 형태로 진화하여 동물마다 다른 경쟁 방법이 생겨났다.

초파리의 정충은 자기 쪽 정충을 지원하는 형태에서 다른 정충을 공격하는 방식으로 변화했으며, 이 과정에서 가짜 정충이 자기 쪽 정충을 보호하는 기능을 더 하기도 한다. 나비나 나방의 경우에는 과도하게 많은 양의 정액을 사정하는데 그 이유는 암컷이 다른 수컷과의 교배를 방해하기 위해서라고 한다. 암컷의 생식기에는 정자 저장소가 있으며 이곳의 정자가 가득하면 교배를 꺼린다고 한다.

인간의 정충에게도 이런 문제가 발견된 것은 1974년 베드 퍼드(Bedford)의 논문이었다. 사람이 한번 사정한 정충 중에는 20% 내지 35% 가까이가 구조적 결함을 가지고 있다고 한다. 이 수치는 다른 영장류들 보노보 2%, 침팬지 4.5%, 오랑우탄 1.5%에 비해 현저하게 높은 수치이다. 그런데 고릴라의 경우 결함이 있는 정충이 29%에 달한다. 이 연구는 사람이 침팬지와 가까우므로 30%정도의 결함은 과도하게 많은 것이라 하였으며, 그 결함이 생긴 이유는 정충의 건강을 해치는 우리의 성 습관에서 비롯된 것으로 우려하였다.

특히 의복이 주요 이유로 지적되어 건강한 정충 생산에 해롭게 작용한다고 설명하였다. 이런 조사는 이후에도 계속되었고 80년대 초에 이르면 사람의 정자 중 난자까지 헤엄을 쳐 올 수 있는 정자는 반도 안 된다는 것이 지적되어 사람의 정자에 대한 건강 문제가 크게 우려되고 있었다.

그러던 중 1988년 영국의 생물학자인 로빈 베이커와 마크 벨리스(R. Baker and M. Bellis)가 "가미카제 특공대가설"을 발표하였다.

이 가설에 의하면 결함이 있는 정충들이 아마도 생식에 이로운 다른 기능을 할 것이라는 주장이다. 결함이 있는 정충은 건강한 동료 정충을 돕기 위하여 가미카제가 되어 다른 정충을 죽이는 기능과 길을 막거나 해하는 일을 한다고 하였다. 가미카제 정충은 자신의 유전자를 운반하지 않고 동료의 정충이 유전자를 전할 수 있도록 자신을 희생하는 것으로 보여 자연계에서 나타난 온전한 이타성(altruism)의 모습이 될 것이라는 평가를 들었다. 소위 사회성의 진화에 관련한 한 좋은 예처럼 들린다. 이 연구에서 머리가 큰 정충들을 따로 발견하였으며 이들 정충이 수정하는 정충이라고 하였다.

그러나 이 가설은 다른 동물에게는 맞는 측면이 있으나 사람에게는 맞지 않는 것으로 부정이 되었다. 머리가 큰 정충은 실제 염색체를 쌍으로 가지고 나는 변종으로 해로운 것이며, 암컷이 다른 많은 수컷과 생식기에 교배하는 침팬지나 보노보가 오히려 현저하게 별종 정자가 적은 데 반하여 다른 수컷의 정자를 맞닥뜨릴 가능이 매우 낮은 인간이나 고릴라에 별종 정자의 구성비가 높은 이유를 설명하지 못하기 때문이다 Moore and et al, 1999.

인간이나 고릴라에 별종 정자의 구성비가 높은 이유는 실제로는 경쟁이 없어서 생기는 단순한 병리(defects) 현상이다. 이후 연구에서 밝혀진 바에 의하면 실제 수천만 마리에 달하는 인간의 정자 중에는 건강한 정충이 4%도 안 된다고 하니 누가 보아도 경쟁이 만들어내는 또 다른 위험신호인듯싶다. 경쟁이 없다는 것이 생산력을 낮춘다는 것 인간의 생산 공장만은 아니다.

개미는 진짜 사회적인 동물이다.

개미를 위키피디아(Wikipedia)에서 찾으면 "완전 사회적 동물(an eusocial animal)"라고 정의한다. "eu"란 뜻은 진짜란 뜻으로 거짓이라는 뜻을 갖은 "para"에 반대어다. 따라서 개미는 진짜 사회적인 동물이다. 우리가 사회적 동물이라 부르는 많은 동물은 아마도 가짜 사회적 동물이란 뜻에서 사용한 것이다. 사람도 사회적 동물이라 불리는데 아마 가짜 사회적 동물일 것이다.

그런데 하버드대학 생물학과 윌슨(E. O. Wilson) 교수는 1975년 그의 저서『사회생물학 Sociobiology』에서 사람도 "진짜 사회적" 동물 이라 주장을 하였다. 이 용어는 인간 사회를 포함한 모든 사회 현상에 대한 생물학적 해석이라는 의미로 포괄적으로 사용되어 이후 인문사회학계에도 커다란 영향을 끼친 책이다.

[서로돕는 개미의 모습]

윌슨에 의하면 개미 사회는 집단 전체를 하나의 유기체로 보아야 하는 초유기체(super organism)이다. 마치 정충들의 경쟁 관계를 유기체 수준에 만들어 낸듯한 주장으로, 그는 인간의 사회에 대하여서도 초유기체적인 해석이 필요하다고 한다. 그의 이러한 주장은 개인주의 성격이 강한 미국의 사회학 분야 특히 정치, 경제학은 물론 인문학 전반에 걸쳐 맹렬한 비판이 쏟아졌다.

윌슨에 의하면 개미의 개체 수는 지구상의 모든 동물의 숫자를 합한 것에 4배에 달하는 수치이다. 개미의 종(種)의 종류는 무려 22,000종에 달하며 지구상에 가장 성공적인 적응을 한 동물이다. 그에 의하면 개미의 "진짜 사회성"은 지구의 생물 역사에 몇 안 되는 주된 생존방식 자체의 변환에 있다고 한다.

개미는 "사회성"이라는 생존방식을 통하여 한때는 지구를 모두 덮고 살았던 곤충들의 세상에서 대부분 곤충이 멸종한 현시점까지 살아남았다. 생존방식이 인간 사회성에도 무엇인가 큰 암시가 될 것임에는 틀림이 없다. 사회성 동물은 개미만은 아니다. 벌, 말벌, 흰개미 등의 곤충과 척추동물 중에는 일부 땅속두더지 등도 그렇게 산다. 다만 벌이라 해서 모든 벌이 사회성인 것은 아니다. 오직 개미만이 모든 종에서 완전 사회적으로 살아간다.

사회적인 동물은 한배의 새끼를 협력해서 키운다. 같은 집단(a colony) 내에 여러 세대가 같이 살며, 새끼를 낳는 집단과 낳지 않는 집단 간에 노동의 분화가 이루어진다. 이런 노동의 분화는 살면서 전환되지 않기 때문에 계급이라 칭하기도 한다. 가장 특징적인 것은 일하는 집단은 생식에 참여하지 않는다. 이들 집단은 수정이 되지 않는 알에서 부화되며 모두 자매간이다. 일부 수정된 알에서만 번식하는 수컷과 알을 낳는 여왕개미가 생긴다.

새끼를 낳지도 않으면서 평생 일만 하는 개미에 대하여 생명체의 당위성에 심각한 의심이 생긴다. 어떤 유전학자가 대화중에 자기는 형제 4명이라면 대신 희생할 수 있고 사촌은 8명이 있으면 희생할 수 있다고 했다고 한다. 형제간에는 1/4의 유전자를 공유하고 사촌 간에는 1/8의 유전자를 공유하기 때문이다. 결국, 유전자의 총량이 중요한 것이지 누가 가진 것이 생물학적으로는 의미가 없다는 것이다.

학자들(Haldane, Hamilton, Fisher 등)은 이러한 생존 가치를 포괄적 적응성(inclusive fitness)이라 한다. 새끼를 낳지 않는 개미도 여왕개미가 낳은 새끼들을 기르는 것이 자기 포괄적 적응성에 더 안정적이고 유리하기 때문이라 한다. 덴마크의 자코부스 붐스마(Jacobus Boomsma) 교수는 수학적으로 이런 번식의 방법은 암수 한 쌍이 짝짓기해서 사는 동물들이 자기 유전자를 가장 잘 안전하게 유전시키는 방법이라 한다. 결국, 일부일처제가 극단으로 진화하면 개미와 같은 생활방식이 된다. 아마도 개미는 일부일처제를 가장 독실하게 지킨 동물인가 보다. 일부일처제를 강요하는 인간의 문화적 지향성은 궁극에는 사람에게서도 이제 생식기능이 분화되는 인류가 따로 생겨나는 것은 아닐까 하는 쓸데없는 생각을 해본다.

에드워드 오즈번 윌슨(E. O. Wilson)은 하버드 대학를 나와 하버드대 생물학과 교수를 수십 년간 재직하였다. 그는 많은 저작물을 통해 미래의 인간 사회 생존 지속가능성에 대해 미국 생물학계를 대표하여 "사회성"에 대한 새로운 인식의 중요성을 지금까지 수십 년간 같은 주장을 계속하고 있다. 그러나 정치학자로서 본다면 윌슨은 플라톤 이래 가장 완벽한 전체주의 입장인 것이다. 자유주의에서는 집단이익이 개인의 이익을 앞설 수 없으며, 개인의 이익 속에서 집단의 이익이 해석되어야 한다. 실제 윌슨의 책은 600페이지에 달하나 그중 95%가 개미의 적응에 관하여 논하고 있으며 인간 사회에 대해서는 5%를 할애하고 있다.

윌슨이 영장류를 연구하지 않고 곤충만을 연구대상으로 해서 생긴 과장된 주장이라 생각한다.

르원틴(Lewontin)은 1984년 그의 저서『우리에게는 유전은 없다 Not in Our Genes』에서 인간의 사회성은 유전자에 있지 않고 뇌에 있기 때문이다.

사람은 개인을 주체로 그 사회성을 설명해야 한다. 사람은 사회적(eusocial) 동물이 아니다.

6. 할머니 가설과 인간의 수명

■ 침팬지와 수렵인의 인구 구조 비교표

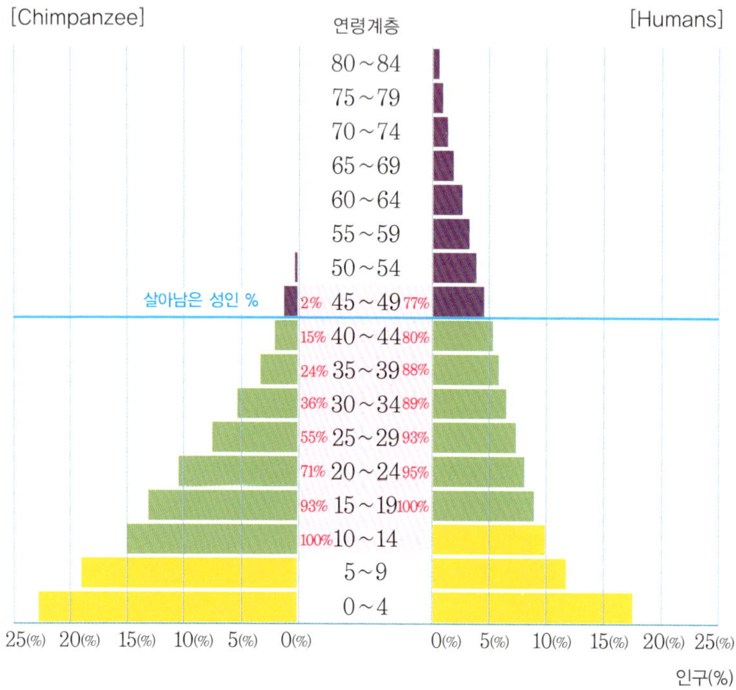

[사람에게는 침팬지에게 없는 할머니 인구구성이 있다]

"인간에게는 있으나 동물에게는 없는 것?"이라 물으면 아마 대부분은 종교와 도덕심이라 답할 것 같다. 그러나 도덕심은 새끼를 낳아 장기간을 키워야 하는 포유동물에게는 없을 수 없는 것이다. 또 이런 주제의 논의는 생각보다 매우 많다Braintrust, Churchland, 2011. 그런데 필자의 답은 동물에게는 없으나 사람에게는 있는 것은 할머니이다. 위 도표는 침팬지와 현생 수렵인의 인구구조비교표(demographic structure)이며 이를 잘 보여 준다. 침팬지는 생명이 짧은 것이 아니라 할머니라 불릴 인구구성이 없는 것이다. 물론 할아버지도 있겠으나, 진화론적 이유에서 할아버지는 할머니가 생기다 보니 그냥 있게 된 것이고 할머니는 진화적 이유에서 발생한 것이다.

미국 유타대의 크리스틴 허키스(Kristen Hawkes)는 이러한 인구구조의 특징을 "할머니 가설(grandmother hypothesis)"이라 주창하였다. 허키스는 남미 파라과이에서 지구상에 남아 있는 몇 안 되는 수렵인 생활을 하는 아체(Ache) 부족과 오랜 기간같이 생활한 여성 인류학자이다. 허키스는 이곳 원시 부족인의 생활에서 종래 정설로 받아들여졌던 수렵인 가설(hunting hypothesis)과는 완전 다른 생활 모습을 발견하였다.

인간이 수렵 생활을 하면서 지능이 발달하고 문명국가를 이루었다고 하는데, 그 잘난 남성 수렵인이 수렵 사회에서 무슨 기능을 하는가에 대한 커다란 회의가 생겼다고 한다. 수렵이라는 것이 아주 큰 동물을 가족의 식량으로 잡아 온다는 것인데, 수렵의 사냥 성공률이 매우 낮아 사냥만으로는 도저히 가족의 식량 수요를 감당할 수 없다는 것이다. 그녀는 이후에 아프리카 탄자니아의 수렵인 하드자(hadza)족과 연구를 계속하였는데 이곳에서 그녀의 사냥가설에 대한 회의를 확신할 수 있었다. 하드족의 사냥은 발달된 활과 화살로 기린을 잡는 것과 같은 수렵 생활을 하는데 성공률이 4%도 안 된다고 한다. 이렇게 얻어지는 식량은 절대 아이를 키우는 가족에 안정적인 식량을 제공할 수 없었다. 그나마도 사냥한 동물은 집에 가져오는 것이 아니라 온 동네에 선심성으로 나누어 준다. 그냥 그 사냥물은 내가 최고의 사냥꾼이라는 명성(reputation)을 위해 사라진다.

허키스에 의하면 수렵사회의 생존을 위해서는 할머니의 존재가 절대적으로 필요하다. 인간의 아이는 3세 이전에 어미가 젖을 떼고 이유식을 먹게 되며 7세가 되면 어느 정도 스스로 살아남을 수 있다.

(다른 동물들은 새끼가 성장하여 스스로 먹이를 해결할 때까지 어미가 돌보는 경우와 크게 다르다. 특히, 침팬지는 새끼를 6년이나 키운다.) 침팬지 중에 가장 자식을 잘 키운 피피(Fifi)는 평생 7마리의 새끼를 낳았으며 그 새끼들은 6년마다 한 새끼를 낳은 것이다.

그러므로 할머니가 존재하지 않는다면 3세에서 7세 사이의 아이는 살아남기 어렵다. 할머니는 아이도 돌봐 주며 채집(땅에서 캐는 투버)이 가능하며 작은 동물을 잡아 가족의 식량을 보조할 수 있다. 누군가는 아이를 먹이고 키워주어야 한다. 야생에서는 생식기가 지난 암컷 동물은 존재하지 않는다. 생물학적으로 자식을 번식해 키우는 데 더는 기여할 수 없기 때문이다. 그러나 사람은 생식기가 지난 여성에게 새로운 건강의 신호가 찾아오며, 신체적으로 매우 건강한 노년생활을 하게 된다. 생물학자인 윌리엄스(G. Williams)는 여성이 일정 나이에 이르면 생식을 중단하고 양육에 치중하는 것이 자기 번식에 유리하다는 것을 계산해 내었고 사람의 경우 생리 중단은 자연선택의 결과라 했다. 허키스는 수학적 시뮬레이션을 통해 할머니의 존재가 어떻게 인구증가에 기여하는 가를 보여 주었다. 늘어난 수명은 인간 인구구조에 할아버지가 대거 등장함으로써(할아버지는 할머니와 달리 생식할 수 있음) 생식이 가능한 남녀의 비율이 크게 변하게 된다. 이로 인하여 남성의 생존방식이 많은 여성과의 관계에서 한 여자를 굳게 지켜내는 방식으로 변화하였으며, 이렇게 해서 생겨난 인류의 결혼 방식으로 일부일처제가 정착되었다. 허키스에 의하면 인간이 두뇌가 커진 것도 인간이 오래 살기 때문이라 주장하고 있다. 인간의 뇌가 특정 부분이 기능적으로 커지는 것이 아니라 성장 기간이 길어지면서 모든 부위가 골고루 커지는 모양을 하고 있으므로 인간의 수명이 뇌 크기를 결정짓는 제일의 요소라 주장한다. 그러나 동물에게는 없으나 인간만이 가지고 있는 것은 할머니만은 아니다. 베리 보긴(Berry Bogin)이라는 인류학자는 인간의 식량을 연구하는 인류학자이다. 그는 고대인 골과 현대인 골의 성장 모습을 비교하면서, 고대 인류(Homo erectus 이전)에게는 소위 "아동기"라는 생명주기(life span)가 없다는 것에 주목하였다. 그에 의하면 영장류를 포함한 모든 포유동물에게 현생 인류와 같은 "아동기"는 따로 존재하지 않는다. 모든 동물의 새끼는 유아기(infant)를 거쳐서 그냥 성체로 성장하는 것이다. 인류만이 아동기를 거치고 또 유년기(juvenile), 청소년기(adolescent)를 거쳐서 성인으로 성장 변화한다. 그에 의하면 30만 년 전 고대 인류의 인골에서 아동기가 인간성장의 모습으로 정착되었다고 한다.

"예쁜 3살"이니 "미운 7살"하는 말이 인간의 아동기 특징을 잘 표현하고 있다. 아이가 3살이 되면 이유기에 이르게 되고 어미는 다른 아이의 잉태를 위해서는 아이를 밀어내기 때문에 아이로서는 어미한테 온갖 예쁜 짓을 하는 것이 생존에 중요한 방편이 된다. 또 7살이 되면 아이가 제법 성장하여 스스로 생산에 기여할 수 있게 되며

[할머니와 손자]

부모를 떠나 사회로 진입하게 되는 시기가 된다. 부모보다는 친구가 중요해지는 시기이다. 사춘기에 이르면 이제 아이는 자기의 가족을 만들어야 하며 부모와는 심한 갈등이 생기게 되는 시기에 도달한다.

인간의 인생 주기(life cycle) 모습이 다른 동물과는 판이하며, 인간 본성에 대한 이해는 이 과정을 염두에 두어야 한다.

물론 크리스틴 허키스에 대한 반론도 만만치는 않다.

2020년에 하드자 집단의 생활을 연구한 엘리사 크리텐든(Alyssa Crittenden)는 '막상 3살이 된 아이를 돌보는 대리모 역할에 할머니가 주도적이진 않다' 라고 한다. 인간에게는 아버지가 참여하며, 자매가 된 아이 그리고 가까운 친척들이 모두 참여하여, 어머니의 참여도가 68.9%인 반면, 친가와 시가의 할머니는 둘 다 합해서 그 기여도가 5%도 안 된다고 하니 할머니 가설을 적극 지지하지는 않는다. 또 할머니가 많다고 해서 아이들의 생존 가능성이 커지는 것은 아니다. 할머니의 존재에 대한 진화론적 설명이 부족해 보이기는 하다. 그러나 필자가 이해하기에는 할머니의 사회적 기여는 애를 키우는 데도 있지만, 사회 전반을 아우르는데 크게 기여한다. 한때는 동물의 사회에서 수컷들의 위계에 대한 과장된 평가가 있었다. 수컷들의 힘의 경쟁을 통하여, 두목(α-male)이 되는 위계가 설정되고 이 위계를 통하여 동물사회가 안정된 사회로 역할을 하게 된다고 생각되었다.

그러나 여러 동물의 사회에 대한 연구가 집적되면서 힘에 의한 수컷 위계는 실제 집단의 안정적인 관계를 지탱하는 매우 가변적이고, 오히려 나이 든 암컷이 사회의 위계질서를 지키고 안정적으로 이끄는 근간이라는 것을 알게 되었다. 나이 든 암컷이 사라지면 그 집단은 쉽게 다툼에 휘말리고 분열한다는 것이 알려지게 되었다. 나이 든 암컷이 집단 내 모든 성원을 가장 잘 알고 싸움을 말리며 누가 두목이 되는 가는 물론 집단의 일상 먹이 찾기에 방향을 설정한다는 것이다. 이러한 내용이 할머니 가설을 보다 설득력 있게 만든다. 동물의 왕국의 할머니 가설은 오히려 인간 역사학에는 낯설지가 않다.

우리 고대사에 적혀진 신라의 윗대 왕들은 거의 왕위가 사위로 이어져 온다. 사위가 왕을 잇는다는 것은 생물학적으로 말이 안 된다. 지금보다는 훨씬 더 친족 중심 사회였음을 감안한다면 당시에 왕을 사위로 둔다는 것은 상상할 수 없다. 사위가 가능하기 위해서는 사위가 그 집단의 중심으로부터 보면 왕의 친자식보다 친족 거리가 더 가까워야 한다. 그 집단의 중심이 할머니라면 가능해진다. 왕의 딸이 할머니의 외손과 결혼하는 것이 할머니의 가장 가까운 친족일 수 있다. 남자들이 외부의 여자와 결혼하고 여자들이 친족 내에서 결혼대상을 찾는다면 사위가 가장 중심에서 제일 가까운 친족이 된다. 할머니가 중심이 되는 왕위 계승은 이후에도 지속이 된다. 부자간의 상속이 이루어지는 시점에서도 진흥왕같이 할머니 손에서 섭정이 이루어지는 경우도 있다. 고려시대에도 왕조의 핏줄은 유전자로 보면 개성 왕씨가 아니라 경주 김씨라 한다. 할머니의 기록이 잘 전하는 조선왕조 특히 왕이 자식이 없어 대를 잇지 못했던 순조이후 왕들 모두가 왕대비에 의해 왕위가 결정되었다. 안동 김씨 김 대비나 풍양 조씨 조 대비 그리고 여흥 민씨 모두가 외척세력이다. 왕위에서 쫓겨난 두 명의 왕 연산군이나 광해군 모두 그 죄목의 첫째가 할머니에 대한 패륜이다. 할머니 눈에 벗어나면 왕도 버림받는다. 할머니의 가설이 성립하는 이유는 할머니가 친족이 가장 많다는 것이다. 현존하는 대부분 원시 사회에서도 할머니를 중심으로 가족이 모인다. 가족이란 같은 할머니를 가진 사람들이다. 한국의 역사도 한번쯤은 할머니를 중심으로 다시 바라보면 훨씬 재미가 있을 법하다. 동물의 왕국에서 역사학자에게 변죽을 울려본다.

7. 리바이어던 Leviathan

정치에 동원되는 악마적 동물들

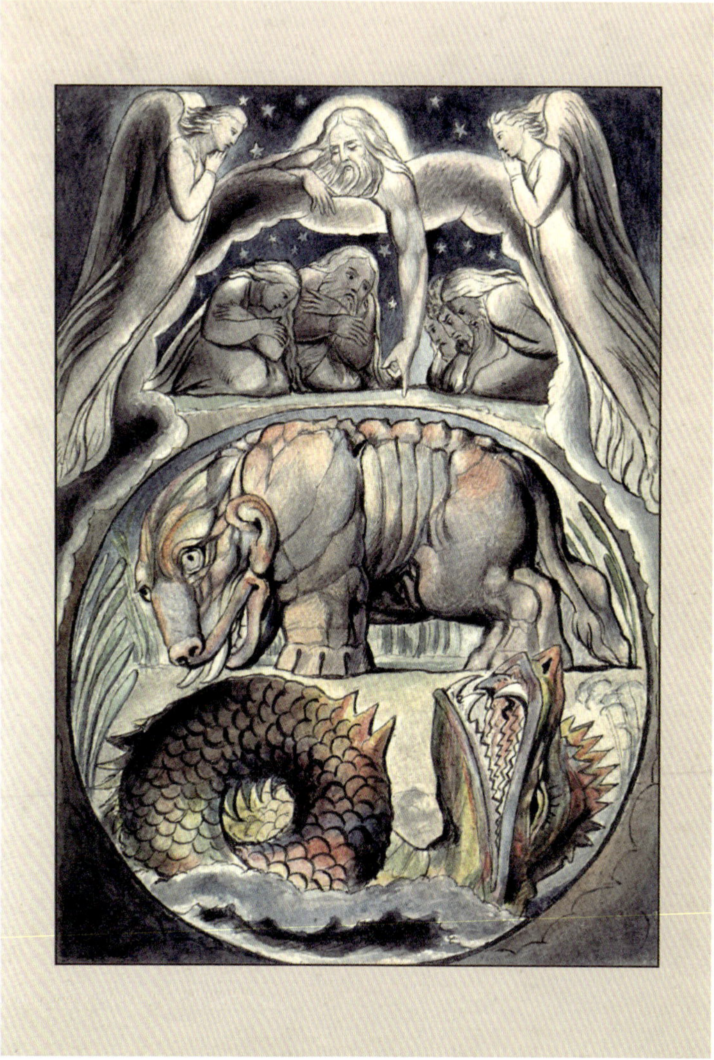

[리바이어던(Leviathan)과 베헤못(Behemoth)의 책표지 그림]

동물 중에는 정치에 자주 동원되는 악마적 동물들이 있다. 물론 사탄에 비유되는 동물은 단연 뱀이다. 불을 뿜는 용도 있고 거대한 뱀도 있다. 그러나 인간 사회에 있어서는 인간에게 직접 해를 주는 동물은 사탄의 손과 발의 역할을 하는 '리바이어던(Leviathan)과 베헤못(Behemoth)'이 가장 잘 알려진 악마적 동물이다. 이 동물은 구약성경 여러 곳에 등장하며 요한계시록에는 예수를 잉태한 여인을 쫓던 사탄(the great red dragon)이 하늘에서 쫓겨나 지상의 악마적 동물과 연대를 하는데 이때 두 마리의 악마적 동물이 등장한다. 프린스턴 대학교의 신학과 교수이며 초기 기독교 복음서 연구 전문가인 일레인 페이젤(Elain Pagels) 교수에 의하면 "리바이어던은 바빌론 왕, 그리고 666이란 숫자를 달고 있는 베헤못은 예루살렘을 파괴하고 유태인을 학살한 네로(Nero) 황제나 도미티아누스(Domitian) 황제를 상징하는 것"이라 한다.

리바이어던과 베헤못은 구약성경의 "욥기"에서 하나님이 직접 언급한 악마적 동물들이다. 인간의 평화를 파괴하는 두 동물 중 리바이어던은 바다에 사는 머리가 일곱 개 달린 괴물이며, 베헤못은 육상에 사는 괴물이다. 많은 학자는 리바이어던은 악어를 지칭한다고 생각하고 있으며 베헤못은 하마를 지칭한다고 보고 있다.

종교개혁을 한 마틴 루터는 당시에 교회로부터 머리가 일곱 개 달린 리바이어던으로 공격을 당했다고 하는데 그의 국제적 영향력을 생각해 보면 마틴 루터에 동조하던 여러 국가의 종교개혁 지도자 일곱 명의 모습을 한 번에 싸잡아 공격하는 방편으로 삼기 좋았을 것 같다. 나폴레옹이나 히틀러에게 이러한 괴물들의 상징이 주어지는 것은 어찌 보면 당연해 보인다.

영국의 철학자 토마스 홉스(T.Hobbes 1588~1679)는 『Leviathan 1651』과 『Behemoth 1668』라는 제목의 책을 출간하였다.

홉스는 두 악마적 괴물을 어떤 특정의 악한을 비방하기 위해 쓴 것이 아니라 신으로부터 혹은 교회로부터 독립된 강력한 국가의 모습을 그리기 위해 사용하였다. 리바이어던은 절대 권한을 갖은 정부를 그리고 베헤못는 이를 뒷받침하는 절대권을 창출하는 국회를 상징한다. 흔히 홉스는 로크와 더불어 사회계약론의 창시자라 일컬어지는데 그에 의하면 국가의 권력은 시민의 통합된 합의에서 나오는 것이며 인간에 의해 만들어진 작위적임을 강조한다. 홉스가 악마적 동물을 국가에 비유한 것은 종교에 대한 심각한 도발임은 말할 나위도 없다. 그야말로 정치에서 혁명적인 주장에 가깝다고 해야 할 것이다. 홉스는 성악설로 알려진 이기적이며 나약한 인간의 본성을 그리고 있으며 국가를 통하여 강력한 인간의 의지를 실현할 것을 주장하는 것이다. 그에 의하면 국가의 권력은 절대적으로 존중되어야 하는데 그 이유는 자연 상태에서는 인간은 안녕과 평화를 절대 누릴 수가 없기 때문이다. 아래 사진은 『Leviathan』의 책 내지에 보쎄(Bosse)라는 작가가 그려 넣은 리바이어던의 모습이다.

[17세기 보쎄(Bosse)가 그린 리바이어던의 모습]

사진의 속 인물의 팔과 몸은 수많은 사람으로 연결되어 표현되어 있다. 강력한 국가의 힘은 연계된 사람들에게 나오는 것이다. 자못 중국의 괴기영화에나 나올 법한 이 모습은 독재자들의 절대 권력을 합리화하는 수단으로 계속 악용되어 왔다. 다수의 인민을 앞세운 이들의 논리는 선거를 위장한 히틀러, 홍위병을 앞세운 모택동의 신민주주의, 백두혈통을 앞세운 김일성에게까지 인민의 연계를 앞세우면 전제정치도 정당한 것으로 지속해서 정치에 악용되어 왔다.

존 로크(J. Locke)와 존 스튜어트 밀(J. S. Mill) 그리고 미국의 권리장전에서 보이는 사회계약론은 인민의 이름으로 행해지는 다수의 횡포를 민주주의의 가장 큰 문제로 지적한다. 천부의 인권으로 주어진 자유의 권리는 다수의 횡포로 압제가 될 수 없는 것이다.

필자는 리바이어던의 몸에서 왠지 요즈음 우리나라에 주장되는 민주주의의 잘못된 모습이 보이는 것 같아 두렵다.

아래 사진은 '전쟁에 나선 포르투갈인(Portuguese man of war)'라는 이름을 가진 동물이다. 해파리처럼 생겼고 해파리처럼 살아가

[전쟁에 나선 포르투갈인의 동물 모습]

나 해파리가 아니다. 해파리는 한 개의 생명체를 이루는 단일 유기체이나 이 동물은 머리를 구성하는 동물, 몸을 구성하는 동물, 그리고 촉수를 구성하는 동물 등 각각 다른 생명체가 조합되어 한 개의 유기체처럼 살아간다. 이에 붙여진 이름은 몸통의 생김새가 전쟁에 나선 포르투갈의 전함같이 생겨서 붙여진 이름이다. 우리나라에는 없으나 호주 동부 해안에서는 매년 10,000명 이상이 이 동물의 촉수에 나오는 독에 중독이 된다고 한다.

몰리 로버츠(Morley Roberts)는 생물학에 심취한 정치학자로서 1938년 그의 저서 『생물정치학 Biopolitics』에서 인간의 정치체를 굳이 동물에 비유하자면 전쟁에 나선 포르투갈인이 가장 좋을 것이라 하였다. 그가 이렇게 주장한 이유는 정치체를 한 유기체로 비유하던 당시의 정치학 비유(예를 들어 시스템비유)에 대하여 정치체를 한 개의 유기체에 비유하는 것은 전제적 요소를 피할 수 없기 때문이다. 한 개의 유기체에서는 유기체 전체의 이익이 항상 부분인 개인의 이익을 희생시키고 강제할 수 있기 때문이다. 정치체를 이러한 전체주의적 유기체에 비유에서 피하려는 나름 매우 설득력이 있는 비유임에는 틀림이 없다. 그러나 필자는 전쟁에 나선 포르투갈인의 비유를 통하여 근래 한국정치의 매우 무서운 모습을 보는 것 같아 두렵다. 몇 개의 이익집단이 하나로 뭉쳐서 6피트나 되는 수백 개의 독성 촉수를 내뻗어 사회에 포식하는 두려운 모습이 연상된다.

특히 이 동물은 아주 작은 수많은 물고기를 공생처럼 데리고 다니며 사는데 이는 큰 물고기들을 유인하는 미끼처럼 작용한다. 로버츠의 비유가 어쩌면 민주주의 사회가 만들어내는 한 괴물 정치체를 예견하지 않았는지 생각해본다. 이 동물은 매우 해로운 동물로서 다른 이름은 떠다니는 공포(floating terror)라 불리는데 우리에게는 자못 현실감이 있어 두렵기만 하다.

2장 우리에게 친근한 동물들

Animal kingdom

1. 호랑이
2. 용
3. 말
4. 돼지
5. 소
6. 개
7. 개(MRI)
8. 곰
9. 고양이
10. 늑대
11. 늑대개
12. 코끼리
13. 매머드
14. 여우
15. 물개
16. 신세계 원숭이
17. 침팬지
18. 큰뿔사슴
19. 하이에나
20. 박쥐
21. 토끼
22. 고래
23. 닭
24. 매
25. 비둘기
26. 까마귀
27. 뻐꾸기
28. 청둥오리
29. 알바트로스
30. 아귀
31. 오징어
32. 악어
33. 개구리
34. 메뚜기
35. 바퀴벌레
36. 이

1. 호랑이 *Tiger*

한반도의 호랑이

[김홍도의 대나무 아래 호랑이]

[김홍도의 소나무 아래 호랑이]

동물의 왕국에서 왕을 뽑는다면 단연 호랑이가 일등일 것이다.

고양잇과에서도 가장 크며 야생에서 호랑이를 대적할 동물은 없을 것이다. 위 그림은 김홍도가 그린 두 폭의 호랑이로 우리나라 전 지역에 살았던 호랑이의 모습이다. 그림속 호랑이의 특징은 줄무늬이며 숲이나 초원 지역에서 보면 긴 풀의 그림자처럼 보인다고 하니 나름 보호무늬(camouflage)이다. 호랑이의 줄무늬는 사람 지문처럼 개체마다 다르다. 두 그림은 꼬리가 긴 호랑이의 모습을 잘 그리고 있다.

호랑이는 얼굴이 매우 큰 동물인대 그림에서는 비교적 얼굴이 실제보다 작아 보인다. 우리나라에서 호랑이는 무서운 동물이긴 해도 가장 사랑을 많이 받고 또 존경의 대상도 되었던 동물이 아니었나 싶다. 세계 대부분의 나라에서 호랑이는 힘과 용기 그리고 위엄의 상징이다. 산신령을 모시는 우리나라 곳곳의 사당에도 호랑이가 함께 모셔져 있는 경우가 많다. 필자는 산신령이 호랑이를 타고 다닌다고 생각했었다. 호랑이는 산신령을 도와 산을 지키는 신성한 동물로 알려져 있다.

일제강점기까지 우리나라 산에 호랑이가 있었던 것 같다. 1917년 신문기사엔 일본의 포수가 한국에서 호랑이를 제거하겠다고 조직을 만들어 활동했다고 한다. 일본에는 호랑이가 없으니 한반도에 와서 요란을 떤 모양인데 1917년 화순에서 한 마리와 함경도에서 두 마리를 잡았고 그나마 모두 조선의 유명한 포수들에 의해 잡혔다고 한다. 이내 오래지 않아 한반도에서 호랑이가 사라졌기 때문에 활동상황은 매우 미미했던 것 같다.

그러나 호랑이가 사라지는 것은 우리나라만이 아니다. 20세기 초에 오면 중앙아시아, 동남아시아, 중국에 걸쳐 대부분의 아시아 지역에서도 사라진다. 모두 엽총이 보편화 되면서 값이 매우 비싼 호랑이의 가죽이나 약재로 사용되는 호랑이의 뼈를 얻기 위해 마구잡이로 잡았던 것으로 보인다. 특히 우리나라에서는 숙종 연간에도 매년 수백 명씩 호랑이에게 사람이 피해를 보고 가축의 피해는 매년 수천 마리라고 했는데, 이후 이런 피해사례들이 급격히 사라진 현상은 산속 깊숙이까지 파고든 화전 농사 때문에 호랑이의 삶의 터전이 파괴된 것이 아닐까 한다.

지구상의 호랑이들은 유전적 다양성이 없는 매우 단순해 보이는 동물이다. 종도 비교적 단순하여 인도네시아의 순다 호랑이와 유라시아 대륙 호랑이 2개종으로 구분될 정도라고 한다. 또 유라시아 대륙의 호랑이는 다시 벵골호랑이와 시베리아 호랑이가 구분되는 정도라고 한다. 현재 지구상에는 약 4천 마리의 호랑이가 인도와 아무르강을 포함한 시베리아 등지에서 살아가고 있다.

그런데 최근 인도에서는 수년간에 걸친 호랑이 보호노력으로 인도에서만 3,000마리 정도의 벵골호랑이가 있다. 앞으로도 그 보전 정책을 지속할 것이라니 호랑이가 지구에서 멸종하는 위기는 넘어선 듯하다. 미국의 동물원이 보호하고 있는 호랑이 수만도 5,000마리가 넘는다. 2018년의 호랑이 유전자연구에 의하면 지구상의 모든 호랑이는 약 십일만 년 전에 공동의 부모를 갖는다고 한다. 어찌 보면 그 당시에도 멸종위기에 처한 동물이 아닐까 한다.

호랑이는 집단생활을 하지 않고 한 마리씩 외롭게 산다. 수컷은 암컷보다 1.7배나 크다고 하며 큰 수컷은 몸무게가 300kg에 달한다. 보통 200kg이 넘는 매우 큰 동물인 호랑이는 깊은 숲에 살며, 사슴이나 곰 등 대형동물을 즐겨 잡는다고 한다. 호랑이는 오래 뛰지는 못하나 숲에서 단거리는 사슴을 잡을 만큼 매우 빠르다. 한 마리의 영역이 지름으로 10km 이상이고 매일 영역을 순회하며 산다고 하며, 만주나 인도 등의 광활한 지역에서는 그 영역이 1만 km^2에 달한다고 한다. 물론 암수는 교미시기에 마주치며 수컷 호랑이는 새끼와 암컷에게 먹이를 물어다 주기도 한다고 한다. 호랑이가 특히 잘하는 것은 의외로 수영이며 하루에 수십km를 갈 수 있다고 한다. 아마도 인도의 강에서는 악어가 나타나는 것이 아니라 호랑이가 나타날까 걱정해야 할 듯싶다.

호랑이는 전해오는 얘기와는 달리 밤에 사냥하지 않고 낮에 사냥하는 동물이다. 앞발이 매우 발달한 호랑이는 웬만한 동물은 발로 쳐서 잡을 수 있으며, 점프력이 대단하여 10m를 뛰어오른다고 하니, 사람이 나무 위로 도망가도 피할 수는 없을 것 같다. 호랑이는 말을 타고 가는 사람 정도는 아주 쉽게 공격한다고 한다. 작은 동물을 잘 사냥하지 않고 60kg이 넘는 큰 동물들을 사냥하는데 자기 몸에 6배가 큰 동물도 한 번에 물어 죽일 수 있다고 한다. 호랑이 주변에 사는 표범은 비교적 작은 동물을 사냥한다고 하니, 나름 먹이사슬이 구분된 듯싶다.

사자는 호랑이에 비해 작은 동물이며 두 동물을 싸움을 시켰다는 일화도 많으나 필자의 생각에 사자가 호랑이에게 상대가 되지 않을 듯싶다.

호랑이가 강할까 사자가 강할까 하는 것은 많은 사람의 관심거리가 되어왔다. 둘에 대한 객관적인 전력분석에서는 단연 호랑이가 앞선다. 그러나 많은 목격담에서는 그렇지 않다.

클라이드 베아티(Clyde Beatty)는 19세기 말 유럽에서 여러 마리의 사자와 호랑이를 데리고 다니면서 동물서커스를 한 사람이며, 이 사람에 의하면 사자와 호랑이 싸움에서 매번 사자가 이긴다고 한다.

[1870년 Emile-joseph-alexandre gouget의 조각, 호랑이가 사자를 잡고 있다]

우선 사자는 사회적 동물이며 한 마리의 호랑이에 대항하여 여러 마리가 함께 대들기 때문에 호랑이가 이길 수가 없다고 한다. 그러나 실제 경기장에서 벌어진 두 동물의 개별싸움에서는 사자가 이기지 못한다. 다만 사자는 목이 두꺼워서 호랑이가 사자에게 치명적인 공격이 어려우나 결국엔 호랑이가 우세하다고 한다. 이 두 동물은 맹수이고 실제 싸움에서는 어떤 일이 일어날지는 상황에 따라 다르다고 한다. 우리나라의 에버랜드 사파리에서 사자와 호랑이를 같이 키우는데 대개 호랑이들이 사자를 피한다고 한다. 사자가 단체로 있으면 호랑이가 아주 열세에 놓인다. 사회적 동물의 물리적 힘이 강해지는 모습이다.

삼국유사에 나오는 김현감호(金現感虎) 설화는 초등학교 교과서에도 나오는 호랑이 관련 설화이다. 김현이란 사람이 호랑이를 감동하게 했다는 제목과는 달리 내용이 좀 혼잡하여 감동이 약하다. 삼국유사의 감통(感通)이라는 편목에 나오는 여러 글 중의 하나이며 다른 감통 설화들이 모두 스님들의 불심에 부처님이 감동했다는 것인데 김현설화는 신라 원성왕 시기 김현이라는 사람의 불심에 부처님이 감동한 것이다. 호랑이가 사람이 되고 또 그 호랑이는 사람을 해쳐서 벌을 받아야 하는 잘 이해하기 어려운 구도로 되어 있다. 이야기 속의 호랑이도 단군신화에서처럼 부처님도 받아들이지 못하는 한계가 있는 동물인 것 같다. 사람을 해치는 맹수이기 때문일 것이다. 이 글에서 김현은 산속의 한 절에서 탑을 돌며 기원을 하는 과정에서 호랑이가 사람으로 변한 여인을 만나게 되는데, 실제 깊은 산사에서 사람이 탑돌이를 한다면, 소리 내지 않고 다가가는 호랑이의 모습이 무섭게 상상이 된다. 다만 깊은 산속에 사는 호랑이와 곰은 산중의 스님들에게는 피하기 힘든 위험의 대상이었을 것은 확실해 보이며, 이런 상황에서 만들어진 설화가 아닐까 한다.

우리나라의 선사시대 유적에서 발견되는 호랑이는 3만 년 전부터라니 한반도는 호랑이의 좋은 서식지였던 것 같다. 멧돼지는 호랑이가 아주 좋아하는 먹잇감이며, 사슴과 노루가 많았던 한반도에 호랑이가 아주 오랜 기간 함께 살아왔다. 조선 초기 관리 중에는 호랑이를 잡는 전문 사냥꾼(捉虎甲士 착호갑사)이 있었으며, 세종대왕 시기에는 400명이나 된다고 하니, 호랑이와 전쟁을 오랜 시간 지속해 온 것 같다. 또한, 모든 군현에서 호랑이를 잡아 가죽을 진상해야 하는 것이 의무였다고 하니 전국 어디에서나 매우 많았던 것 같으며, 1921년 경주 대덕산에서 잡힌 호랑이가 기록상 마지막으로 잡힌 호랑이로 전해온다.

다행히도 연해주와 아무르강에 걸쳐 호랑이가 연이어 발견되었고, 강력한 보호 정책들이 시작되었다고 알려져 있다. 비록 매우 소규모로 나름 우리나라에서도 호랑이 복원 사업이 시작되었다고 하니, 조금이나마 결실이 있었으면 하는 바람이 크다. 이런 동물의 번식은 매우 어렵다. 비록 암컷이 새끼를 1년 안에 밸 수 있다고는 하나 수컷들은 상당히 덩치를 키운 후에야 가능하다. 가장 오래 산 호랑이는 동물원에서 26세라고 하고 평균수명은 15세 정도라 하니 수명도 길지 않은 편이다.

미국 브롱스 동물원(bronx zoo)에서는 동물들에게 향수를 많이 사용하여 동물원의 냄새를 줄이는데 호랑이는 특히 캘빈 클라인의 옵세션(Calivin Klein' s obssession)이라는 향수를 아주 좋아한다고 한다. 이 향수는 사향고양이에서 얻은 냄새를 합성한 것이라 하며, 인도에서는 사람을 살생한 호랑이를 유도하기 위해 이 향수를 사용할 예정이라고 한다. 남성용이라니 왠지 한번 사용해 보고 싶은 좋은 향수처럼 느껴진다.

2. 용 *Dragon*

동물의 왕국에서 바라본 첨성대

[첨성대 _ 신라 선덕여왕 때 축조한 국보 제3호]

용은 상상의 동물이다. 용은 서양에도 있고 동양에도 있다. 중국의 용은 황제를 상징한다고 한다. 우리나라도 중국의 용을 채용하여 왕의 상징으로 사용하고 있다. 역사 속 동물 중에는 상상의 동물이 실제 동물보다 더 인간과 가까운 예는 매우 흔하다.

불교에서 용은 수호천사의 모습을 하고 있다. 영주 부석사에는 이런 용의 전형적인 모습을 전하는 설화가 남아있다. 부석사는 삼국통일 시점에서 종교의 사회적 기능이 가장 요구되는 시기에 지어진 사찰이다. 통일신라를 대표하는 사상적 지주인 의상대사가 오랜 시기를 이 절에 머물면서 우리나라의 불교적 특색인 아미타불을 숭상하는 화엄종을 확립하신 곳이다. 이 절의 한 곳에는 선묘라는 여인을 모시는 사당이 지금도 존재하며, 이 여인은 당나라의 귀부인으로 의상 대사가 당에 유학 시절 의상을 연모하던 중 의상이 귀국길에 나서자 바다에 몸을 던져 용이 되어 의상의 험한 뱃길을 수호하였다는 설화가 전한다. 이 설화는 일본으로도 전해져 일본 교토의 한 지역의 수호천사가 되어 그곳 사람들이 신으로 모신다고 한다. 불교에서 용은 사대천황의 하나이며 부처님을 수호하는 역할을 한다. 부석사가 부석(浮石) 즉 떠 있는 돌이라는 이름이 붙여진 이유는 부석사에 떠 있는 돌이 있기 때문이기도 하지만 부석사의 무량수전은 선묘가 변한 용의 형상을 한 바위 위에 세워진 절이기도 하며 이 부석은 선묘의 신통력을 보여주는 흔적이라 한다. 역시 이곳에도 용이 사는 곳이기 때문에 용의 집인 우물이 경내에 잘 지어져 있다.

동물의 왕국에서 바라본 첨성대

경주에 가면 김씨 왕조의 시조로 알려진 김알지가 내려왔다는 계림 입구의 벌판 중앙에 첨성대가 있다. 첨성대를 한자로 읽으면 「瞻星臺」 '별을 바라보는 높은 건물'이라는 뜻이다.

삼국유사에는 선덕여왕의 신통한 능력에 대한 기사(선덕여왕이 3가지 사건을 알고 있었다는 기사) 뒤에 이어서 선덕여왕이 첨성대를 지었다고 적혀 있다. 이름에 따라 우리의 역사 교과서에도 별을 관측하는 오늘날의 천문대라 설명하고 있다. 그러나 첨성대의 기능에 대해서는 오랫동안 역사학계에서 그 용도에 대해 논란이 많았고 급기야는 2009년 역사학회와 한국과학기술원이 함께 그 기능에 관한 토론의 장을 열었다. 또한, 이러한 토론은 첫 번째도 아니고 지금까지 4차례나 계속되고 있다고 한다. 첨성대는 한 국가의 수도 한복판에 자랑스럽게 우뚝 서 있는지가 1,500년의 세월이 지났는데 아직도 그 기능에 대해 의견이 분분하다는 것은 이해가 가지 않을 일이다. 아마도 당대의 신라 거주민들은 그 기능이 무엇인지 잘 알았을 것이다. 그러나 우리에게는 분명 잊힌 역사이다. 삼국유사에도 첨성대가 지어진 이유에 대해서는 상술하지 않고 있다. 삼국유사를 쓰신 분에게도 첨성대는 잊힌 역사였다.

첨성대의 기능에 대해 여러 가지 이론이 생기는 가장 분명한 이유는 첨성대가 어떻게 보아도 천문대로서 기능을 하기에는 부적합하기 때문이다. 들어가는 입구도 하늘 높이 위치하고 있으며 들어가서 본다고 해도 보이는 별자리가 특수한 것도 아니다. 특히 천문대라면 건물이 자리 잡은 방위나 입구의 위치가 태양과의 위치가 중요할 텐데 이런 것을 방증할 어떠한 특이점도 없다. 동 · 서양을 막론하고 고대인들에게 가장 중요시되는 방위는 동지 시점의 태양 위치이다. 유럽에도 고인돌과 선돌이 많은데 이들 대부분도 동지의 태양 방위가 중심점이 되어 세워져 있다.

한국과학기술원이 참여한 이유도 첨성대에서 이러한 특성을 찾아보려고 한 것일 것이다. 그 토론 결과 중에는 선덕여왕 능과 첨성대의 선이 동지의 일출 선과 일치한다고 하는 매우 지엽적인 결과만 내었다.

신라 선덕 여왕 때 만들어진 첨성대...

선덕여왕은 우리나라 최초로 여성 왕이 된 사람이다. 신라 27대 여왕으로 첨성대 벽돌 층이 27단이라 하여 27대 왕을 고려해서 만든 것이라는 주장 등은 말이 안 되는 것이다. 선덕여왕의 3대 후인 문무왕의 묘지 비문에는 자신이 신라의 12대 왕이라 적고 있으며, 이 수치가 신라의 김씨 왕조만 생각한다면 맞는 주장이다. 선덕여왕 자신이 신라의 27대 왕이라 생각했을 가능성은 없다. 여성 왕으로서의 정통성 확보에 많은 논리가 동원되었으며 신라에서 왕이 될 수 있는 성골의 마지막 사람이라서 왕이 되었다고 한다. 첨성대는 분명 선덕여왕의 신성을 강조하는 도구로서 기능하였을 것이다.

동물의 왕국에서 삼국유사를 읽는다면 첨성대의 목적은 너무나 자명하다. 첨성대는 용이 사는 집이다. 경주란 황룡이 현신한 성스러운 땅이다. 불교를 진작시키고 신라의 국가 기틀을 마련한 진흥왕이 세운 신라의 가장 큰 절은 황룡사이다. 황룡사는 용이 현신한 곳인 왕궁인근 습지 지역에 세워진 절이라 한다.

용은 우물에서 산다.

지금도 한반도에 가장 많은 민속의 하나는 우물에서 용에게 기원하는 풍습이다. 용은 청룡과 황룡이 대표적인 용으로 특히 청룡은 우리에게 홍수와 가뭄을 가져다주는 무섭지만 신성한 동물이다. 가뭄과 홍수의 수재를 가져오는 청룡의 화를 누르기 위해 우물에 제사를 지내는 제의적 민속놀이들이 널리 퍼져 있다. 경기도는 물론 전라도 등지에 많고 신라 경주에도 우물에 제사 지낸 흔적들이 잘 남아 있다.

첨성대의 모습은 우물이다.

이는 위에서 보면 사각형의 분명한 우물 모습이며 실제 당대의 김유신 집 우물 유적은 첨성대와 매우 유사하게 생겼다고 한다. 첨성대 상부에 열린 출입구는 날아다니지 않는 동물은 들어갈 수가 없는 위치에 있다. 이것을 가지고 굳이 별도의 사다리가 있었다는 주장은 매우 옹색한 변명이다. 첨성대 내부에는 사람이 들어가지 않는다. 용이 출입하는 입구이다. 신라에는 우물이 신성한 곳이다.

신라의 초대 왕인 박혁거세의 탄생지로 알려진 나정(蘿井)은 최근 발굴결과 그 내부에서 발견된 유물들이 우물에 던져지는 것들이라 하여 실제 우물이었다고 한다. (물론 이견도 있다).

첨성대를 가장 오랫동안 연구한 정연식 교수(서울여자대학교 사학과)는 첨성대가 우물 형태는 맞지만, 출입구가 옆구리에 달린 것은 석가모니를 옆구리로 낳은 마야부인을 상징한다고 한다.

석가모니를 옆구리로 낳았다는 것은 성인을 아래로 낳았다는 것이 불경스러울 것으로 만들어진 이야기일 뿐이다. 불교에서도 용을 성스러운 동물로 생각한다고는 한다. 한 지역의 수호신 역할을 한다고는 하나 불교의 성스러운 동물들은 부처들이 타고 다니는 사자나 코끼리이지 굳이 용일 필요는 없다. 도심 한복판의 상징물이 일반인이 알기도 어려운 외래 종교의 상징이 채용되었을 리가 없다. 용은 우리 모두에게 가장 친근한 토착 신앙의 대상이며 우리 모두가 가장 잘 아는 존재이다.

첨성대가 지어진 이유는 전쟁의 혼란 시기에 진흥왕 때에 현시하였던 황룡이 우리와 함께하길 기원하여 지어진 것이다. 황룡이 돌아올 집이 없다면 어딘가로 가버릴 것이다. 그 기원이 매우 단순 명백하다. 첨성대에서 별을 보는 주체는 사람이 아니라 황룡이다. 황룡이 미래를 알아 우리를 가뭄과 전쟁에서 보호해 주어야 하기 때문이다.

용과 이무기 그리고 구렁이와 뱀에 관련된 설화는 우리에게도 매우 많다. 우리에게만 많은 것이 아니라 세계 곳곳에도 나름대로 매우 많다. 창세기에도 나오며 중국인을 낳은 여와도 뱀이다. 지금도 한반도 남부지역에 가면 뱀에 대한 민속이 흔하다. 봄에는 뱀을 잡아서 동네 입구 나무에 달아 두어야 한다. 그래야 잡귀와 질병을 막을 수 있다. 동네도 그런데 하물며 국가의 잡귀와 동티를 막기 위해서는 용을 모셔야 하는 것은 매우 자연스러운 우리의 민간신앙이다. 고구려나 신라 그리고 가야의 시조들은 모두 하늘에서 내려왔다는 신화가 전해진다. 이런 것을 북방 유목 전통에서 전해지는 태양신 숭배 사상이라고 한다. 최남선 선생의 단군신화 해석의 핵심내용이다. 그러나 우리의 다른 역사적 인물 중에는 땅의 신인 뱀을 통해서도 태어난다. 뱀이 주제가 되는 신화를 남방신화라 한다. 후백제를 건국한 견훤(진훤으로 읽어야 한다고 함, 이도학)은 그 어머니가 매일 밤 꿈속에서 찾아오는 사람에 의해 잉태가 되었다고 하는데 하루는 바늘에 실을 달아 두어 다음날 찾아갔더니 커다란 지렁이가 있었다고 전한다. 지렁이는 땅에 사는 용이다. 백제 의자왕의 아버지인 무왕은 그의 어머니가 과부가 되어 서울(부여) 남쪽 연못(부여 궁남지)가에 살았는데 지용(地龍)과 교통하여 무왕을 낳았다고 적고 있다. 여기의 지용 역시 지렁이이다. 백제의 무왕은 백제를 부여에서 익산으로 천도하려 했던 왕이며 익산에 미륵사를 세운 왕이며, 선화공주와의 서동요의 주인공이기도 하다.

첨성대의 용은 우리나라의 용이다. 경주지역은 지금도 그러하지만, 가뭄의 피해가 가장 큰 곳이어서 가뭄에 대한 기원의 목적으로 만든 것이 첨성대이고 선덕여왕의 치수 능력을 기대한 것이 아닌가 한다. 첨성대는 동물의 왕국에서 보면 우물의 형태가 분명하며 용이 사는 집이다. 특히 선덕여왕에게는 황룡이 거처하는 곳이었을 것이다. 용은 상상의 동물이기는 하나 우리의 민속에 가장 많이 등장하고 신격화되어 예우되고 있고 우리 생활과도 밀접한 동물이다.

동물의 왕국에서 오랜 논란에 대한 의견 하나를 제시해 보았다.

이 글이 쓰인 후 시점인 2020년 5월 23일 한국고대사학회의 합동발표회에서 진흥문화재단의 최민희 연구원이 첨성대에 관한 새로운 견해를 발표하였다. 발표된 글에 의하면 첨성대가 남북의 정방위에 위치하지 않은 이유는 남북의 방향이 시간대에 따라 바뀌었기 때문이라고 한다. 남북이란 방위는 지구 축과도 관계가 있지만, 자석의 방향과도 관계될 수 있다고 한다. 동양의 천문학에서 세차운동이란 것을 일찍이 발견하였는데 이는 정북 방향이 지구의 자전 때문에 약 70년 만에 1도씩 차이가 나는데 첨성대가 지어진 시점과 현재의 차이가 약 18도의 차이가 있고 각도의 차이만큼 첨성대가 지금의 정북과는 차이가 있다는 것이다. 이 연구원은 이를 증명할 방안으로 첨성대의 기단과 몸통 그리고 상단의 3가지 방위가 차이가 나는 것은 그 차이가 나는 각도만큼 다른 시기에 지진 등의 피해로 무너진 것을 재건축했기 때문이라 하고 있다. 그러나 이 논문의 토론을 맡은 서울여대의 정연식 교수는 이 글 전체의 논리가 맞지 않는다고 부정하고 있다. 방위란 것이 근본적으로 동서가 주축인 이유는 해의 방향으로 정확히 알 수가 있어서 굳이 정북 방향인 세차운동을 논할 필요가 없다고 한다. 또한, 선덕여왕 시대에 지남철이 사용되었을 리가 만무하다고 한다. 첨성대에 관한 논쟁이 계속되고 있으니 좀 안타깝다.

Review

뱀에게는 귀가 없나?

Live Science, *May 2. 2021*

뱀은 공격자나 먹잇감이 내는 소리를 들을 수 있을까?

[먹이를 찾고있는 뱀]

뱀은, 혀를 날름거리며, 먹이를 통째로 삼키는 다리가 없는 몸을 가진 독특한 동물이다. 뱀은 시각이나 청각을 사용하기는 하지만, 주로 냄새를 통하여 먹이를 사냥한다. 그런데 뱀에게 귀는 있을까?

우리가 개나 토끼를 보면 이들은 여러 방향에서 소리를 들으며, 그 소리를 기억하기 위해 잘 들으려고 귀를 움직이는 것을 볼 수 있다.

내이(內耳)는 실제 청각이 행해지는 부분인데 뱀은 내이만 가지고 있다.

귀는 세 부분으로 구성되어 있다. 외이는 고막에 소리를 집중시키는 기능을 하며, 중이가 있어 내이와 외이를 분리한다. 중이에는 3가지 뼈가 있으며 고막에서 진동을 통하여 내이로 소리를 전달한다. 내이는 이 진동을 뇌로 전달되도록 신경에 충격을 가한다.

뱀에게는 외이와 중이가 없지만 중이의 뼈가 남아 있으며, 이것이 턱과 내이를 연결한다. 중이의 뼈가 진동을 들을 수 있게 만들며, 이것으로 뱀은 숲 바닥에서 침입자가 몰래 다가오는 진동을 느낀다. 그러나 이 방법은 공기를 통해 전달되는 소리만큼 소리를 잘 들을 수는 없다.

뱀은 귀가 이렇게 생겨서 아주 좁은 범위의 진동만을 들을 수 있다. 낮은 주파수는 들어도 높은 주파수는 듣지 못한다. 높은 주파수는 공기로만 전달되기 때문이다. 예를 들자면 로열 파이톤은 80에서 160Hz만 들을 수 있다. 사람은 20에서 20,000Hz의 소리를 듣는다.

만일 우리가 물속에서 수영하고 있을 때 누가 물 밖에서 소리를 치면 우리도 들을 수 있다. 그러나 상세하게는 듣지 못할 것이다. 아마 뱀이 듣는 소리는 높은 주파수에서는 이 정도 들릴 정도라 한다.

이런 좁은 범위의 청각은 뱀에게는 큰 문제가 되지 않는다. 뱀은 서로 간에 의사소통할 때 소리로 하지 않기 때문이다. 뱀이 내는 소리는 쉿~쉿~ 하는 소리와 으르렁대는 소리인데 이 소리는 뱀이 들을 수 있는 소리 범위 밖에 있으며 이런 소리는 아마도 새나 포유동물들을 쫓아내기 위한 것이라 한다.

왜 뱀은 청각이 좋지 않을까 하는 답으로는 다른 감각에 의존하기 때문이라 한다. 뱀은 아주 냄새를 잘 맡는다. 뱀이 혀를 날름거리는 이유는 공기 중에 있는 모든 냄새의 정보를 모으기 위한 것이며, 이것들은 뱀의 뇌에 냄새를 전달하는 특수기관에 모인다. 뱀은 다른 동물을 청각으로 이길 수는 없지만, 후각 능력은 동물 중에 왕이다.

3. 말 Horse

인간 역사에 말의 등장

[천마도 _ 경주의 대형 고총 중의 적석목곽분인 천마총의 내부에서 발견되었다]

인류 역사에 말처럼 인간의 생활방식을 크게 바꾸어 놓은 동물은 없을 것이다. 필자는 개인적으로 말을 가까이에 대해 본 경험이 없다. 어린 시절 조랑말(원산지가 함경도로 알려진 작은 말 과하마라고 함)이 마차를 끄는 것은 보았지만, 우리나라에서 마구간이 있는 집은 거의 없을 것이다. 말은 소와 같이 우리 농촌에서 쉽게 키울 수 있는 동물이 아니며, 조선시대 내내 말은 군사적 목적과 행정수단으로 정부에서 키우며 관리해왔지(전국에 200곳 가까운 목장이 있었으며 중앙에는 사복시라는 정3품 당상관 관리도 있었음) 개인들에게는 매우 비싼 동물로 알려져 있다. 영종도, 몽유도, 무의도, 영흥도 등 서해 도서들이 주로 정부가 말을 사육하던 곳으로 영흥도(대부도 밖에 위치)의 목장에는 말이 119필이 사육되는데 목자가 281명이 살았다고 한다. 즉, 말 1필을 키우는데 사람 1명 이상의 노동력이 동원된 것이다. 조선시대 백성들이 국가에 지는 노역의무 중에는 역참노역이 노동도 심하고 책임도 중하여 백성들이 가장 하기 싫어하였다고 한다. 역참인은 자주 도주를 하고 또 이를 다시 메워야 하는 악순환이 조선시대 내내 반복되었다고 한다. 영역국가의 등장에는 말이 필수적 인프라가 되었음에 이견이 없다. 대부분 소국이 걸어서 이틀 안에는 닿을 수 있는 크기에서 형성되었던 것에 반해, 말이 달려서 하루에 닿을 거리에 있는 곳에 역참이 생기면서 소위 중앙집권식 영역 국가가 등장했을 것이다.

삼국사기에는 삼국 모두가 대여섯 개의 부족국가 단위에서 영역국가로 성장하는 모습이 담겨 있는데 그중 하나가 천마총에서 나온 천마도의 모습이라 하겠다. 천마총은 100기 이상에 달하는 경주의 대형 고분 중 가장 먼저 발굴되어 일반에게 공개된 고분으로 필자가 어린 시절에도 관람할 수 있었다. 이후 훼손을 문제로 몇 십 년이나 일반 관람이 중단되었다가 최근에 다시 일반에 공개되었다. 경주의 고분에는 고구려 고분들과 같이 방으로 만들어져 벽화가 그려진 예가 없으므로 천마도는 신라 시대의 회화를 보여줄 아주 귀한 유물의 하나다.

우리가 천마총이라 하고 말이라 불렀지만 그림을 적외선으로 촬영해 본 결과 말이라고 하기에는 머리에 뿔 같은 것이 달려있어 신화 속의 기린이 아닐까 하는 의심을 사기도 했다. 그런데 중앙아시아 국가들과 교류가 빈번해지면서 중앙아시아 지역에서는 축제 때 말의 갈기를 뿔처럼 묶는다고 하는 풍습이 알려지면서 지금은 말인 것이 분명해졌다. 이 무덤의 주인공은 지도로 갈문왕 혹은 지철로 갈문왕이라고 당대 신라의 비석들에 이름이 나타나는 지증왕이라고 추측한다. 지증왕은 삼국사기에 적힌 재위 기간 기록과는 달리 60

세가 넘어서도 비석에서 보이는 바와 같이 왕이 아니라 갈문왕으로 있었으며, 503년 연로하여 왕이 되었다.

사로국을 신라 즉 "덕업일신(德業日新) 망라사방(網羅四方)"의 뜻으로 국호를 정하고 중앙집권 국가로 진행하는 중요한 기틀을 만든 왕으로 알려져 있다.

천마도는 주인공이 사용하는 말 타는 도구의 하나인 말다래(진흙가리개) 위에 가지런히 놓여 있었다고 한다. 생전의 정복 군주의 모습을 한 지증왕의 위상이 돋보이는 장면 같다. 아마도 지증왕이 타던 말이 요즘으로 말하면 고급 외제 차인 중앙아시아에서 수입해온 명마이었던 것 같다. 덕업일신 망라사방하기에는 두말할 나위 없이 말이 있어야 한다.

인류가 말을 사육하게 된 동기는 소나 양과 같이 먹이를 목적으로 시작된 것은 아니라 한다. 소나 양 그리고 염소의 사육은 먹이를 목적으로 지금의 이스라엘지역인 레반트(Levant)에서 기원전 9,000년경에 시작되어 기원전 7,000년경에는 지금의 터키지역인 아나톨리아(Anatolia)에 도착하였다. 이후 북유럽과 서유럽으로 농민에 의해 전파되기 시작하여 기원전 5,000년이 되면 영국을 제외한 대부분 지역에 목축이 전파되었다. 그런데 흑해와 카스피해 북안의 중앙아시아에도 이러한 목축이 기원전 5,000년경에는 전래가 되었는데 이들은 가축을 먹이로 쓰지 않고 의례의 희생물로 오랜 기간 사용했다고 한다. 우랄산맥을 넘어서 동쪽으로는 목축이 전달되지 않았는데, 이 지역의 동쪽에는 인구도 희박하였고 강변에서 낚시를 생업으로 하였기 때문이라 한다.

우리나라의 신석기인도 낚시가 주요 생업수단이었던 것으로 알려져 있으며 아무르강에서 낚시를 생업으로 하던 인류가 남하한 것으로 본다.

흑해와 카스피해 북쪽 지역은 스텝(steppe) 환경이 동아시아로 펼쳐지는 자연환경의 시작 지역이다. 이 지역에는 머스탱과 같은 큰 말들(equus)의 자연 서식지이며 이들 말들은 인간에게 사육된 후에도 지금까지 다른 사육동물과는 다르게 생김새에 큰 변화가 없었다고 한다. 이들 지역에서 유라시아 대륙의 중앙아시아로 들어오면 지금의 카자흐스탄 북부 지역에 기원전 3,600~3,300 기간 살았던 옛 주민의 생활 터전이 고스란히 발견되어 보타이(botai) 문화라 부르는 지역이 있다. 이곳에서 이들이 말을 최초로 사육했으리라는 추측을 가능케 하는 유골과 유물이 대량으로 발견되었다.

보타이 지역의 초기 문화에서는 말뼈의 유골이 우크라이나 지역과 다르지 않았으나 차츰 말뼈의 유골이 발견된 모든 동물 뼈에 99%를 차지하게 될 만큼, 이 지역에서는 소나 양의 목축은 물론 수렵도 사라지고 모든 육류섭취 대부분을 말로 충당하게 된 것이다.

말은 소나 양과는 다르게 지역의 기후에서는 한겨울이 되어도 눈 아래의 풀들을 찾아내고 이를 먹을 수 있어서 사람이 먹이를 제공하지 않으면 살아남지 못하는 동물과는 달랐다. 이처럼 말은 식생으로도 중요하긴 했지만 후에 유럽을 정복하는 흑해 북안의 얌나야(yamnaya)인에게 말은 목축과 수송수단으로 더욱 중요하게 사용되게 된다. 흑해 이북의 유목인은 지속해서 중앙아시아의 스텝지역을 수천km나 이동하여 알타이 지역에 여러 고대 청동기 문명을 전파하였으며 이들이 이 과정에서 말의 유용성을 깨닫게 되었다.

사람이 말을 타게 된 가장 큰 이유는 말을 이용하면 양과 염소의 목축이 쉬워진다는 것이다. 말에 의한 목축은 기존에 200마리 정도의 목축 한계를 두 배 이상으로 크게 도모할 수 있으며, 인간이 말을 타고 개를 이용하여 목축하게 된 시기도 이 지역의 사람들이라고 한다. 이 지역 문화의 전문가인 앙토니(D. Antony) 교수는 말이 전쟁에 동원되기 위해서는 사회적 위계질서의 등장이 선행되어야 한다고 한다. 기원전 4,000년경에 이미 이 지역에 동물 순장을 156마리나 한 수장급 분묘가 발견되어 청동 반지와 석제 장식이 부장되는 계급이 분화된 사회가 등장한다.

기원전 2,000년경에는 말의 사육을 증명할 마차가 발견되었으며, 마차는 주로 이들이 알타이를 향해 동부로 진출하면서 이용한 이동 수단이었다. 이들이 지나간 지역에 거주지 흔적이 많지 않은 이유는 이들에게 마차는 이동 수단만이 아니라 주거역할도 한 것으로 보인다고 한다. 따라서 이들은 매우 빠른 시기에 알타이 지역까지 침투할 수 있었으며, 역으로 이들 문화가 서쪽으로 진행하면서 말을 이용한 본격적인 전쟁의 시기가 다가오는 것이다. 세계사에서 말의 존재는 매우 중요하다. 유라시아 특히 유럽대륙이 농업이 전파되면서 거의 전 지역에 농업인구가 확고하게 자리 잡고 있었는데 말을 사용하는 중앙아시아의 유목민이 유럽의 인구구성을 바꾸어 놓았다. 청동기를 무기로 하고 말이 끄는 전차(chariot)를 사용한 이들 기마군단의 등장은 인류의 전쟁방식을 완전히 바꾸어 놓았으며, 제국 단위 대형국가를 탄생시키게 되었다. 심지어 인도유럽어라 불리는 서양 언어도 다 이들 중앙아시아에서 사용되기 시작한 언어라고 한다. 전쟁에서 말이 끄는 전차의 위력은 어마어마한 것으로 이 전차가 중국에 전래하기 시작하는 기원전 1500년 이래 중국은 춘추전국시대의 전쟁 역사가 시작되며, 진한에 의한 통일 제국에는 전차가 크게 이바지하였다고 한다. 알타이를 동쪽으로 넘어오면 우림지대이며 이들 우림지에는 우리가 숙신이라 부르는 고대 수렵채취인들이 오래 생활을 해온 곳이나 알타이를 남행하면 타림분지를 통하여 이들 유목문화가 중국으로 들어오는 지금의 신장지역이 된다. 실크로드로 통해 들어온 말의 문화는 중국에 선주한 농업인과 길고도 오랜 전쟁의 역사가 지속이 된다. 중국에 남하한 흉노, 유연, 실위, 선비, 거란, 몽고 등이 모두 유목민이며, 청을 세운 만주족도 유목민이다. 아마도 한반도가 유라시아 대륙에서 유목의 역사가 닿지 못한 유일한 지역일 수 있다. 한반도는 산과 강이 많아 나름 농업과 수렵에 적합한 지역이며 유목이 진행된 역사가 없다. 아마도 세계에서 양고기를 주식으로 하지 않는 몇 안 되는 지역이며 이로써 비교적 유목민의 침입에서 안전할 수 있었다. 물론 우리도 몽골에 의해 지배가 되는 시기도 있었으나 유목을 하지는 않았다. 그럼에도 우린 기마민족이란 표현을 가끔 쓴다.

일본인 학자가 쓴 이 표현은 우리 역사에는 피상적인 모습일 뿐이다. 국가의 제도 특히 군대나 행정제도가 우리나라에선 삼국시대부터 유목민의 조직력을 배워온 것이기는 하지만 우리나라 사람은 유목민의 피가 거의 없다. 우리나라 사람은 고대 수렵채취/어로인의 피와 나중에 들어온 농업인의 피로 구성되어 있다. 비록 삼국사기에 고구려인의 출자(出自_조상이 나온 곳)가 부여라고 하고 백제도 스스로 남부여라고 할 만큼 부여에서 출자를 주장하였으며, 신라마저도 자신들은 중국에서 난을 피해온 사람들이라 하고 특히 문무왕은 자신이 흉노의 자손이라 하였다.이런 역사적 전언들은 아마도 멀리서나마 유목민을 우상화한 것이 아닐까 한다.

(부여란 한자의 뜻이 곡식이라고 한다. 부여는 동아시아 가장 북쪽에 있는 농업사회였다고 생각한다. 부여가 기마민족이라 한 만주국 시대의 일본인 사학자들의 해석도 의심해 볼 여지가 많다. 선비족과 이웃하여 살아온 부여는 항시 선비족의 정복 대상이었지 친구가 된 적이 없다.)

우리는 환경적으로 또 식생활에 있어서 유목민이 될 수가 없다. 유목민의 가장 큰 특징의 하나는 몸이 우유를 소화할 수 있도록 변하는 것이다.

우리나라 사람 대부분은 우유 영양의 30% 이상을 차지하는 락토즈를 분해하지 못하며 설사를 하게 된다. 아마도 우유를 통해 유목민의 조상을 판별하는 것도 유목민의 자손을 판별하는 실질적 수단이 될 수 있다. 필자는 우유를 아주 심하게 꺼린다. 안 좋은 기억이 많다. 유목민의 자손이 아닌 것이 분명하다.

Review

Live Science, *June 24. 2014*

미국 야생마인 머스탱에 관한 사실들

소유자가 없는 짐승 또는 길 잃은 말

[경주용으로 길들여진 머스탱]

머스탱은 16세기 스페인 탐험가들이 미대륙으로 가져온 말인 '스페인 말 혹은 이베리아 말'의 종 후손이다. 머스탱 이름은 "소유자가 없는 짐승" 또는 "길 잃은 말"을 의미하는 스페인어 mustengo에서 유래되었다. 많은 사람은 머스탱이 특정 품종이 아닌 단순히 야생말이라고 하지만, 이 말은 경주용 말이나 사육된 일반 말(짐수레 말을 포함)과 교배를 할 수 있어 지금의 말 품종을 만들 수 있다. 이 말은 약 400만 년 전 북미에서 유래하여 베링 육교를 건너서 유라시아에 2~300만 년 전에 전파된 에쿠스(equus) 속의 동물이다. 마지막 선사시대에 북미의 말은 홍적세의 끝자락인 1만3,000년 전에서 1만1,000년 전 사이에 멸종했지만, 그때까지 에쿠스는 아시아, 유럽, 아프리카로 퍼져나갔다. 스페인인들이 미대륙에 말을 다시 들여온 후, 아메리카 원주민들은 말을 수송의 목적으로 사용했다. 개척자들은 말의 환상적인 체력과 속도를 가지고 있어서 좋아했다. 또한, 말의 두꺼운 다리는 부상과 위험이 적으며 긴 여행에 이상적 이었다. 그 후로 머스탱은 프랑스 말과 질 좋은 경주마(thoroughbred)와 함께 사육되었다.

머스탱은 길든 말의 후손으로 야생동물 관리기관의 옹호자들 사이에 논란의 여지가 있지만 "야생(wild)" 동물이 아닌 "달아난(feral)" 동물로 간주한다. 타판(tarpan) 말과 프레제왈스키(prezewalsk) 말만이 지금까지 발견된 진정한 야생마이다.

머스탱은 중형 말품종이다. 그들은 약 14~15 *손(hands)의 크기이다. 이는 140~150cm의 길이와 같으며 몸무게는 360kg의 무게가 나간다. 머스탱은 다양한 색상을 가지고 있으나 보통은 붉은 갈색이며 혹은 밤색이다. 또한 색상, 패치, 반점 및 줄무늬에 다양한 색상을 가질 수 있다. 머스탱은 자연상태에 적이 없어서 가만히 두면 4년마다 개체 수가 두 배로 늘어난다. 말이 건초나 보리만 먹는다는 것은 잘못된 생각이다.

*손: 말을 측정하는 표준단위

머스탱은 모든 풀과 잎을 먹으므로 먹이는 항상 풍부한 편이며 조금 먹어도 매우 건강하다. 머스탱은 미국 서부지역의 초원에 산다. 몬타나, 아이다호, 네바다, 와이오밍, 유타, 오레곤, 캘리포니아, 아리조나, 노스 다코타 와 뉴 멕시코 등 여러 주에서 살고 있다. 머스탱은 큰 무리로 살아간다. 한 무리는 수컷 한 마리와 약 8마리의 암컷과 새끼들로 구성되며 위험에 있을 때는 여러 무리가 함께 사는 것으로 알려져 있다. 무리는 종일 초원에서 먹이를 찾지만 노는 광경과 낮잠을 즐기는 광경을 자주 목격할 수 있다. 말들이 싸우는 것처럼 보일 때에도 싸우는 것이 아니라 놀이를 하는 것이라 한다. 머스탱은 전혀 멸종위기에 놓인 동물이 아니다. 북미에만 약 200만 마리의 머스탱이 있으며, 약 25,000마리가 야생으로 살아간다. 말은 야생에서도 다른 야생동물과는 다르게 오래 살아서 약 40년을 산다. 서부시대에는 영화처럼 카우보이들이 야생에서 머스탱을 잡아서 길을 들이곤 하였다.

[쿠바 우표의 타판 말]

4. 돼지 Pig

깨달은 화상 저팔계

[돼지 모습의 저팔계]

박제가가 쓴 『북학의(北學議)』를 보면 우리나라에 꼭 있어야 할 것 중 없는 것이 돼지다. 박제가가 연경으로 가는 길에 둘러본 중국 동북지역의 중국 살림에는 집집마다 돼지를 키우는데 왜 우리나라에는 돼지가 없는가에 대한 푸념 섞인 한탄을 하고 있다. 박제가의 눈에는 조선을 빈곤에서 구하는 가장 중요한 실학의 하나는 돼지를 집마다 키우게 하는 것이었다. 실제 돼지는 소가 먹는 사료의 반 정도면 충분하고 빨리 자라며 새끼도 어린 암컷부터 아주 많이 낳는 편이어서 영양 측면에서는 더할 나위 없이 좋은 동물이다.

명나라에서는 조선에서 온 사신에게는 돼지고기를 안 먹는 나라에서 온 사람이라고 소고기와 양고기로만 대접했다고 하니 한반도에서 돼지를 사육하지 않은 시기는 굉장히 오래된 듯하다. 삼국사기에도 돼지에 관한 이야기는 여러 차례가 나오나 이 돼지들은 아마도 모두 멧돼지일 것이다. 고구려의 유리왕이 제물로 쓰고자 했던 돼지도 달아나서 잡으러 간 곳이 국내성이었다고 하니 멧돼지일 것이다. 산상왕이 자식이 없어 제사용 희생물로 받치려 했던 돼지도 달아났다고 하고 잡을 수가 없었다고 하니 멧돼지일 것이고, 최치원을 낳았다는 금 돼지도 산에 가서 힘들게 찾아냈다고 하니 모두 멧돼지에 관한 이야기일 것이다.

제레드 다이아몬드(J. Diamond)가 같은 위도상으로 농업의 전파속도를 계산해 냈는데, 중국에서 기원전 5,000년 이전에 본격 시작된 쌀농사가 한반도에는 너무 늦게 기원전 500년경이나 되어서 도착한 것을 이상하게 생각하였다. 기원전 8,000년 전에 시작된 중국에서의 돼지사육이 조선시대가 되기까지도 한반도에는 들어오지 못한 것과 같다. 우리는 지금까지도 고사상에 돼지머리를 올리는 풍습을 가지고 있다. 동물을 제물로 올리는 풍습은 인류의 보편적인 제사의례이다. 그러나 이 모든 제사에 올려지는 희생제물은 매우 청결해야 한다. 그런데 우리의 돼지에 대한 선입견은 제사상에 올릴 만큼 그리 청결한 동물은 아니다. 유리왕의 제사 제물인 돼지가 달아나자 이를 잡은 사람들이 돼지가 도망가지 못하게 하려고 돼지의 발을 상하게 하였는데 유리왕이 신성한 제물을 함부로 했다고 돼지를 잡아온 사람들을 처형했다고 한다.

구약성경은 번제에 쓸 동물은 아주 까다롭게 규정이 되어 있다. 희생물은 청결해야 하는데 왠지 돼지가 고사상에 오르는 것은 이상하다. 필자가 생각하기엔 아마도 고사상에 올리던 돼지머리도 멧돼지였다고 하고 싶다. 돼지의 사육이 한반도에 전래되지 못한 가장 큰 이유는 아마도 한반도에는 멧돼지가 많아 굳이 돼지를 사육할 필요가 없어서 일 것이다. 한반도는 조선 중기까지만 해도, 인구가 팽창하여 산림이 대거 훼손되기까지는, 산에 사슴이나 노루 그리고 멧돼지는 아주 많았을 것으로 주장되고 있다. 심지어 호랑이에 의해 사람이 다치는 호환도 매년 심각한 상황인 것을 생각한다면 산에 야생동물이 많아 굳이 돼지를 사육할 필요가 없었을 것이다. 조선 초기 명나라에서 온 중국 사신들이 돼지의 사육을 권장했고 태종이 이를 따라서 돼지사육을 시작했는데 그나마 관청에서 고위관리에 책임을 지워 강제로 양육을 시도했을 뿐 일반 백성에까지는 돼지사육이 보급되지는 않았다. 우리나라에 그나마 돼지가 흔해진 것은 박제가가 돌아오고 19세기 되어서야 돼지사육이 급격히 늘어난 것으로 기록되어 있다. 돼지(swine)는 멧돼지(boar)에서 인간에게 사육되어 인간과 함께 살게 된 것이다. 늑대와 개의 관계 같은 경우이다. 멧돼지도 늑대와 같이 유라시아 대륙 전역에 살고 있으며, 어찌 보면 늑대보다도 멧돼지가 더 인간 주변에 가까이 지금까지 살고 있다. 따라서 멧돼지의 사육은 유라시아 여러 지역에서 나름대로 여러 차례 사육되었다. 지금까지 발견된 동물의 유골 중에는 서남아시아 티그리스강 북부에서 발견된 돼지가 사육된 돼지로 가장 오래되어 기원전 1만2,000년 이전이라 하며, 싸이프러스(cyprus)섬에서 발견된 돼지의 유골은 기원전 1만1,400년이라고 한다. 이렇게 사육된 돼지는 기원전 8,500년경 농경인류의 유럽대륙진출에 동반하여 대륙으로 진입하게 된다. 이렇게 전래된 돼지들은 집안 우리에서 키우지 않고 자연에 방목되어 키워졌으며, 자연스럽게 다시 야생의 멧돼지와 유전자를 나누며 수천 년을 살아왔다. 그런데 야생화된 돼지는 멧돼지의 형질보다는 집돼지처럼 사육된 형질을 지니게 된다고 한다. 하와이섬에는 집돼지들이 산에서 야생으로 사는데 이것은 유럽인들이 돼지를 방목해서 키웠기 때문이다. 다행히 하와이섬에는 멧돼지가 살지 않아 산에서 만나는 돼지는 다 완전한 집돼지들이다.

돼지는 소와 같은 반추동물과는 여러 면에서 다르다. 돼지는 초식동물이 아니라 잡식성 동물이다. 코뼈가 발달되어 코로 땅을 파서 뿌리도 먹으며 잎, 줄기, 꽃까지 다 먹는다. 따라서 돼지를 방목한다면 농가의 피해가 매우 클 것이 분명하다. 많이 먹고 많이 자는 것이 소와는 매우 다르다. 돼지는 또한 매우 영리한 동물로 유명하다.

동물의 왕국에서는 영장류, 돌고래, 코끼리에 이어 네 번째로 영리한 동물이라 한다. 스크린을 통해 먹이를 꺼내 먹는 실험에서는 돼지가 침팬지보다 빠르다고 하며, 특히 기억력이 뛰어나서 한번 한 실험은 몇 년이 지나도 기억해서 한다고 한다. 돼지가 사람을 특히 심하게 가린다고 하니 다 이유가 있다.

필자가 말레이시아를 여행한 기억이 있는데 중국음식점 앞에 "우리 식당에서는 돼지고기를 안 판다"고 크게 간판에 써 붙여 놓은 것을 보았다. 돼지고기는 중국 음식의 대표적인 고기인데 돼지고기를 안 팔면 무슨 음식을 팔까 놀란 적이 있다. 말레이시아가 이슬람국가이고 이슬람의 코란에는 먹을 수 있는 동물과 먹을 수 없는 동물이 적혀 있다고 한다. 이슬람교도에게는 돼지고기는 먹어서는 안 되는 동물이다. 아마도 돼지가 청결하지 않다는 선입견에서 시작되었을 것이다. 그러나 돼지가 청결하지 않다는 것은 잘못된 생각이라 한다. 돼지를 우리에서 키우기 때문에 생긴 편견이다. 단지 돼지는 습성상 체온을 조절하기 위하여 진흙에 몸을 뒹구는 행동을 하는데 이것이 더럽게 보인 이유로 추측된다고 하며, 매우 청결한 동물이라고 한다. 돼지는 인간이 털이 없는 원숭이라 불리는 것에 비교되어 털이 없는 멧돼지라 하고 싶다. 실제 돼지의 피부는 인간의 피부와 가장 비슷한 피부를 지니고 있다. 돼지는 여러 장기가 인간과 가장 비슷한 동물로 신약개발의 동물 실험대상으로 많이 쓰인다. 지금까지는 심장판막만이 인체에 이용되고 있으나 향후 여러 장기들이 인간의 장기를 대신할 수 있다고 한다. 감염의 우려도 매우 낮다고 한다. 일설에 의하면 우리가 아는 독감(flu) 대부분이 중국의 돼지에서 온 것이라는 주장이 있다. 그러나 지금은 이런 병들은 새들에게서 돼지가 옮은 것으로 보고 있으며, 오히려 돼지가 독감에 잘 걸린다고 한다. 1968년 발생하였던 홍콩 독감도 새에서 옮겨왔다고 한다. 사람과 돼지가 비슷하여 함께 걸린 것인가 보다.

무엇보다도 가장 유명한 돼지는 서유기에 등장하는 저팔계이다. 팔계란 말은 8가지 먹지 말아야 할 것과 행하지 말아야 할 것으로 모든 불자가 관세음보살님과 한 약속이다. 손오공(悟空), 사오정(悟淨) 같이 저팔계도 오능(悟能)이라는 법호가 있다. 오공이란 공을 깨우쳤다고 하니, 대승불교가 소승불교와 가장 다른 교리인 공사상을 깨우친 자라고 이름을 붙이게 하여 삼장법사를 수행시키게 한 것이다. 삼장법사는 당나라사람으로 석가모니의 인연 사상을 공사상(空思想)으로 크게 넓힌 현장법사의 상징으로 쓰인 것이 분명하다. 현장법사가 가져온 불교는 석가모니 불교와는 다른 불교이다. 오정은 정토 즉 죽어서 가는 서방정토를 깨우친 자로 이름을 지었고, 저팔계의 오능이란 모든 불교의 교리를 깨우친 자의 법호를 가지고 있으니, 서유기의 저자도 돼지가 매우 영리한 동물임을 잘 알아 쓴 것 같다.

조지 오웰(G. Owell)의 동물농장에 지배자인 나폴레옹(Napoleon)도 돼지다. 돼지를 매우 영리한 동물로 그리고 있다. 특히 저팔계가 서유기에서는 가장 인간적인 모습으로 그려지는데, 돼지는 복(福)과 색(色)의 상징이다. 돼지가 사람처럼 고운 피부를 가지고 있으며, 몸과 살이 비대하니 그러한 상징이 된 것 같다.

Review

돼지의 다른 호칭들

Live Science, *October 5. 2018*

돼지는 몸, 머리, 작은 눈, 큰 귀와 머리에서 독립적으로 움직일 수 있는 납작한 주둥이를 가진 포유동물이다. 그들은 매우 지능적이고 사회적인 동물이며 전 세계 어디에나 있다.

돼지는 수이대(suidae)과 동물이며 8개의 속(genera)과 16개의 종(species)을 포함하고 있다. 그 16개의 종에 야생 멧돼지(wild boars), 흑멧돼지(warthogs), 피그미 멧돼지(pygmy hogs)와 가축 돼지(domestic pigs)가 대표적이다. Pig, Hog, Boar의 단어는 다 같이 돼지를 의미하지만 약간의 차이가 있다.

Boar는 거세되지 않은 수컷 가축 돼지를 뜻하지만, 어떤 종에 속하든지 모든 야생의 돼지를 부르는 말이기도 하다. Hog란 말은 종종 가축돼지 중에 54kg 이상의 무게가 나가는 돼지를 말한다. 돼지는 또한 다른 말로 Swine이라고도 한다.

돼지는 약 9,000년 전 중국과 현재 터키지역에서 처음 사육되었다. 스미소니언 지에 따르면 아시아 농부들이 약 7,500년 전에 사육된 돼지를 유럽으로 처음 들여왔다고 한다.

가축돼지는 주로 야생 멧돼지와 흑돼지에서 사육된 것이며 50만 년 전에 가까운 조상과 달라졌다. 오늘날 지구상에는 약 20억 마리의 사육된 돼지가 있으며 대부분 야생 멧돼지와 같은 종으로 분류된다. 돼지는 일반적으로 140kg에서 300kg 사이를 나가지만, 가축돼지는 종종 더 무겁게 사육된다.

[필리핀의 흑돼지(warthogs)]

2012년 레지라는 이름의 돼지는 아이오와주 박람회의 "가장 큰 돼지" 경연대회에서 605.5kg의 체중으로 기록을 세웠다고 한다. 그러나 기록상 가장 큰 돼지는 726kg이 나갔던 뉴욕주의 돼지였으며 2009년에 죽었다. 가장 작은 돼지인 피그미돼지는 채 10kg이 되지 않는다.

돼지는 남극, 북아프리카와 북부 유라시아를 제외하고 전 세계에 살고 있다. 아프리카에는 부시 돼지라고도 불리는 붉은 강 돼지(red river hogs)가 있으며 인도네시아에는 돼지사슴(pig deer)이 있고 필리핀에는 흑돼지가 산다. 야생 돼지는 일반적으로 초원, 습지, 열대우림, 사바나, 낮은 숲 및 온대 숲에 살고 있다.

모든 돼지는 기회가 있을 때마다 진흙에 빠지기를 좋아하는데, 이런 행동은 돼지가 체온을 조절하고 기생충을 없애기 위해서이다. 돼지는 매우 영리한 동물이다. 2015년 국제 비교 심리학 저널에 발표된 리뷰에 따르면 돼지는 일반적으로 매우 지능이 높은 동물과 많은 특성을 공유하는 복잡인지(cognitively complex) 능력을 갖추고 있다. 이 저널은 돼지가 높은 기억력을 가지고 있으며, 시간을 인식하고, 또 배운 정보를 이용하여 생활에 사용할 수 있다는 능력을 다수의 논문에서 인정했다. 돼지는 동물의 지능을 보여주는 행태인 장난과 놀이를 잘하는 동물이라 한다.

또한, 돼지는 매우 사회적인 동물이다. 야생의 돼지는 일반적으로 두 마리의 암컷과 어린 새끼로 구성된 사운더(sounders)라고 불리는 긴밀한 그룹으로 살아간다. 돼지는 다양한 킁킁거리는 소리와 꽥꽥거리는 소리로 소통을 한다. 샌디에고 동물원에 따르면 짧게 킁킁거리는 소리, 더 긴 으르렁거리는 소리, 큰 포효는 다른 돼지들에게 위험을 경고하는 소리라 한다. 돼지는 위험에서 빠르게 도망치지만, 궁지에 몰리면 긴 이빨(tusks)이 강력한 무기가 될 수 있다. 아래 터스크는 약 7cm의 길이로 면도날처럼 날카롭다.

돼지는 잡식성 동물로 야생돼지는 뿌리와 과일, 쥐와 작은 파충류 동물도 잡아먹는다. 가축돼지는 옥수수, 밀, 콩, 보리 등을 사료로 하지만 셀룰로스의 소화력이 약하여, 먹이를 자주 먹여야 한다. 암컷 돼지는 한배에 6마리에서 14마리까지의 새끼를 낳을 수 있으며, 야생돼지는 5년에서 20년가량 산다고 한다.

5. 소 Bull-, Cow+

가장 강인한 동물

[프랑스 남부의 라스코 동굴에 그려진 소 모습]

소는 아마도 우리와는 가장 친근한 동물일 것이다.

정지용의 『향수』란 시가 우리의 정든 시골 모습을 담아냈다면, 해설피 게으른 울음을 우는 얼룩 백이 황소는 인내심 큰 부처의 경지에 있다고 한다.

(얼룩 백이란 뜻은 젖소에 흔한 점박이 소가 아니다. 소의 색깔을 말할 때 많은 소가 줄무늬 형상의 털을 갖고 난다. 이를 얼룩 백이라 한다고 한다.)

조선말 전형적인 우리의 시골 집 한 귀퉁이에는 예외 없이 소가 사는 외양간이 있고 여물통이 놓여 있다.

위 사진은 프랑스 남부에서 발견된 라스코(lascaux) 동굴에 그려진 소의 모습이다.

라스코 동굴에는 약 600여 마리의 동물 그림이 있다고 한다. 그림이 그려진 시기는 아직 빙하기가 극성을 부리던 1만7,000년 전 시기라 하며, 그 동물 그림을 통해 당시 이 지역에 살던 갖가지 동물의 존재를 확인할 수 있다. 그림 중 절반 이상은 말이지만 사자와 바이손을 위시해 이 지역의 그 당시에 살던 각종 대형 포유동물들이 잘 그려져 있다.

위 그림 속의 소는 오늘날 우리와 사는 소의 사육되기 이전의 모습이며 오록(auroch)이라 불리는 동물이다. 매우 잘 그려진 동굴 속의 벽화처럼 오록은 오늘날의 소에 비해 덩치가 크며 뿔이 매우 길어 야생성을 갖고 있다. 오록은 다른 대부분의 대형 포유동물들과 같이 아프리카에서 진화하여, 2백만 년경 지구의 기후변화로 유라시아 대륙에 초원지대가 펼쳐지면서 아프리카에서 나와 유라시아 전 지역에 넓게 살고 있었다.

지금의 소는 약 1만 년 전 근동지역에서 오록이 사육된 동물이다. 2010년에 끝난 소에 관한 유전자연구는 지금 지구상의 대부분의 소는 비록 여러 곳에서 다양하게 사육되었을 가능성도 크지만 대부분 오록에서 사육된 것으로 밝혀졌다. 이들 오록은 마치 현생인류의 조상이 동 아프리카내의 매우 작은 집단으로 수렴하는 것과 같이, 현재 지구상의 모든 소도 극동지역의 좁은 지역에 살던 80마리 정도의 작은 집단에서 출발한 것으로 조사 되었다.

소중에는 영국, 프랑스와 지중해 일부에서 보이는 비교적 긴 뿔을 가진 긴뿔소(long horn)와 우리나라의 소와 같이 짧은 뿔의 소(short horn)가 있다. 뿔의 차이는 있으나 원래 오록의 길고 야생적인 뿔은 사육이 되는 과정에서 점차 줄어들게 된 것이다. 소가 영국에 전파된 것은 기원전 2,000년보다 짧은 시기이며, 기원전 1,000년경에는 유럽에서도 짧은 뿔의 소가 긴뿔 소보다 많아지게 되었다고 한다. 사육된 소가 극동에 들어오는 것은 근동에서 시작되어 러시아 남부의 코카서스(Caucasus) 길을 통해 기원전 4,000~5,000년경에 도착했다고 한다.

한편 오록은 소가 사육되는 과정과 병행하여 소와 지구상에 오래 공존해왔다. 오록도 결국에는 사람에 의해 멸종되기 시작했을 것이며 동북부 유럽에서 살아남아 중세 이후까지 야생으로 살다가 1627년 폴란드의 한 농장에서 마지막 오록이 멸종했다고 한다.

인도에서 사육되어 인도 소로 알려진 허리가 많이 휘고 등에 혹등이 있는 제부(zebu) 소는 우리의 소와는 다른 종에서 사육된 것이며, 중동에서 사육된 우리의 토러스(taurus)종 보다는 조금 늦은 시기인 8,000년경 사육되었다. 동남아시아에는 인도 소 이외에도 밴팅이라 불리는 들소, 히말라야지역의 산에 사는 야크(yak)등 소와 비슷한 동물들이 사육되었다.

밴팅은 기원전 5,000년경에 야크는 기원전 2,500년경에 사육되었으며, 중국 영화에 자주 등장하는 남부 중국의 물소(water buffalo)도 기원전 2,000년에는 농사에 동원되었으며, 쌀농사에 아주 적합한 동물이라고 한다.

우리나라에 소가 들어온 시기도 쌀농사의 시작이 중국에 비해 현저하게 늦은 시기에 들어온 만큼이나 매우 늦은 시기에 들어왔다. 삼국사기에 의하면 지증왕 3년에 소에 의한 농사가 시작되었다고 적고 있다. 특히 지증왕의 바로 다음 대인 법흥왕 시기에는 가축을 도살하지 못하게 하였다고 하니, 우리나라에서 소고기를 먹은 시기는 아주 최근일 가능성이 매우 크다.

신라와 고려의 시기가 대부분 불교를 숭상하였는데 자연 동물을 식생으로 하기가 어려웠을 듯하며 조선시대에도 소도살 금지령이 있었다고 적고 있다. 다만 한성에서는 밀도살이 성행하였다는 기록은 많다. 그러나 부여의 기록에 전하는 6종의 사육된 동물 중에는 소가 있다. 변진한의 기록에는 소는 있으나 먹지 않고 제사용으로만 쓴다고 했으니, 한반도에 소가 들어온 시기는 삼국시대 이전 시기이다.

필자가 불교가 성했던 극동 여러 나라의 식생활 전통에는 지식이 없으나, 일본에서는 막부시대까지 소의 도살을 금지하여 생선회를 많이 먹게 되었다고 하고, 중국에서도 돼지고기가 대부분의 육식을 제공한 것을 보면 극동 삼국에서 모두 소는 식용으로 생각하기가 어려운 동물처럼 보인다. 그렇지만 소는 조선시대에 걸쳐 호구당 2~3마리가 있을 만큼 개체 수는 적지 않았다.

소 중에는 젖소가 있는데 이는 일반 소와 크게 다르지 않다. 다만 젖을 많이 분비하는 소 정도의 차이만 있다. 젖소는 6년간 젖을 내면 도살된다고 한다. 소는 미국 한 나라에서만 매년 1천만마리가 식용으로 도살된다고 하니, 현대인에 가장 중요한 단백질 공급원이 되었음이 분명하다.

손오공이 나오는 『서유기』를 보면 손오공과 필적할 만한 동물은 우마왕(牛魔王)이다. 우마왕을 대력마왕(大力魔王)이라고 하여 가장 힘이 센 동물로 등장한다. 인도에서는 흰색의 소가 가장 신성시된다고 하는데 우마왕도 흰색의 소다.

우리 동양인에게는 아무래도 가장 힘센 동물은 단연 소가 대표적이다.

Review

해초사료가 소들의 방귀를 82%나 줄일 수 있다고 한다

Science Daily, *March 17. 2021*

[방목으로 사육 중인 소]

장기적으로 행해진 새 연구결과 인류는 햄버거를 오래 먹을 수 있다고 한다. 이 연구는 가축 사료에 소량의 해초를 더하면 쇠고기용 소들의 메탄가스 배출량을 82%까지 줄일 수 있다고 한다. UC 데이비스대학의 연구원들이 참여한 이번 연구결과는 가축 사료에 약간의 해초를 더하면 쇠고기용 사육소에서 메탄 배출을 82%만큼 감소시킬 수 있다고 한다. 저널 플로스원(Plos One)에 발표된 이 결과는 전 세계 가축사육에 큰 환경문제를 해결하여 가축사육이 지속될 수 있도록 하는 길을 열어준 연구라고 한다. "우리는 지금 가축 사료에 해초를 더하면 온실가스를 감소시키며 그 효과는 시간이 지나도 감소하지 않는다는 확실한 증거를 가지고 있다"고 한다. "이러한 사실은 농부들이 세계의 먹거리인 쇠고기와 유제품을 지속적 생산하는데 큰 도움이 될 수 있다"라고 덧붙였다. 이번 연구는 5개월 동안 21마리의 소의 식단에 해초의 양을 추가하고 체중 증가와 메탄 배출을 추적해 왔다. 약 80g의 해초를 먹인 소는 일반 사료를 먹은 소들과 대등한 몸무게를 유지했으며, 대기에는 그들보다 82%나 적은 메탄가스를 방출했다. 연구자들은 낙농에 관련한 이전 연구에 더하여 이번에 세계 최초로 해초를 실험에 사용한 것이었다. 온실가스는 기후 변화의 주요 원인이며 메탄은 온실가스의 큰 부분을 차지한다. 농업은 미국에서 온실가스 배출량의 10%를 차지하고, 그중 절반은 소와 다른 반추동물에서 방출되는 메탄가스이며, 일부는 잔디나 건초와 같은 먹이를 먹으면서 온종일 소화하는 과정에서 발생한다고 한다.

특히 소의 방귀는 온실가스를 만드는 농업 최고의 위해 요인으로 많은 사람들이 기후 변화 문제를 해결하기 위해서는 소고기를 적게 먹어야 한다고 주장하고 있다. 이 연구는 이 문제의 해결방법을 사료에서 찾아낸 것이다. 가축은 지구에 거주하는 100억 명의 사람들에게 양식을 제공하는 데 중요한 역할을 한다. 그런데 메탄 배출량의 대부분은 가축 자체에서 나온 것이므로, 사료에서 해결책을 찾는다면 식량문제 해결에 큰 역할을 할 것이라고 한다.

2018년 케브레압와 로크 교수는 해초로 2주 동안 젖소에 제공하여 메탄 배출량을 50% 이상 줄일 수 있었다. 해초는 메탄을 발생시키는 소의 소화 시스템에서 효소를 억제한다고 한다. 이번 연구에서 이러한 감소 효과가 지속하는지를 살피기 위해 약간의 해초를 넣은 사료를 방목되는 어린 송아지부터 사료에 의존하는 성장 기간 5개월 내내 먹였다고 한다. 하루에 네 번, 소들은 호흡에서 메탄을 측정하기 위해 야외 측정기에서 간식을 먹였다. 결과는 해초류를 소비한 가축은 메탄을 훨씬 적게 방출했으며 시간이 지나도 효과가 떨어지지 않았다.

6. 개 Dog

친근성Friendliness으로 천재가 된 개

[개는 천재다(the genius of dogs) 표지]

뉴욕타임지가 선정한 장기간 베스트셀러인 『개는 천재다the genius of dogs』라는 책은 미국 듀크대학의 우수한 동물학자인 브라이언 허(Brian Hare)와 보노보 연구로 유명한 그의 아내 바네사 우즈(Vanessa Woods)가 함께 집필한 책이다.

특히 이 책에 등장하는 주인공의 하나는 부부가 키우는 천재적 애완견인 오레오(Oreo)이다. 물론 이 책의 목적은 인간 지능발달에 대한 주도적인 원인을 천재가 된 동물 개를 통하여 묻고자 한 것이다. 개가 어떻게 머리가 좋아졌는지를 밝힐 수 있다면 인간의 지능발달에도 커다란 시사점을 제시할 수 있을 것이다.

인간의 지능발달에 관련한 유명한 가설은 지질학자이면서 뇌신경과학을 전공했던 캘빈(William H. Calvin)의 돌멩이 던지는 『마돈나 가설throwing stone Madonna, 1991』이었다. 그에 의하면 인간이 수렵생활을 하는 기간 야생동물로부터 방어를 위해서 했던 가장 긴요한 일은 돌멩이를 사용하는 것이었을 것이라 한다.

맹수들의 공격성 중에 물건을 집어 던지는 행동은 침팬지나 다른 영장류에게서도 자주 보이는 행동이다. 그러나 돌멩이를 사용하여 사냥할 수 있는 정도로 정확히 던지는 일은 사람만이 가능한 것이다. 지금의 미사일 기술에서도 움직이는 물체를 맞추는 기술이 가장 어렵다고 한다. 하물며 시속 100km를 달리는 사슴을 돌멩이로 잡는다는 것은 엄청난 지능이 필요했을 것이라 한다. 특히 돌멩이를 사용하는 것은 여성도 잘 할 수 있는 일이기도 하다.

그다음으로 유명한 연구는 인류의 석기 제작기술에서 인간의 지능발달 모습을 찾고자 한 것 이다(K. Oakley 1956 이래).

인류 최초의 석기로 알려진 "올도완 석기(Oldowan stone tool)"는 2백만 년이 넘은 것이고, 석기라 해봐야 커다란 강돌멩이를 반쯤 절단 것에 불과하다. 이런 석기가 직립원인 시기에는 아슐리안 돌도끼로 바뀌는데, 실용성에 더하여 좌우 대칭의 미적 감각까지 포함하고 있다.

네안데르탈인의 무스테리안 석기는 재질의 선택에서나 제작기법이 철저하게 기획되지 않으면 만들 수 없이 세밀한 기술이다. 현대 인류가 사용하는 칼날석기(blade)는 날카로운 재질의 돌을 자그마하게 무 썰듯이 잘라내서 나무에 아교와 실로 붙이거나 묶어서 사용하는 복잡한 기술이다. 인간의 두뇌는 2백만 년 전에 시작된 수렵생활과 더불어 급격이 커진 것으로 이러한 석기 발달시기와 거의 같이 하는 지능의 성장 모습을 하고 있다. 각 단계에 소요되는 지적능력에는 커다란 차이가 있다.

그러나 리처드 리키(R. Leakey)는 도구의 사용은 인간만의 것이 아니라고 이를 부정한다. 까마귀도 원숭이도 돌고래도 다 도구(tool)를 사용하는 명수라 한다. 그리고 중요하게 등장한 것이 언어를 사용하는 인간의 사회적 기술(social skills)이다.

언어란 세상 밖의 일들을 몸짓으로 소화하여 상징으로 만들어내는 복잡한 과정이며, 언어를 담당하는 뇌는 인간만이 가지고 있다. 그러나 침팬지나 고릴라 혹은 개에 이르기까지 많은 동물이 비록 언어구조(syntax)에 이르지는 못하였지만, 비언어 소통(non-verbal communication)에 아주 능하다.

브라이언 허(Brian hare)는 미국 듀크(Duke) 대학에서 고양잇과 동물(canine animals) 연구센터를 운영하고 있었으며, 2013년 이러한 인간 지능발달에 대한 해답을 얻기 위해 대규모 포럼을 주최하였다. 세계 각지에 동물을 연구하는 학자를 모두 한곳에 모아서 진화적 동물 분류에 따라 각종 동물의 지능 차이를 비교하기로 하였다. 즉 여러 동물을 분류에 따라 같은 종류의 인지능력을 시험하여 체계적인 인지능력 비교를 시도였다.

그러나 그의 대단위 비교 실험의 결과는 어쩌면 매우 허무할 정도의 결론을 얻을 수밖에 없었다고 한다. 동물학자 사이에서는 복잡한 사회구조를 가진 동물이 머리가 좋을 것이라는 가설을 내기도 하였고, 먹이를 다양하게 먹는 동물이 머리가 좋을 것이라는 가설을 내기도 하였다. 이러한 가설들은 전통적으로 동물학계에서는 정설로 수용이 된 가설들이었다. 놀랍게도 44종의 동물을 대상으로 시행한 이 실험은 이러한 가설들을 모두 부정하였다.

결론은 매우 간단했다. 두뇌가 큰 동물이 머리가 좋다는 것이며 그것도 절대적인 크기가 중요하며, 상대적 크기는 별로 중요하지 않다는 결론이다.

대형 연구 프로젝트가 내민 매우 허망한 결론처럼 보인다. 대형 연구프로젝트가 허망한 연구결과를 낸 경우로는 1970년대에 저명한 럼멜(R. Rummel)의 국제관계에 대한 돈프로젝트(Don Project)도 있다. 이 연구는 당시 세계 모든 국가의 국가 속성을 비교하여 전쟁의 원인을 밝히고자 하였는데, 그 결론은 자유국가끼리는 전쟁을 한 일이 없고 일어나지도 않는다는 것이다. 즉 세계평화의 길은 모든 국가가 자유국가가 되는 것이 답이라고 한다. 이를 상기의 동물 연구에 비유하자면 동물이 두뇌가 커지는 것이 머리가 좋아지는 길이라는 결론과 크게 다르지 않다.

그러나 현생인류는 고대인류(archaic humans 50만 년 전)에 비해 두뇌가 많이 작아졌다. 네안데르탈인보다도 작다. 개도 늑대에 비하면 두뇌의 크기가 현저히 작아졌다. 특히 개는 두개골의 크기에 비해서도 뇌 용량이 턱없이 작은 편이다. 물론 머리가 큰 개는 머리가 작은 개 보다 현저하게 머리가 좋다. 머리가 큰 개가 기억 용량이 크기 때문이라 한다. 개에게 먹이를 주고 먹지 말라고 명령을 하면 머리가 큰 개는 잘 따라 하나 머리가 작은 개는 금방 잊어먹는다고 한다. 기억능력이 부족해서라고 한다.

개가 천재라 불린 것은 침팬지가 절대 따라할 수 없는 지능을 개가 보이기 때문이다. 포비넬리(Povinelli)는 저명한 침팬지 인지연구 학자인데 침팬지에게 눈을 안대로 가린 사육사에게 먹이를 들게 하고 있고 또 눈을 뜬 사육사에게 먹이를 들고 있게 하면 침팬지는 사육사가 자기를 보고 있는지 못 보는지를 모른다고 한다. 침팬지는 아무에게 가서 먹이를 달라는 몸짓을 한다. 상대의 마음을 전혀 읽지 못하는 것이다. 그러나 개는 절대 눈을 가린 사육사에게는 기지 않는다. 사람의 마음을 읽기 때문이다. 개가 사람의 마음을 읽을 수 있는 능력은 타고난 것이다. 사람과 떨어져 살게 한 개들도 개의 지능에는 상대 마음 읽기(theory of mind)라는 인지능력이 사라지지 않는다.

침팬지에게 먹이를 여러 개의 사발 중 하나의 사발에 숨기고, 사람이 손가락으로 먹이가 있는 곳을 가리켜도 침팬지는 찾아내지 못한다. 그러나 개는 사람의 손짓 방향을 따라 곧바로 찾아 낼 수 있다. 이들 부부가 키우고 있는 오레오(Oreo)는 공을 던지면 물어오는 놀이를 아주 좋아하는데 한 번에 물어 올 수 있는 테니스공이 3개인데 그 이상을 던지면 어디로 갔는지 잊는 경우, 이들에게 와서 던진 방향을 묻고 찾아온다고 한다. 매우 영리하다.

먹이를 두 마리가 협력해야 당길 수 있는 장치에 달아 둔다면 침팬지는 협력은 가능은 하나 먹이가 상대방 쪽에 가깝게 떨어지면 절대 협력 하지 않는다. 침팬지는 절대 먹이를 나누어 먹지 않는다. 개는 협력할 개가 올 때까지 기다릴 수도 있으며(침팬지는 잘 기다리지도 못한다), 먹이가 상대측으로 가깝게 떨어져도 먹이를 나누어 먹을 줄 안다.

많은 심리학자는 자기통제력(self-control)을 높은 지능의 가장 중요한 척도로 생각하고 있다. 1960년대 스탠포드대학에서 유치원생들에게 시험한 마시멜로의 예가 잘 보여준다. 아이에게 마쉬멜로를 부모가 돌아올 때까지(15분간) 먹지 않고 있으면 1개를 더 준다고 하였다. 이를 먹어버리는 아이가 있고, 참다가 먹는 아이가 있고(평균 9분), 먹지 않고 기다리는 아이가 있다고 한다. 이때 먹지 않고 기다리는 아이가 약 30% 정도라 하며 이들의 지능이 성년이 되어도 높다고 설명하는 것이다. 동물 중에 이 실험에 가장 잘 적응하는 동물은 개밖에 없다. 이런 통제력이 가능하기 위해서는 행동 억제능력(inhibitory control)이 뛰어나야 한다. 자기가 손해 보는 행동을 참는다는 것이다.

이런 행동은 개가 유일하게 말을 잘 듣는 동물이라니 개는 천재다. 사람의 아이들도 잘 따라 하지 못한다.

물론 침팬지가 개보다 뛰어난 지능을 보이는 것도 많다. 특히 사람에게서 먹이를 훔쳐가는 데는 뛰어나다. 자연상태에서도 침팬지는 상대를 속이고 빼앗는 데는 매우 능하다. 이런 것도 지능이겠지만 인간의 지능발달과는 좀 다른 주제인 것 같다고 한다.

허(Hare)와 그의 아내 우드(Woods)는 이 책에서 중요한 결론을 내리고 있다. 개가 인간과 섞여 살게 된 것은 늑대가 자발적으로 인간에 대해 친근성(friendliness)을 키워왔기 때문이라 한다. 이 친근함이 개를 천재적으로 만든 동인이 되었을 것이라 한다. 이들도 러시아의 벨라예브가 사육에 성공한 여우의 경우를 예로 삼고 있다. 벨라예브는 사육과정에서 친근한 여우만을 대대로 선택하여 사육에 성공할 수 있었다고 한다. 친근성을 키워온 동물로는 사람이 가장 탁월해 보인다. 마치 개가 늑대에서 친근성을 통해 사육되고 또 여우도 사육이 가능한 동물이라고 하니 인간도 이러한 과정을 거쳤을 것이라는 점을 생각해 보아야 한다. 다만 인간의 경우는 스스로 사육하였는데 이렇게 스스로 사육한 경우로는 아내인 우드가 연구대상으로 삼고 있는 보노보가 대표적으로 그 가능성을 돋보이게 한다. 보노보는 침팬지에서 스스로 친근성을 키워간 동물로 알려져 있다.

친근성이란 심리과정에서 상대에 대한 방어기재를 억제하고 상대와 관계에 보상기전이 작용해야 하는 이중의 뇌기능이 선택되어야 한다.

아이들을 똑똑하게 키운다는 것은 동물의 왕국에서 보면 낯선 사람들에게 친근하게 대할 수 있는 기질을 양육하는 것이 아닐지 모르겠다. 머리가 좋은 사람은 친근한 사람이라는 것이 매우 설득력이 있어 보인다.

Review

아라비아에서 6,000년 전에 애완견으로 묻힌 개 발견

Live Science, *April 14. 2021*

이번 발견은 지난 추정치보다 약 1,000년을 앞선 것이다.

[애완견이 발견된 사우디아라비아의 고분]

고고학자들은 사우디아라비아의 매장지에서 주인의 유해와 함께 묻힌 6,000년 된 애완견 뼈를 발견했다. 이번 발견은 이전 발견보다 약 1,000년을 앞서는 것으로 이 지역에서 가장 빠른 개사육의 증거이다. 국제적으로 구성된 연구팀은 2018년 아라비아반도의 대규모 고고학 조사의 일환으로 위성 이미지로 매장지를 찾은 후 현장에서 개 뼈를 발굴했다. 유적이 발견된 무덤은 이 지역에서 가장 오래된 무덤이며, 조성연대가 약 B.C 4300년까지 거슬러 올라간다.

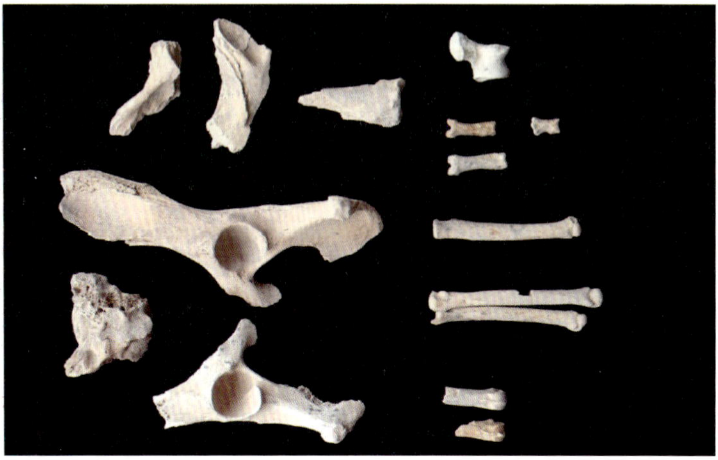

[무덤에서 여러 조각의 개뼈가 발견]

이 무덤은 신석기시대로부터 금석병용기 시대까지 약 600년 동안 여러 세대에 의해 사용되었다. 무덤은 또한 지상 위에 만들어진 것이 특이하며, 도굴꾼들에 의해 쉽게 발견되었을 것이나 잘 보존이 되었다. 연구원들은 6명의 성인, 4명의 아이, 1명의 사춘기를 포함하여 적어도 11명의 인간의 유해로 묻혀 있던 고분에서 한 마리의 개 뼛조각 26개를 찾아냈다. 이 뼈를 사막늑대 벼로 보기에는 너무 작았으며 당시 이 지역에 많았던 훨씬 더 큰 야생 개 종 이었다. 개뼈는 관절염의 앓고 있었으며 중반 혹은 후반의 나이로 보아 아마 사육되어 살았던 것 같다고 한다.

"인간은 개를 사랑하였고, 개가 인간과 함께 매장되었다는 증거가 있다는 사실은 인간에게 유용했을 뿐만 아니라 이 동물과 주인 사이에 정서적 유대감이 있음을 시사한다"라고 한다. "우리가 기술적으로 많은 발전을 이루었음에도, 인류를 위한 개들의 역할과 중요성은 변하지 않고 있다." 인간이 개를 사육한 가장 오래된 알려진 물리적 증거는 서부 독일 본 지역 한 무덤에서 발견되었다.

[두 마리의 개가 아이벡스 소를 사냥하는 모습]

그 개의 유골은 약 1만4,000년이나 된 것이었다. 토마스는 "우리는 개가 아라비아 북서부 지방의 초기 사냥꾼과 유목생활에 매우 중요한 역할을 했다는 것을 알고 있다"라고 한다. 이런 사실의 가장 중요한 증거는 개들의 도움으로 아이벡스 소와 같은 동물을 사냥하는 인간을 묘사한 아라비아반도의 다른 지역에서 발견된 바위에 그려진 그림에 잘 나타나 있다.

"오늘날의 양치기 개처럼 큰 무리의 개떼들이 종종 가죽 끈에 묶여 인간을 돕는다. 따라서 개들은 이 지역의 고대 주민들에게 귀중한 도움과 지원을 제공했을 것이다." 개 뼈는 기원전 5,000년대로 거슬러 올라가지만, 일부 바위 예술은 기원전 7,000년대에서 8,000년대까지 올라간다. 이런 날짜는 개가 이미 이 지역에서 수천 년 이전부터 길들여 왔다는 가능성이 있음을 시사하는 것이라 한다. "우리가 확인한 것은 인간과 개간의 중요한 관계의 첫 번째 물리적 증거다." "아라비아에서 더 많은 작업이 이루어지기면 더 많은 예가 발견될 것이고 시기도 앞당겨질 것이다"라고 한다.

7. 개 Dog

MRI로 증명된 애완견의 사랑

[MRI 촬영 중인 애완견의 모습]

동물의사가 가장 많이 받는 질문의 하나는 애완견들이 정말 자기를 사랑하는 것인가를 묻는 것이라 한다. 당연히 맞는다고 답할 것 같은 이 질문도 개의 마음을 들여 다 봐야 한다고 생각한 사람이 있다.

자기공명장치(MRI)를 이용한 사진은 사람의 마음을 들여다보는 도구로 사용된다. 생각하는 과정을 촬영할 수 있는 이 장치는 특정 행동에 자극하여 반응하는 뇌의 부분을 찾을 수 있어 사랑, 증오, 폭력, 도착 등을 들여다볼 수가 있다. 애완견인 퍼그를 애정 깊게 키웠던 경험이 있는 에모리대의 신경과학자인 그레고리 베른(Gregory Berns) 교수는 MRI를 통해서 개의 마음을 들여다보아 이 기회에 개의 인간에 대한 사랑이 사실임을 증명해 보고자 했다.

그러나, 개에 대하여 MRI를 촬영한다는 것은 말처럼 쉬운 일이 아니었다. 촬영을 위해서 개가 자발적으로 MRI 기계에 올라와 움직이지 않아야 한다는 매우 어려운 난관에 봉착하된다. 특히 MRI는 소음이 심하여 사람에게도 부담이 생기는데 하물며 소리에 민감한 개에게는 어려운 일처럼 보였다. 이를 위하여 미국의 최고 조련사들이 동원되었으며, 4개월이라는 길고도 매우 값비싼 훈련을 통하여 드디어 MRI를 성공적으로 촬영하는 데 성공하였다.

동물의 뇌에는 보상을 담당하는 뇌기능 구조(the caudate nucleus)가 있다. 이 부위는 즐거움을 느낄 때 도파민이라는 신경전달물질 수용체가 활성화된다. 온갖 고생을 마다하지 않은 결과 번즈 교수는 드디어 개가 먹이에 반응하는 것보다는 사람에 반응하는 정도가 20% 이상 높다는 것을 밝혀냈다. 개가 주인을 따르는 것이 먹이 때문만은 절대 아니라는 것이다. 개는 먹이가 아니라 주인을 더 좋아한다는 것이다. MRI 촬영으로 번즈 교수가 밝혀낸 또 하나의 재미있는 사실은 개는 다른 동물과는 달리 사람의 얼굴을 분별할 수 있는 뇌구조를 가지고 태어난다는 사실이다.

정말 우리의 애완견들도 사람이 사람을 사랑하는 것과 같은 뇌의 메커니즘으로 사람을 사랑한다고 하겠다. 미국의 한 교수가 애완견이 자기를 완전히 다른 사람으로 바꾸어 놓은 일을 소개한 일이 있다. 이 교수는 퇴근하고 조용히 자기 정원의 의자에 앉아 와인을 마시고 있었다고 한다. 옆에 자기 개가 따라와 외롭지는 않게 저녁을 지내는데 그때 집사람이 집에 도착해서 정원으로 들어왔다고 한다.

자기 개는 집사람을 보자 온통 꼬리를 흔들며 한없이 반갑게 집사람을 맞이하는 것을 보고 그는 크게 깨달음이 있어, 이후 만나는 사람에게 개같이 반갑게 맞이하게 되었다고 한다. 사랑의 자연스러운 표현이다. 우리가 애완견에게서 오히려 사랑을 배운다.

Review

주인이 혼절하자 차를 세워 구조요청을 한 영웅적 반려견

originally from **NBC** news

[캐나다 오타와의 영웅이 된 클로버]

캐나다 오타와에서 개주인 헤일리 무어씨가 갑작스러운 발작으로 혼절을 하자 클로버라는 아주 착한 암컷 반려견은 도로를 막고 지나가는 드라이버를 불러서 도움을 청했다.

클로버라 반려견은 주인인 헤일리 무어와 산책을 하는 도중 주인이 발작으로 쓰러지자 도움을 청하여 그를 살렸고 이로 인해 캐나다 언론으로부터 영웅으로 칭송을 받고 있다.

주인인 무어양은 오타와의 스티츠빌 지역을 거닐다가 실신하여 횡딘보도에 쓰러졌다고 CTV 뉴스는 보도했다. 이 사건의 현장은 이웃의 홈 보안 카메라에 의해 그대로 포착되었다.

1년 반이 된 마엠마 믹스 종인 클로버는 거리로 뛰어나가 교통을 멈추기 전에 무어에게 먼저 가서 그녀를 살핀 뒤 행동에 나섰다.

클로버의 영웅적 행동으로 차를 멈춘 운전자인 드라이든 오트웨이는씨는 반려견의 영웅적 행동에 감사한다고 전하면서 **"현장은 정말 인상적이었으며, 이 개는 실제로 내 길을 막았다. 이 반려견은 내 트럭을 막기 위해 도로로 뒷걸음치듯이 막아섰다"**라고 한다.

클로버는 다른 운전자도 세우고 집으로 돌아왔다. **"제가 기억하는 것은 구급차에서 깨어나 '무슨 일이 일어나고 있는가?' 하고 혼란스러워하는 것뿐이었다"**라고 무어양은 CTV와의 인터뷰에서 회상했다.

혼절의 원인에 대해서는 아직은 알려지지 않고 있다. 무어의 아버지인 랜달 무어씨는 클로버에게 그의 충실한 봉사에 대한 보상으로 맛있는 스테이크를 먹였다고 한다.

3월에 싸이컬러지 투데이(Psychology Today)지에 게재된 연구에 의하면 혼절을 예측할 수 있는 반려견들이 있으며 이들은 혼절 시에 발생하는 휘발성 유기 화합물의 향기에 의해 이를 알아차릴 수 있다고 한다.

8. 곰 Bear

단군신화 속의 곰이 우리의 어머니?

곰은 삼국유사가 전하는 단군신화 속에 우리의 어머니이다. 우리와는 정서상으로 매우 친근한 동물이다.

우리에게 친근한 반달곰은 아시아의 검은 곰(asian black bear)이라 하여 미국이나 유럽에 가장 흔한 곰인 큰곰(brown bear)과는 많이 다른 동물이다. 반달곰은 티베트 곰이라고도 하는데 히말라야 고산지대에서 사는 곰이며, 한반도에는 연해주까지 걸쳐서 반달곰만 산다. 반달곰은 다른 곰과는 달리 깊은 숲에서 살며 솔방울과 도토리를 위시하여 작은 동물들까지 무엇이든 잘 먹는 잡식성 동물이다. 나무를 타는 동물 중에서 가장 크다.

이승휴가 전하는 단군신화 제왕운기가 아마도 삼국유사의 단군

신화보다 오래되었고 단군신화를 전한 원전에 충실하였을 것인데, 이 제왕운기에는 단군신화 속에 우리가 아는 곰과 호랑이의 이야기는 전하지 않는다. 다만 스님이셨던 일연선사가 왜 곰과 호랑이 이야기를 신화 속에 넣었는가를 추론해 보는 것이 더 흥미로울 것 같다. 물론 이승휴는 유학자로 곰과 호랑이 이야기가 유학자가 보기에는 너무 괴이한 것이라 적지 않았을 수는 있다. 두 분 모두에게 단군신화는 기자가 고조선에 오기 전까지의 고조선을 신화로 묶어 설명하기 위하여 고기(古記_전하지 않음)에서 인용하였다.

우리가 반달곰을 직접 볼 수 있는 곳은 구례화엄사 같은 지리산의 여러 산속의 대형 산사에 갇혀 있는 반달곰들이었다. 이승휴는 단군신화 속의 환인을 제석으로 불렀으니 여기에 등장하는 인물은 모두 불교와 관계가 밀접한 것이다. 곰과 호랑이는 깊은 산속에 있는 절들이 자주 마주 칠 수 있는 위험한 두 마리의 대표적 동물이다.

반달곰과 호랑이는 우리가 연해주에서 백두산 그리고 백두대간이라 부르는 한반도의 많은 산맥에 광범위하게 살았던 가장 크고 무서운 포유동물이다. 필자가 보기에는 아마도 스님들이 이들 동물에 대한 특별한 종교심에서 우리 신화 속으로 등장시킨 것이 환웅에게 간청하여 인간이 되고 단군왕검을 낳게 된 곰으로 생각해 본다. 제왕운기에는 환인이 손녀에게 약을 먹여서 인간으로 만들어 단군을 낳았다고 적고 있다.

필자는 우리나라 사람들에게는 곰보다 호랑이가 훨씬 친근하지 않았나 한다. 물론 곰과 호랑이가 둘 다 사람에게는 무척 해로울 수 있는 동물이기는 하나 호랑이는 인간이 동물에게서 기대는 무엇인가 강인한 정신적 교감이 있다. 조선의 많은 민화의 주인공은 호랑이인 반면 곰의 그림은 전혀 없다. 특히 반달곰은 검은색의 털에 가슴에 반달 모양(V)자 모양의 하얀 털을 갖고 있어 매우 특징적인 모습인데 우리의 민화에는 등장하지 않는다.

필자는 어린 시절 곰과 호랑이 이야기를 처음 들었을 때부터 왠지 호랑이 편에 서게 되고 육식동물인 호랑이에게 쑥과 마늘만 먹어야 한다는 것이 너무도 불공평한 처사라 생각하였었다. 곰이 쑥과 마늘만 먹고 21일을 견딘다는 것이 동물이 인간이 될 만한 고행처럼 들리지 않았다. 실제 호랑이는 우리에게 산신령의 대우를 받는 동물이다. 우리나라에서 곰은 산신령 대우를 못 받는다. 오히려 곰이 산신령 대우를 받는 곳은 일본이며 특히 북해도 연안의 아이누 족 사람들에게는 성스러운 동물로 여러 구복 제사가 행해진다고 한다. 아마도 일본에는 호랑이가 없어서 산에서 가장 무서운 동물이 곰이기 때문일 것이다.

곰과 호랑이가 우리 조상의 토템(totem)이었다는 말에도 필자는 동의할 수 없다. 고조선은 곰 토템이고 예맥은 호랑이 토템이었다는 말은 그 근거가 전혀 없다. 토템의 대상은 매우 존경을 받는다. 곰 토템이 많은 곳은 미국 인디언의 여러 부족이다.

인형으로 매우 사랑받는 테디 베어(Teddy bear)는 미국과 유럽에 사는 큰곰(brown bear)이다. 이 곰들은 산속 깊숙이 살지 않기 때문에 인간과 교류가 매우 많고, 인간과 교류한 많은 이야기가 전한다.

미국 인디언 중에 곰이라 불리는 사람은 추장이며 샤먼들이다. 곰은 현자로서 교육자로서 사람들로부터 존경을 받는다. 켈트족에게는 곰은 안전을 기원하는 여신으로 등장하며 오히려 우리 단군 신화의 곰과 같이 최초의 어머니(prime mother)로 존경을 받는다.

곰 정신(bear spirit)이란 말의 뜻은 인간이 약해지고 도움을 청할 데도 없을 때 생겨나는 강인한 힘이라고 한다. 우리에게 곰은 토템에게 보여주는 어떠한 존경심도 없다.

반달곰은 현존하는 지구상의 8종의 곰 중에 가장 원시적인 곰이라 한다. 다른 곰과는 달리 겨울에 동면을 거의 하지 않으며 매우 사나운 동물이다. 큰곰(brown bear)과는 달리 인간에게 매우 공격적이다. 우리의 선조들도 곰에 대해서는 그렇게 존경심이 생길 수 있는 대상이 아니었을 것이다. 중국에서 곰은 하늘의 중요 별자리에 북두칠성(dou: 斗)이 있을 만큼 여신의 우두머리로 존경의 대상이었다고는 한다.

곰이란 고대 한국어는 구마, 고마였다고 한다. 고마나루는 공주의 한문인 웅진(熊津)의 우리말이라 한다. 온조왕이 초기 백제의 경계로 삼았다고 하는 웅천(熊川)은 지금의 안성이다. 일본 지명 중에도 웅(熊)자가 들어가는 곳이 많다. 일본에서도 구마(熊本현: kumamoto)로 읽는다. 그런데 고마란 말이 거무란 말과 자주 혼용이 된다고 한다. 거무는 검은색을 의미하는데 그 뜻은 성스럽다는 뜻이다.

서울의 한강 남쪽 노량진 강변을 따라 지나면 흑석동이 나온다. 흑석동은 본래 한국어로 거무돌이었다고 한다. 일제시대에 한국어 지명을 한문으로 고치는 과정에서 거무돌 즉 성석(聖石)동이라 해야 하는데 흑석(黑石)동이 되었다고 한다. 실제 흑석동에는 검은 돌이 없다고 한다. 그런데 한동안 자살바위로 유명했던 흑석동의 돌 바위는 성스러운 돌이 아니라 곰처럼 생긴 돌이다. 필자의 생각에는 아마도 웅석(熊石)동이 맞지 않나 생각해 본다. 곰바우는 우리에게 매우 친근한 곰처럼 생긴 바위였을 것이며 전국 어디에나 있다.

곰이 인간에게 가깝게 느껴지는 이유의 하나는 곰의 걸음걸이이다. 곰도 영장류와 같이 발가락과 발굽을 사용하여 걷는다. 그래서 넓고 평평한 발을 가지고 있다. 대부분의 대형 포유동물들은 유제동물(ungulate)이라 하여 에나멜이 쌓여 만들어지는 발굽(발톱)으로 걷는다.

말과 코뿔소는 한 개의 발톱으로 걸으며 그 밖의 사슴, 소, 낙타, 양 등은 두 개의 발굽으로 걷는다. 또 다른 한 가지는 개와 고양이 그리고 새들은 발가락으로만 걷는다. 새들에게서 무릎은 사람의 발목에 해당한다고 한다. 곰이 걷거나 일어서는 것이 매우 사람과 닮아서 세계 여러 곳에 곰과 관련된 인간과 많은 교감이 전하나 필자가 보기에는 단군신화에 나오는 우리의 곰은 그렇게 보기에는 많이 부족하다.

반달곰은 우리나라의 대표적인 멸종위기의 동물이고 그 이유가 일제시기 동안에 일본인들이 대대적으로 맹수를 수렵해서 없앴기 때문이라 하고 있으나, 사람이 사는 주변에서 맹수를 없애는 일은 지금도 멧돼지 잡듯이 하는 일이다.

우리나라에서 곰이 사라지기 시작한 것은 호랑이가 사라지는 이유와 같을 것이다. 조선 중기 이후 우리의 농경이 깊은 산속까지 이르렀고 자연훼손이 심하여 없어진 것이다. 특히 곰은 우리에게는 값비싼 약재인 웅담을 제공하는 동물로 맹렬하게 잡는 대상이었음에는 틀림이 없다. 지금 지리산에는 약 60마리의 반달곰이 복원되었다고 한다. 이들 곰은 암컷이 2년에 한 번 오히려 그 이상 오랜 시간에 새끼를 낳기 때문에 복원에 많은 시간이 걸린다고 한다. 곰들은 생식기에만 가족단위로 살고 대부분은 홀로 넓게 흩어져 살기 때문에 지리산 반달곰은 경상도 전역에 매우 적은 수치로 살고 있어서 좀처럼 인간과 마주치기가 어렵다고 한다. 왠지 반달곰에 대해서는 곰 중에 세계인에 사랑받는 곰 중에 유일하게 완전히 채식동물인 팬다곰에 비교해 보면 안쓰럽게 느껴진다. 잘 보전되었으며 하는 마음뿐이다. 우리의 어머니라고 하기엔 많이 부족해 보인다.

Review

복잡해진 곰의 진화역사

Science Daily, *June 11. 2014*

[갈색곰]

[북극곰]

신설되는 생물다양성 유전체 우수연구센터(LOEWE-TBG) 및 기후연구센터(Bik-F), 프랑크푸르트의 괴테 대학, 그리고 미국 야생동물 서비스의 연구자들은 오늘날 미국과 아시아에서만 발견되는 여러 종의 곰들은 진화의 역사에서 혼혈이 되어 있다는 것을 연구자들은 발견했다.

베링해가 얼어붙은 육지 다리는 얼어붙기 이전 동물서식지를 연결하여 서로 간에 교배를 가능하게 했을 것이다. 이번 행해진 새로운 대규모 연구는 현재 존재하는 모든 종의 곰 유전자를 비교하고 분석한 것이며 그 연구결과는 과학저널 '**분자 생물학과 진화**(Molecular Biology and Evolution)' 지에 발표되었다.

다큐멘터리나 동물원에서 우리는 갈색 곰, 북극곰, 팬더를 보아왔다. 그러나 아시아와 남미에는 나무늘보 곰, 아시아 곰, 안경 곰과 같이 잘 알려지지 않은 여러 종의 곰이 있다. 아직도 세계에는 8종의 곰이 있다. 많은 연구가 있었음에도 이들 사이의 정확한 관계는 아직 숙제로 남아 있었다.

어느 종끼리 혼혈이 되었을까? 북극곰과 갈색곰은 이들의 긴 진화 역사 기간 혼혈이 되었다는 것은 이미 유전검사를 통하여 입증되었다. 혼혈이 된 행동은 오늘날에도 여전히 관찰할 수 있으며, 현재 진행되는 지속적인 기후 변화로 인해 두 종의 곰은 더욱 가까워졌다. 따라서 다른 종의 곰들 간에도 유전적 혼혈이 있었을 가능성도 커 보인다.

연구자들은 갈색곰과 흑곰뿐만 아니라, 오늘날 살아 있는 모든 종의 곰을 분석하였다고 한다. "**우리는 여러 종의 곰이 그들의 진화역사 도중 서로 혼혈이 되었다는 것을 보여줄 수 있었다. 이들 간의 유전자 교류는 오늘날의 곰을 통해서도 추적될 수 있다**"고 한다. 이러한 유전자의 교류는 일부 유전자 조각으로 이들이 특정 종에 속한다고 분류하기 어려운 문제라 한다.

놀랍게도 베링해로 이어진 다리는 대륙 간 교류의 장소가 되었다. 지금은 다른 대륙에 흩어져 살고 있는 여러 종의 곰도 짝짓기를 통해 이러한 유전자의 교류를 하였던 것으로 나타났다. 과거 빙하기 동안 해수면이 현저히 낮아져서 아시아와 북미 간 육교인 베링지아(beringia) 육지 다리가 생겼기 때문에 이 모든 것이 가능했다.

따라서 이 시기에 아시아의 흑곰과 미국의 흑곰과 같은 오늘날의 곰의 조상들은 서로 만나 짝을 지을 기회를 얻었다.

다윈의 진화 나무는 이러한 복잡한 관계를 그리기에는 충분하지 않다. 오늘날 생존하는 모든 여덟 종의 곰은 각자 현재의 서식지에 적응하고 있고 물리적으로 매우 다르다. 대표적인 예로는 북극곰과 흑곰이 있다. 그런데도 몇몇 개별적인 유전자의 견본은 이들 곰이 새로운 종으로 진화해 가는 도중에 있다는 사실이 연구를 더욱 복잡하게 만드는 점이라 한다.

새로운 분자생물학 방법으로 많은 포유류 동물의 유전자에서 다른 종에서 유래한 유전자가 발견될 가능성이 커졌다. 분명한 것은 진화 역사 기간을 통해 특정 유전자 라인은 때때로 반복적으로 합쳐지기도 하고 유전자를 서로 교환하기도 한다는 사실이 밝혀졌다.

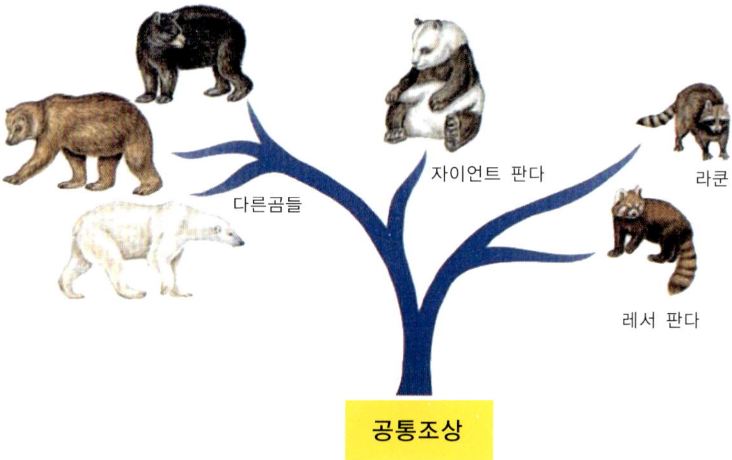

"다윈이 사용했던 전통적인 방법으로 동물의 계통을 분류하고 이를 진화 나무에 위치시키는 것은 더는 적합하지는 않다. 소위 이전의 계통 유전학 네트워크는 우리가 발견한 유전적 혼합을 묘사하는 정도에만 유용하다"고 한다.

현대 분자생물학 방법 덕분에 복잡한 진화과정이 마침내 드러나고 있다.

9. 고양이 Cat

말할 수 없는 비밀을 가진 고양이

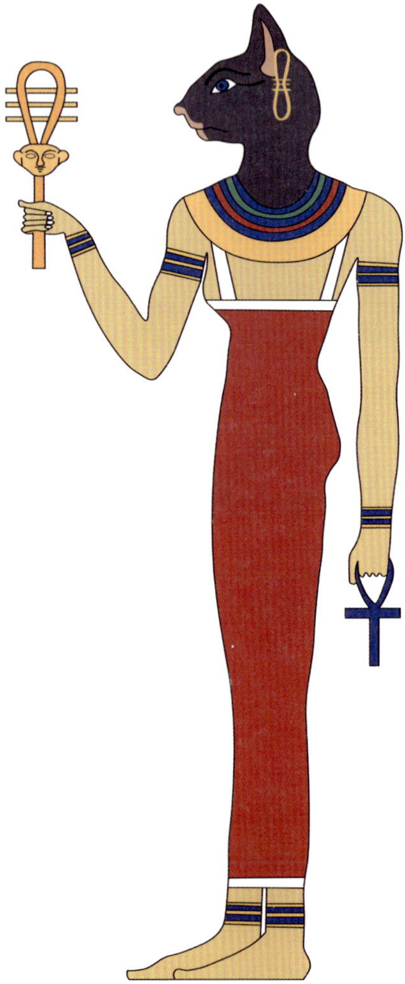

[이집트의 여신인 Baset]

고양이는 미국인과 유럽인이 가장 선호하는 애완동물이다. 미국에만 약 1억 마리 이상의 고양이가 있다고 추정된다.

또 고양이는 개와는 달리 이집트를 비롯한 고대문명은 물론 그리스나 로마시대에 이르기까지 매우 신성하게 대우를 받던 동물이다. 고대 이집트에서는 고양이가 죽으면 성대한 장례를 치러주었다고 하며 지금까지도 고양이가 미라로 처리된 유물이 아주 많이 전해오고 있다.

특히 좌측 그림은 나일강 하류 지역의 고대 이집트에서 발견된 기원전 3,000년 전 기록으로 이집트의 전쟁여신이 고양이 모습을 하고 있다. 이 여신은 이집트 태양의 신인 Ra신의 딸로 알려진 바스텟여신(goddess Bastet)이다. 바스텟 여신은 Ra신의 적인 뱀을 처단한 신화가 전해진다. 그리스는 물론 로마에 이르기까지 고양이는 절대 죽이면 안 되는 신성한 동물로 여겨졌으며, 심지어 고양이는 한번 생애에 여러 번 죽었다 살아난다고 믿었다고 한다. 어떤 지역에서는 9번, 이슬람 지역에서는 5번등 횟수는 다르지만, 고양이는 죽었다가 다시 살아나는 불사의 동물로 여겨졌다.

고양이가 또 사람들을 놀라게 한 사건은 이들의 강인한 생존능력이다. 동물학자들은 핵전쟁 등의 만약의 사태로 지구에 인간이 사라진다면 인간을 대신해 지구를 정복할 수 있는 동물로 단연 박쥐를 꼽았었다. 그런데 1986년 러시아의 체르노빌에서 원전사고가 나고 인간이 떠나버린 이 지역에 수십 년 만에 다시 가 보았을 때는 이 지역을 인간 대신 지배하고 있는 동물은 놀랍게도 고양이였다고 한다. 고양이는 인간이 떠난 아파트는 물론 전 지역에서 왕성한 생존능력을 과시하고 있었으며, 동물 과학자들은 이후 인간이 없는 지구는 고양이가 지배하게 된다고 확신하고 있다.

고양이를 애완동물로 키우자면 개와는 다른 매우 특이한 성향이 있다. 고양이는 개와는 달리 활동성이 적으며, 어두운 곳을 좋아하고, 특히 잠을 많이 잔다. 고양이는 육식동물 중에 잠을 가장 많이 자는 동물이다. 보통의 고양이는 하루에 12시간 정도를 자며 그중 하루에 20시간도 자는 고양이가 있다니 놀랍다.

고양이가 왜 인간과 함께 살게 되었는지에 대한 이유는 자명하다. 농사를 시작한 인간에게 매우 필요한 동물이기 때문이다. 지금 지구상에 존재하는 모든 고양이는 그 조상이 메소포타미아 문명이 시작된 비옥한 초승달(fertile crescent: 지금의 이라크) 지역에 살던 야생고양이이다. 메소포타미아의 고대 도시들은 관계와 수로가 계획된 대규모 농업사회였으며 자연 곡식이 집안 풍부하게 저장되기 시작했고 이로 인하여 쥐들의 퇴치가 가장 큰 고민거리였다고 한다. 우리도 쥐가 많았던 시절을 기억한다면 고양이는 비싼 값을 치러서라도 사야 하는 꼭 필요한 존재였다. 특히 장거리를 곡물을 싣고 다녀야 하는 화물 선박에는 쥐를 막기 위해 고양이가 꼭 필요했다고 한다.

고양이가 인간에게 사육되기 시작한 시기는 기원전 7,500년 전 시기이며, 키프로스의 신석기 시대 무덤에서 나온 고양이 유골은 기원전 7,000년 전 이전의 것이라 한다. 키프로스는 섬임에도 불구하고 고양이가 나온 것을 보면, 그 당시 고양이가 가정마다 매우 요긴한 동물이었음을 잘 보여준다고 하겠다. 이들 고양이가 전 세계에 퍼진 시기는 15세기 이후에 시작된 대항해 시기에 무역선을 통하여 전 세계로 퍼져나갔다고 한다. 동물사육의 역사 속에는 같은 동물들이 여러 곳에서 독립적으로 사육되곤 하였는데, 고대 중국에서 발견된 고양이 유골은 야생고양이가 아닌 레오파드 고양이라고 한다. 이들은 지금은 전해지지 않고 있으나 야생고양이가 없던 중국에서는 아마 쥐를 퇴치하는데 레오파드가 고양이같은 역할을 했는지도 모르겠다.

그런데 이런 고양이에게는 매우 흉측한 비밀이 있다. 고양이는 새끼를 가장 잘 돌보는 동물로 일반인에게 알려져 있으나 인터넷상의 질문에는 이런 질문이 있다. "고양이는 왜 자기 새끼를 잡아먹습니까?" 이런 질문은 필자가 누구에게 말해도 잘 믿지를 않는 비밀이다. 고양이에 관련된 애완동물에 대하여 매우 듣기 거북한 질문이며, 질문 자체가 매우 당연한 사실임을 전제하고 있다.

필자는 나름 열심히 답을 적고자 한다. 고양이 새끼는 소위 매우 미숙아(altricial) 상태로 태어난다. 많은 동물의 새끼들은 나면서부터 혼자서 움직이고 먹이도 스스로 찾아 먹는데(precocial: 이를 조숙아라 한다) 이에 반하여 고양이 새끼는 양수도 터지지 않은 채 양수막에 쌓여서 태어난다.

고양이 어미는 새끼가 태어나면 양수 막부터 물어 터트리고 양수막과 태반을 함께 다 먹어 치운다. 고양이 새끼는 1주일에서 열흘이 지나야 눈을 뜨며 2주일이 지나면 걸을 수 있다. 한 달이 될 때까지 고양이 새끼는 어미젖 이외에는 아무것도 먹지 못한다. 새끼가 너무 미숙하다는 것은 어미에게 커다란 고민거리를 가져다주며 심각한 결정을 하게 만든다. 어미가 새끼를 죽이는 일(infanticide)은 많은 동물에게 발견되며 심지어 인간의 원시사회에도 많았던 일로 필자도 여러 곳에서 적었다. 그러나 이들의 이런 행위에 대해서는 나름대로 진화적 설명이 가능했다.

주로 사회적 동물에서 발견되는 이러한 행위는 집단 간 싸움으로 집단의 리더가 바뀌게 되면, 암컷들이 새 리더에 순응하고 새끼를 빨리 낳을 수 있는 가임상태로 만들기 위한 일로 알려져 있다. 사람과 같은 극히 일부 동물의 경우에는 아주 오랜 시간 어미가 새끼를 키워야하기 때문에 새끼들의 양육을 암컷 혼자서는 도저히 감당할 수 없는 환경에서 부득이하게 선택되는 생존수단의 한 방편으로 설명된다.

그런데 고양이의 경우에는 위에 적은 다른 동물의 경우에 대한 설명에 적용이 되지 않는다. 집단생활을 하지도 않고 새끼에 대한 투자가 영장류나 인류와 같이 긴 시간이 필요하지 않다. 일부 설명에 따르면 새끼들이 정상상태로 태어나지 않았기 때문에 다른 새끼들이 외부의 침입자로부터 냄새 등으로 노출되는 것이 위험하여 먹어 치운다고 한다. 그러나 고양이는 어미의 몸이 지치면 잡아먹는 것이 분명하다. 한두 마리도 아니고 대여섯 마리의 낳은 새끼들을 다 먹는 일도 있다. 자연적 현상으로 보기엔 무엇인가 심각하게 잘못된 행동처럼 보인다. 많은 동물학자는 고양이의 공격성에서 그 이유를 찾고 있다. 고양이는 작은 소리에 매우 민감하고 작은 움직임에도 매우 빠르게 반응하기 때문에 새끼를 자칫 잘못하면 물어 죽이기 쉽다고 한다. 이런 경우는 수고양이에서 자주 발견된다. 심지어 고양이는 멀리 떨어진 새끼를 물어 옮기는 과정에서도 공격성이 나타나 새끼를 물어 죽이고 먹는 일도 있다고 한다.

그러나 필자가 보기엔 고양이나 인간에서나 큰 집단에서 살면서 애 키우는 것을 보고 자라지 못해서 생기는 이유가 가장 크다고 생각한다. 소위 사회화 과정이 부족해서 생긴 이상 현상이라 하고 싶다. 따라서 이런 불상사는 자주 있는 일은 아니다. 미국에 고양이가 많다 보니 생겨나는 별난 일에 하나일 수 있겠다.

애완 고양이를 키우는 요령에는 고양이가 새끼를 낳을 때 매우 주의해야 한다고 권고하고 있다. 절대 고양이 새끼를 만지거나 이동해서는 안 된다고 경고하고 있으며, 고양이 어미에게는 충분한 영양을 항상 제공해야 한다고 주의를 준다.

예쁜 고양이에게 참 흉측하게 들리는 비밀이 있었다고 한다. 고양이에게는 신성함도 있지만 무엇인가 사후세계에 대한 공포심도 함께 존재한다. 어릴 때 본 공포영화에는 검은 고양이가 꼭 나온다.

그리고 인간에게 복수하는 동물로 나온다. 동양이나 서양에서나 검은고양이에 대해서는 다 두려움이 있기는 마찬가지이다. 수일 전에 지난 미국 할로윈데이 관련 기사 중에는 할로윈데이를 맞아 좀처럼 분양되지 않았던 검은 고양이들이 갑자기 대거 분양되었다는 소식을 접하였다. 역시 고양이는 할로윈에 가장 잘 어울릴 수 있는 동물인 것 같다.

필자도 어린 시절 집에 고양이가 있었는데 고양이가 죽은 쥐를 물어다 놓는 일이 자주 있어 질색하였다. 그러나 이런 고양이의 습성은 가족에게 먹이를 물어다 주는 사냥 고양이의 본능이라 하니, 놀라거나 고양이를 나무랄 일은 아니다. 아마도 고양이가 주인에게 보내는 감사의 표식으로 생각하면 좋을 것 같다.

우리나라에선 왜 고양이가 12간지 동물 속에 없냐고 묻는 질문이 많다. 그 이유는 고양이가 그 당시 중국엔 없었기 때문이다. 다만 호랑이는 대표적인 고양잇과 동물이다. 쥐야 대표적인 야행성 동물로 자시(子時)에 가장 어울리는 동물이다.

Review 1

고대 이집트인의 고양이 사랑

Live Science, *April 17. 2021*

고양이의 본성은 신성 다음에 위치하고 있다.

[미라가 된 고양이]

고대 이집트인들은 고양이의 모든 것을 좋아하였던 것으로 유명하다. 파라오가 나일강을 지배한 이래 수천 년 동안 고양이를 테마로 한 유물은 작은 보석에서 실물보다 큰 동상에 이르기 가지 매우 많다. 고대 이집트인들은 수많은 고양이를 미라로 만들었으며, 심지어 이들은 거의 2,000년 전 아름다운 메탈과 구슬 목걸이로 장식한 고양이를 묻은 세계 최초의 애완동물 전용매장지를 만들었다.

그런데 왜 고대 이집트에서 고양이를 높이 평가했을까?

고대 그리스 역사가인 헤로도투스에 따르면 이집트인들은 반려 고양이를 잃은 것을 애도할 때 존경의 표시로 눈썹을 면도한다고 한다.

2018년 워싱턴 D.C에 있는 스미소니언 국립 아시아 미술관에서 열린 고대 이집트인의 고양이의 중요성에 관한 전시회에 따르면, 이러한 경건성의 대부분은 고대 이집트인들이 자신의 신과 통치자 들이 고양이와 같은 자질이 있다고 생각했기 때문이라고 한다. **고양이는 한편으로는 충성스럽고 다정하지만 다른 한편으로는 싸움을 잘하고, 독립적이며, 용맹스러운 이중의 기질이 있기 때문이라고 한다.**

고대 이집트인들에게 이러한 특성은 고양이를 주목할 만한 가치가 있는 동물로 생각 했으며, 그들이 고양이를 닮은 동상을 세운 이유가 된다. 기자의 위대한 스핑크스는 사람의 얼굴과 사자의 몸을 가지고 있는 73미터나 되는 기념물로 아마도 이러한 기념물 중에는 가장 유명한 예이다. 실제로 역사가는 왜 이집트인이 스핑크스를 만들려고 애썼는가에 대한 확실한 답을 못하고 있는 것도 사실이다. 같은 예로 강력한 여신인 사크메트(Sekhmet)는 여자의 몸에 사자의 머리를 가진 것으로 묘사되었다. 특히 그녀는 새벽과 황혼을 포함하여 밤과 낮이 바뀌는 시점의 보호 신으로 알려졌다. 또 다른 여신인 바스텟(Bastet)은 종종 사자나 고양이로 표현되었고, 고대 이집트인들은 고양이가 신성한 동물로 믿었다. 고양이는 쥐와 뱀을 사냥하는 능력으로도 사랑받았을 수 있다. 고대 이집트인들이 여자아이들에게 'mitt(고양이)' 라는 이름을 지어주는 등 고양이를 따서 자녀라는 이름이나 별명을 지었다. 길들여진 고양이가 언제 이집트에 처음 나타났는지는 명확하지 않지만, 고고학자들은 기원전 3,800년까지 거슬러 올라가 고양이와 새끼 고양이를 매장한 무덤을 발견했다. 그러나 많은 연구에 따르면 이집트인의 이러한 고양이에 대한 집착은 항상 자애로운 것만은 아니었으며 이러한 집착에는 더 사악한 풍습도 있다고 한다.

[람세스 왕조시대 새끼를 가진 고양이 반지]

기원전700~300년 사이에는 사람들이 고양이와 함께 묻히고자 하여 수백만 마리의 새끼 고양이를 사육하고 또 이를 미라화 하였다고 한다. 연구자들이 고양이 미라를 세밀히 살폈을 때 고양이들이 예상했던 것보다 훨씬 작다는 것을 깨달았다고 한다. 영국 스완지 대학의 재료학 연구 교수인 리처드 존스턴(Richard Johnston)에 의하면 "미라들은 아주 어린 고양이였지만, 미라의 약 50%가 덮개로 구성되어 있었기 때문에 스캔하기 전에는 그 사실을 깨닫지 못했다." "화면에서 보았을 때, 우리는 고양이들이 죽었을 때 매우 어렸을 것이라는 사실을 깨달았다. 새끼들의 목을 의도적으로 분질렀을 때 이 고양이는 생후 5개월도 채 되지 않았다"고 한다.

존스턴 교수는 인터뷰에서 "조금은 충격적이었다. 즉, 고양이를 희생시키는 관행이 드물지는 않지만 이들 고양이는 종종 무덤에 부장하기 위해서만 키워졌으며. 이런 행위가 산업화되어 고양이 전문 판매시장에서 거래가 되었을 것이 분명하다"고 한다. 토론토 대학의 이집트 고고학 부교수인 메리 앤 폴스 베그너(Mary-ann Pouls Wegner)에 의하면 고대 이집트인들도 신들에게 동물을 바치는 봉헌 희생을 하였다고 한다. 그런 행위는 신들에게 도움을 구하는 수단이다. 슬프게도 왜 고양이를 사서 함께 묻고자 하였는지는 정확히 알 수 없지만, 신앙과 맹신 사이에는 분명한 차이가 있어야 할 것 같다고 한다.

Review 2

고양이는 사회성이 미숙하여 충성도가 많이 떨어진다.

Live Science, *March 1. 2021*

[사회성이 부족한 고양이]

고양이는 사회성에 대한 이해가 부족하여 누군가가 그들의 주인과 나쁜 관계를 하고 있다는 사실을 이해할 수가 없는 것 같다.

고양이 세계에서는, 인간 친구를 가까이 두어야 하지만 인간의 적도 그만큼 가까이 두어야 한다는 속담이 있다. 이 속담은 고양이는 개와 달리 주인과 사이가 나쁜 사람들로부터도 먹이를 기꺼이 받아먹을 것이라는 사실을 밝혀줄 새로운 연구를 시작하게 만든 발상이었다. 개 애호가들은 개가 고양이보다 더 충성스럽다는 또 다른 연구를 할 기회에 기뻐할 수 있지만, 결론은 그렇게 간단하지 않다.

고양이가 충성하지 않는 것이 아닐 수도 있다.

이번 새로운 연구에 따르면 이런 사실은 오히려 고양이는 충성도가 낮은 것이 아니라 누군가가 그들의 주인에게 좋지 않게 대하고 있다는 사회적 단서를 이해하지 못하기 때문이라고 한다. 이 연구를 위해 일본 교토대학의 연구단은 이전에 개에 사용된 기술을 적용하여 일본 고양이의 충성도를 테스트했다. 실험에는 컨테이너, 36마리의 일본 고양이(13마리가 집고양이였고 23마리는 고양이 카페에서 살았음)와 그 주인이 포함되었다.

Play Sound

연구자들은 이들을 **'도우미가 있는 집단'**과 **'도우미가 없는 집단'**의 두 그룹으로 나누었다. 모든 고양이에게 주인이 컨테이너를 열어 물건을 꺼내려고 하지만 계속 실패하는 것을 보여주었고, **도우미가 있는 그룹**에서는 다른 사람을 보내어 주인이 컨테이너를 열 수 있도록 도와주도록 하였다. 도우미는 주인의 친구 역할을 했다. **도우미가 없는 그룹**에게는 다른 사람이 나타나 도와주지 않고 가버리도록 하였다. 이 때 다른 사람은 적이 된 것이다. 또한, 비교를 위하여 제3자를 두 가지 조건 모두에 도움을 주거나 주지 않거나 하지 않고 그곳에 앉아 있도록 하였다.

시연한 후, 각 시험에서 도우미와 적 그리고 제3자로 하여금 고양이에게 먹이를 제공하도록 했으며, 고양이가 누구에게서 먹이를 받아먹는지를 기록했다. 네 번의 시험 끝에 고양이는 누가 음식을 주는 지에는 신경 쓰지 않는다는 결론이 분명해졌다. 이전에 이 연구팀은 같은 실험을 통해 개는 주인을 돕기를 거부한 사람들이 주는 먹이는 거부한다는 것을 밝혔었다.

그러면 이런 결과가 개는 충성하고 고양이는 이기적이라는 것을 의미할까? 연구자들은 "이 실험이 보여주는 고양이는 주인이 무엇을 하려고 했는지를 이해하지 못했다고 생각할 수 있다"고 한다.

아직은 고양이가 자신의 행동에 비추어서 다른 사람의 목표나 의도를 알아차릴 수 있는지에 대한 조사 연구는 없다고 한다.

"또한, 주인 행동의 목표나 의도를 이해했다고 해도, 도움을 주지 않은 사람의 부정적인 의도를 감지하지 못했을 수도 있다"고 한다.

달리 말하자면 고양이가 다른 사람이 주인이 컨테이너를 열 수 있도록 돕지 않는다는 것을 깨닫지 못했을 수도 있다는 것이다.

"우리는 고양이가 개와 같이 사회적 평가 능력을 적어도 이 상황에서는 가지고 있지 않다고 생각한다. 왜냐하면, 개와는 달리 고양이는 사람과 협력하도록 선택된 동물은 아니다"라고 연구자들은 말한다(오랜 기간에 걸쳐, 개는 사육됐으며 또 인간과 협력을 인위적으로 "선택"하였다).

이번 연구를 기반으로 고양이를 이기적인 동물이라 부르는 것은 "의인화 편견"에 빠지는 것이라 한다. 고양이는 "털이 난 작은 인간"이 아니며 "자신만의 독특한 사고방식을 가진 생물"이라고 학자들은 말한다. 개가 고양이보다도 훨씬 일찍 길들었기 때문에 고양이가 개만큼 우리의 사회적 관계를 이해하지 못할 가능성이 더 크다고 한다. 게다가, 강아지의 조상은 사회적 집단으로 살았던 반면, 고양이는 홀로 살아가는 사냥꾼이었다. 이러한 사실은 개는 길들었을 시점부터 이미 개발된 사회적 기술을 가지고 있다고 생각할 수 있다.

10. 늑대 Wolf

동물의 왕국에서 최고의 포식자

[최고의 포식자 늑대들이 사냥하는 모습]

늑대는 인간에 버금가는 지구의 정복자였다. 사람보다도 더 넓은 지역에서 적응에 성공하였으며 자연상태의 먹이사슬 최고층에 지배자였다. 사람과 더불어 오랜 기간 공존하며 경쟁적으로 초원의 대형 초식동물들을 사냥하고 먹고 사는 최고의 사냥꾼이다. 일반적으로 늑대라 불리는 동물은 회색늑대(grey wolf)를 말하며 늑대를 동물 왕국에서의 왕적 존재감을 존경하는 의미에서 간혹 위대한 늑대(great wolf)라 부른다.

늑대들은 환경에 대한 세밀한 이해를 바탕으로 사냥을 하며, 그러한 이해력이 집단 내에 전해지고, 뛰어난 소통능력으로 만들어가는 협력(cooperation) 사냥의 모습은 다른 어떤 동물도 따라서 하지 못한다. 특히 늑대는 개와 유전적으로 거의 같아서 개가 늑대에서 순화한 것이라는 점에는 이견이 없다. 늑대가 인간과 마침내 더불어 살게 된 시기도 1만5천 년 이상을 상회하며 사람과 함께 사는 모든 가축을 포함하여 동물의 왕국에서 인류의 가장 오랜 친구이자 경쟁자이다. 특히 에스키모와 같이 열악한 환경에서 늑대와 인간은 서로 공존할 수 있는 계기가 풍부하였을 것이다. 늑대는 사람으로부터 더 다양한 먹잇감(생선이나 물개 등)을 얻게 되고 사람은 늑대로부터 자연에 대한 정보를 얻고(지금도 행해지는 사냥개들의 필요성) 곰이나 표범들로부터 안전을 도모하지 않았을까 한다. 이처럼 사람과 늑대는 어쩌면 자연계의 최고 사냥꾼끼리 파트너가 되어 지금까지 함께 살아온 것이 아닐까 한다.

팬실베니아 대학의 팻 시프먼(Pat Shipman) 교수는 인간의 눈동자에서 흰자위가 생긴 것은 5만 년에서 4만5천 년 시기라 하였으며, 이 시기에 인간은 이러한 눈을 통하여 늑대와의 비언어 소통(nonverbal communication)이 가능하였고 이를 통하여 늑대를 사육할 수 있었다고 지적하고 있다. 그녀의 주장에 의하면 "인간의 이러한 늑대와의 관계가 인간이 동시기에 유럽에 먼저 거주하고 있던 네안데르탈인을 밀어내고 유럽을 정복할 수 있었다고 한다(Shipman, 2015)."

늑대가 인간에게 생존에 필요한 완벽한 새로운 무기를 제공한 것이다. 늑대는 팩(pack)으로 생활한다. 팩 간에는 영역이 항시 존재하며 팩 간의 갈등도 매우 심하다고 한다. 늑대가 하는 영역표식은 아주 오랜 기간을 기억할 수 있다고 한다. 한 팩은 사람의 핵가족과 같다. 보통 한 팩에는 부모와 새끼들로 5~8마리가 살아간다. 간혹 매우 열악한 환경에서는 수십 마리가 한 팩을 이루는 예도 있다고는 한다. 수컷이 성장하여 짝을 찾게 되면 새로운 팩을 구성하여 떠난다. 떠날 때는 팩의 영역에서 멀리 떨어져 나가 산다. 따라서 한 팩에는 두목 수컷(alpha male)과 두목 암컷(alpha female)이 존재하며 새끼는 두목 암컷에 의해서만 번식되며 팩 전체의 구성원들이 먹이를 물어와서 함께 새끼들을 양육한다. 가끔은 차상위 수컷에게도 새끼를 낳을 기회가 주어진다고 하나, 하위의 수컷들에게는 이리저리 휘둘리는 쉽지 않은 집단생활이 된다고 한다. 팩 내에는 늙고 지친 늑대도 함께하며, 간혹 가족이 아닌 떠돌이 늑대도 함께하고, 팩 자체는 위계질서가 아주 엄한 사회를 이룬다.

늑대의 수명은 애완견과 비슷하나 실제 자연상태 평균수명은 8세가 넘기 어렵다고 한다. 늑대는 매일 사냥을 하며 아주 넓은 지역을 이동하며 산다. 영역의 크기는 35km 정도다. 늑대는 사냥하기 이전에 함께 모여 사람의 의전과 같은 행위를 하며, 공격의 분업도 놀랍지만, 방어의 기술은 더욱 사람을 놀라게 한다. 늑대는 자기보다 훨씬 큰 동물들 무스, 엘크, 사슴, 들소 등을 사냥하며 이들 사냥 대상 농붙늘이 역으로 공격해 올 때는 일렬횡대로 줄을 서서 방어할 만큼 질서가 정연하다. 사냥 중에는 수컷은 물론 암컷들도 사냥에 참여하며, 아직 어린 새끼들은 뒤에서 어른들의 사냥기술을 습득한다. 아주 어린 새끼나 임신 중인 암컷, 혹은 병든 구성원에 대해서는 먹을 것을 물어 다가 나누어 먹인다. 늑대의 한 팩은 인간의 가족에 비견할 수 있으며, 대가족이라면 아버지와 젊은 삼촌들이 생계를 위해 매일 출퇴근하는 인간의 모습과도 그리 다르지 않아 보인다.

한때 북미대륙 전체를 호령하던 늑대는 인간의 계획적인 제거 노력으로 1990년대 중반에는 미대륙 전체에 약 200마리 정도만 살고 있을 정도로 멸종위기에 처해있었다. 늑대는 인간과 공생하기 어려운 맹수임에는 틀림이 없고 가축에 대한 피해가 매우 커서 미국인이 미대륙 신천지에 정착을 시작하던 그 당시만 해도 온 가족이 함께 늑대사냥을 하는 것은 미국개척인 들에게는 일반적인 생활행태 중

하나였다고 하며 이후 늑대사냥은 미국에서 가장 용맹을 자랑하는 레저 스포츠가 되었다고 한다.

1995년 미국 연방정부는 시험 삼아 66마리의 늑대를 요세미티공원에 방목하여 늑대 복원 사업을 하였는데 그 결과는 요세미티공원의 자연상태가 동물왕국의 왕의 귀환으로 각자의 동식물이 자연 생태계에서 제자리를 찾아가는 생태계 전체에 긍정적인 결과가 만들어져, 현재에도 늑대복원 사업은 캘리포니아 주정부가 가장 자랑하는 성공적인 사업으로 지속하고 있다고 한다. 매년 늑대의 개체 수 변화와 생태계의 변화가 사업보고 형식으로 발표되고 있다.

생태학에서는 먹이사슬의 관계 전체가 연쇄적으로 변한다고 하는 뜻의 영양단계 연쇄효과(trophic cascade)라는 말이 있다. 늑대를 요세미티공원에 방목한 후 목격되는 가장 현저한 변화는 강과 초원이 살아나는 것이라 한다. 늑대가 없을 때는 공원 내의 대형 초식동물들이 자유롭게 풀을 뜯을 수 있었으며 그 결과 초원이 벌판 되었는데 늑대가 나타나자 이들 초식동물이 숲으로 숨어들어 제한된 지역에서만 생활하게 되고 그 결과로 초원에 숲이 무성하게 자라고 이로 인해 홍수의 피해도 줄고 강에 많은 물고기가 살게 되었다고 한다. 생각지도 않게 늑대를 반기는 동물도 많다고 하는데 혼자서는 초식동물을 사냥할 수 없는 육식동물 들이라 한다. 곰과 카요티는 늑대를 따라다니면서 늑대가 사냥한 동물에 의존하게 되었고, 특히 한겨울에 먹이가 귀한 시기에는 늑대의 사냥이 절대적인 의존 처가 되었다 한다.

늑대를 기다리는 동물 중에는 독수리와 까마귀가 있으며, 특히 까마귀는 늑대에게 먹잇감의 위치를 알려주고 늑대는 이를 보고 사냥을 하는 공생관계에 놓여 있는 것이 밝혀졌다. 로마의 건국자인 로물루스와 레무스는 늑대가 키운 인물이라는 설화가 있고, 징기즈

칸은 푸른 늑대로 불리었다고 하니, 늑대는 자연상태 최고의 포식자로서의 위상에 걸맞는 제국의 지배자와 관련된 이야기들이 전하는 것 같다.

한반도에는 늑대가 살지는 않았던 것 같다. 우리가 승냥이라 부르는 동물은 이리라 부르는 늑대와는 다른 동물이다. 늑대보다 현저하게 작고, 개는 늑대에서 변한 것이며 승냥이와는 거리가 멀다. 한반도는 숲이 우거지고 산악이 험하고 골짜기가 많아 늑대가 사는 환경은 아니다. 이를 참고하면 한반도는 구석기의 수렵인들도 그리 살기 좋은 환경이 아니었을 것이다. 한반도나 일본의 구석기 유적이 극히 적은 이유가 될 만하다. 한반도와 일본은 채집 생활을 위해서는 밤과 도토리 등 열매 나무가 많아 최적지라 하는데 사람은 사냥을 우선으로 살아왔다.

동물의 왕국에서 인간 사회의 원형을 찾고자 한다면 늑대가 가장 좋은 연구의 대상이다. 늑대의 사회를 강하게 하는 중요한 요인의 하나는 나이가 많고 경험이 많은 노익장의 존재라 한다. 특히 팩 간의 영역싸움에서는 나이 많은 늑대가 있는 팩(Pack)이 단연 우세하다고 한다. 늑대에게서 나이든 동물의 모습이 귀하게 보인다.

Review

Science Daily, *April 12. 2021*

먹이를 바꾸어 빙하기를 살아남은 늑대

회색 늑대는 약 11,700년 전 마지막 빙하기의 끝자락 대량멸종 시기에서 살아남은 가장 큰 육식동물 중의 하나이다. 늑대의 치아와 뼈를 분석한 새로운 연구는 늑대가 홍적세 기간 주로 말에 의존하였

[회색 늑대]

던 식성에서 수천 년 기간 내에 오늘날 순록과 사슴 같은 동물로 먹이 대상을 바꾸어 살아남았을 것이라는 사실을 밝혔다. 오늘날 그들은 유콘지역의 아한대 숲과 툰드라를 돌아다니며 순록과 사슴을 주요 식량 원천으로 살고 있다.

캐나다 고생물학자인 다니엘 프레이저 박사와 학생 조 랜드리가 이끈 연구 팀은 고대(50,000년에서 26,000년 전)와 현대 회색 늑대의 두개골에서 치아와 뼈에 남아 있는 식성증거를 분석했다.

모든 표본은 한때 베링해 매머드 대초원 생태계의 기반인 유콘에서 수집된 것이다. "우리는 늑대 치아의 마모 패턴을 조사하고 뼈에 있는 화학적인 흔적을 검토해서 식성의 변화를 알아낼 수 있었다"고 하며, "이 방법으로 이 동물이 무엇을 먹었는지 그리고 동물이 죽기 약 몇 주 전까지 어떻게 먹었는지에 대해 많은 것을 알 수 있다"고 한다.

이들은 치아의 미세한 마모 패턴을 검사하여 동물의 식사 행태를 알아낼 수 있는 확립된 모델에 의존했다고 한다. 스크래치 마크는 늑대가 살을 먹었다는 것을 나타내며, 홈의 존재는 찌꺼기를 주워 먹을 때처럼 뼈를 씹고 갉았다는 것을 보여주는 것이다. 분석 결과에 따르면 고대와 현대 늑대 모두 이빨에 스크래치 마크가 주로 나타나며 이것은 늑대가 먹이 사냥을 계속하여 항상 1차 포식자로 살아남았다는 것을 의미한다. 그렇다면 회색 늑대들은 무엇을 먹었는가? 순록과 사슴이라는 오늘날 먹이는 잘 정립되어 있다. 고대 늑대의 식단은 뼈에 남아 있는 콜라겐에서 추출한 탄소와 질소 동위원소의 비율을 보고 평가되었다. 동위원소의 상대적 수준은 특정 종에 대한 확립된 지표와 비교할 수 있다.

"당신은 당신이 먹는 것 그 자체라는 공식이 여기에 적용된다"고 한다.

그 결과는 홍적세 기간 중에 멸종한 말이 회색 늑대의 먹이 중 대략 반을 차지했다는 것이 나타났다. 나머지 중 약 15%는 순록과 돌산양에서 나왔고, 매머드도 섞여 있었다. 이 시기는 고대 늑대가 시미타르 표범이나 짧은 얼굴 곰과 같은 다른 큰 육식동물과 공존했을 시기이다. 이들 경쟁 육식동물이 멸종하였다는 것도 늑대가 새로운 먹이를 찾을 수 있을 더 큰 기회를 만들어 준 것이라 한다.

"이번 연구는 실제로 빙하기 시대의 생존과 적응에 이야기이며 생태적응의 관점에서 현대의 형태로 살게 된 살아있는 모습을 보여 준다"고 유콘지역 고생물학자인 그랜트 자줄라 교수는 말했다.

연구결과는 오늘날 동물보존을 위한 연구에도 도움이 된다. "회색 늑대는 변화하는 기후와 대초원 생태계에서 아한대 숲으로 서식지를 변화하여 적응해 간 유연성을 보였다." "그리고 그들이 살아남은 이유에는 그들이 먹을 수 있는 먹이들의 생존과도 밀접하게 연결된 것이다"라고 한다. 순록에 의존하여 살아가는 현대의 회색 늑대를 감안한다면, 저자는 순록 보존이 건강하게 늑대를 유지 보호하는데 중요한 요인이 될 것이라 한다.

11. 늑대개 Wolfdog

흰자위의 동물들

[흰자위를 가진 개와 늑대]

『동물의 왕국』 시리즈 중 늑대 편에 필자가 미국 펜실베이니아주립대학 인류학과 팻 시프먼(Pat Shipman) 교수의 인간과 늑대와의 소통이 현생인류가 네안데르탈인과의 생존경쟁에서 우위에 설 무기를 주었다는 주장을 소개하였는데 이에 대하여는 좀 더 자세한 내용 설명이 필요하다는 독자의 의견이 있어서 이를 한편의 글로 독립시켜보았다.

시프먼 교수에 의하면 우리가 애완동물(pet)이라 생각하는 개는 문명 이전의 여러 사회에서는 애완동물이 아니라 생존을 위한 필수적인 동반자였다고 한다. 우리가 아는 애완동물인 개는 19세기 이후 짧은 시간에 인간에 의해 만들어진 특이한 동물이며, 개가 인간에 필요한 이유는 전적으로 사냥을 위한 필요에서 생겨난 것이다.

늑대의 사육은 1만5,000년 전경에 이루어졌다는 것이 일반적인 통설이었다. 특히 인간이 농경을 시작하면서 인간이 버린 쓰레기 먹이를 주워 먹기 시작하면서 인간에게 사육되기 시작되었다고 한다. 그러나 최근 벨지움, 체코, 시베리아에서 발견된 늑대의 유골 중에는 분명히 주둥이가 개처럼 작아져서 개로 사육된 것이 분명해 보이는 늑대 유골들이 발견되었다. 이중 벨지움의 늑대는 3만2,000년 전, 체코의 늑대는 2만7,000년 전, 시베리아 늑대는 2만9,000년 전의 유골인 것이 확인되어, 개의 등장은 1만5,000년보다 훨씬 이른 시기로 올려 잡아야 한다. 특히 미대륙으로 간 최초의 현생인류는 개를 동반했으며, 아메리카 인디언이 키우는 개는 아메리카의 늑대를 사육한 것이 아니라고 한다. 이들 개는 사냥만이 아니라 짐을 운반하는 데도 유용하게 사용되었던 것으로 알려져 있다. 늑대는 인간이 버리는 음식물 쓰레기를 먹는 동물이 아니다. 네안데르탈인의 경우 늑대에 물려 죽은 유골도 많이 존재한다. 늑대가 사람과 함께 살게 된 이유에 대하여는 필자의 의견이긴 하나, 요세미티 늑대 방목에서도 알 수 있듯이 많은 곰을 위시한 포식동물은 먹잇감을 찾는데 늑대를 쫓아가는 것을 가장 선호한다.

늑대는 환경에 대한 뛰어난 정보력과 냄새, 그리고 까마귀 등 다른 동물들의 움직임을 통해 먹잇감을 찾아내는데 뛰어난 능력을 갖추고 있다. 이는 사냥을 주식으로 하던 고대 인류에게서도 늑대를 쫓아다니는 것이 사냥감을 찾는 가장 손쉬운 방법일 수 있다.

이렇게 사람과 늑대의 교류가 빈번해지면서 늑대 또한 사람과 함께 사냥하면 늑대에게도 커다란 이익이 있다는 것을 알게 되었을 것이다. 늑대는 먹잇감을 쫓기는 잘해도 결국 먹잇감을 죽이는 데는 사람만 한 동물이 없기 때문이다. 늑대가 들소 한 마리를 잡기 위해서는 수십 마리의 엄청난 노력이 필요하겠으나 사람이 나서면 쉽게 잡는다. 더군다나 사람은 사냥한 고깃감을 정리하고, 고기를 집으로 짊어지고 오는데 늑대 또한 먹이를 집으로 물어가는 행태가 있는 것으로 보면, 이 과정에서 사냥에 도움을 준 늑대에게 많은 먹이가 제공되곤 하였을 것이다. 이런 일이 반복된다면 늑대도 사람을 기다려 사냥에 나설 것이 자연스러워 보인다. 늑대가 길들여지는 첫 모습처럼 보인다. 사냥에서 개의 유용성은 매우 많다. 실제 중앙아프리카의 사냥습관에는 꼭 개를 동반하고 사냥이 끝나면 개가 사냥감을 등에 지고 운반에 참여한다고 한다. 이렇게 하면 운반의 편의만을 통해서도 사냥한 고기를 가져올 수 있는 식량 수확물이 40%이상 증가하는 결과를 초래한다고 한다. 늑대의 사육은 사람들이 사육한 다른 동물들이 대부분 사람의 식량조달의 목적으로 일방적으로 사육된 것과는 사뭇 다른 이유에서 비롯되었다. 사람에 의한 일방적인 사육관계만은 아닌 것 같다. 늑대가 적극적으로 사람과 협력사냥을 도모한 것이 지금 인간과 감정소통을 하는 너무나 가까운 반려동물이 되는 기회를 제공했을 것이다.

시프먼 교수는 인간의 눈동자가 다른 영장류와는 달리 하얗게 변화한 이유에 대해서 늑대와 소통이 큰 계기가 되었다고 한다.

영장류의 눈은 위 사진에서 보듯이 거의 피부색이고 눈꼬리가 드러나지 않아, 자기가 어디를 쳐다보는지를 상대방이 알기 어렵게 한다. 이에 반하여 인간의 눈동자는 흰자위도 있고, 눈의 크기도 크며, 눈꼬리도 현저하게 드러난다(눈의 하얀 부위는 공막(鞏膜)이라 한다). 자기가 어디를 쳐다보는지를 잘 알리기 위한 것이다. 이러한 흰자위를 가진 동물 중에는 늑대가 거의 유일하다. 늑대의 경우에도 늑대 간의 소통을 위하여 눈이 주로 사용된다. 이런 점에 비추어 시프먼 교수의 주장에 설득력이 있다.

사람이 늑대와 눈으로 소통을 하면서 함께 협력해서 사냥하게 되고, 늑대와 협력 사냥을 한 집단이 생존경쟁에 커다란 이점이 있다면 사람의 눈도 이 시기 즉 사람이 유럽대륙에 진입하여 본격적으로 늑대와 마주치고 또 그녀의 주장대로 네안데르탈인과 경쟁하던 5만에서 4만 년 전 시기에 눈동자가 하얗게 되었을 것이다.

제인 구달(J. Goodall)에 의하면 침팬지 중에도 아주 드물게 흰 눈동자를 갖고 태어나는 침팬지도 있다고 하니 우리 유전자에도 흰 눈동자가 발생할 수 있을 가능성은 유전적으로 높다 하겠다(물론 이런 주장이 진화론자들이 흔히 범하는 기능주의의 오류일 수 있다는 것은 필자도 잘 알고 있으며, 흰 눈동자에 대한 유전적 연구는 아직 없다는 것 또한 밝혀 두고 싶다). 침팬지나 오랑우탄 등 지능이 높아 사람이 행하는 여러 실험을 잘 따라 하는 영장류도 사람과의 눈 맞춤 시험에는 전혀 응하지 못한다고 한다. 이들 영장류 동물에게서는 사람의 눈동자 방향(gaze test)을 알아맞히게 할 수가 없다. 이에 반하여 늑대나 개는 탁월하게 반응한다고 한다.

독일 막스플랑크 연구소(Max Planck Institute)의 토마셀로(M. Tomasello) 교수는 "인간의 흰 눈동자에 대하여 다른 사람의 마음을 읽는 마음의 창으로 지적하고 있으며 인간 간의 협력을 위해서 생겨났다고 한다(cooperative eye hypothesis)." 그러나 사람 간이 아니라 타 종의 동물과의 소통을 위해 변했다는 시프먼 교수의 주장이 더 흥미롭다. 고대 유골에 드러난 사람에게 사육되기 시작한 이른 시기의 개들은 대부분 32kg에 달하는 대형 개 들이다. 지금도 이런 개들은 핀란드에서 무스(moose)를 사냥할 때 쓰이는 노르웨이 엘크 하운드(Norwegian elkhound)와 같은 개들이며 이들이 사냥 과정에서 무스를 한 곳에 몰아 두고 계속 짖고 있으면 사람이 와서 총으로 사살을 하는데 이와 같은 모습이 과거에 늑대와 협력사냥의 모습일 것이다.

시프먼(Shipman)의 가설들에 대해 매우 불리한 증언도 있다. 그것은 동시기에 많았던 현생인류의 동굴벽화 속에 늑대개의 그림이 없다는 것이다. 사람의 사냥 모습도 그려져 있는데 늑대개의 모습은 없다. 이에 대해 시프먼 교수는 늑대개는 사람의 먹잇감이 아니기 때문이라고 답한다. 체코에서 발견된 늑대개는 20마리에 달하는데 이중 사람이 먹은 흔적은 없다. 개는 오랜 기간 사람이 먹어서는 안 되는 동물이었던 것 같다. 20마리의 개중에 상당수는 두개골에 구멍이 나 있고 상당히 잘 모셔진 유골임을 감안하여, 이 개들은 엄숙한 장례 절차 속에 묻혔다고 추정하고 있다. 실제 에스키모인에게서도 개가 죽으면 먹는 일도 있는데 그것은 영혼의 교감 목적으로 먹는 것이라 한다. 샤먼들에게서 샤먼의 동반자를 그림으로 남기는 예는 없다고 한다. 동물과의 정신적 교감에 대해서는 물론 필자는 알 수 없는 영역이다.

지금 우리가 아끼는 애완견의 실체는 동물로서는 매우 퇴화된 모습을 하고 있다고 보인다. 애완견을 다양한 모습으로 변화시키고, 순종을 높이 평가하는 습관은 개들이 근친상간의 유전적 질환에 빠지게 한다고 한다. 우리에게는 엄청나게 똑똑해 보이는 개의 모습은 인간과의 뛰어난 소통능력에 기인하는 것이며, 심지어 애완견들은 인간과는 협력을 잘해도 자기들끼리는 협력이 전혀 가능하지 않다고 한다. 또한, 애완견의 두뇌는 매우 작아져서 늑대에 비할 크기가 못된다.

야생의 개의 모습을 그리는 잭 런던(Jack London)의 소설 『하얀 송곳니(white fang, 1906)』가 불현듯 떠오른다. 소설 속의 하얀 송곳니를 가진 늑대개는 개와 늑대의 잡종이다. 늑대의 본성을 드러낸 야성의 개란 뜻은 아니고 보면 "늑대개"란 잘못 사용된 단어 같다.

12. 코끼리 Elephant

신비에 쌓인 동물

[코끼리 가족의 더위을 식히기 위해 물먹는 모습]

코끼리는 육상의 동물 중 가장 큰 동물이다. 키는 보통 3m 정도이나 큰 수컷은 4m에 달한다. 몸무게도 보통 3톤에 달하며 큰 것은 6톤이 넘는다고 한다. 코끼리는 아프리카코끼리 중 숲에 사는 코끼리와 사바나에 사는 코끼리가 서식 방법에 차이가 있고 인도코끼리는 아프리카보다 약간 몸집도 작고 귀도 작다. 코끼리는 덩치도 크고, 70세 이상 오래 살며, 뇌도 크고 머리도 좋은 만큼 신체적 특징만으로도 적지 않은 미스터리를 만들어내는 동물이다.

코끼리의 가장 큰 신체적 미스터리는 단연 코끼리의 코다. 우리 동요에 코끼리 아저씨는 코가 손이라고 한다. 이 표현은 말 그대로 맞는 말이다. 코끼리 코끝에는 손가락이라 불리는 구조가 있고 아프리카코끼리에는 2개, 아시아 코끼리에는 1개의 손가락이 있어, 코끼리의 코는 작동이 놀랍도록 민활하다. 아무리 작은 음식이나 심지어 가루를 주어도 전혀 불편함이 없이 먹을 수 있다. 코끼리 코는 트렁크(trunk)라 불리는 데 뼈가 없는 조직이다. 코끼리 코의 놀라운 기능의 하나는 코를 길게 뻗칠 수 있는 능력이다. 길게 뻗으면 평상시 길이에 25%가 늘어난다고 하니 동물원에서 코끼리 우리 옆을 지나갈 때는 웬만하면 먹을 것은 들고 다니지 말아야 할 것 같다. 또 코끼리는 코에 한 번에 18리터의 물을 품을 수 있다고 하니, 물벼락도 조심해야 한다.

동물원에서 코끼리는 하루에 160리터의 물과 수백 kg의 먹이를 먹는다고 한다. 코끼리는 물이 없는 곳을 여러 날 이동하며 살아야 하는데 물 없이 지낼 수 있는 한도가 4일이라고 한다. 물을 시간 내에 발견하지 못하면 코끼리는 지하에 있는 물을 찾아 우물을 만든다고 한다. 실제 코끼리가 얼마나 먹는지를 계산하기 매우 힘드나 보통은 자기 몸무게의 1/10 정도를 하루에 먹는다고 한다. 6톤짜리 대형 코끼리는 하루에 600kg 이상을 먹는 셈이 된다. 도저히 상상이 가지 않는 수치이다. 코끼리가 먹는 양을 생각해 보니 동물원이란 것이 식비만도 어마어마할 것 같다.

코끼리 상아는 뿔이 아니라 이빨이다. 코뿔소의 뿔은 뿔이어서 자르면 사슴뿔처럼 다시 자란다. 그러나 코끼리의 상아는 코끼리의 간니가 일찍 빠지고 자란 이빨이어서 자를 수가 없다. 따라서 상아란 코끼리를 해치지 않고는 얻을 수 없는 물품이다. 거래돼서는 안 되는 동물의 신체에 해당한다. 코끼리의 상아는 대부분 좌우가 길이가 다르다고 한다. 코끼리도 왼 뿔 잡이와 오른 뿔 잡이가 있어서 한쪽 상아를 주로 많이 사용하며, 많이 쓰는 쪽이 닳아서 그렇다고 한다. 코끼리의 귀는 매우 크다.

덤보라는 디즈니 만화에서는 덤보라는 새끼 코끼리가 귀를 날개 삼아 날아다닌다. 코끼리는 청력이나 후각이 매우 발달한 동물이지만, 코끼리 귀의 중요한 기능은 체온을 조절하는 역할을 하는 것이다.

코끼리는 사회적 동물로 새끼를 낳아 집단이 함께 보호하며 키운다. 코끼리 새끼는 날 때부터 몸무게가 100kg이 넘으나 아직 앞을 보지 못하며 많은 보호가 필요한 동물이며, 3살은 되어야 젖을 뗀다. 집단은 크면 20마리까지도 커지는 데 모두 암컷과 새끼로 구성된 집단이다. 수컷은 대부분 혼자 생활을 하나 먹을 것이 부족하면 집단을 따라온다고 한다. 코끼리는 기억력이 탁월하며 서로 간에 멀리서도 알아보고 만나면 서로 코를 감싸서 반갑다고 인사도 한다고 한다. 수컷 새끼는 10세가 되면 집단을 떠나 혼자 생활을 하기 시작하는데 암컷과 짝을 맺기 위해서는 덩치가 많이 커야 하므로 20세가 되어도 짝 찾기가 어렵다고 한다.

동물원에 사는 코끼리는 모두 암컷이라 한다. 크기 문제도 있겠으나 코끼리의 수컷은 가끔 성질을 부리는데 사람이 감당하지 못한다고 한다. 코끼리 집단은 당연히 암컷 우두머리에 의해 인도가 되며, 경험 많은 암컷 우두머리의 역할이 생존에 매우 중요하다고 한다. 이 리더의 기억력에 따라 물이 있는 곳을 전전하는데 코끼리는 기억력이 탁월하여 가능하다고 한다. 심지어 동료가 죽으면 죽었던 곳을 매년 다시 방문한다고 한다. 영웅적으로 기억되는 코끼리들도 대부분 나이 많은 암컷이 집단을 이끌고 어려운 환경에서 살아남은 경우이다.

지구상에 모든 코끼리 종은 인도, 스리랑카, 수마트라, 보르네오 피그미 코끼리를 합하여 약 41만5천 마리가 산다고 한다.

우측 사진은 코끼리의 개체 수를 파악하기 위하며 동원된 항공사진이다. 최근 사용되기 시작한 인공위성의 사진으로 이제는 코끼리에 대한 확실한 개체 수를 파악할 수 있으며, 아울러 코끼리에 대한 더 많은 생존 모습을 밝혀낼 수 있을 것을 기대하고 있다. 실제 아프리카 코끼리보다는 아시아 코끼리의 개체 수 훨씬 빨리 줄고 있다. 서식 가능한 지역이 사라지기 때문이다.

[항공 촬영된 코끼리 무리들]

조선시대 태종실록에는 한국에 들어온 코끼리의 기구한 운명이 기록되어 있다. 태종실록에는 일본 국왕 요시모치가 사신을 보내면서 코끼리를 보냈다고 한다. 일본에는 국왕이 없으니 요시모치는 일본에서 막부시대를 처음 연 가마쿠라 막부의 요시(源) 성을 가진 수장인 것 같다.

일본은 조선에 사신을 보낼 때 원숭이 등 희귀한 동물을 선물로 보내는 일이 많았던 것 같고, 이번엔 코끼리를 보낸 것이다. 코끼리는 인도네시아의 한 국왕이 일본에 보낸 것이라 하니, 멀리서도 온 것 같다. 코끼리는 불교에서는 성스러운 동물이기 때문에 조선에서도 귀한 동물로 받아들이게 된다.

코끼리는 말을 키우는 관청인 사복시에서 맡아 잘 키웠으나, 코끼리가 하루에 콩 5말을 먹는다고 했으니 고민이 많았을 것 같다. 아마도 이로 인해 공조에서 이우라는 관리가 현장실사를 나온 것 같고, 이우가 실사 중에 코끼리에 밟혀 죽는 사건이 발생했다. 그야말로 코끼리가 건드리면 사람의 목숨은 사망이라 하겠다. 이로 인해 코끼리는 국법에 따라 죽여야 하는데 의전선물인 관계로 귀양을 가게 된다. 그런데 귀양을 간 곳이 전남 순천부의 장도라는 섬이었는데 이 섬에서는 도저히 이 귀한 동물을 먹일 수가 없었다고 한다.

이후 이 코끼리는 고을마다 순번제로 맡아 키우도록 하였는데, 사건 발생 후 10년 후에는 공주의 한 고을에서 맡아 키우던 중 이번에 다시 사람이 코끼리에 밟혀 죽는 일이 발생하였다. 세종대왕은 이 코끼리를 다시 판결하게 되었고 서해안의 한 섬에 다시 귀양을 보내게 되었다고 한다. 세종대왕이 어명으로 코끼리가 죽지 않도록 잘 관리하고 하였다 하니 이후 기록은 없으나 잘 살았을 것으로 추측된다. 조선시대 왕 중에는 동물을 매우 사랑한 왕도 있었다고 한다. 특히 연산군은 개와 고양이, 매 등 여러 동물을 좋아하여, 궁에 동물들이 많았던 것 같고, 동물을 줄여 달라는 상소도 있었다고 한다. 연산군이 하루는 갑자기 코끼리의 발을 구해오라고 했다는데 어디에다 쓰려고 했는지는 모른다고 전한다.

코끼리와 관련하여 여러 의학적 문제의 조사가 진행된 적이 있다고 한다. 우선은 먹는 양을 보아서 비만에 관련된 연구가 있었으나 코끼리는 과식해도 인슐린 작용이 원활하여 비만에 이르지 않는다고 한다. 또 한 가지 조사는 코끼리가 그렇게 많이 먹은 데 비해 용변 시간이 비교적 짧다는 것이다. 코끼리는 개보다 6배나 빠르게 용변을 한다. 이 속도는 사람보다 3배나 빠른 속도이다. 양으로 치면 하루에 20배에 해당하며, 개보다 1,000배나 많은 양이다.

코끼리가 용변을 빨리할 수 있는 이유는 용변이 액체로 쌓여 나오기 때문이라 한다.

코끼리의 지능에 관련하여서는 거울에 비친 자기 모습을 알아보는 몇 안 되는 동물로 유명하다. 코끼리의 얼굴에 페인트로 크게 X자 표식을 해 두면 코끼리가 거울을 통해 자기를 보며 놀라서 자기 얼굴의 페인트 자국을 지우려 한다고 하니 코끼리는 분명히 거울 속의 모습이 자기인 것을 알고 있는 것이 분명하다.

코끼리는 서로 협력을 해야 먹이를 얻어먹을 수 있는 실험에도 탁월하게 협력을 잘하는 동물이기도 하다. 코끼리는 뇌의 크기도 육상의 어느 동물보다 크며, 기억력이 특히 우수하다. 코식이라는 인도코끼리는 에버랜드 동물원에 5년간 살았다. 코식이는 2006년경부터 사육사의 말을 배우기 시작하여 한국인이면 누구나 알아들을 수 있는 소리를 흉내 낸다고 한다. "안녕!" "앉아!" "누워!" "아니야!" "좋아!"라는 다섯 단어를 특히 잘 따라 한다고 한다. 물론 코식이가 단어와 행동이 일치하는 것은 아니어서 언어라 불릴 수는 없었지만, 코끼리의 신비한 능력 중의 하나임에는 틀림이 없어 보인다.

[코식이]

13. 매머드 Mammoth

물에 빠져 멸종한 매머드

[매머드(Mammoth, 맘모스)]

매머드(Mammoth, 맘모스)는 이집트 문명 등 인류의 고대문명 시기에 멸종하였으니(기원전 4,000년 전) 그 시기가 비교적 최근에 발생한 일이다. 매머드가 멸종한 이유에 대해서 학계에서는 인류에 의한 과도한 사냥이 가장 크다고 한다. 매머드가 본격적으로 사라지는 시점은 지구의 지질연대가 홍적세(전신세: Pleistocene)에서 충적세(완신세: Holocene)로 넘어가는 시기(약 12,000년 전)이며 홍적세의 최후 빙하기(last glacial maximum: 3만 년 전에 시작하여 2만 년 전에 최고조)가 끝나고 지금의 간빙기가 시작되는 시점이다. 일반적인 생각과는 달리 기후가 따뜻 해져도 많은 동물이 멸종한다.

특히 이 시기를 미 대륙에서는 "동물들의 대량멸종(megafaunal

extinction)"의 시기라 하는데 이 시기가 공교롭게도 인류가 베링해를 건너 미대륙에 진입하여 정착하던 시기이다.

미 대륙으로 진입한 최초의 미국인을 '클로비스 사람들(Clovis people)'이라 하여 놀랍도록 세련된 사냥도구를 사용하던 사람들이다. 지구의 기후가 추워지고 더워지고 하는 것이 홍적세 기간 중 여러 번 반복되어 일어난 일인데 최후의 간빙기에만 대량으로 대형 포유동물들이 사라진 까닭은 사람이 아니고 서는 생겨날 수 없다는 것이 학자들의 주장이다.

매머드는 유라시아 대륙에 넓게 자리 잡고 살았다. 특히 털북숭이 매머드는(wooly mammoth) 우리에게 가장 잘 알려진 매머드로 극동아시아에서 생겨나 유럽과 아메리카 대륙에 성공적으로 자리 잡고 있었다. 이 동물들은 초식동물로 툰드라 스텝지역에 풀 대신 자라나는 포브(forb_입이 크고 꽃이 피는 풀들)를 주식으로 살아왔다. 매머드는 코끼리와는 유전적으로 99% 이상이 같은 동물이다. 그중에는 현존하는 코끼리의 몸무게가 5톤 정도인데 10톤이 넘는 매머드도 있으나 대부분은 코끼리보다 약간 큰 정도의 크기를 갖고 있다.

이들 매머드가 기후가 온난해지면서 먹이가 줄어들자 곳곳의 좁은 지역에 몰려 살게 되었는데 이들이 인류에 의해 도살된 흔적이 러시아의 이곳저곳에 매우 많다고 한다. 우크라이나의 한 지역은 매머드의 대형 상아를 위시한 뼈로 움막을 짓고 살았는데 한 개의 움막을 짓는 데만 백 마리 이상의 매머드 뼈가 필요했다고 하니 사람에 의해 멸종한 것이 분명해 보인다.

사람의 사냥기술이 매머드를 주식으로 할 수 있다는 것은 사실 놀라운 일이다. 매머드의 멸종이유를 구체적으로 말한다면 이 시기 인류의 놀라운 사냥도구 그 자체라고 말할 수 있다. 클로비스인이 던진 창은 매머드의 가슴을 뚫고 들어가 매우 깊이 박힐 수 있다고 하니 석영과 같은 돌의 재질도 매우 날카롭고, 크며, 창을 던지는 힘 또한 지금의 우리로서는 모두 올림픽의 금메달 선수들 수준임을 참작한다면 매머드는 사람이 멸종시켰다는 것이 설득력이 있다.

현생인류 이전의 네안데르탈인이 매머드를 사냥했다는 증거들에 대해서는 학자들은 회의적이다. 코끼리들은 죽은 동료의 시체에 대해선 밟아서 부수어 버린다고 한다. 이런 뼈들이 네안데르탈인 유적에서 발견되었을 뿐이라는 생각이다.

그런데 한편에서는 매머드는 물에 빠져서 멸종했다고 하는 학계의 말이 전한다. 이 주장은 간빙기가 가져온 지구 지도의 어마어마한 변화에 관련된 주장이다. 이들에 의하면 간빙기가 되면서 지구의 해수면이 한동안은 1년에 15m씩이나 상승을 했다고 한다.

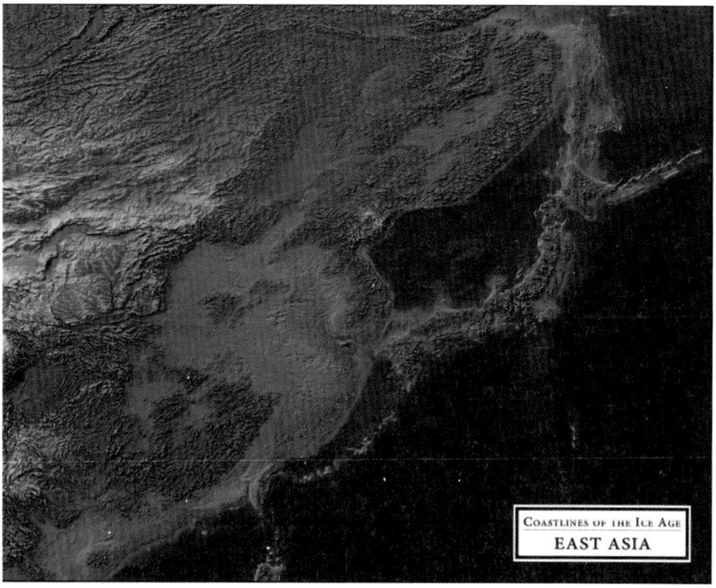

[빙하시기의 동아시아 대륙]

이들의 우스갯소리 중에는 이들 매머드가 육지로 연결되어 있던 베링해가 해수면이 높아지자 그곳에서 다 빠져 죽었다고 한다. 지금 우리나라의 황해는 빙하기 기간에는 모두 육지였다. 아래의 지도는 빙하기의 동아시아 육지의 모습이다. 지도만 보아도 우리나라 서해에 살던 매머드는 1년에 15m씩이나 상승하는 해수면에 다 빠져 죽었을 것만 같다. 해수면은 결국 150m나 상승하고 지금의 지도가 만들어졌다.

KBS가 제작한 "**역사스페셜 프로그램**" 중에 『제주도 사람 발자국의 비밀』이라는 프로가 있으며 이 프로그램 속에 보면 이곳에서 발견된 여러 동물 발자국 화석 중에는 매머드의 것으로 보이는 발자국도 있다.

[제주도 석계리지역에서 발견된 구서기 시대 사람과 매머드의 발자국의 화석]

여러해 전 제주도에 태풍이 쓸고 지나가면서 제주 남단 안덕면 사계리 해안가에 지표가 파도에 쓸려나가고 오래된 지층이 표면으로 드러났는데, 이 지표면에서 사람을 위시한 여러 동물의 발자국들이 발견되었다. 발자국 화석은 습지를 걸어간 듯한 자국을 남겼으며 발가락의 모양이 선명하지는 않으나 사람의 보폭의 거리가 네발 달린 동물에 비해 현저하게 넓게 찍히기 때문에 사람의 것임을 확인할 수 있었다고 한다. 수만 년이 된 사람의 발자국이 화석으로 남은 곳은 세계에서 7곳밖에 없는 매우 귀중한 화석이라고 한다.

이곳은 시대 측정결과 2만5천 년에서 2백만 년 전에 생성된 지층으로 최후빙하기 시점 중앙에 놓인다. 이곳에서 발견된 사람은 총 9명이며, 사슴 등 여러 동물의 발자국과 섞여 수십 개의 발자국이 발견되었다.

이 프로그램 속의 해설자로 나온 교수는 무엇인가를 착각하여 이들 인류가 바다 방면에서 생활하였듯 설명하고 있으나 이것은 크게 잘못된 생각이다. 이곳은 빙하기에는 해수면이 150m 이상 낮았다는 것을 생각한다면 최소 해발 150m 이상의 고지대였으며, 사슴 발자국이 함께 있는 것을 고려한다면 낮은 수풀 지역이었을 것이다. 제주도까지는 다 한반도와 육지로 연결되어 있어서 사람은 물론 이들 동물이 배를 타고 이동한 것이 아니라 걸어서 들어갈 수 있었다. 물론 일본도 짧은 기간이나마 한반도에 연결이 되어 있었으며, 현생인류가 일본에까지 도착할 수 있었다.

현생인류는 아프리카를 나와서 호주까지는 매우 이른 시간에 도착하게 되어 5만5천 년 전에 출발하여 5만 년 시기에는 호주까지 다 다랐으며 이것이 가능한 이유도 빙하기기간 동안 호주가 육지로 뉴기니와 연결되고 뉴기니는 인도네시아와 육지로 연결되어 있었기 때문에 가능했다고 한다.

제주도에도 매머드가 이시기 살았던 것이 분명하다. 털북숭이 매머드는 매우 넓은 지역에 분포되어 살았으며 유라시아 대륙의 동남쪽 끝인 제주도에도 당연히 살았을 것이다. 그런데 기후가 온난화되고 해수면이 오르자 매머드는 살아갈 수가 없었을 것이다. 제주도는 매머드가 살아가기에는 너무 좁은 환경으로 오래지 않아 멸종하게 되었을 것이다. 필자가 응원하는 "매머드는 물에 빠져서 멸종했다"는 가설이 중요하게 등장하는 한 측면이다. 실제 최후까지 살아남아서 기원전 2,000년경에도 살았던 매머드는 시베리아 연안의 여러 섬에서 살아남았고, 환경에 적응하지 못하여 멸종하게 된다. 이들도 말하자면 물에 빠져 죽은 것과 다르지 않다.

특히 제주도의 매머드 화석이 발견된 석계리 지역에는 이 시기 사람들이 살았던 기원전 2만 년 전의 구석기시대 바위 그늘 지형의 거주기가 발견되었으며 이곳에서 현생인류가 아프리카에서 가지고 나온 세석기(좀 돌날: blade industry)가 발견되었다고 하니, 제주도의 매머드도 물에 빠지기 전에 아마도 사람들에 의해 멸종되었을 가능성이 크다. 제주도는 매머드가 사람에 의해 사라지는 한 예를 잘 보여주는 것 같다. 매머드가 없었다면 사람도 살지 않았을 가능성이 매우 클 만큼 이들 구석기인은 매머드와 같은 대형동물을 사냥하던 사냥인 들이다. 제주도에서 발견된 9명의 발자국은 매머드와 사슴을 협력하여 사냥하던 사람의 모습을 잘 보여주는 것이었을 텐데, 마치 해안가에 놀러 나온 산책하는 인류의 모습으로 설명하는 프로그램이 자못 아쉽다.

14. 여우 Fox

말괄량이 길들이기

[여우]

여우는 우리에게는 옛이야기 속에 자주 등장하는 매우 친근한 동물이다. 한때는 한반도 전역에 서식했으나 지금은 거의 멸종했다. 여우를 우리는 맹수라 부르지는 않지만, 시베리아에 사는 야생의 여우는 인간에게 길들여진 적이 없는 개과의 매우 사나운 동물이다.

이런 말괄량이 여우를 길들이고자 한 사람은 러시아인 드미트리 벨랴에프(Dmitry Belyaev)이다. 1950대에 시작한 이 시도는 인간의 동물 사육 과정을 재현시켜보자는 매우 야심 찬(오랜 시간이 필요한) 시도였고 그의 사후에도 지금까지 제자를 통해 지속이 되고 있다.

지구상에는 약 148종의 대형동물이 존재하는데 이중 인간이 길들인 동물은 15종에 한한다. 우리나라에서도 베스트셀러가 된 제레드 다이아몬드(J. Diamond)의 「총, 균, 쇠, 1997」라는 책에서 동물

사육의 중요성을 잘 설명하고 있다. 저자가 자신의 연구 대상지인 뉴기니에서 생활하면서 그곳의 한 젊은이가 제기한 문명에 대한 본질적인 질문 "왜 우리는 못 살고 너희는 잘 살 수 있는가"에 답하고자 하였다. 그에 의하면 가축이나 곡식의 사육이 한 문명의 풍요를 결정짓는 결정적인 '행운'이라고 한다. 뉴기니 사람이 머리가 나빠서 동물이나 식물 사육을 못 한 것이 아니라 이 환경에는 사육이 될 수 있는 동물과 식물이 없었기 때문이라 한다.

뉴기니에도 곡식에 대한 사육이 있었는데 불행하게도 그 대상이 고구마(yam)이었고, 이것은 쌀과 밀보다 영양이나 생산성이 많이 떨어지는 것이어서 풍요로운 문명을 이루지 못한 것이라 한다. 사육 대상이 될 만한 큰 동물이 없기는 아프리카나 아메리카도 같은 상황이었고, 유라시아 대륙에만 그러한 행운이 있었다.

다이아몬드는 말을 가진 지역과 얼룩말을 가진 지역을 견주어 설명하였다. 말은 사육이 되는 동물이나 얼룩말은 사육이 되지 않는다. 벨라예프는 '어떻게' 동물이 사육되는가에 대한 최초의 실증적 연구를 내놨다. 얼룩말이 사육이 안 되는 이유는 얼룩말이 사람을 피해서이다. 사육된 동물 중에는 고양이가 있는데 고양이는 자발적으로 인간에 길든 대표적 예이다. 인간이 농사를 시작한 이래 곡식 창고가 생기고 집단 거주를 시작하자 쥐들이 모여들었고, 고양이가 쥐를 따라 인간 주위에서 모여들어 살면서 자연스럽게 인간과의 관계가 순화된 것으로 알려져 있다. 따라서 인간이 식량 차원에서 적극적으로 사육한 닭, 소, 양, 돼지, 염소 등이 8천 년 전 이전에 사육된 것에 비해 현저하게 늦은 시기인 5천 년 전경에 사육동물이 되었다.

개는 늑대에서 순화한 것이다. 늑대는 그 사회구조가 매우 광활한 영역에 가족단위로 적응해 사는데 동물의 왕국에서는 인간의 사회구조와 가장 비슷하다고 한다(P. Shepard).

개는 인간의 먹이로 사육된 것은 아니다. 필자의 생각은 환경을 같은 생존방식으로 살아가는 적응방식의 유사성에서 비롯된 것이 아닐까 한다. 개는 사람과 함께 함으로써 안전하기 때문이며 사람도 개와 함께하면서 최소한 야생동물들로부터 보다 안전할 수 있었기 때문이라 추측해 본다. 길이 든다는 것은 인간에 대해 순해진다는 것이다. 길들여진 동물은 일정한 특징을 보이는데 우선 덩치가 작아지며, 귀가 꺾어지며, 곱슬머리가 생기는데 대체로 야생의 모습과 비하면 어리게 보인다. 특기할 것은 원인을 모르게 흰 털이 생긴다는 것이며, 얼룩소처럼 얼룩이 생긴다.

벨라예프는 『은여우』 중에서 인간에 접근이 가능한 순한 여우를 선별하여 대를 이어 순화시키고 그 과정을 연구하였다. 호랑이를 새끼 때부터 키워 애완동물처럼 순화시킨 예는 있으나 새끼를 낳으면 곧 맹수로 변한다. 벨라예프의 은여우는 4대째 만에 드디어 여우도 개처럼 사람에게 반갑게 달려드는 순화된 여우를 만들었으며, 9대째에 내려와서는 귀가 처지고, 15대째에 내려와서는 개처럼 꼬리도 짧아지고 꼬부라지고 개처럼 흔들어 대는 등 모습도 현저히 달라졌다. 연구의 인내가 만들어낸 커다란 발걸음이다. 길든 여우를 만들어 낸 것이다. 길든 동물에 관한 유전학 연구가 속속 진행되었으며, 관련된 유전자도 지적되고 있다. 유전자를 찾으면 인류의 사육 가능한 대상도 증가할 수 있을지 모르겠다.

마지막으로 사육에 대한 데닛(D. Dennett)의 한마디를 전한다. 소는 오록소(Auroch)에서 순화된 동물이다. 그에 의하면 지구상에 소는 약 14억 마리가 존재한다고 한다. 만일 소가 오록소로 남아 있었다면 지금쯤은 멸종했을 가능성이 아주 크다고 한다. 사육이란 것이 소가 편해지자고 하는 것이라고 한다.

15. 물개 Seal

물개들이라 불리는 동물들

[코끼리 물개]

[바다사자 물개]

[물범 물개]

물개란 말은 특정 동물을 지칭하는 것이 아니라 물에 사는 개같이 생긴 동물을 총칭하는 말이라고 한다. 이렇게 물개라 불리는 동물은 지구상에 33종이 존재한다. 이 물개 들은 모두 손과 발이 물갈퀴같이 생겼다는 뜻으로 영어로는 피너페드(pinnipeds: 지느러미+발)라 한다. 위 사진은 그중 우리가 잘 아는 3종류의 대표적인 물개들이며 이들이 33종을 구분하는 대표적 물개들이다.

33종의 물개는 대부분 극지방의 찬물에 산다. 동남아시아에는 물개가 없으며 하와이에 사는 수도승 물개(Hawaiian monk seal)는 더운 지역에 사는 극히 드문 물개이다, 바이칼 호수나 카스피해 호수에도 물개가 있으나 이들은 빙하기 시절에 내려왔다가 빙하기가 물러갔음에도 미처 퇴각하지 못한 경우라 한다. 이들 물개를 분리하는 기준은 외형적으로 귀가 있는가 없는가에 따라 구분한다. 귀가 안 보이는 물개(phocidae)를 진짜 물개라 하며 18종이 있고, 귀가 있는 물개(otariidae)가 15종이 있다.

모든 물개는 몸이 유선형으로 생겼으며 방추 모양을 하고 있다. 귀는 있어도 매우 작으며, 목이 유연하고, 머리가 매끈하고, 주둥이가 뾰족하며, 앞발과 뒷발이 물갈퀴처럼 생겼다flappers. 물속에서 주로 생활을 할 수 있도록 생겼으나 번식을 위해서는 빙산이나 육지에 올라와야 한다. 또한, 물개를 잡아먹는 고래나 상어를 피하기 위해서도 육지에 올라오는 일도 있다. 이들 물개는 극지방의 찬물에 살기 때문에 피부에 많은 지방을 저장하고 있으며 블러버(blubber)라 불리는 몸무게에 50%에 달하는 특수한 지방층이 형성되어 극지방의 추위를 견딘다.

위 사진 중 첫 번째 사진은 코끼리 물개(elephant seal)라 불리는 월러스(warlus)이다. 물개 중에 가장 큰 종이며 큰 것은 길이가 5m에 3,000kg에 달하는 무게를 가지고 있다. 비록 이 물개는 귀가 없으나 귀가 있는 물개들과 유전적으로 가깝다고 한다. 코끼리 물개는 위 송곳니가 발달한 2개의 상아를 가지고 있으며 성체가 되면 상아의 길이가 1m에 이른다고 한다. 다른 물개들과는 다르게 몸에 거의 털이 없으며 해안 가까이에서 조개를 주식으로 살고 특히 가리비를 잘 먹는다고 한다. 최근 코끼리 물개 한 마리가 아일랜드의 한 해안에서 발견되었는데 전문가에 의하면 극지방에 사는 물개가 이곳에서 발견된 까닭은 물개가 빙산 위에서 낮잠을 자다가 빙산이 흘러서 여기까지 떠내려 오게 된 것이라 한다. 수염이 날카롭게 자라나는 동물의 수염은 주요한 감각기능을 가지고 있다(사람만 이런 기능이 없다고 한다). 바다코끼리도 이 수염을 통하여 바다 바닥을 훑어서 조개를 잡는다.

두 번째 사진은 귀가 있는 물개의 대표 격인 바다사자(see lion)이다. 이들은 조그마한 귀가 머리 양옆에 붙어 있으며 이 물개들은 귀가 없는 물개보다 앞다리가 상대적으로 길다. 물에서 앞다리로 헤엄을 쳐 나가며 뒷다리는 평형을 잡는 데만 쓰인다. 이에 반해 귀가 없는 물개들은 뒷다리가 길어서 뒷발로 헤엄을 치며 앞다리는 방향을 조절하는 데 쓴다. 물개도 물에서 깊은 물속(Wedell seal은 400m나 들어간다)에 들어가 15분까지 오래 견딜 수 있다. 물에 들어가기 전에 심호흡을 하고, 코를 막아서 견디며 온몸의 산소가 심장과 두뇌에만 집중되도록 한다고 한다. 빠른 물개는 시속 25km까지도 수영을 하나 시속 38km를 달릴 수 있는 돌고래에는 미치지 못한다. 귀가 있는 물개는 짧은 뒷다리를 이용하여 육지에서도 잘 걸을 수 있다. 특히 사진 속의 캘리포니아 바다사자는 고개를 젖히면 머리가 뒷발에 닿을 수 있을 만큼의 유연성이 있고 앞발이 상대적으로 길어서 손뼉을 잘 칠 수 있으므로 수족관에서 물개 쇼를 하는 데는 가장 적합한 종이다.

마지막 사진은 우리나라 동해안도 있는 물범(leopard seal)이다. 물범은 귀가 없는 대표적인 물개이며 한반도에서 캄차카, 베링해 지역에 사는 우리와는 비교적 친숙한 물개이다. 다른 물개들에 비해 사나운 물개이며 다른 종이나 작은 새끼 물개들도 잡아먹는 맹수이다. 우리나라의 울릉도와 독도에는 강치라 불린 물범이 많이 살았던 것으로 기록이있다. 이름이 강치인 것을 보면 매우 사나운 동물로 여겼던 듯하다. 갑신정변을 일으켰던 조선말의 개화파의 거두 김옥균은 그의 첫 관리 생활로 울릉도를 개발하는 임무를 띠었다고 한다. 그가 파악한 울릉도 거주인은 수백 명이고 그중 상당수가 강치를 잡으러 온 일본인들이라고 기록하고 있다. 일본에서는 독도를 이 시기에 자기들이 강치를 잡아 오던 자기 영토라 주장하고 있고 또 독도에서 강치가 사라진 것이 1970년대 후반이라고 하니 독도에 강치가 많았던 것은 확실해 보인다. 물개도 철새처럼 계절에 따라 이동을 하는 종이 있는데 어떤 종은 엘니뇨 기후이상 시기에는 찬물을 찾아 20,000km를 이동했다고 한다. 독도는 아마도 물범이 남하하는 경계 정도가 아니었을까 한다.

물개 수컷의 성기는 해구신이라 불리며 남성정력에 좋다고 전해온다. 그런데 많은 종의 물개들에게는 해구신이 몸속에 숨겨져 있다. 교미방식에는 육지에 오르는 물개와 빙산에 오르는 물개 사이에는 큰 차이가 있다. 육지에 오르는 물개들은 암컷이 매년 오르는 육지가 정해져 있기 때문에 짝짓는 시기가 오면 수컷들은 암컷보다 먼저 그곳에 도착하여 영역을 확보하고 암컷을 기다리게 된다. 암컷에게는 영역의 상태가 매우 중요하기 때문에 평평하고 물에 가깝고 안전한 곳을 선호하기 때문에 수컷은 준비를 많이 하여야 한다. 일단 암컷들이 육지에 오르는 시점에서 수컷들은 가능한 한 많은 암컷과 교미를 한다. 그런데 필자가 생각하기에 물개가 정력이 좋아 보이는 이유 중에는 다른 한 가지가 이유가 있다. 수컷은 교미시기에 먹이를 먹을 수가 없다. 먹이를 찾아 나서면 영역도 잃고 따라서 암컷도

놓치게 된다. 이들 물개는 결사코 이 시기에는 굶으며 교미에만 주력하여만 한다. 일단 덩치가 큰 놈이 오래 배고픔을 참을 수 있으며 추위도 잘 견디기 때문에 덩치가 중요한 변수가 된다고 한다. 그렇지만 캘리포니아에 사는 코끼리 물개 집단을 조사한 결과 대부분 새끼가 몇 안 되는 수퍼 암컷에 의해 다 태어났다고 하니 결국에는 수컷 서열보다 암컷 서열이 더 중요하다고 해야 할 것이다. 진화적으로 물개는 곰과 가까운 동물이라 한다. 약 5천만 년경에 곰에서 분리되었다고 한다. 한때 물개는 북반구의 북극에서 생겨났고 남반구의 물개들은 북반구의 물개들이 흘러 들어간 것으로 판단되었으나 최근 뉴질랜드에서 수천만 년이 된 물개 화석이 발견되어 물개도 여러 지역에서 발생하여 진화한 것으로 수정이 되었다. 또한 2007년에 발견된 너구리와 같이 생긴 2천5백만 년 된 푸이질라(puijila)화석의 동물이 네발로 수영을 하였으며 다리가 물개같이 변모하여 이들이 물개의 조상으로 여겨지기 때문에 곰보다는 너구리에 가까운 동물이 아닐까 하는 새로운 이해가 등장하고 있다.

물개도 40년 이상을 살며 매우 시끄러운 동물이다. 물개는 물 밖에서는 꽥꽥하는 소리만 내고, 영역다툼에서도 소리만 크지 실제 몸싸움은 잘 하지 않는 동물이라 한다. 그러나 바닷속에 들어가면 오만 가지 소리를 내며 사용하는 주파수도 초음파소리까지도 낸다고 한다. 물속에서 물개들의 소리를 들으면 꼭 스타워즈 영화에서나 들을 수 있는 외계 풍경이 연상된다고 한다. 그런데 물개들이 특별히 협력사냥을 한다거나 돌고래같이 초음파로 먹이를 추적하거나 소통을 하는 것도 아닌 것 같은데 이런 소리를 내는 것에 대하여 전문가들은 의아하게 생각한다고 한다. 필자가 생각하기에는 물개도 개처럼 장난을 좋아하는 동물이 아닐까 하는 생각이 더 크다. 우리나라 말처럼 물개는 개다.

16. 신세계원숭이 New world monkeys

꼬리를 감을 수 있는 원숭이

[신세계 원숭이만 할 수 있는 꼬리로만 나무타기]

원숭이는 크게 신세계원숭이(new world monkeys)와 구세계원숭이(old world monkeys)로 구분한다. 신세계는 남미 대륙을, 구세계란 아프리카대륙을 말한다. 남미대륙의 동해안과 아프리카대륙의 서해안은 지도는 누가 보아도 붙어 있다가 떨어져 나간 모습임을 추정할 수 있다. 지금의 판구조론(plate tectonics)으로 설명이 되는 이 현상은 세계지도가 처음 그려지는 16세기 시기에서부터 주장되어 오던 것이었다. 1912년 알프레드 베게너(Alfred Wegener)가 대륙이 떠다닌다는(continental drift) 가설을 이론화한 이후 이센 정설로 확실하게 정착이 되었다. 특히 남미와 아프리카, 인도, 남극, 호주는 곤드와나(gondwana) 대륙으로 붙어 있다가 삼지사방으로 갈라져 나가게 된 것이다. 이들 분리된 대륙사이에는 남미와 아프리카, 인도와 남극, 혹은 4대륙 모두에 걸쳐서 함께 사는 동물들이나 식물의 화석이 발견되어 그 이전에 한 대륙이었음을 잘 보여준다.

남미가 아프리카에서 떨어져 나간 것은 약 3천5백만 년 전의 점신세(Oligocene)라는 지질연대에 갈라지기 시작하였다. 지금도 이 두 대륙은 매년 25mm씩 멀어진다고 한다. 두 대륙이 분리되면서 양 대륙에 사는 동식물이 진화의 길을 달리하게 된다. 이런 것을 평행진화(parallel evolution)라 한다. 그중 대표적으로 다른 진화의 모습이 보이는 것이 원숭이의 진화이다. 원숭이의 진화만 보자면 신세계의 진화 모습은 구세계에 비하면 매우 빈약하다. 현존하는 신세계원숭이는 5종밖에 없는 것에 반하여, 아프리카에서는 수백 종의 원숭이가 나왔고 고등 영장류도 나왔으며 인류만도 수십 종이 나왔다.
이해하기 어려운 설명이긴 하나 신세계에 작동하는 지구에너지는 구세계에 작동되는 에너지에 비해 비할 바가 안 되게 적다고 한다. 또한, 유라시아를 호령하던 대부분의 대형 포유동물들은 모두 아프리카에서 기원한 것이며 신세계에서 기원한 대형 포유류는 매우 적다. 아프리카는 기후 변동이 매우 심했던 지역으로 숲과 사바나가 수차례 교대가 되는 변화를 겪은 데 반하여 남미 대륙에는 이러한 역동성이 없었다고 한다. 그런데 신세계원숭이는 대륙이 갈라진 이후에 아프리카에서 넘어간 것이라 한다. 아마도 신세계에서는 갈라지기 이전의 원숭이 화석이 발견되지 않은 것이 그 이유일 것이다. 구세계에서 흘러 들어갔다면 어떻게 들어갔을까에 큰 호기심이 생긴다. 대륙이 천천히 갈라졌기 때문에 건너갈 수 있었다고는 말할 수 있겠으나, 학자들의 생각은 아주 다르다. 아프리카대륙 동쪽에 있는 마다가스카르섬은 인도대륙에서 떨어져 나온 아프리카 땅이 아닌 인도대륙의 섬이다. 그런데 마다가스카르섬에도 아프리카에만 살던 동물들이 살고 있다. 이들 동물이 아프리카에서 바다를 건너갔을 것이라고 추정은 "급류타기 가설(the raft of vegetation)"이라 한다. 1995년 허리케인이 북미에 불 당시 카리브해 연안의 한 지역에서 통나무가 쓰러져 바다에 쓸려나갔는데 이 통나무에 15마리 이상의 이구아나(iguana)가 매달려 있었다고 한다. 이구아나는 200마일의 거리를 약 3주간 바다에 떠다니다가 반대 해안에 도착하였는데 그 곳에도 이구아나가 번식하게 되었다. 2011년 일본을 덮친 토호쿠 해일은 300종이 넘는 동식물을 일본에서 태평양을 건너 북미대륙 서해안에 날랐는데 이 경우는 모두 적응에 실패하여 새로운 지역에서 살아남은 것은 없다고 한다. 다만 이런 과정을 통해서 아프리카의 원숭이가 신세계에서 번식하게 되었다는 것이 과학자들의 생각이다. **신세계원숭이는** catarrhine이라 하며, **구세계원숭이는** platyrrhine이라 한다. catarrhine이란 '콧구멍이 아래에 달렸다' platyrrhine은 '콧구멍이 옆에 달렸다'라는 뜻이다. 양 원숭이 모양의 가장 큰 차이는 신세계원숭이가 납작코를 가지고 있는 것이라 한다.

신세계원숭이는 모두 깊은 숲속에서 나무 위에 산다. 먹이는 단백질이 많은 나뭇잎이 주식이나 작은 벌레나 과일을 먹으며 산다. 이들 신세계원숭이는 침팬지나 개코원숭이 같은 구세계원숭이처럼 땅에 내려와서 생활하지 않는데 그 이유가 이들 신세계원숭이의 천적이 육상의 포식동물이 아니라 하늘에 있는 대형 포식조류들 때문이라 한다. 남미지역에는 특히 대형 포식 조류가 많은 지역으로 원숭이들이 숲 밖으로 나올 기회가 없었던 듯하다. 사람은 숲을 떠나 벌판에 살았던 동물이었던 만큼 숲은 사바나나 스텝보다 진화의 역사에 역동성이 없어 보인다. 거미원숭이(spider monkey)나 꼬리감기원숭이(capuchin monkey)는 대표적인 신세계원숭이다. 이름에서 보이듯이 꼬리로 나무에 잘 매달려 있는 것이 특징이며 꼬리를 잘 사용하는 것은 구세계원숭이가 따라 하지 못하는 행동이다. 꼬리만으로 자신을 나무에 매달아 둘 수가 있다.

구세계원숭이는 긴팔원숭이나 오랑우탄같이 팔로 나무와 나무를 타고 다닌다(brachiation이라 한다). 신세계원숭이를 보면 확실하게 꼬리가 왜 필요했는지를 알 수 있다. 인간은 꼬리가 없는데 다른 구세계 영장류도 꼬리가 별 기능을 하지 않는 것을 보면 팔이 발달하면서 꼬리의 본래 기능이 사라진 것 같다. 같은 종의 두 동물이 대륙을 달리하여 3천5백만 년을 살면서 진화의 길을 크게 달리하였다. 진화론은 이 달라진 원인을 조각조각 맞추어 가는 학문이다.

[구세계원숭이인 긴팔원숭이가 나무를 타는 모습]

구세계원숭이는 2천5백만 년 전 고등영장류(apes)를 창출하였으며, 인간이 이들과 진화의 길을 달리한 것은 6백만 년 전의 일이다. 인간이 네안데르탈인과 분립한 것은 50만 년 전의 일이며, 4만 년 전 이후에는 인류에 현생인류만이 존재하게 되었다. 신세계원숭이를 보면 우리도 구세계 아프리카 산(産)임에는 틀림이 없어 보인다.

17. 침팬지 Chimpanzee

사람보다 뛰어난 기억력

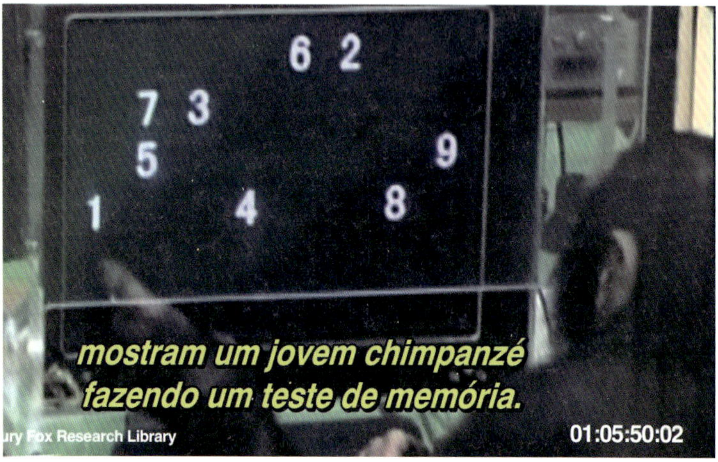

[침팬치의 기억력 테스트 모습]

2018년 미국 보스톤에서 열린 과학발전을 위한 미국협회(AAAS: American Association for the Advancement of Science) 대회에서 교토대의 마쯔자와라는 일본의 동물학자가 아유무(Ayumu)라는 이름을 갖은 침팬지의 놀라운 인지능력을 담은 비디오를 시연하였다.

동물들의 놀라운 지능에 대해서는 여러 방면에서 소개된 바가 있고 가장 많이 회자되었던 동물로는 문어가 있다. 북극해에 사는 대형 문어는 뛰어난 위장능력으로 바다에서 포식자로 적응을 잘한다. 그런데 뇌도 따로 없는 무척추동물이 머리가 좋다고 인정을 받게 된 계기는 수조에 잡아 둔 문어들이 자기에게 험하게 다룬 사람을 구분해서 피한다는 것이 알려지면서부터이다. 이 문어는 월드컵 축구경기 중에 승부 결과를 맞히는 점술가로 등장해 많은 사람에게 흥미를 주었다.

그런데 이 연구에 소개되는 아유무의 지적능력은 인간의 인지능력과 같은 태스크(task)를 갖고 행해진 것이라 놀랍다. 동물들의 학습능력을 측정하는 가장 흔한 방법으로는 한개 또는 두개 불을 켜주고 두 개의 불에 반응하면 상으로 먹이를 주는 방식을 택한다. 말이나 양도 이 정도는 잘 따라 한다. 그러나 침팬지에 대해서는 매우 복잡한 태스크를 제시하는데 숫자를 맞추어야 하고 또 그 숫자의 순서를 맞추어야 하는 어려운 문제가 제시된다. 이런 학습은 영장류가 아니면 따라 하지 못한다. 침팬지가 다른 동물들에 비해 머리가 좋다고 평가받는 이유가 된다.

마쯔자와는 이러한 실험 중에 스크린에 1부터 9까지 숫자를 무작위로 나열한 뒤에 잠시 후에 숫자를 가리고 순서대로 침팬지가 맞히는 실험을 하였다. 사람은 절대 따라 할 수 없는 이 태스크를 침팬지는 아무런 어려움 없이 해낸다. 사람이 할 수 없는 태스크라서 시도조차 하지 못했던 난도가 매우 높은 이 테스트에서 침팬지의 놀라운 인지능력이 드러난 것이다. 침팬지의 인지능력이 사람을 뛰어넘은 측면도 있다는 것을 실증한 첫 예라고 한다.

이런 기억을 심리학에서는 단기기억(short-term memory) 혹은 작업기억(working-memory)이라 한다. 비디오에 보이는 모습대로라면 침팬지의 단기기억은 사람이 따라갈 수가 없다. 물론 침팬지 중에서도 나이든 침팬지는 실패 빈도가 늘어난다고 한다. 침팬지의 기억수준은 추리영화에나 등장하는 사진기억(pictorial memory)이라 하는 것이다. 아유무의 기억의 정확도나 반응의 속도는 거의 사진을 보고 답하듯이 해내는 것이다.

사람 중에도 사진기억 능력이 있는 사람이 간혹 있다고 한다. 그러나 이러한 사람은 과학자 증후군(savant syndrome)이라 불리는 심각한 정신병을 앓고 있는 사람이다.

사람의 기억 체제는 보이는 대로 모두 다 기억하는 방향으로 움직이지 않는다.

사람의 기억은 매우 선택적으로만 기억되어(selective attention) 장기기억으로 전환된다. 사람은 심지어 자기가 매일 출퇴근하는 도로변에 무엇이 있었는지도 기억해 내질 못한다. 남성은 여성보다 특히 이러한 측면의 기억력에 아주 취약하다. 침팬지가 왜 이러한 사진기억 능력이 필요한지는 아직 심도 있게 밝혀내지는 못하였으나, 마쯔자와 교수에 의하면 아마도 숲속에서 나무를 타고 생활하려면 이런 사진기억이 필요했을 것이라 유추한다. 그럼에도 동물의 왕국 뉴스에는 "원숭이도 나무에서 떨어지는 일"은 자주 있다.

Review

포유동물의 큰 뇌는 지구의 대재앙을 극복하며 생긴 것이다

Science Daily, *April 29. 2021*

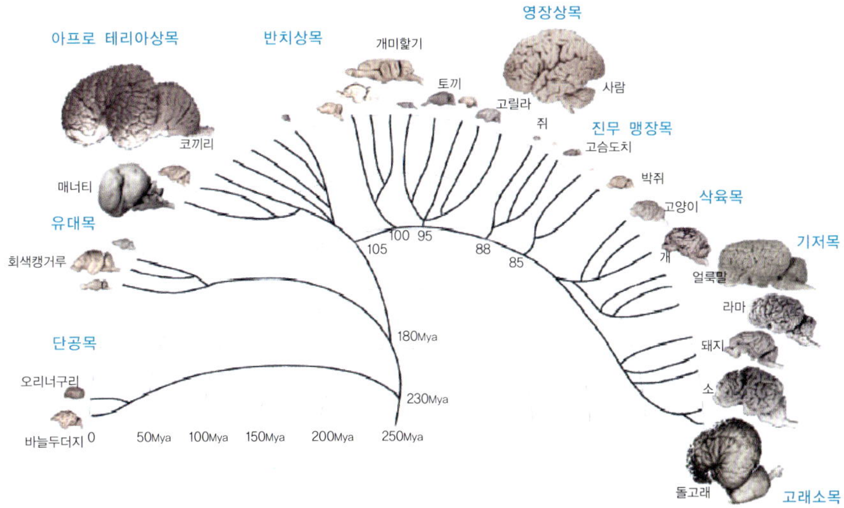

[영장류의 뇌와 인간의 뇌]

포유동물의 두뇌 크기가 지난 1억5천만 년 동안 변화해온 과정에 관한 대형연구가 행해졌다.

미국 스토니브룩 대학과 독일의 맥스 프랑크 연구소는 공동연구로 지난 1억5천만 년 기간 포유동물의 두뇌가 진화한 과정에 대하여 시간을 나누어 조사하였다. 이 국제 연구팀은 생물학자, 진화 통계학자, 인류학자를 포함하는 22명의 과학자가 모여 1,400종에 이르는 현존 하거나 멸종한 포유동물을 비교하였다. 그중에는 고대 고래의 화석이나 가장 오래된 구세계원숭이의 화석도 포함되어 있다.

두뇌 크기의 측정은 두개골의 크기에 의존하지 않고 두개골 내부의 크기를 측정하였다. 뇌의 크기 측정은 몸의 크기에 대비한 뇌의 크기를 분석하였다. 사이언스 어드밴시스(Science Advances)지에 보고된 연구결과는 오랜 기간 동물의 지능을 평가하는 척도로 사용된 몸의 크기 대비 뇌의 크기는 진화 기간 점진적으로 변한 것이 아니라는 사실을 발견하였다. 큰 뇌 용량으로 유명한 사람, 돌고래, 코끼리 등은 각자 다른 과정을 통해 얻은 것도 발견하였다. 코끼리는 몸의 크기가 커졌지만 놀랍게도 뇌의 크기는 상대적으로 더 커졌다. 반대로 돌고래는 뇌가 커지는 기간 몸의 크기가 작아졌다. 유인원들은 다양한 몸의 크기를 가지고 있지만, 몸도 커지고 뇌도 커지는 방향으로 진화를 하였다. 반면에 인류의 진화 방향은 다른 유인원에 비해 몸의 크기는 작아지고 뇌 용량은 커졌다.

논문에 참여한 저자들은 동물의 지능의 척도로 사용해 온몸 크기 대비 뇌 용량의 척도는 고려되어야 할 사항이 많다고 한다. "우선은 몸 크기의 변화는 진화적 의미에서 그리 중요한 측면은 아니다"라고 한다. "어쨌거나 큰 뇌를 가진 동물들은 몸 대비 뇌 용량은 크게 마련이어야 하는데 꼭 그런 것은 아니다. 한 예로 캘리포니아 바다사자는 머리가 매우 좋은 데 반하여 상대적으로 작은 뇌 용량을 가지고 있다."

진화의 역사를 고려한다면, 캘리포니아 바다사자는 몸 크기 대비 적은 뇌 용량의 과정으로 진화되었다.

왜냐하면, 몸의 크기가 이 동물 진화 과정에서 더 중요한 요인이었다는 점이다. 이 동물은 전적으로 수생 포식자에서 점차 반쯤 수생인 모습으로 변화하였고, 따라서 진화의 선택과정에서 뇌가 작아진 것이 아니라 몸이 커진 것이다.

연구자들은 이번 연구가 몸 크기 대비 뇌의 용량이 동물의 지능을 나타내는 척도라는 오래된 도그마를 극복했다고 강조한다.

"간혹 상대적으로 큰 뇌는 생태계 적응 과정에서 몸이 작아진 것이며 지능과는 관계가 없다. 상대적인 뇌의 크기를 인지능력의 척도로 사용하는 것은 그 동물의 진화적 역사를 무시한 것일 수 있으며 진화과정 설정에 혼란을 준다"고 한다.

이번 연구는 포유동물의 가장 큰 뇌 용량 변화는 지구 역사에서 발생한 2번의 대격변사건과 관계가 깊다는 것을 밝혔다. 6천6백만 년 전의 대량멸종 사건과 2천3백만에서 3천3백만 년 전 사이에 발생한 기후의 변화라고 한다. 백악기 말에 발생한 대량멸종은 공룡이 사라진 생태계로 번식해간 설치류, 박쥐, 육식동물들의 몸 대비 뇌 용량에 현저한 변화를 가져왔다. 이후 약 3,000만 년이 지난 고제삼기 말에 닥쳐온 한랭한 기후는 더 큰 변화를 초래하였으며, 이 기간에 물개, 곰, 고래, 영장류의 상대적 뇌용량이 변화하였다.

"가장 놀란 사실은 현재 지구상에 사는 포유동물의 뇌 크기는 조상들이 이 환경의 급격한 변화에 적응한 과정으로 대부분 설명된다는 것이다." 이 과정에서 가장 큰 두뇌를 가진 돌고래, 코끼리 그리고 유인원이 등장하였으며, 특히 이들은 2천3백만에서 3천3백만 년 전 사이에 발생 기후변화의 영향이 크다고 강조한다.

동물 지능의 진화를 정확하게 파악하려면 앞으로 고등 인지 기능을 하는 뇌의 부분에 대한 신경분석학적인 조사가 필요할 것이라 한다. "물론 몸과 뇌 용량과의 관계는 동물의 지능과 관계가 깊지만, 이 비율은 지능의 문제보다는 대규모 환경변화에 대한 일반적인 적응과정을 반영한다"고 결론지었다.

18. 큰뿔사슴 Giant deer

과장된 남성성의 과시와 멸종

[큰 뿔을 가진 아이리시 엘크의 상상 그림]

일반적으로 사슴이라고 부르는 동물은 크게 붉은사슴(red deer)과 유럽에만 사는 다마사슴(fallow dear)이 대표적이다.

붉은 사슴은 매년 뿔이 자라며, 다마사슴의 뿔은 영구적이다. 다마사슴의 뿔은 손바닥같이 넓은 모양의 뿔로 수컷에게 만 있다.

위 사진은 지금을 멸종하여 없는 다마사슴의 일종이라 알려진 큰 뿔을 가진 아이리시 엘크(irish elk)의 상상 그림이다. 엘크는 영국 옆에 위치한 아일랜드 국가의 수도인 더블린 인근 보그(Bog)라는 땅 구덩이 한곳에서 100마리가 넘는 큰 뿔 엘크의 유골이 나와 낭시 사람들을 매우 놀라게 한 동물이다. 지금은 모두 멸종한 엘크는 뿔의 무게만 40kg이 넘으며 뿔의 크기는 높이가 2m에 뿔의 양폭 길이가 3.5m나 된다. 물론 몸무게는 500kg에 달하는 대형동물이기는 하나 이렇게 거대한 뿔을 어떻게 달고 다니는 지가 매우 궁금해진다. 특별히 생물학이 아니더라도 누가 보아도 이 동물은 일상생활의 행동거지가 불편하여 오래 살아남지 못했을 것처럼 보인다. 다윈에 의하면 동물이 살아남는 이유는 환경에 잘 적응할 수 있는 적자생존(survival of the fittest)이 자연선택의 핵심적인 메커니즘이다. 그런데 엘크는 누가 보아도 환경에 잘 적응할 수 없을 것 같이 생겼다.

(엘크는 동물 분류에 의하면 뿔이 큰 사슴이 아니라 다마사슴에 가깝다고한다.) *미국에서 엘크는 무스(Moose: 말코손바닥사슴)라고 하며 또 다른 사슴과 동물이다.

다윈이 생존 시에도 큰뿔 엘크의 유골은 널리 알려진 사건이었고, 진화론의 창시자들인 다윈과 월러스 간에도 이에 대한 상반된 의견이 분분하였다. 다윈은 이처럼 적응에 부적합해 보이는 진화의 특질을 자연선택(natural selection)과 분리하여 '성적선택(sexual selection)'이라 불렀다. 성적선택은 암컷에게 잘 보이기 위해 남성성을 과장되게 과시하는 동물 행태를 말한다. 공작새 수컷의 화려한 날개(plumage)를 위시하여 많은 새에게서 보이는 수컷들의 화려한 치장은 암컷에게 선택을 받기 위하여 수컷 동물들이 자기의 우월한 유전자를 드러내 보이는 방편이라 한다. 이러한 남성성의 과시는 모든 동물에게서 발견되는 암컷 선택의 메커니즘이다. 그런데 이러한 짝짓기의 행태가 종의 생존에 위험할 수 있을 가능성에 대해서 저명한 진화론자인 피셔(Fisher)는 특정 형질의 활주로(Fisherian runway) 사태라 불렀다. 한번 시작된 과장된 형질이 대가 거듭하면서 이 계속 커지는 연속선상에서 멈출 수 없기 때문이라 한다. 뿔큰 엘크의 경우처럼 대를 거치면서 뿔이 계속 커져서 결국에는 멸종에 이르는 지나치게 큰 뿔이 생겨난 것이라 한다. 큰뿔 아이리시 엘크는 다른 대형 초식동물들처럼 빙하기에 잘 적응하여 유럽대륙에 넓게 퍼져서 살고 있었다. 그런데 빙하기가 물러나면서 생존 가능한 초원지대가 사라지고 숲으로 변화되었다. 이 동물은 조금 남아 있는 초원지대를 찾아 아일랜드에 몰려 살게 되었는데 이곳의 해수면 상승으로 영국 본토에서 갈라져 섬이 된 후 오래지 않아 1만년 전경에 모두 멸종하게 된다. 인류학자들은 이 시기가 현생인류가 처음 아일랜드에 진입하는 시기임에 착안하여 이들의 멸종에도 인간의 사냥이 크게 작용하였다고 주장하였으나, 실제 이들 현생인류의 유적에서 발견되는 동물의 뼈는 모두 붉은 사슴들이며 이들 큰뿔 엘크의 뼈는 없었다고 한다. 큰뿔 엘크의 멸종에는 인간의 개입보다는 환경의 변화가 더 큰 요인으로 주장되고 있다. 엘크에게서 큰 뿔 자체는 조사 결과 생존에 영향을 미칠 만큼 몸과 비교하면 어색한 것은 아니라고 한다. 비록 뿔의 무게는 대단히 무겁지만, 이 동물은 목뼈가 발달하였고 척추가 받치고 있어 행동에 제한을 받지 않는다고 한다.

사슴과의 동물은 모두 엄청나게 빨리 뛸 수 있다. 시속 90km의 속도로 한 시간은 달릴 수 있다. 큰뿔 엘크도 빨리 잘 뛸 수 있다는 것이다. 실제 사람도 대단히 무거운 머리를 가지고 있는 동물이며 목뼈에 의존하고 있으나 행동에 큰 지장이 되지 않는다. 그런데 이 큰 뿔이 문제가 되기 시작한 시점은 생활환경이 숲으로 덮여 가면서, 3.5m나 넓은 뿔이 생존에 심각한 문제를 초래하였다고 동물학자들은 보고 있다. 성적선택이 자연선택에 반하는 결과를 초래하게 된 좋은 실례라 하겠다. 성적선택이란 어찌 보면 매우 무모한 결과를 초래하는 자연현상이기 때문에 학자들 간에는 이견이 많다. 큰뿔 사슴의 경우에도 큰 뿔이 매우 효과적인 무기의 구실을 한다고 한다. 생존에 도움이 되지 않는 남성성 과시용만은 아니라고 한다.

웨이더하드 와 로버슨(Weatherhead & Robertson)은 1979년 동물의 왕국에서 성적선택을 『잘생긴 아들 가설the sexy son hypothesis』이라고 정리하였다. 일부일처제가 아닌 상황에서 암컷이 바람둥이일 수 있는 수컷을 짝으로 찾는 데는 수컷이 가져다줄 수 있는 다른 혜택들 때문이다. 예를 들면 새끼를 같이 키운 다거나, 수컷이 제공하는 선물이나 서식처 등은 암컷 선택에서 암컷이 '잘생긴 자식' 하나 얻는 것만 같지 못하다고 한다. 바람피운다는 것도 결국 자기의 잘생긴 자식이 바람을 피운다면 암컷의 번식 결과는 훨씬 좋아지기 때문이다. 필자의 의견으로는 성적선택이론은 사람의 짝짓기에는 잘 맞지 않는 것 같다. 대부분 인류학자는 사람이 생물학적으로 일부일처제의 동물은 아니라고 한다(Fox, 1983). 그런데도 잘생긴 자식을 얻기 위해 짝을 선택하는 인간의 여성은 많지 않을 것 같다. 인간의 여성은 다른 동물에 비해 어미 혼자 자식을 키우는 부담이 매우 큰 동물이다. 따라서 잘생긴 자식의 존재보다는 우선은 자식을 먹여 키우는 것이 현저하게 중요한 일이 된 동물이 아닐까 한다. 인간 사회에서도 남성성을 과시하려는 행동이 적은 것은 아니나 여성의 여성성을 강조하려는 노력에 비하면 현저하게 적을 것이다. 오히려 남성들의 여성화가 중요한 문화적 테마가 되지 않았나 한다. 여성의 결혼 대상 선호도에 의하면 남성의 사회적 지위나 재력 등이 잘생긴 척도 보다 선호가 되며, 거기에 더하여 그런 지위나 재력을 자기에게 줄 수 있는가 하는 심리적 평가가 더해진다고 한다.

미국 자연사 국립박물관의 고생물학자인 진 헌트(Gene Hunt)에 의하면 수컷사이의 짝짓기를 위한 과도한 경쟁은 이들을 새로운 변화에 대응하기 어렵게 만들며 결국에는 멸종에 이르는 일이 발생한다고 한다. 우리가 인간 사회에서도 남성 사이의 과도한 경쟁이 가정과 사회를 파괴하는 일이 있지 않았나 생각하게 만든다.

19. 하이에나 Hyena

흉측하게 생긴 동물

[하이에나_hyena]

가이스트(V. Geist)는 북미에 사는 야생의 엘크나 무스 등 대형동물을 오랜 기간 관찰해왔고 또 야생동물 보호 정책에 깊이 관여하셨던 유명한 동물학자였다.

가이스트는 인간이 추운 환경에 적응하는 과정을 매우 극적으로 재구성하여 많은 업적을 남겼다(Life Strategies, Human Evolution, Environmental Design; Toward a Biological Theory of Health, 1979).

가이스트에 의하면 놀랍게도 동물 중에 가장 흉측하게 생긴 동물은 인간이었을 것이라 한다. 170cm의 높이에 발끝까지 사란 머리털을 휘날리고 다니면 다른 어떤 동물이 마주치더라도 섬뜩해서 선불리 공격하지 못할 것이라 한다. 특히 동물 가죽을 덮고 기름때가 꾀

죄죄한 모습은 다른 동물들에게 충분히 공포의 대상이 되었을 것이라는 동물의 왕국에서의 의견이다.

필자에게 가장 흉측해 보이는 동물은 단연 하이에나이다. 외모로는 도저히 정이 붙기 어려운 하이에나는 모양은 늑대를 닮았으나 늑대 과가 아니라 사자 등과 같은 고양잇과 동물(canine)이라 한다. 주먹보다는 이빨을 잘 쓴다는 뜻으로 고양잇과 동물들의 특성이다. 우리가 동영상으로 쉽게 접할 수 있는 하이에나의 모습은 사자가 먹이를 사냥하면 떼로 달려들어 사자를 몰아내고 먹이를 갈취하는 품성이 매우 안 좋은 "비겁한(cowardly)" 동물의 대명사가 된 모습이다. 하이에나는 포유동물의 왕국에서는 매우 가족이 단출한 동물 중의 하나이다. 현존하는 하이에나는 4종류의 종만이 존재한다고 한다. 대부분 하이에나는 늑대처럼 협력해서 사냥하는 동물은 아니나, 사자의 먹이를 빼앗아 먹는 줄무늬하이에나만이 집단으로 행동한다. 이들 줄무늬하이에나는 다른 하이에나와는 달리 스스로는 동물을 사냥해서 먹지는 못한다. 인류가 아메리카 대륙으로 건너간 시기는 유전자 연구의 덕으로 이제는 거의 확정적으로 그 시기가 특정되었다. 북부 시베리아인(퉁구스족의 조상)이 15,000년경 지구가 마지막 최후빙하극성기(LGM: last glacial maximum) 중에 베링해를 건너 미대륙으로 넘어가게 되었다.

아메리카에 도착한 인류는 털이 많은 매머드(wooly mammoths)를 사냥해서 살았던 것으로 알려져 있으며, 기후 온난화로 매머드가 자취를 감추자 초기 이주자의 문화 흔적(Clovis people)도 사라진다. 이 시기에 미주 대륙의 최고의 포식자는 점박이 하이에나였으며, 이들이 아메리카 대륙을 정복하여 초기 이주자의 길을 막아섰다고 한다. 이들도 기후 온난화로 매머드와 함께 사라졌다.

많은 나라에 하이에나는 신화에 자주 등장하는데 하나 같이 다

악마적 존재로 묘사가 되어 있다. 특히 그리스나 로마인들은 하이에나를 잡아먹으면, 악마가 접근을 못 한다고 믿었다고 하니, 지구상에 가장 흉측하게 생긴 동물은 하이에나가 틀림없어 보인다.

가이스트가 말한 가장 흉측하게 생긴 동물인 사람은 어느 시점에서 머리털을 잘랐다. 아마도 야생의 동물과 대적하는 기회가 적어지면서 생긴 일일 것이다. 후기 구석기시대에 오면 돌칼들이 날카로워져서 머리털을 자르는 데는 어려움이 없었다고는 한다. 현존하는 구석기시대의 조각이나 그림들 속에 등장하는 선사시대 인류의 모습 속에는 2만5,000년경의 여인상 조각에 인간의 머리털 모습이 최초로 나타난다.

이들은 모두 여성들이며 머리는 잘게 땋은 모습(braiding)을 하고 있다. 여자들이 머리를 땋는 것은 매우 오래된 문화인 것 같다. 청나라는 변발을 했는데 이 시기에는 남자도 머리를 땋은 것을 보면 머리를 땋는 방법이 긴 머리를 관리하는데 가장 좋은 수단인 것으로 보인다.

인류가 아프리카를 떠나기 전 시기의 사람의 머리털은 매우 심한 곱슬머리였다. 풍성한 곱슬머리는 머리를 충격에서 보호하고 자외선 차단에도 효과적이다. 사람이 추운 기후에 살게 되면서 머리털이 곧게 자라서 자외선을 더 많이 받을 수 있도록 변화된 것이다. 그렇기 때문에 긴 머리털이 문제가 되기 시작한 시기는 진화의 시기에서 보면 그리 오래되지 않았을 수 있다.

가이스트의 말처럼 긴 머리털이 다른 동물들에게 사람을 위협적 동물로 보이게 한다는 가설 이외에도 공작의 화려한 날개처럼 성적 선택(sexual selection)의 한 가지로 보는 의견도 강하다.

머리털은 건강과 밀접하고 강한 후각을 동반하기 때문에 여성의 남성선택에 중요한 표적이 될 수 있다는 가설들이다. 이러한 성적선택의 가설을 지지할 만한 스토리들도 많다. 구약성경 속의 삼손은 긴 머리털의 상징이며, 바이킹의 토르 역시 긴 머리털을 휘날린다. 고대 그리스에서는 노예들을 머리털은 모두 짧게 잘랐고 시민만이 긴 머리털을 하였다고 한다.

공자님께서는 긴 머리털을 잘 관리하는 것을 예의 근본으로 삼으셨다. 기원전 한나라 시대의 귀부인 모습에는 긴 머리털을 머리 위에 얹어서 화려하게 장식을 하고 있다. 머리를 얹는 것은 성년이 되었다는 표식이며 화려하게 장식하는 것은 부귀의 상징이다. 남자들에게도 머리털의 관리는 모자를 사용하고 사회적 계급표시의 상징물로 사용되었다. 조선시대에도 갓의 재질과 크기 및 장식물의 종류는 신분 간에 엄격한 차이가 있었다.

실제 사람이 사바나에 서 있으면 다른 동물들이 사람을 두렵게 본다고 한다. 하이에나 같은 동물이 사람을 공격하는 일은 거의 없다고 한다. 그런데 집돼지가 사람을 공격하는 일이 있다. 하와이에 가면 산에 오르려는 사람들에게 경고판이 쓰여 있다. 거기에는 산에 오르면 돼지를 피하는 법이 적혀 있다. 하와이는 섬이라 산에 멧돼지나 뱀이 없다. 하와이의 산에 사는 돼지는 놀랍게도 집돼지이다. 오래전에 포르투갈인들이 하와이에 정착하면서 데리고 온 집돼지들이 산에서 야생으로 살아간다. 지금은 숫자가 많아져서 마주치기가 쉽다. 산에 오르면 사람이 다니는 길에 가로질러 생긴 길은 집돼지들이 만든 길이라 한다. 집돼지들은 자기의 길을 영역이라 생각하기 때문에 그 길에 서 있다가는 화를 당하기 쉽다. 물론 나무 뒤로 피하라고 적혀 있지만 우선은 남의 영역을 침범하지 않도록 조심해야 한다. 머리털이 없으면 사람은 그렇게 무섭게 보이지 않기 때문일 것이다. 하다못해 귀신들도 긴 머리털을 하고 나타나야 무섭다.

20. 박쥐 Bat

밤의 지배자 박쥐

[밤에 주로 활동하는 박쥐]

박쥐는 새끼를 낳아 기르는 포유동물이다. 포유동물 중 종 수가 가장 많은 동물은 설치류(rodents)이며, 둘째로 종이 많은 동물은 박쥐로 약 1,400종의 각기 다른 박쥐가 있다. 세 번째로 많은 종을 가진 동물은 원숭이로 2020년에 미얀마에서 새로 추가된 포파 랑구르(popa langur)를 더하면 300여 종이라 한다.

우리가 흡혈귀로 무서워하는 박쥐는 실제 인간에게 매우 유익한 동물이다. 우리에게는 해충인 곤충들을 잡아먹는 이 동물은 미국에만 한 해에 33억 달러에서 530억 달러에 달하는 경제적 이익을 제공하고 있다고 한다.

최근 온 세계로 걷잡을 수 없게 번져 나간 코로나 19(covid-19)를 옮긴 주범으로 박쥐가 지목되고 있어 이 동물이 한층 두렵게 느껴진다. 실제 박쥐는 인간에게 옮길 수 있는 여러 가지 전염병의 온상지처럼 생각되어 왔다.

인간의 신경계에 영향을 미치는 광견병(rabies)의 숙주로 오래전에 알려졌으며, 코로나 이전에 인류에게 전염을 일으켜 많은 사람이 죽은 SARS(사스 : 심각한 호흡기 질병)도 박쥐를 통해 전염되었으며, 코로나바이러스도 SARS-COV-2라 명명된 사스 바이러스의 일종이다.

최근 서구의 과학자들이 코로나바이러스가 시작된 박쥐의 서식지로 알려진 중국 서남의 운남성으로 찾아가 박쥐를 생포하였으나 중국 당국에 의해 모두 압수되었다고 BBC방송이 보도했다.

중국 당국은 코로나의 발생이 중국만이 아니라 여러 곳에서 발생하였다는 주장을 하고 있어서(물론 유전자 변이가 시기적으로 독일 등지에서는 중국 발병보다 앞선다는 기사도 있었음) 이곳 박쥐에 대한 조사는 시일이 요원한 형편에 있다. 그러나 일부에서는 사스 등의 질병은 박쥐가 새에서 옮은 것이지 박쥐 자체가 일으킨 것은 아니라는 주장도 강하다. 다만 박쥐는 인간과 같이 사회를 이루고 살며, 이동성이 강하고, 수명이 비교적 길어서 전염병에 취약하기는 인간에 못지않다.

인간이 박쥐가 옮긴 코로나에 시달리는 동안 박쥐는 흰코증후군(white nose syndrome) 전염병에 무방비 상태로 노출 되어 있다. 이 질병으로 미국 동부지역 박쥐의 90%가 이미 죽었다고 한다. 아직 이 병이 퍼지지 않은 캐나다의 뉴펀들랜드(Newfoundland)지역이나 앨버타주(Alberta)지역에서는 이 병을 막기 위해 총력을 다하고 있다. 과학자들은 이들의 상태를 파악하기 위하여 내는 초음파소리를 유심히 관찰하고 있다고 한다.

밤의 지배자 박쥐의 능력은 한밤에 조그마한 곤충을 잡아먹을 수 있는 초음파 사용 능력(echolocation)에 있다. 박쥐는 색채를 보며 시력이 좋은 동물이다.그러나 먹이를 잡을 때는 눈을 사용하지 않고 초음파를 사용한다. 초음파이기 때문에 우리는 들을 수가 없으나 일부 박쥐가 사용하는 초음파는 매우 요란한 소리를 내는 것이라 한다. 박쥐는 초음파를 소리를 내고 그 방향으로 먹이의 위치와 크기를 알아낸다.

따라서 먹이에 접근하면 더욱 요란한 소리를 내게 되는데 그 소리의 크기는 마치 우리의 소화전에서 나는 사이렌 소리를 가까이에서 듣는 것과 같다. 과학자들은 이런 소리를 듣고도 박쥐가 귀가 먹지 않은 것이 이상하다고 생각할 정도라 한다. 실제 이런 상황이 박쥐에게도 일어나며 박쥐는 가운데귀를 막아서 참는다고 한다. 이렇게 막은 후에 1초당 10번을 닫았다 열었다 하면서 먹이를 잡는다. 아무리 박쥐라 해도 이건 쉬운 일이 아닌 것처럼 보인다. 사람이 초음파소리를 들을 수 있는 기계를 사용하면 소리에 따라 박쥐의 종류를 알 수 있다고는 하는데 박쥐마다 다른 주파수를 사용한다고 한다. 박쥐 한 마리가 낼 수 있는 소리도 다양하다고 한다. 그러나 먹이가 되는 곤충 역시 박쥐가 내는 초음파소리를 들을 수 있도록 진화가 되어 박쥐의 초음파소릴 들으면 피한다고 한다. 이들 간에는 누가 먼저 상대의 소릴 듣는가 하는 전쟁이 벌어지는 것이다. 박쥐의 날개는 인간의 다섯 손가락에 달린 갈퀴처럼 생겼다. 매우 민첩하게 움직일 수 있으며, 빠른 경우에는 시속 160km의 속도를 낼 수 있다고 한다. 박쥐도 진화 초기 시점에서는 초음파가 소통용으로 시작되었던 것이 밤에 적응하면서 눈을 대신한 것으로 보고 있다. 큰박쥐(mega bat)나 흡혈박쥐(vampire bat)는 초음파를 사용하지 않는다. 박쥐는 물론 땅에서 걷지 못하며 굴속에 숨어 사는 것이다.

[주름살 얼굴 박쥐]

위 사진은 가장 못생긴 박쥐로 알려진 주름살 얼굴 박쥐(wrinkle faced bata)이다. 중미와 남미 북부에 발견된 박쥐로 동굴에 살지 않고 이곳저곳을 이동하면서 살고 있어서 목격하기가 매우 어려운 박쥐이다. 수컷은 사진에서 보이는 바와 같이 암컷에 접근하기 위해서 아래턱에 하얀 털을 마스크같이 쓴다고 한다. 필자가 보기에는 못생긴 얼굴을 가리기 위한 것처럼 보인다. 수컷들은 이런 모습을 하고 암컷 앞에 모여서 암컷에게 선택될 때까지 함께 초음파로 노래를 부른다. 암컷 앞에서 수컷들이 단체로 오디션을 보는듯한 행동을 레킹(lekking behavior)이라 하는데 이 행동은 새들에게는 흔하지만, 포유동물에게는 처음 보이는 행동이라 한다. 암컷에게 선택되는 수컷은 6%밖에 되지 않는다고 하니 마스크를 예쁘게 써야 할 것 같다.

박쥐 중에 우리에게 단연 주목을 받을 수밖에 없는 동물은 흡혈박쥐(vampire bats)이다. 흡혈박쥐는 중미와 남미에 주로 살며 대형 초식동물의 몸에 붙어서 피를 빨아먹고 산다. 피를 먹는다는 것은 그 자체가 쉽지 않은 일이라 한다. 사람의 경우 피를 먹게 되면 우선 신장과 방광에 큰 부담이 되고, 아연중독과 과다한 단백질 섭취 등이 문제가 된다고 한다. 그런데 흡혈박쥐는 피를 이틀만 먹지 않으면 죽는다. 이런 일은 혼자서는 살아갈 수 없는 치명적인 단점이다.

따라서 박쥐들에게는 우리가 상호 이타심(reciprocal altruism)이라 부르는 사회성이 최대한 높게 나타난다. 피를 먹지 못한 박쥐는 동료에게 먹이를 구걸하며, 동료는 먹이를 되새김질해서 나누어 준다. 이들 새끼는 친족을 가리지 않고 먹이를 나누어 주는 사회성으로 생존을 해 가고 있다. 박쥐는 린네가 동식물을 분리한 이래 영장류에서 진화한 동물이라 생각되었다. 특히 호주의 신경과학자인 페티그루(Pettigrew) 교수에 의해서 일부 박쥐는 영장류만 가지고 있는 특별한 뇌의 구조(midbrain)를 공유하고 있다고 린네의 분류를 발전시켰다. 그러나 최근의 DNA연구에 의하면 날아다니는 영장류라는 가설(flying primate hypothesis)은 이제는 부정되었다.

불행하게도 박쥐는 인간에게는 해충을 없애 주는 매우 유익한 동물임에도 불구하고 모든 문화에서 거의 밤의 악령으로 홀대를 받고 있다. 미국 아메리칸 인디언에게 박쥐는 마귀이며 악령이다. 다만 중국에서만 박쥐는 오복의 상징이라고 한다.

한문으로 박쥐는 편복(蝙蝠)이라 하는데 복자가 복(福)으로 생각을 하고, 福이 거꾸로 온다는 중국어 표현(倒福)에 거꾸로 매달려 사는 박쥐의 모습이 딱 맞아떨어지기 때문이라 한다. 박쥐는 도자기는 물론 여러 생활용품의 장식에서도 복을 상징하는 문양으로 자주 쓰였다. 아마도 그래서 박쥐를 잡아먹는 풍습이 생겨난 듯하다.

[한 때 드라큘라가 수감되었다는 Transylvanian castle]

필자도 어린 시절 무시무시하게 생긴 영국 배우 크리스토퍼 리(Sir. Christopher Lee)가 주연한 드라큘라 영화 한 편을 본 기억이 난다. 이 드라큘라는 동유럽의 로마니아에 있는 트랜실바니아 지역에 살았던 드라큘라(dracula)라는 이름을 가진 지역 왕을 모델로 쓰인 것이다. 드라큘라 백작은 15세기의 인물로 왈라키아 공국(Wallakia)이 오스만터키의 공격을 받던 시점에 같은 공국에서 3차례나 왕이 되고 도주하고 또 왕이 되는 정변을 계속한 지배자로 사람을 꼬챙이에 끼워서 죽이는 가혹한 형벌(impalement)을 행했던 사람으로 전해온다. 삶이 말할 수 없이 혼란하고 나름 이민족과 전쟁 중인 시기인 만큼 조금이나마 이해는 간다.

어쨌든 이 영화는 오랫동안 필자를 잠 못 들게 만든 무서운 영화였다. 중학생인 어린 나이에 눈을 뜨고 볼 수가 없었다. 첫 장면이 죽어 있는 드라큘라에게 하인이 피를 뿌려주니 드라큘라가 다시 살아나는 장면이 가장 무서웠다.

21. 토끼 Rabbit

토끼와의 생화학 전쟁

[rabbit]

[hare]

외지에서 들어온 동물이나 식물들이 현지의 생태계를 심하게 교란시키는 경우가 종종 있다.

우리나라의 경우에도 황소개구리, 큰입배스, 파랑볼 민물우럭 등이 하천의 생태계를 심하게 침입하여 큰 사회적 이슈가 되었다. 이들 외지 동물(invasive animals)들은 새로운 지역에 침범하여 자신이 살던 생태에서의 먹이사슬 천적에서 해방되어 일시적으로 크게 번성하는 기회를 잡게 된다.

미국동부에 많이 서식하는 황소개구리(american bullfrog: 수컷이 번식기에 우는 울음소리가 황소 소리 같이 크다고 한다)는 현지에서는 악어 등이 포식자가 가장 선호하는 먹이였으나 한국에 와서는 습지나 호수 등지에서 가장 강한 포식자로 위치를 점하게 되었다. 황소개구리는 새마을운동 일환으로 식용을 위하여 수입되었으나, 사업화에 실패한 후 저수지 등지에 버려져서 전국적으로 퍼져나갔다고 한다. 매우 공격적이고 번식력이 강하며 하천의 생태계에 큰 위협이 되어 현상금을 걸고 정부에서 제거 노력을 하였으나, 2000년대 중반에 와서는 자연스럽게 개체수가 급격히 줄어들었다고 한다. 이는 두꺼비 등의 천적이 이들의 번식을 크게 억제한다는 이유를 들고 있으나 아직 확인된 사실은 아니라 한다.

그런데 이러한 이종 침입 동물 중에 가장 큰 환경파괴의 주범이 된 동물은 다름 아닌 토끼라 하니 매우 의아하다는 생각이 든다. 우리에게는 별주부전으로 친숙한 토끼는 매우 영리한 동물이다. 인도, 아프리카, 미국 원주민에게도 전승되는 각종 설화에 주인공으로 등장하는데 대부분이 다 꾀가 많아 사기성이 농후한 협잡꾼(trickster)으로 등장한다. 토끼의 어느 행태가 토끼를 그렇게 보이게 하는지는 잘 몰라도 토끼에게 갖고 있는 세계인의 이미지는 모두 비슷하게 개구쟁이로 보는듯하다.

우리나라에는 토끼가 달나라에서 떡을 찧고 있는 모습이 가장 토끼다운 모습이다. 우리와 거의 같은 전승을 가진 일본에서는 달나라 토끼는 세상에서 가장 맛이 있는 모찌를 만드는 중이라 한다. 그런데 달의 토기는 집토끼와는 사뭇 다르게 생겼다.

떡을 찧는 산토끼는 허(hare)라고 부르며, 집토끼는 래빗(rabbit)이라 한다.

산토끼는 집토끼보다 덩치가 크고 귀가 길며 뒷발이 매우 발달되어 있어 떡 찧기에 매우 어울리는 모습을 하고 있다. 대부분 토끼는 굴을 파고 산다. 산토끼는 개별적으로 살아가며 집토끼는 매우 사회적인 동물로 큰 집단으로 함께 살아간다.

산토끼가 인간에게 사육된 적은 없다. 집토끼도 다른 동물에 비해 사육된 시기가 매우 짧다. 일설에 의하면 중세 600년경 프랑스의 한 수도승이 식용으로 사육하기 시작하였다고는 하나, 실제 토끼 고기는 로마인들에게서도 매우 고급 고기로 알려져 사육된 시기를 특정하기는 어렵다고 한다.

토기는 동물 중에 유일하게 송곳니가 두 겹으로 나 있다. 토끼는 이것을 이용하여 나무줄기를 갉아 먹는 경우가 많은데, 이로 인하여 토끼는 사람에게는 해로운 동물로 분류가 되어 있다. 토끼는 사람이 키우는 거의 모든 밭작물을 먹으며 특히 채소밭은 이들이 닥치면 황폐화가 된다.

잔디 역시 토끼들이 가장 좋아하는 식물로 토끼가 농가에 끼치는 피해는 매우 광범위하여 실제 사육해서 따로 키울 만한 동물은 아니다. 토끼의 눈은 약간 밖으로 나와 있고 옆에 달려있어 360도의 전 방위를 다 볼 수가 있다. 우리가 토끼 뒤에 서 있어도 토끼에게는 다 보인다. 토끼의 귀는 긴 것만큼 여러 기능을 한다. 바깥귀는 체온조절을 하여 높은 온도에서는 체온을 낮추고 토끼가 달릴 때는 토끼가 깡충깡충 뛰기 때문에 땅과의 충격을 귀가 흡수해 준다고 한다. 중간 귀가 소리의 강도를 조절하며, 내귀에는 인간과 같은 소리 전달 기능과 반고리관 기능이 있다.

암컷 토끼는 자궁이 둘이 있고 함께 새끼를 밸 수가 있어, 생리주기가 따로 없다고 한다. 또한, 토끼의 번식주기는 매우 짧다. 새끼도 3개월이면 성숙하며 곧바로 생식이 가능해진다. 이런 동물이 자연 방목으로 번식을 하게 되면 환경에 큰 재앙이 예상된다. 후술하겠지만 이러한 일이 호주에서 일어났고 발생한 지 150년이 지난 지금에도 토끼를 제거하려는 온갖 방법을 다 동원하였지만, 지금까지도 역부족이라고 한다.

토끼의 사냥이 끝나면 개를 끓여 먹는다는 뜻의 토사구팽(兎死狗烹)이란 말은 우리가 지금도 의리가 없는 지도층을 비난하여 쓰는 말이다. 이 말은 사마천의 사기에 나오는 오나라와 월나라 간의 와신상담 전쟁에서 나오는 고사에 전한다. 월나라의 구천을 도와 오나라의 합려를 이긴 월나라의 지략가 범려가 자기 친구에게 한 말이다. 범려는 구천의 인격은 믿을 수 있는 사람이 아닌 것으로 파악하여 전쟁이 끝난 후 자신은 제나라로 도주를 하였고, 그곳에서 범려는 사기에 나오는 지략가 중 가장 사업에 성공한 인물로 전한다. 범려는 친구에게 위험한 사정을 전했으나 그 친구는 오래가지 못하고 구천에 의해 죽임을 당한다. 토끼사냥은 중세의 유럽은 물론 고대 중국에서도 귀족층이 매우 즐겼던 사냥의 한가지였다.

호주의 불행은 영국에서 토끼사냥을 즐기던 귀족들이 호주로 이주를 하면서 호주에서 즐길 놀잇감으로 토끼를 호주로 데려가서 방목을 시켰기 때문에 벌어진 일이라고 한다. 토마스 오스틴(Thomas Austin)은 1859년 호주로 이주하면서 12마리의 유럽산 회색 토끼와 12마리의 집토끼, 그리고 72마리의 꿩과 참새들을 데려와 자기의 농지에 방목하였다고 한다. 10년도 채 안 되어 매년 5만 마리 이상의 토끼를 사냥하였다고 하니 그 시작부터가 심상치가 않다.

오스틴의 기록은 극히 한 지역에서 일어난 외부 동물 유입에 대한 경고에 불과하며 지역적 상황에 불과하다고 하였지만, 실제 호주 전체에서는 더욱 커다란 문제가 발생하고 있었다. 토끼는 유럽의 호주행 첫 배인 일호선(First fleet)에 이미 식량으로 많이 들어왔으며, 1829년에는 호주 남서안 섬인 타스매니아(Tasmania)에 이미 수천마리의 토끼들이 떼를 지어 다녔다고 한다.

천적이 없는 곳에서 토끼는 최적의 생활 터전을 만나 잔디가 덮인 대 평원지역에서 극성을 떨었다.

호주 정부는 1889년 무려 2만5,000파운드의 상금을 걸고 세계로부터 토끼를 없앨 수 있는 1,456가지의 방법을 동원하여 토끼 제거 작업을 시작하였다. 그중 대부분은 실패하여 지금까지도 토끼 제거 작업이 지속하고 있다고 한다. 물론 토끼는 좋은 식량거리를 제공하며, 토끼의 털(친칠라나 앙골라)이 모자 등 여러 의류에 이용이 되기 때문에 세계에 공황이 닥치고 세계 제1차대전이 진행되는 동안에는 경제에 큰 기여도 하였다고 한다.

토끼를 사냥하거나 토끼 굴을 트랙터로 밀어 버리는 초기의 시도는 거의 효과가 없었다고 한다. 호주에서는 유일한 대응방법이 토끼를 울타리를 쳐서 가두어 두는 방법이 최선이라 생각하여, 수백km에 달하는 울타리를 치기 시작하였고 지금은 1,000km가 넘는 펜스도 있다고 하니, 토끼 때문에 가히 만리장성을 쌓는 격이 되었다. 심지어 토끼가 물에 가지 못하도록 호수를 막는 방법이 그나마 효과적이었다고 한다.

이러한 토끼와의 전쟁에 그래도 현격한 결과를 낸 것은 토끼에게 지금 보면 매우 부도덕한 처사로 생각될 수 있는 생화학적 방법으로 토끼에게 코로나바이러스 같은 질병을 옮게 하는 것이었다 한다. 호주의 막대한 현상금에 가장 큰 관심을 보인 사람은 광견병 백신을 만든 파스퇴르였다. 파스퇴르는 동물마다 세균들이 다르게 작용한다는 것을 잘 알고 있었으며, 그가 찾아낸 탄저병이나 닭 콜레라균을 토끼에게 적용해 보고자 하였다. 그러나 이러한 질병은 토끼에게 전파속도가 매우 더디었으며 이로 인하여 효과가 미미하였다. 그래서 코로나바이러스와 같이 전염력이 매우 높은 병균을 모색하였으며 마침내 파스퇴르 연구소는 1950년대에 토기에만 전염되는 점액종바이러스(myxoma virus)를 찾아내었다. 이 병균은 공기로 전염되어 순식간에 효과를 내었다고 한다.

거의 6억 마리에 달하던 토기의 개체수가 1억 마리로 줄어드는 토끼와의 전쟁에서 커다란 성과를 내었다. 그러나 이 병균도 오래지 않아 토끼들 사이에 이내 면역이 생기면서 그 효력이 없어지고 말았다. 이렇게 중단된 토끼 제거작업은 1991년에 와서는 토끼 개체수가 다시 3억 마리 이상으로 늘어나게 되자 다시 새로운 생화학방법이 동원되지 않으면 안 되게 되었다. 이로 인하여 호주 정부는 제2차로 강력한 바이러스를 토끼에게 전염시키기로 하였다. 이 질병은 토끼 출혈증(rabbit hemorrhagic diseases)이라 하여 토기에는 치명적인 질병이다. 이 질병을 일으키는 바이러스는 파리를 통하여 전염되며 매우 효과적이어서 5년 만에 토끼의 90%를 제거할 수 있었다. 그러나 이것도 이후 토끼들에게는 다시 면역력이 생겨났으며, 호주에서의 토기의 개체 수는 이후 계속 늘고 있다고 한다. 아마 다시 수억 마리에 이르면 제3의 병균을 투척해야만 할 것이다.

코로나바이러스에 지금 온 세계가 꼼짝없이 당하는 시기에 토끼와의 생화학 전쟁과정이 왠지 토끼에게 조금은 미안한 마음이 든다. 아무리 해로운 동물로 지정이 되어 있다 해도 토끼는 인간에게 귀여움을 많이 주는 애완동물의 하나이다.

호주의 토끼 사태를 보니 생화학전이라는 것이 도덕적으로 이해할 수 없는 무기라는 사실판단을 유보하게 만든다. 과학에는 다 이유가 있구나 하는 생각이 든다. 호주에 가면 토끼는 절대 동물병원에서 치료해 주지 않는다고 하니 그 심정 충분히 이해가 된다. 우리나라에도 유럽산 토끼들이 버려져 개체수가 늘어난 일이 있다고 한다. 2000년대 초 서래마을에 있는 몽마르트 공원에 토끼가 버려지면서 지금도 많은 토끼가 살고 있다. 지금은 절대 토끼를 버리지 말라는 경고판이 붙어 있다.

22. 고래 Whale

노래하는 고래

[여러소리를 내는 돌고래]

하와이에서 대학을 다닐 때 일이다. 대학에서 학생에게 아르바이트로 제공하는 일자리 중에는 고래의 하와이섬 방문을 기다리는 Whale Watch라는 일이 있다. 그냥 망원경을 놓고 온종일 고래가 오는지를 살피는 일이다. 지금도 하와이에 가면 곳곳에 Whale Watch가 있는데 방문객들이 즐겨 찾는 관광명소가 되었다. 지금은 40년 전과는 달리 포경금지 조약 이후 고래가 많이 찾아와서 목놓아 기다리는 대상은 아니다. 하와이를 겨울에 찾는 고래는 혹등고래(humpback whale)라 하며 알래스카와 하와이 군도를 왕복한다. 이 고래는 고래 중에 노래를 가장 잘한다. 고래는 8종의 속이 존재하며 이들은 먹이 사냥 방법에 따라 분류한다. 해수면 가까이에서 먹이를 들여 마시는 경우와 바다 깊숙이에서 위로 들여 마시는 차이가 있다. 고래 중에 어떤 고래는 물속에서 90분간 숨을 참을 수 있는 것도 있다고 하니 육지에서 살던 포유동물이 바다로 간 시간이 4천만 년은 되어서 가능해진 결과다. 근래에 발이 퇴화하지 않은 고래의 화석이 발견된 것도 있고 지금도 돌고래의 몸통에는 발이 퇴화한 흔적이 있다고 하니 이젠 고래를 물고기로 생각하는 사람은 없어진 세대가 되었다.

우리나라도 고래가 많이 찾아오는 곳 중의 하나이다. 울산 태화강변에는 신석기시대에 그려졌다는 암벽화가 있는데, 그림 속에는 당시 사냥의 대상인 된 많은 동물이 있고, 그중 고래 그림도 수십 점이나 있다. 이들 그림 속 고래 중에는 최소 7종의 다른 고래들이 그려져 있는데, 수염고래, 범고래, 귀신고래, 향유고래 등의 특징이 잘 나타나 있다. 태화강은 고래가 회유하는 종착지와 같은 곳이라 한다.

유럽의 한 해안에도 태화강에 비견할 만한 신석기시대의 고래잡이 유적이 남아 있다고 한다. 그림 중에는 작살의 모습도 있고 다섯 명이 타는 배도 그려져 있다. 아마 우리 선조는 고래를 많이 잡는 나름 행운이 있었던 듯하다.

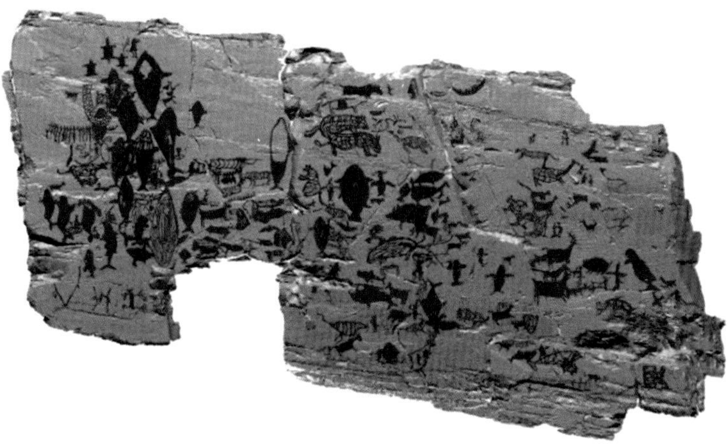

[울산 태화 강변 신석기시대 고래암벽화]

고래는 노래를 부르는 동물로도 유명하다. 매우 큰 소리를 내기 때문에 아주 멀리까지 그 소리가 들린다고 한다. 그러나 고래가 왜 노래를 부를까 하는 설명은 아직 미진하다(John Hildebrand, "why the whales sing?" 2020. 03). 노래를 부르는 동물 중에는 새가 으뜸이다. 노래를 부르는 새들은 다 수컷이다. 암컷은 듣고 있다가 가장 힘차고 건강해 보이는 수컷과 짝을 맺는다고 한다. 이런 것을 번식에 있어 암컷선택(female selection) 이라 한다. 수컷의 아비 새는 새끼들에게 노래를 가르치며 잘 따라 하지 못하는 새끼들을 쥐어박으면서 열심히 가르친다. 이들 간에는 물론 지역에 따라 차별적인 노래를 부르고 이 차별성이 집단을 구분하는 방편이 되는 것이나 한 새가 부르는 노래는 평생을 변하지 않는다.

고래도 모든 노래는 수컷만이 하는 행위이다. 그러나 짝짓기를 위해서 부르지는 않는다. 노래를 잘하는 하와이의 혹등고래가 노래를 부르면 다가오는 고래는 암컷이 아니라 수컷이라 한다. 또 번식기라 해서 부르는 것도 아니라 한다.

[노래하는 혹등고래]

고래의 노래는 수컷 간의 일종의 연락방법이며 함께 이동하는 고래들에게 연대감을 주는 것 같다.

고래 중에 가장 큰 고래로 공룡보다도 덩치가 큰 대왕고래(Blue Whale)는 노래의 크기가 전체 고래의 이동 집단범위에 비례한다고 한다. 서로 간에 멀리 떨어져 있으면 큰소리로 노래하고 가까이 있으면 작게 한다고 한다. 그런데 고래의 노래를 굳이 노래라고 해야 하는 이유 자체가 궁금하다. 다른 동물의 신호음 정도가 아닐까 하지만 고래는 노래를 한다. 노래는 수십 분간 지속되며, 고래가 노래를 부를 때에는 호흡에 방해가 되지 않도록 가수가 호흡조절을 하듯이 신중하게 노래를 한다. 물론 고래의 노래는 새와 같이 한번 배운 노래를 평생 반복하는 것이 아니라 부를 때마다 달라진다고 한다. 나름 창의적이다. 고래가 노래하는 생물학적 이유를 잘 모르는 까닭은 우리가 일상 접하는 음악에 대해서도 그 생물학적 존재 이유를 잘 알지 못하기 때문일 수 있다.

맥길(McGill)대학의 신경과학자이며 자신이 음악가로 밝힌 다니엘 레비틴(Daniel Levitin) 교수는 2007년 『이것이 당신의 음악적 두뇌이다 This is your brain on music』란 책을 내었다. 음악을 들려주고 뇌의 활동을 사진 찍어 음악에 참여하는 여러 뇌의 부위를 찾고 또 음악이 하는 생리학적 순기능들을 밝혔다. 뇌신경과학 초기에는 음악은 언어를 담당하는 좌뇌와는 달리 우뇌에서 집중적으로 진행된다고 생각하였으나 이런 생각은 잘못된 것으로 밝혀졌다.

음악도 일반 정보와 같이 뇌의 여러 곳에 분산되어 분석되고 단위정보로 집약된다. 음악에 관한 정보는 일반 시각정보(예를 들어 이것이 맥도날드다라고 아는 과정)에 비해 매우 빠르게 알아내고 처리된다고 한다. 그에 의하면 음악이란 뇌에게는 음식과 같은 것이다. 좋은 음악은 뇌에게는 치즈케이크(cheese cake)라고 한다. 실제 음악은 뇌에서 프롤락틴(prolactin)의 생성을 촉진시키고, Ig-A의 면역기능을 돕고, 스트레스 호르몬을 줄여주는 생리적 기능도 한다. 그에 의하면 수술대에 들어서는 환자에게 신경안정제인 발륨을 주는 것보다는 자신이 좋아하는 음악을 듣게 하는 것이 더 효과적일 수 있다고 한다. 음악치료(musical therapy)는 입증된 임상치료법이라 한다.

그러나 음악이 우울증을 안정시키는 정신적 순기능이 있다는 것이 음악의 생물학적 존재이유를 말하는 것은 아니다. 음악이 인간의 생존이나 번식에 어떻게 기능하는가 하는 문제는 다른 것이다. 새들에 있어 노래는 짝짓기의 가장 중요한 수단이다. 하바드의 저명한 인지심리학자인 S. Pinker는 그의 『뇌는 어떻게 작동하는가 How the mind works, 2004』 라는 책에서 음악에 대한 특수한 진화론적 존재 이유는 따로 없다고 말한다.

음악이란 그저 인간의 스피치(speech)영역에 수반되는 결과적 산물(byproduct)라 단정 짓고 있다. 음악이 인간 소통에서 특별한 의미전달체제를 갖지 않는다는 것이다. 어떤 음악도 들리는 사람에게 모두 공통적인 특별한 의미체제도 없으며, 뇌의 구조에도 음악을 전담하여 생겨난 구조는 따로 없다고 한다. 음악에 대해 많은 순기능을 기대해온 우리 일반인들에게 다소 실망스러운 단정이다.

고래가 분명하게 노래를 한다. 이는 일반 동물들이 내는 울음소리들과는 매우 다른 것이다. 매우 정교하게 만들어지고 장시간 지속하며 매우 조심스럽게 부른다. 물론 노래를 잘 부른다고 짝이 생기는 것은 아니다.

동물의 왕국에서 추측해보건대 오랜 여행객의 외로움을 달래는 나그네의 설움이 아닐까 한다.

Review

포경에 의해 거의 멸종된 것으로 알려진 남극의 대왕고래가 돌아왔다

Live Science, *December 19. 2020*

이런 것이 진짜 귀환(combeback)의 모습이다!

BBC뉴스에 의하면, 대왕고래가 사우스 조지아의 남극권 섬주위로 돌아왔다. 이 지역은 한때 고래가 모여드는 허브였으나 지난 수십 년간 고래가 오지 않아서 많은 동물보호자는 이들이 영원히 사라진 줄 알았다. UPI통신에 따르면 이렇게 인상적인 회복 모습은 지난 30 년간 축적된 관측, 사진, 수중녹음에서 잘 드러난다고 한다. 이러한 노력의 긍정적인 결실은 멸종위기에 선 동물 연구지에 최근 실렸다.

이번 발견은 지난 1998년에서 2018년 기간 중 단 한 마리의 대왕고래가 포착되었다. 그러나 2020년 2월에 과학자들은 이 지역에서 58마리의 대왕고래를 포착하였으며, 수십 건의 노래를 녹음할 수 있었다 한다. "사우스 조지아에서 대왕고래가 지속적으로 보이지 않은 것은 이들이 지나친 포획으로 인하여 회복이 불가능 정도로 개체가 줄었다는 것을 보여주는 전형적인 예이다"라고 UPI가 확보한 자료에 주된 연구 저자인 수잔나 콜데란이 한 말이다. "지난 수년간 우리는 사우스 조지아에서 일해 왔으며, 아주 최근까지 없었던 일로 섬주위에서 많은 대왕고래가 목격되고 소리가 들려 아주 낙관적이었다"고 그녀는 덧붙였다.

대왕고래가 남극의 바다로 돌아온 것은 아마도 보이는 것처럼 갑작스러운 일은 아닌 듯싶다. 연구에 의하면 사우스 조지아를 지나는 관광객이나 항해사들로부터 2011에서 2020년까지 41마리의 고래사진을 받았었다고 한다. 이들 연구저자 들은 이들이 과학자들에게서나 민간인에게서 계속 목격된다는 것만으로는 남극 대왕고래의 개체수를 너무 낙관적으로 생각하면 안 된다고 한다.

"대왕고래가 돌아오는 데 왜 이렇게 오래 걸렸는지를 잘 모른다"고 콜데렌은 말한다. "이런 현상은 아마도 대왕고래들이 이곳에서 너무 많이 죽어서 이곳이 좋은 사냥터라는 것을 아는 고래가 없어진 것으로 보이며, 지금 다시 모이는 것은 이들이 새롭게 이 지역이 좋은 사냥터임을 재발견했기 때문이라고 추측한다"

"사우스 조지아 해양은 사우스 조지아와 사우스 샌드위치 열도 정부의 해양생물보전 지구로 지정이 되어 있기 때문에, 대왕고래의 개체 수가 늘어날 것을 확신하며 연구가 이 지역의 효율적인 경영에 이바지할 수 있도록 지속할 것이다" 라고 연구의 공동저자이며 영국의 남극연구소 연구원인 제니퍼 잭슨이 말했다.

Review

킬러고래로 알려진 범고래 70마리가 바다에서 가장 큰 대왕고래를 잡아먹었다

Live Science, *April 6. 2021*

범고래들은 대왕고래의 턱을 물고 혀를 잡으려고 했다.

[범고래가 대왕고래를 사냥하는 모습]

호주 남서부 해안에서 수 시간에 걸친 사투 끝에 70마리의 범고래가 대왕고래를 사냥하여 죽였다. "놀랍고, 조금 혼란스럽고, 진정으로 마음이 흔들리는 사건이었다"고 현장을 목격한 호주의 한 해양 생물학자가 전했다. 고래 관찰 투어를 실행하는 회사에서 일하는 목격자인 크리스티 브라운에 따르면 그날도 평상시와 다름없는 고래 관찰의 하루였다고 한다. 그날 배가 우연히 해안에서 약 45킬로미터 떨어진 브레머 베이캐년에서 두 집단의 범고래와 마주쳤으며 범고래는

"파도를 타며 놀고 있는 것처럼 보였다"고 한다. 그런데 곧 배에 탄 사람들은 범고래가 비정상적인 파도를 일으키고 있다는 것을 알게 되었으며 이것은 이상했다고 한다. 예를 들어 범고래가 부리고래를 사냥할 때는 그들은 한 방향으로 움직이며 파도가 한 방향으로 솟아나게 된다. "하지만 이것은 달랐고, 파도가 여기저기서 솟아올랐다"라고 한다. 그런 후 이곳 시간 오전11시 30분경에는 "길고 높은 물보라가 뿜어졌는데 이것은 길이가 16미터가 넘고 아직 살날이 많이 남은 대왕고래의 것이었다."

희생양이 된 대왕고래가 어떤 종인지 여부는 불분명하다고 한다. 어쨌든, 이 대왕고래는 범고래가 서식하는 이 지역을 혼자서 모험을 하는 큰 실수를 저질렀다고 한다. 비록 범고래는 킬러 고래라 불리지만 이들은 고래가 아니다 오히려 이들은 돌고래과의 가장 큰 종이다. 해양 보존학에 따르면 이들에게 "살인자"의 이름이 붙여진 것에서 알 수 있듯이 해양 포유동물은 혹등고래, 물개, 바다거북, 심지어는 큰 백상어를 포함하여 모든 종류의 먹이를 사냥하는 것으로 유명하다. 이번 경우에는 대왕고래는 약 9.5m의 길이의 가장 큰 범고래 보다 두 배나 컸으나 추격자 들을 따돌릴 수는 없었다.

"대왕고래는 헤엄치는 동안 범고래에 완전히 둘러싸여 있었다"고 한다. 또한, 범고래는 사냥에서 서두르지 않았으며 "전략적이었고, 사려가 깊고, 협력적이었으며, 강한 인내심을 보여주었다"고 한다.

회오리치는 파도 속에 "여러 마리의 범고래가 있었다, 그들은 대왕고래를 심하게 밀어붙였으며, 옆에서 또 아래에서 빠르게 움직였다. 또 다른 무리는 추적에서 떨어져서 쉬고 있었으며, 200m 정도 뒤에서 사냥을 따라갔다"라고 한다. 이런 행동은 대왕고래를 지치게 만드는 것이 목표라고 한다.

한편, 더 많은 범고래들이 몰려들었으며, 이제 다른 무리 소속의 최소 6섯 마리의 수컷이 있었다. 각 무리에는 6마리에서 12마리의 범고래가 있었으며, 이번 사냥에 얼마나 많은 범고래가 참여하였는지를 보여준다. 아직은 피부가 덜 성장하여 고래 지방이 없는 노랗고 빨갛게 보이는(핏줄이 보여서 그렇다고 함) 새끼 고래들도 주위에서 열심히 사냥을 배우고 있었다. 한 떼의 큰 무리로서 범고래는 대왕고래를 약 1,000m 깊이의 바다에서 80m 깊이의 얕은 바다로 몰았다. 범고래가 밀어붙이면서 물 위에서 대왕고래는 돌파구를 찾기 위해 꼬리를 치고 물아래에서는 클릭과 같은 혼란스러운 소리가 들렸다고 한다.

수염대왕고래와는 달리 범고래는 이빨이 있으며 대왕고래의 턱을 물어뜯는다. 대왕고래가 회전하고 돌아설 때면, 범고래들이 달라붙어 혀를 물라고 했다고 한다. "범고래는 대왕고래의 턱이 열리기를 기다리고 있었지만, 그렇지 않았다." 범고래는 마침내 대왕고래를 지치게 했다. 대왕고래는 끝까지 싸웠다고 한다. "대왕고래는 포기하지 않았으며, 물밑으로 내려가 이제는 끝났다고 생각했을 때 다시 꼬리가 올라오기를 반복하였다"라고 한다. 수 시간의 혼란스럽고 격렬한 사냥이 지속된 후 오후 3시경에 대왕고래는 공격자들에게 굴복했다. "파열된 붉은 풍선처럼 피가 표면에 솟아올랐다"라고 회상했다. 범고래들은 이후 그 시체를 물밑에서 모두에게 나누었다고 한다. "우리는 물에 떠있는 살점 한두 덩어리만 볼 수 있었으며, 대왕고래는 사라졌다"라고 한다.

주변에 망치상어와 긴 지느러미 파일럿 고래(해양 돌고래의 또 다른 종)가 대왕고래의 고기 일부를 얻어먹으려 했지만, 범고래는 맹렬하게 먹이를 지키고 있었다고 한다. 이 광경을 본 배에 동승한 동료 중에는 일부는 눈물을 흘렸고, 일부는 놀라서 입이 벌어져 닫히지 않았으며, 또 어떤 이는 흥분하여 눈이 휘둥그레졌다 .

23. 닭 Chicken

서열정리(pecking order)에 바쁜 암탉들

[암탉의 서열정리]

닭은 개체 수로는 지구상의 모든 새를 합한 수보다도 많다. 2018년 통계에서는 237억 마리가 지구상에 있다고 한다. 닭은 아프리카에서 남아시아 남동아시아에 넓게 퍼져서 사는 붉은 정글새(red junglefowl)에서 인간에게 사육되기 시작한 동물이다. 사육되기 시작한 시기는 기원전 약 8,000년경이라 하며, 아프리카에서만 아니라 남아시아에서나 남동아시아에서 별도로 사육되었다고 하니, 이들 새는 사람을 크게 두려워하지 않고 주위에서 살았던 것 같다. 닭은 오래전에 사육되었으나 식용으로 먹기 시작한 것은 기원전 4~2세기 그리스에서 시작되었고, 그 이전에는 사육의 목적이 닭싸움(cockfighting)이었다고 하니 이채롭다. 아마 투우나 투계, 투견 등의 동물싸움을 즐기는 인간의 놀이는 역사가 매우 오래된 듯하고 동물사육의 한 주요 원인이었던 것 같다. 야생의 닭은 매우 사나운 성질을 가진 새이며, 집닭들도 웬만한 침입자는 단체로 달려들어 쉽게 막아낸다. 여우 정도는 암탉에게 거꾸로 당하는 일도 있다고 한다.

암탉의 특징 중 하나는 알을 잘 품는 새라고 한다. 알은 다른 새들과 마찬가지로 둥지에 가득 찰 때까지(clutch: 한배의 알이라 함) 알을 낳게 되며, 알을 품기 시작하면 주위의 다른 알 들도 함께 모아서 품는다고 한다. 알은 3주면 부화하는데 병아리는 알 속의 양분을 다 먹을 때까지 기다렸다가 알을 조금씩 더 크게 깨고 나오게 된다. 품게 된 알들은 보통 함께 부화하며 어미는 둥지를 떠나지 않고 병아리를 강력히 보호한다. 수탉은 병아리들을 따로 보호하지는 않으나 먹이를 물면 새끼에게 던져주는 행동을 자주 한다고 한다.

영어에서 위계질서를 말할 때 흔히 사용하는 쪼는 서열(pecking order)라는 말은 암탉의 사회생활에 관련해서 시작된 단어이다. 이 말의 뜻은 먹이가 한 곳에 주어지면 암탉의 서열에 따라 먹이를 쪼기 시작한다는 것이다. 암탉과는 달리 수탉은 집단과 떨어져서 산다. 집단을 이루고 사는 대부분의 사회적 동물들에게는 그 집단 내에 서열을 정하여 살아간다.

그중에는 고릴라나 아프리카 들개와 같이 두목 수컷(alpha male)이 존재하여 독재적인 위계질서(dominance hierarchy)를 갖고 사는 동물도 있으나, 대부분 경우에는 위계질서가 상대적으로 느슨하여 암탉의 쪼는 서열 수준의 위계질서를 가지고 있다.

인간의 경우는 동물의 왕국에서는 예외적으로 위계질서가 가장 느슨한 사회를 이루고 산다.

암탉들 간에는 서열이 분명하다. 만일 새로운 암탉을 기존 암탉 집단에 집어넣으려면 극히 조심해야 한다고 한다. 서열이 흩트러지는 것에 암탉들이 심하게 반응을 하며 새로 들어온 암탉은 자칫하면 매우 위험한 상황에 놓인다. 따라서 암탉을 새로 들일 때에는 가능하면 여러 마리를 함께 집어넣어야 하고 굳이 한 마리만 넣는다면 한밤중에 몰래 넣어야 우리 내의 혼란을 막을 수 있다.

암탉의 서열은 최고 위계의 암탉에게서 가장 먼저 나온 암평아리가 가장 높고 그다음 위계의 첫 암평아리의 순서로 자리를 잡게 된다. 이렇게 짜인 서열은 우리 내에서 지속적인 위계로 잘 유지가 된다고 한다(물론 다른 동물과 마찬가지로 덩치가 유난히 큰 동물은 자연스럽게 최고의 위치에 오르게 된다). 주로 두목이 되는 암컷이나 두목 수컷의 새끼가 서열이 높은 이유 중에는(포유동물에서는 대부분 어미의 보호가 주된 이유가 되지만), 두목 암컷의 새끼는 어미와 아비 모두가 집단 내의 최고서열에 있다. 그러므로 다른 새끼들에 비해 먼저 태어나기도 하고 잘 먹어서 영양 상태가 크게 다르므로 자연스럽게 높은 위계를 갖게 된다고 한다.

동물이 위계질서를 이루고 사는 이유는 영양과 번식에 높은 지위가 크게 유리하기 때문이다. 높은 지위의 동물은 좋은 먹이에 먼저 접근을 하고 집단 내 새끼를 모두 낳는 경우가 많다.

인도에서 100마리 이상의 큰 집단을 이루고 사는 보닛 매카크(bonnet macaques) 원숭이는 집단 내의 새끼들이 모두 두세 마리의 두목 수컷의 새끼들이라고 한다. 번식이 주로 두목 수컷에만 집중된 동물의 경우에는 위계 싸움이 유난히 심한 경우이다. 하위 동물에게 번식의 길이 열려 있다면 위계싸움은 훨씬 줄어든다. 원숭이과 동물들은 대부분 두목 수컷이 존재하며 위계싸움이 매우 심하다. 침팬지의 경우에는 두목이 되기 위하여 갖가지 방법이 동원된다.

필자가 아는 한 경우는 머리가 좋은 수컷이 요란한 소리를 내는 큰 깡통을 끌고 다니면서 위협을 하여 두목이 되는 경우도 보았다.

[리서스원숭이]

이런 영장류들은 집단 내 다른 동료와 동맹을 맺고, 암컷의 지원을 동원하여 매우 복잡한 경쟁을 하게 된다.

히말라야에 사는 리서스원숭이(rhesus monkey)는 추운 날씨에 환경이 매우 열악한 곳에 사는데 이들의 두목은 힘이 가장 센 원숭이가 아니라 영리한 원숭이가 두목이 된다고 한다. 힘만 앞세우는 두목의 경우에는 개코원숭이와 같이 두목을 집단으로 물어 죽이는 경우도 발생한다. 그러나 두목이 모든 일에 다 좋은 것은 아니다. 두목보다는 두 번째 정도가 실제 적응력이 높아 보통 오래 산다고 한다. 두목의 경우에는 심한 스트레스에 시달리게 된다.

인간의 눈에는 두목의 위치보다는 종속적인 위치가 더 현명해 보이는 경우가 많다. 아무래도 싸움을 덜 하게 되며 상처도 덜 입는다. 영역이나 먹이가 두목이 혼자 지킬 수 있는 것이라면 두목은 더 심하게 싸우게 된다. 두목들에게는 스트레스 레벨이 매우 높아 이로 인해 건강에 치명적인 문제가 생긴다. 잦은 싸움으로 인한 과도한 체력소모와 스트레스 관련 호르몬들은 이들 동물에게 치명적으로 면역력을 낮추게 되고, 기생충과 질병에 취약하게 만든다. 개코원숭이와 같이 위계 다툼이 심한 동물의 경우에는 두목이 오래가지 못하고 매년 바뀌는 양상을 보이는 것도 이 때문이다.

암탉의 경우 스트레스는 매우 민감한 사항이다. 암탉은 스트레스 상황에서는 알을 낳지 않는다. 암탉사이에 쪼는 순서가 잘 정해지는 것은 알을 잘 낳기 위해 사회적 스트레스를 줄이는 매우 절실한 메커니즘이라 생각된다. 이러한 것이 사회조직에 있어 위계질서가 갖는 중요한 순기능이다.

사람의 경우에는 영장류를 위시한 어떤 동물보다도 평등한 사회를 이루고 산다. 인류학자들은 사람의 사회는 영장류의 위계질서 사회에서 역행한 것이라 한다. 농업사회가 생기고 재산이 생기고 하는 과정에서 계급이 등장하였지만, 수렵사회에서 보이는 인간 사회는 많은 심리적 기능들이 동원되어 위계싸움을 줄이는 역할을 하였다. 원시사회 연구를 집대성한 보엠(C. Boehm)교수는 이를 대등한 사회(egalitarian 사회구조)라 한다. 그가 지적한 심리기능 중에는 사회적 평판, 사회적 비판, 조롱, 불복종, 살해 등 각종 사회적 심리 수단 등이 이들 수렵사회가 대등한 사회로 진행하는 주요한 기능을 한다고 한다.

다이아몬드(J. Diamond)는 뉴기니의 수렵민들의 생활을 기록하면서 이곳의 남자들은 밤을 새워 모닥불을 피워 놓고 자기 집단은 물론 인근 집단까지 포함하여 많은 사람에 대한 뒷담화를 한다고 한다. 이들 사회에서는 사회적 평판이 매우 중요한 생존수단이 되는 이유이다. 다이아몬드는 이들이 수렵민들이 언제 잠을 자는지 모를 만큼 매일 저녁 새벽까지 수다가 계속된다고 한다. 이들 평판 속에 반사회적 행위로 몰린 사람은 살아남기가 어렵다고 한다. 사람에게는 단체행동이 가능하고 단체행동에 정당성이 부여된다. 특히 독재적인 위계가 지탱되기 어렵다고 한다. 대등한 사회로 변하는 과정이다. 또한, 두목에 대해 개인들이 복종하는지 하지 않는지에 대해 매우 애매한 태도(ambivalence towards leaders)를 보이는 것도 인간집단에 독재적인 두목의 등장을 어렵게 만든다고 한다. 위계질서의 양상은 암수가 개입되면 매우 복잡하게 변한다.

인간 사회에 있어 남자 간의 경우에는 쪼는 서열(pecking order)이 잘 정해진다. 남자관계에서 이 서열이 정리가 안 되면 서로 크게 불편하게 된다. 사회적 지위나 나이(특히 우리나라의 경우) 등이 자명한 서열 기준이 된다. 그러나 여성 간 혹은 여성과 남성 간에는 서열정리가 자명하지 않다.

예를 들어 조선시대 후궁들 사이 서열문제에서는 객관적인 직첩의 위계가 잘 지켜지지 않는 경우가 많고 이로 인해 심한 갈등이 빈번하였다. 특히 후궁이 자식을 낳을 때는 직첩 순서에 따라 출산을 해야지 아래 직첩의 후궁이 위 직첩의 후궁보다 먼저 아이를 갖는 것은 극히 위험한 일이다. 이는 아마도 여성들 간에는 남성 간에 위계질서를 만들어내는 당연한 기재들 예를 들어 나이나 사회적 지위 같은 것이 작동하지 않기 때문이며 여성이 남성과는 다르게 위계질서가 없이 태어난 것은 아닐 것이다.

물론 필자는 여성이 아니지만, 여성 간에는 나름 남성보다 더 심한 쪼기 서열이 있으리라 생각한다. 아마도 여성 간에는 서로 대 놓고 서열을 정하지 않기 때문일 것이다.

최근 한국에는 많은 여성장관이 출현했고, 이들은 서열 기준이 가장 선명한 정부기구 조직과 대하고 있다. 특히 검사조직을 대하는 여성장관은 조직을 향하여 놀라운 두목경쟁을 하는 것을 보면 그저 입이 벌어질 뿐이다.

24. 매 Hawk

남원산성 올라가 바라본 해동청

[왼쪽은 수리(falcon)이며 오른쪽은 매(hawk)]

우리 민요 중에 필자에게는 어린 시절 김세레나를 통해 알게 된 새를 주제로 한 새타령들이 몇 개 있다. 그중에는 "둥가"라고도 하는 "남원산성(남한산성이라 제목이 달렸으나 남도 민요이며 남원산성이 맞는다고 함)"이라는 새타령이 있다. 그 가사는 "남원산성 올라가 이화문전 바라보니 수진이 날진이 해동청 보라매 떴다…."로 시작한다.

뒤를 이어 종달새도 나오고 꾀꼬리도 나온다. 그런데 수진이, 날진이, 해동청, 보라매는 모두 우리가 매를 일컫는 이름들이다.

필자의 기억으로 어린 시절 서울의 하늘에서 늘 매가 선회하는 것을 보며 자랐던 것 같다. 한반도에 이렇게 많았던 매는 어느 시절 다 사라지는데 그 이유가 농약이 발달하면서부터라고 한다.

특히 DDT가 무차별 살포되는 시기에 이들 매가 잔류성 오염물질에 의해 대량으로 희생되었다고 한다. 이렇게 희생이 된 이유는 매가 하늘을 나는 본격적인 육식성 새(a bird of prey; raptors)이기 때문이다. 육식성 새는 독수리와 매, 올빼미 그리고 여러 종의 새가 있으며, 그 진화의 시기는 매우 오래되었다. 지상 동물과는 달리 이동할 수 있어 안정적인 진화과정을 겪었기 때문에 나름 지구 전역에 매우 넓게 흩어져 산다. 따라서 같은 과의 육식성 새라고 해도 그 종의 수가 너무 다양하고 서로 매우 비슷하여 분류가 매우 복잡한 실정에 있다.

우리나라의 공군도 상징하는 새가 보라매이다. 서울 상도동의 보라매공원은 미국 공군이 있던 자리이며 미 공군이 떠나면서 보라매공원이라 이름이 붙여진 것이다. 그런데 우리 공군사관학교의 상징새는 매가 아니라 "수리"라고 되어 있다. 필자가 보기에는 그 상징물이 완전히 매처럼 생겼는데 굳이 수리라고 하고 있다. 생물학적 분류도 어려운데 우리나라 새 이름을 굳이 호칭으로 분류하자니 많은 혼동이 생겨난 것 같다.

수진이는 사냥용으로 인간과 같이 사는 매라 하고, 날진이는 산에 사는 야생 매라고 하는데 해동청이나 보라매는 영어 번역이 매우 어렵다. 우리나라에서 매사냥하는데 사용되는 매는 매보존협회에 의하면 참매라 하여 매의 또 다른 종류이다.

매는 영어로는 팔콘(falcon) 혹은 호크(hawk)라 한다.

그러나 falcon과 hawk는 육식성 새를 분류하는 가장 큰 차이이기 때문에 이를 혼동하면 안 된다. 그래서 필자는 굳이 falcon을 "수리"라고 따로 부르고자 한다. 공군사관학교가 상징 새를 매라 하지 않고 굳이 수리라고 부른 것과 아마도 비슷한 이유에서일 것이다.

지구상의 모든 육식성 새들은 크게 수리와 매로 구분할 수 있다.

이 글 시작 사진이 두 동물의 차이를 잘 보여준다.

수리는 매와 비교하면 날개가 가볍고 몸집이 날렵하다. 매는 수리에 비해 단단하게 생겼다. 덩치도 매가 약간 크다. 그러나 두 동물의 차이는 동물을 잡는 방법에 차이가 있다. 수리는 먹이를 주둥이로 잡으며 매는 먹이를 강한 발로 잡는다. 그런데 독수리는 비록 수리라는 이름을 가졌지만 매 과에 속한다. 독수리는 필자의 편의적 명칭 때문에 수리가 아니다. 수리나 매나 식성은 거의 비슷하다. 다 같이 육상의 다람쥐나 토끼와 같은 작은 포유동물이나 비둘기와 같은 작은 새를 잡아먹고 산다.

이들 중에는 벌판에서 여우나 늑대를 잡는 새도 있는데 이 새들이 바로 중앙아시아나 몽골에서 말을 타고 사냥을 하는 데 쓰이는 최고의 사냥꾼인 황금 독수리이며, 이는 사육된 동물은 아니나 인간과 함께 생활한다. 물론 덩치가 큰 새들이 작은 새보다는 큰 동물을 잡으며, 이로 인하여 매사냥에 쓰이는 매들은 거의가 다 암컷이다. 매의 암컷과 수컷은 색깔이 비슷하여 구분하기 어려우나 덩치가 30%이상 큰 놈이 암컷이라 한다. 이들 육식성 새들은 높은 절벽에 알을 낳기를 선호하며 새끼들에게는 첫 비행이 매우 어려운 생존 과정이다. 이 과정에서 비행에 성공한 매를 보라매라고 한다고 한다. 보라라는 말은 몽골어로 매가 태어난 첫해에는 담홍색의 빛깔을 띠기 때문이라고 하며, 매사냥을 위해서는 보라매를 잡아야 사육사에게 쉽게 적응을 잘하며 훌륭한 사냥새로 성장한다고 한다.

매를 이용하여 사냥놀이처럼 즐기는 매사냥(falconry)은 고대문명인 메소포타미아에서도 흔적을 찾을 수 있다고 하며, 이집트의 태양신인 Ra는 매의 머리 형상을 하고 있나. 유럽은 물론 아랍과 몽골에까지 오랜 기간 지속된 사냥 스포츠이다. 북유럽의 여러 국가에서는 중세시대까지 매사냥은 왕과 귀족들의 스포츠였으며, 지금도 여러 지역에서 매를 귀족을 상징하는 문양으로 사용하고 있다고 한다. 특히 아랍국가에서는 매사냥(아랍에서는 매사냥에 수리 falcon을 이용한다)이 지금까지도 고급 스포츠이며 좋은 수리를 구매하기 위해 비싸게 거래가 된다고 한다. 아부다비에는 세계에서 유일한 수리병원이 있다고 한다. 우리의 매사냥 전통의 본거지인 몽골에서는 지금도 국가의 새가 송골매로 매사냥 전통이 아주 오래 남아 있는 곳이다.

송골매는 몽골어로 숑홀이라 하며 몽골어를 한자로 표기한 이름을 가지고 있다. 송골매를 영어로는 페레그린 팔콘(peregrine falcon)이라 하며, 매가 아닌 수리에 해당한다. 송골매는 지상의 모든 동물 중에 가장 빠른 동물로 알려져 있다. 송골매는 하늘을 선회하다가 먹이를 포착하면 수직으로 하강하여 희생물을 공격하는데 그 속도가 보통 시간당 320km에 달한다고 하며, 그중 빠른 것은 거의 시간당 400km로 하강하는 새도 있다. 이러한 속도를 감당하기 위하여 송골매의 코는 바람이 직접 들어가 폐로 바로 닿지 않도록 휘어져 있으며, 눈은 3중의 눈꺼풀이 바람을 막아준다고 한다.

새들은 대부분 색채에 매우 민감하며, 인간보다는 매우 선명한 시야를 확보할 수 있다. 송골매는 집단으로 살지 않고 홀로 활동하는 종이지만 암수 한 쌍으로 평생을 살아가는 매우 드문 새라고 한다. 수리가 사냥에 많이 이용되는 이유는 사람에게 길이 잘 들어서이며, 특히 송골매는 자기가 사냥한 동물에 대하여는 하늘에서 선회하며 그 지점을 인간에게 알려 줄 수가 있어 사냥 가이드로서는 완벽하다고 한다.

[해동청의 모습]

해동청이란 사냥매가 있다.

해동청은 송골매 중에서 좀 더 북극 가까이에 살며 송골매보다는 좀 더 큰 수리다. 미국공군사관학교를 상징하는 새가 해동청이며, 큰흰색수리(gyrfalcon)라 한다. gyr라는 뜻이 크다는 뜻과 흰색의 뜻이 있다고 한다. 말하자면 큰 흰색의 해동청은 송골매 중에서는 가장 좋은 품종이다. 해동청은 중국 송나라에서는 가장 얻고 싶은 귀중한 새로 여겨져 당시 요동을 지배하던 거란족의 요나라에게서 비싸게 얻어 왔다고 한다. 해동청은 결국 거란족의 요나라가 멸망하게 된 직접적인 계기가 된 사건을 역사에 전한다.

요의 마지막 황제인 야율씨의 천조제는 매와 개를 이용한 천렵을 매우 즐겼다고 한다. 그래서 황제는 해동청이 나는 지역인 여진족의 수장들에게 해동청을 공납하라고 압박을 심하게 했다고 한다.

해동청이 멋있고 귀한 새임을 잘 알겠다. 그러나 새타령에 나오는 "남원산성에 올라 바라본 해동청"은 좀 과장된 표현 같다. 물론 함경도에서 난다고 했고 우리가 여진족과 인접하니 일말 그 가능성은 기대할 수는 있겠으나 남원산성에 뜬 새는 해동청이라기보다는 참매라고 하는 또 다른 매다.

참매는 영어로는 Norther Goshawk 혹은 True Hawk이라 한다. Goshawk이란 말은 거위(goose)같이 생긴 매란 뜻이며 일반 매와 비교하면 덩치가 크다. 참매는 매사냥용으로 사냥꾼이 가장 선호하는 매라고 한다. 주로 러시아의 시베리아에서 캄차카반도에 살며 일본에도 많은 매이다.

일본서기는 일본의 가장 큰 전방후원분의 피장자로 알려진 4세기 초 니토쿠천황(16대 仁德天皇)이 백제에서 매사냥을 배워 이를 매우 즐겼다고 적고 있으며, 신라의 진흥왕도 매사냥을 즐겼다는 삼국사기 기사도 있다. 고려시대에는 원나라와 가까워지면서 관청 중에는 매를 키우는 응방(鷹坊)이 있었다고 하는데, 이때 사용된 매는 참매가 틀림이 없어 보인다.

매가 강인한 동물의 상징임을 잘 보여주는 예로는 미국 프로운동팀 중에 육식성 새 이름이 많다. 토론토의 농구팀은 육식성 동물(raptors) 이며, 미식축구에는 필라델피아의 독수리(eagles), 아틀란타의 수리(falcons), 시애틀의 바다매(seahawks)가 있으며, 볼티모어는 까마귀(ravens)가 있다.

지금도 유럽 여러 나라에서는 공항 주변에서 매를 날려서 비행기가 이착륙 시에 새들이 비행기에 부딪히는 일이 없도록 한다고 한다. 필자도 어린 시절 집에서 닭을 키웠던 때를 기억하는데 닭들이 소란해지면 하늘에서 매가 선회하고 있던 광경이 선하다. 새들은 시력이 매우 좋다.

25 비둘기 Dove

비둘기가 보는 아름다운 세상

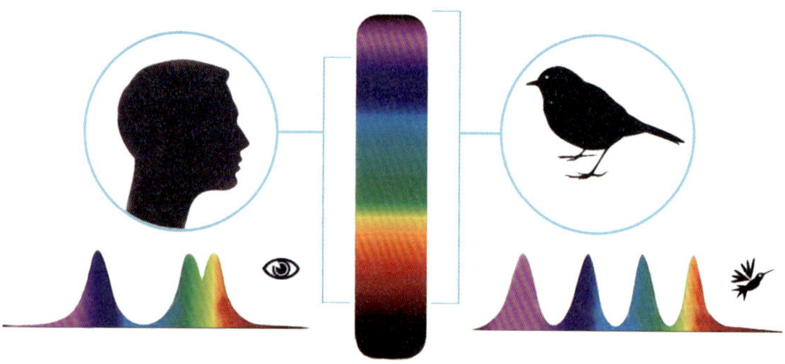

[왼쪽 사람이 보는 것과 오른쪽 새가 보는 시각의 차이]

우리가 동물의 왕국에 대해 가지고 있는 커다란 오해의 하나는 사람이 머리가 좋은 만큼 다른 동물에 비해 이 세상도 아름답게 보고 있으리라 생각하는 것이다. 필자도 많은 동물이 색채를 잘 보지 못한다고 생각해 온 것 같다. 그러나 사람은 동물의 왕국에서 색채를 가장 잘 못 보는 동물의 하나이며, 그 이유에 대해서는 우리가 조상의 탓을 하여야만 할 사안이다.

좌측 사진은 같은 새를 사람이 볼 때와 새가 볼 때가 다르게 보인다는 것을 대조해 본 것이다. 그리고 그 아래의 색채 표는 사람과 새의 지각능력 차이를 도표로 보여준다. 도표에 의하면 새는 사람보다 보라색을 더 잘 보고 있다. 그 이유는 사람의 시신경에는 빛의 3원색(RGB: 빨강, 초록, 파랑)을 받는 3종류의 시신경 세포(cone cells)만 있으나 새는 이에 더하여 초록빛 보라(ultraviolet)을 지각하는 4종류의 시신경 세포를 가지고 있기 때문이다. 사진에서 보이듯이 새가 보는 세상이 훨씬 아름답다. 이에 반해 소를 비롯한 대부분의 초식 포유동물들이나 개와 고양이는 사람보다도 못하여 시신경세포가 두 종류밖에 없다. 그래서 오렌지색을 빨간색에서 구분하지 못한다고 한다. 빛이 무지갯빛이란 것은 뉴턴이 찾아냈다. 하얀빛을 프리즘에 통과시키면 사람에게는 무지개가 보이며, 무지갯빛 순서대로 빨간색이 긴 파장의 색이며 보라색이 짧은 파장의 색이다.

새들이 프리즘을 통과한 빛을 본다면 7가지 색이 아니라 짧은 파장의 색들이 보라빛에 이어 다른 색들이 보인다. 개한테는 7가지 색이 아니라 서너 가지의 색만 보일 것이다. 시신경 세포의 종류 수에 따라 보이는 색의 가지 수는 어마어마하게 차이가 난다. 고래나 물개와 같은 해양 포유동물들은 1가지 시신경 세포를 가지고 있으며 분별할 수 있는 색이 200가지 정도라 한다. 대부분의 육상 포유동물들은 2가지 시신경 세포를 가지고 있고 분별 가능한 색이 40,000가지에 달한다. 사람이 속한 영장류의 원숭이들은 3종류의 시신경 세포를 가지고 있으며 분별할 수 있는 색이 약 천만 가지라 한다. 이에 비하면 4종류의 시신경 세포가 있는 새들은 사람보다 10배의 색을 본다고 한다.

그러나 이 모든 동물에 비해 최고로 많은 시신경 세포 종류를 가진 동물은 비둘기다. 비둘기에는 5종류의 시신경 세포가 있어서 보라빛 너머(ultra violet)도 볼 수 있고, 빨간색 아래도(infrared) 본다고 한다. 볼 수 있는 색의 범위는 계산상 인간이 볼 수 있는 범위의 1,000배에 달한다고 하니, 그렇게 보이는 세상이 어떨지는 모르나 왠지 세상에 온통 혼란스러울 것 같다. 물론 색채가 생존에 중요한 벌과 개미와 같은 곤충도 새만큼 잘 본다고 하며, 어떤 나비 중에는 비둘기보다도 색감이 좋은 곤충도 있다고 한다.

새들은 사람보다 색깔만 잘 보는 것이 아니다. 선명도에는 더 차이가 난다. 새들에게는 특별한 눈물이 있어서 빛이 섞이는 것을 막는다. 독수리가 보는 세상은 인간이 보는 세상보다 4배 이상 선명하다고 하니 아름다운 세상은 인간이 보는 것이 아니라 새들이 보는 세상이다. 그런데 왜 새들은 색을 잘 보는데 인간은 잘 못 보는가에 대해서는 지구의 역사에 대한 이해가 좀 필요하다. 우리가 중생대라 부르는 지질연대에는 공룡과 어마어마하게 큰 식물들이 즐비하던 시기이다. 포유류 동물은 이 시기에 발생하여, 쥐 같은 모양으로 동굴이나 땅을 파고 어두운 곳에 살았다. 대부분 야행성 동물이기 때문에 색채에 둔감하며 시신경이 한 종류만 있어 거의 고래 수준의 색감만이 있었다. 이에 반하여 파충류의 공룡이나 개구리의 양서류 동물들은 모두 시신경 세포가 4종류나 있어 지금의 새와 같이 색을 아주 잘 본다. 그랬던 지구에 약 6천6백만 년경 지름이 10~15km에 달하는 거대한 운석이 지구에 떨어졌다.

한동안 가설이라 불린 알바레스 가설(Alvarez hypothesis)은 운석의 충돌 가능성이 지금은 거의 사실로 확인이 되었다. 운석이 떨어진 멕시코의 유카탄만의 조사 결과 그 지층이 엄청난 압력을 받은 것이 확인되었다. 운석의 충돌 사실은 여러 곳에서 확인이 되며 떨어진 지역의 반대편인 호주 연안은 이 충격으로 움푹 들어가게 되었다고 한다. 이 충격으로 육상의 25kg이 넘는 모든 동물은 멸종하였으며, 지구가 뿜어낸 먼지로 인하여 광합성을 하는 식물은 다 죽었다. 이 과정에서 살아남은 동물이 포유동물이며 썩은 풀과 곤충, 벌레, 달팽이를 먹으며 살아남았고, 해양동물은 바닥에서 사는 동물들이 살았고, 예외적으로 살아남은 파충류 중 악어는 음식 없이도 수개월을 살 수 있었기 때문이며 쓰레기와 죽은 고기를 먹을 수 있어서 생존할 수 있었다고 한다.

새가 파충류의 색채를 볼 수 있는 이유는 익룡이 살아남아서 새로 진화하였기 때문이라 한다. 공룡이 사라진 육상에는 포유동물들이 낮에 사는 동물로 진화해 갔으며, 이 과정에서 색채를 볼 수 있는 시신경세포가 2종류로 진화하게 된 것이다. 따라서 색을 볼 수 없었던 포유동물들의 조상에서 우리는 많이 진화해 간 것이다. 원숭이도 침팬지나 사람과 같은 영장류를 제외한다면 모두 2가지 시신경만 가지고 있다. 영장류가 색감이 좋아진 이유는 모든 영장류 들이 과일을 주식으로 하기 때문이다. 과일을 찾기 위해서는 오렌지색과 빨간색의 지각이 생존에 절대적으로 필요하게 된다. 영장류는 초식동물이라 하지 않고 '과일을 먹는 동물(frugivore)' 이라 한다.

필자가 조상을 탓하는 또 하나의 이유는 필자가 적록색맹이라고 부르는 색약의 이상을 가지고 있다. 미국 위키피디아에 색맹을 찾으면 적록색맹인 사람은 소나 개처럼 세상을 보는 것이라 소개가 되어 있다. 말도 안 되는 표현이다. 소나 개가 4만 가지의 색을 보며 인간이 천만 가지의 색을 본다고 한다면 적록색맹 인의 대부분은 천만 가지 색에서 약간은 덜 보인다는 뜻이어야 한다. 시신경 세포의 종류가 하나가 부족한 것이 아니라 약간 둔감한 수준이기 때문이다. 적록색맹이라 해서 적색과 초록만을 구분하지 못하는 것은 아니다.

천만 가지의 색 중 아마 반 이상은 구분하지 못할 것이다. 그래도 인간에 비해 한 가지 종류의 시신경이 전혀 없는 소나 개는 절대 아니다. 우리도 빨간색을 따로 물어보면 다 보인다. 다만 섞여 있으면 구분을 못 하는데 그것도 빨간색에 둔감한 것이 아니라 대부분은 초록(녹색)에 둔감해서이다.

필자의 경우에는 명도가 비슷한 회색과 초록은 따로 물어보아도 알아내지 못한다. 필자는 이전에 중고차 시장에서 쥐색의 캐딜락을 사서 의기양양하게 집에 온 적이 있다. 그런데 집사람이 왜 초록의 차를 사 왔냐고 하여 소스라치게 놀랐다. 나는 구별이 전혀 되질 않았다. 적록색맹은 많은 색을 모른다. 적록색맹이라면 누구나 어릴 때부터 이런 경험이 아주 많았을 것이다. 필자는 어린 시절 미술 선생님이 아주 많이 아껴 주셨다. 항상 내게는 "네 스타일"대로 그림을 그리라고 했는데 그 말의 뜻을 아주 커서야 알게 되었다. 난 어릴 때부터 갈색이 뭔지를 몰랐던 것 같다. 그래서 모든 나무의 줄기를 초록인 줄 알고 그렸었는데 미술 선생님들은 그런 것이 나에게서 발견한 특출난 재능으로 생각한 것이 틀림이 없다. 그나마라도 이상하다는 것을 알게 된 것은 고등학교에 가서야 친구들이 왜 그림 색채가 이상하냐고 물어서 알게 된 것이다. 들어서 알게 됐지만 사실 보아서는 모른다. 잘 모르기 때문에 그저 나무는 초록이려니 할 뿐이다. 내게는 적록색맹인 아주 가까운 친구들이 있다. 만나면 서로 더 잘 보인다고 싸울 때가 많다. 도토리 키 재기일망정 좀 다르긴 한 모양이다. 적록색맹인 친구 하나는 모피 사업을 하는데 모피의 색을 고르는 데는 자기가 세계적 권위라고 한다. 필자가 웃기는 했으나 그 말 그대로를 믿고 싶다. 적록색맹이 인류에게 오래 남아 있는 이유 중에는 그저 영향이 적은 찌꺼기 유전자라 살아남은 것이 아니라 무엇엔 가에 효용이 있을 것이라는 생각을 아주 많이 하였다. 적록색맹을 처음 알아낸 사람은 달통이라는 물리학자였다. 필자는 검증된 사실이 없으나 원근법을 찾아낸 렘브란트가 적록색맹이 아닐까 추측해본다. 사람의 시각은 두 눈으로 스테레오로 본다고들 한다. 그러나 스테레오가 입체화면(3D)를 보이게 하는 것은 아니다. 뛰어난 인지 과학자인 핑커(S. Pinker)는 사진과 관련하여 인간의 입체지각에 대해서 긴 설명을 한 것을 보았다. 렘브란트 이전에 어떤 그림에서도 원근법을 본 사람이 없다. 아이들은 그림에서 누구도 집을 입체적으로 그리지 못한다. 어려워 서가 아니라 보이지 않아서이다.

핑커는 인간의 시각을 2.5D로 규정한다. 3D를 체험하기 위해서는 특별한 화면장치가 필요하다. 극장 화면으로는 3D를 보여줄 수가 없다. 그래서 3D 영화가 따로 있다. 시각에 차질을 일으켜서 어렵게 구현해 낸다. 그러나 필자는 3D를 본다. 진한 초록의 바탕에 빨간 꽃이 있으면, 처음엔 어지럽다가 이내 3D가 되어 빨간 꽃이 돌출하게 된다. 이런 3D 경험은 주식 시황 전광판에서 늘 보는 현상이다.

우리가 전광판에서 하향기업 수(초록전광)와 상승기업 수(빨강전광)를 구분하는 것은 일반인에 비해 엄청나게 빨리할 수 있는 일이다. 우리는 3D로 보기 때문이다. 대부분 적록색맹은 초록에 둔감하여 진한 초록을 대하면 신경이 곤두선다. 그래서 빨강이란 윤곽이 도드라지게 되는 것이다. 적록색맹도 진화에 이유가 있었을 것이다. 잘 익은 과일을 찾는다는 것이 색깔만으로 모자란다는 것이 필자의 생각이다. 3D가 필요하다. 적록색맹이라 해도 어떤 선진 국가에서도 운전에 제약을 받지는 않는다. 신호등의 색채가 적록색맹도 잘 볼 수 있게 만들어졌기 때문이다. 그런데 적록색맹이 일으키는 교통사고가 음주운전 사고 보다 높다고는 한다. 그래서 호주에서는 적록색맹에는 운전면허를 불허한다고 하니, 호주는 인권침해가 너무 심한 나라가 아닐까 한다.

26. 까마귀Carrion crow

놀이하는 동물

[까마귀]

어느 조류학자가 까마귀가 나무껍질을 떼어 물고 하얀 설원에서 스키를 타는 모습을 목격하였다. 보는 사람도 놀랐지만, 이 행동을 "놀이"라고 밖에는 달리 해석할 방도가 없다. 왜 동물이 이런 행동을 하는 것일까?

생물학적으로는 놀다(play)의 반대말은 쉬다(rest)이다. 놀이는 가장 에너지를 많이 사용하는 행위의 한 형태이다. 에너지 소비와 관련해서 침팬지도 어린 시기에는 심하게 논다. 그러나 어른이 되면 놀이적 행동은 하지 않는다. 그런데 많은 동물이 어린 시기에 놀이하는데 머리가 영리하다고 알려진 동물일수록 놀이하는 성향이 강하다. 아이들이 활력이 넘쳐나서 한다고는 하지만 그보다는 중요한 이유가 놀이에 있다. 심지어 사람은 성년이 되어도 놀이에 집착하는데, 네덜란드의 역사학자 요한 호이징아(J. Huizinga)는 그의 저서에서 사람을 『놀이하는 동물Homo ludens』이라고 성격을 짓고 싶어 한다. 그에 의하면 인간에게서 놀이란 문화보다 오래된 것이고 문화의 한 형식이 아니라 오히려 문화의 형태를 정하는 결정적 요인이라 하고 있다. 말하자면 전쟁은 놀이의 한 형태라 생각하면 오히려 전쟁의 본질적 특성이 보인다고 하는 것이다. 실제 발달심리학에서는 초등학교 아이들이 치고받고 거칠게 놀아 대는 야단법석(rough and tumble play)의 놀이 과정이 아이들의 사회성에 관련된 두뇌 성장에 절대적으로 필요하다고 보고 있다.

우리말에는 "새대가리"라는 말이 있다. 금세 잊어먹기를 잘하는 기억력이 나쁜 사람에게 쓴다. 실제 몇몇 새들을 제외하고는 대부분 새에게는 이 말이 맞는다. 제비는 자기 새끼들에게 먹이를 물어 다 주는데 어느 새끼에게 먹이를 주었는지를 기억 못 하는 것 같다. 입을 크게 벌리는 놈에게만 계속 준다. 이 제비들은 자기 새끼가 아니더라도 붉은빛 원을 보면 먹이를 준다. 물론 머리가 나빠서는 아니겠지만 왜 그렇게 하는지는 궁금하다. 혹시 강한 놈만 키우려 하는 것이 아닌가 한다.

이솝 우화에 보면 두루미가 여우에게 복수하려고 저녁 식사 초대를 해서 음식을 호리병 속에 내어 다 준다. 여우는 호리병 속 음식이 입이 닿지 않아 먹지 못하는데 까마귀였다면 영리해서 이런 것이 문제가 되질 않는다. 까마귀가 돌을 도구처럼 사용해서 열매를 부수어 먹는 것은 잘 알려져 있다. 까마귀를 대상으로 한 어떤 실험에서 실험자가 먹이를 호리병에 넣고 그 옆에 철사를 놓아주면 까마귀는 철사를 구부려서 갈고리를 만들어 호리병 속 음식을 꺼내 먹는다.

동물의 지능은 몸의 크기 대비 뇌의 용량비율과 비례한다. 새들의 뇌 용량은 육상의 척추동물들에 비해 매우 낮은 비율이다. 그러나 까마귀는 척추동물보다 높은 비율의 뇌를 갖고 있다. 신경과학자들에 의하면 조류에게서도 인간같이 뛰어나게 진화된 두뇌를 갖은 새가 까마귀라 한다. 까마귀에 대한 흥미로운 이야깃거리는 모든 나라에 아주 많다. 한국에서는 까마귀는 흉조라 하고 일본에서는 길조라 생각하는 풍습이 있다고 한다. 아마도 까마귀가 영리해서 생겨난 말들일 것 같다. 한국에서 흉조라 생각하는 이유는 까마귀가 시체를 찾아 먹기 때문이라 한다.

그런데 이것은 까마귀가 가장 잘하는 행위이다. 까마귀는 다른 새들이나 동물들이 숨겨놓은 먹이를 잘 찾아 먹는다. 까마귀가 은혜를 갚는다는 생각은 일본에 널리 퍼져 있다. 그런데 까마귀의 뇌를 보면 이러한 일들이 이야깃거리만은 아니다. 까마귀의 뇌에는 우리의 뇌에서 기억기능을 담당하는 해마(hippocampus)와 선악 감정판단을 담당하는 편도체(amygdala)가 아주 잘 발달하여 있다. 따라서 까마귀가 자기에게 해를 가한 대상을 잘 기억했다가 보복을 하는 심리적 행동이 가능하다는 것은 생물학적으로 수긍이 간다. 미국의 한 까마귀에 대한 에피소드에 따르면 어떤 부부의 남편이 까마귀로부터 미움을 샀는데 까마귀들이 꼭 자동차에서 남편이 앉은 쪽으로만 배변한다고 한다. 그래서 이 부부는 자리를 바꾸어 앉았는데 까마귀도 따라와서 남편 쪽으로만 배변했다고 한다. 미국의 까마귀 중에는 인간 말도 구관조처럼 따라 배울 수가 있다고 하는데, 까마귀들이 동네 개들을 인간 소리로 불러내어 몰고 다닌 일도 있다고 한다.

세계 여러 문화권에서 까마귀는 그 영리함이 예사롭지 않아서 예로부터 영혼세계와의 교감자로 대우를 받아왔다. 우리나라 무당의 처소에는 솟대를 꼽는데 솟대 위에 앉아 있는 새가 까마귀다. 나쁜 악귀들로부터 소도를 지킨다고 한다. 검고 영리한 까마귀가 이 일에 매우 잘 어울릴 것 같은 상징이다.

우리나라 사람들은 오랜 풍습으로 까마귀는 뒤탈이 생긴다고 우려해 함부로 대하지 않는다. 우리나라 겨울에 찾아오는 철새인 까마귀는 갈까마귀 혹은 떼까마귀라 부른다. 한반도에 상주해서 사는 큰부리까마귀와는 좀 다른 종이다. 최근 몇 해 사이에 특히 많이 날아들고 있고 수원시에는 도시 한복판에 밀려 들어와 까마귀 경고문이 곳곳에 있다. 그러나 까마귀가 가장 많이 모여드는 곳은 경주와 가까운 포항과 울산 지역이다. 포항의 영일만에는 연오랑세오녀의 전설이 전해온다. 모두 까마귀의 오(烏)자를 이름에 담고 있다. 떼까마귀가 날아들면 온 하늘이 검게 변할 정도로 큰 무리가 움직이는데, 이를 보고 있으면 까마귀가 태양을 훔쳐 가는 것 같이 느낄 것이다. 연오랑은 파도에 밀려 일본으로 갔는데 연오랑이 가버리자 사로국이 태양을 잃어버렸다는 것이 이 전설이다. 영일만의 영일의 뜻은 연오랑이 가져간 태양을 돌려준다는 뜻이다.

까마귀가 태양과 관계가 깊은 것은 우리나라만은 아니다. 서양도 곳곳의 전설에 까마귀는 태양에 산다고 한다. 일설에 의하면 태양의 흑점이 검고 까마귀같이 생겨서 만들진 설화들이라 한다.

고구려의 새는 삼족오라 알려졌는데 태양에 사는 까마귀는 발이 셋이라는 전설이 오래전부터 중국에서 전해왔기 때문이라 한다. 삼족오는 고구려의 국가를 의미하는 중요한 상징이다. 고구려는 5개의 부(部)족으로 구성된 연맹체에서 출발한 만큼 삼족오도 차라리 고구려의 토템으로 생각하는 것이 좋을 듯하다. 아마도 연맹체의 중심이 된 세 부족 중 붉은 까마귀 토템부족이 고구려 왕실이 된 계루부일 것이다. 까마귀는 인간을 두려워하지 않고 우리 아주 가까이서 함께 잘 생활한다. 고속도로 양측 가로등 전깃줄에 태연하게 줄져 앉아 있는 떼까마귀는 인간보다도 겁이 없다.

[고구려의 삼족오]

미국의 한 청소회사가 까마귀를 고용하기로 작정하고 쓰레기 벤닝머신(vending machine)을 설치해 까마귀가 쓰레기를 물어다 이곳에 버리면 그 무게만큼 먹이를 주었다고 한다.이 기계는 처음에는 잘 운영이 되었다고 하는데, 이를 중단한 이유가 까마귀가 쓰레기를 주워오는 것이 아니라 무거운 돌멩이를 물어오면서 실패했다고 한다. 까마귀가 너무 영악해서 생긴 일이다. 물론 까마귀 외 어떤 동물도 밴딩머신을 통해 먹이를 얻는 방식을 이해하지 못했다는 첨언이 있다. 좀 더 까마귀에 어울리는 작업을 시켜봤으면 한다. 까마귀도 개나 고양이 같이 인간과 더불어 사는 동물의 왕국의 한 식구가 되었으면 하는 바람이다.

까마귀는 스키만 타는 것이 아니라 매나 부엉이 같은 육식성 조류의 등에 올라타서 논다고 한다. 긴장감을 느끼는 것을 놀이의 최고의 경지로 느끼는 인간의 모습에 조금이라도 근접한 동물이 있다고 하니 왠지 놀기 좋아하는 나의 모습이 잘 못 된 것만은 아닌 듯하다.

27. 뻐꾸기 Cuckoo

마피아 같은 뻐꾸기의 생존 전략

[딱새인 어미가 자기보다 큰 뻐꾸기 새끼에게 먹이를 주고있다]

뻐꾸기는 소리만 들어도 어떤 새인지 알 수 있는 누구라도 잘 아는 몇 안 되는 새다. 수컷은 우리가 아는 대로 "뻐국 뻐국(cuckoo cuckoo)" 울며, 암컷은 작고 빠르게 운다.

우리나라에 사는 보통 뻐꾸기(common cuckoo)는 세계 어디에나 살며, 그 울음소리는 세계 어디에서나 똑같다. 보통 새들에게는 울음소리가 가족임을 알리는 소리이며 짝을 알리는 소리이기 때문에 같은 종이라도 지역에 따라 소위 방언이 심한 편인데 뻐꾸기만은 어디에서나 동일하다. 그 까닭은 대부분의 뻐꾸기 새끼들은 자기 어미에서 크지 않았기 때문에 소리를 따로 배우지 못해서이다.

위 사진은 딱새(redstart)인 어미 새가 자기보다도 훨씬 크게 자란 뻐꾸기 새끼를 자기 새끼인 줄 알고 열심히 먹이를 물어 다 주는 장면이다. 머리가 매우 나빠 보이는 이 새가 매우 애처로워 보인다. 자연생태계에서 이러한 현상을 둥지 기생(brood parasite)이라 한다. 뻐꾸기는 자기 둥지를 짓지 않고 남에 둥지에 알을 낳는 해괴한 행동을 한다. 둥지기생을 하는 동물은 물론 뻐꾸기만 그런 것이 아니라 물고기에서도 있고 곤충에서도 있는 매우 중요한 자연계의 생태 양식이며 다윈도 자연선택의 한 과정으로 적고 있다.

뻐꾸기의 둥지기생 행태를 보면 못된 짓은 다 한다. 그냥 자기 새끼를 키워 달라고 자기 알을 몰래 넣어두는 것이 아니다. 뻐꾸기는 다른 새의 둥지에 보통 한 개의 알을 낳는다. 그 알은 다른 새의 알들과 함께 품어지게 되는데, 뻐꾸기 알이 먼저 부화하며, 먼저 부화한 뻐꾸기 새끼는 그 둥지 내의 다른 새의 알들을 모두 밖으로 밀어내서 죽여 버린다. 또 뻐꾸기 새끼들은 엄청 빠르게 자라며 먹이 달라는 울음소리를 엄청나게 크게 내어 설사 다른 새의 새끼들이 다행히 부화가 된다고 해도 먹이를 혼자 다 독차지한다. 정말 정이 가지 않는 종자들이다. 게다가 뻐꾸기는 다른 새들이 잘 안 먹는 털 달린 애벌레들도 다 잘 먹는다. 물론 뻐꾸기에게 둥지를 내주는 다른 새(host birds)도 가만히 당하지만은 않는다.

이들도 나름 방어책을 마련하게 되며, 뻐꾸기와 이들 호스트(Host) 새들 간에는 치열한 군비경쟁(arms race)이 발생한다. 호스트 새들이 가장 쉽게 방어하는 방법은 자기 알과 다르게 생긴 알들을 찾아 버리는 것일 것이며 많은 호스트 새들은 그렇게 한다. 그러나 그 과정에서 자기 알을 버리는 일이 발생하기 마련이니 그렇게 쉽지만은 않다.

아래의 사진은 뻐꾸기가 얼마나 호스트 새알과 비슷하게 생긴 알을 낳는지를 보여주는 것인데 그 대조가 놀랍다. 물론 뻐꾸기가 자기보다 작은 호스트를 고르기 때문에 알의 크기도 현저하게 크기 마련인데 실제는 크기까지 줄여서 거의 비슷한 알들을 낳는다. 따라서 호스트 새들이 취할 수 있는 가장 좋은 방어 전략의 하나는 자기 알에다가 자기의 사인(signature)을 새기는 방법이다. 알껍데기에 갖가지 문양이 등장하며 이에 맞추어 뻐꾸기 알들도 쫓아간다. 완전히 무한 군비경쟁(arms race)이 이루어지는 현장이라고 할 수 있다.

[뻐구기알과 호스트알의 비교]

그런데 일부의 호스트 새는 완전히 당하고만 산다. 이렇게 당하고만 사는 이유는 당하고 마는 것이 차라리 살기 편해서이다. 뻐꾸기는 군비경쟁만 하는 것이 아니라 완전히 마피아(mafia) 깡패들이다. 어미 뻐꾸기들은 자기가 알을 낳은 둥지를 계속 찾아서 알이 잘 크는지를 확인한다고 한다. 만일 자기의 알이 버려진 것을 알아채면 어미 뻐꾸기는 그 호스트의 둥지를 박살을 낸다고 하니, 웬만한 작은 새는 뻐꾸기의 횡포를 막을 수 없어서 그렇게 당하고 사는 편이 차라리 났다고 한다. 이를 마피아 가설(mafia hypothesis)이라 한다.

뻐꾸기는 알을 낳기 전에 호스트가 될 새의 둥지를 여러 번 방문하여 안전성을 확인하며, 은밀하게 다가가 들키지 않고 아주 빨리 알을 낳는다. 인간에 비하자면 아주 용의 주도하고, 관리까지 철저한 도둑의 기술을 다 가졌다. 그러나 이 모습은 인간이 보기에는 정말 자연상태에서 보기 싫은 자연선택의 비도덕적인 현장이다. 아마도 인간 사회에 비유하자면 뻐꾸기는 주식시장의 악덕 기업사냥꾼과 같은 존재들이다. 자본주의 시장에서 기업 간의 경쟁을 자본주의 경제의 "보이지 않는 손"에만 내버려 둘 수 없는 비도덕적인 경쟁 현상들이 분명 존재하는 것은 자연선택에서도 마찬가지인 것처럼 보인다. 그러나 자연선택은 그 이상의 것도 보여준다. 뻐꾸기에게 당하기만 하는 호스트들의 번식력이 과연 뻐꾸기 때문에 번식력을 잃어가고 있는가 하는 질문에는 그렇지만은 않다고 한다. 아직 밝혀진 이유는 매우 적지만 차차 알 수는 있을 것이다. 한 예를 들자면 뻐꾸기의 알은 뱀과 같은 다른 침입자가 매우 싫어하는 냄새를 가지고 있어 오히려 도움이 되는 측면도 있다는 것이다. 둥지기생을 공생으로 보아야 한다는 주장도 있다.

필자가 어릴 때 본 잭 니콜슨 주연의 영화 "뻐꾸기 둥지로 날아간 새"에서의 뻐꾸기는 정신병자를 말한다. "정신병원으로 도망간 꾀 많은 죄수의 비참함 말로"를 뜻하고 있다. 영어로 뻐꾸기는 정신병자로 쓰인다. 그러나 필자가 보기에는 뻐꾸기는 주식시장의 악덕 M&A 전문 사기꾼들이 가장 가깝다. 그러나 악덕 M&A가 나쁘기만 한 것은 절대 아닐 것이다. 어찌하였든 간에 망해가는 기업이 살아날 수 있는 계기가 될 수도 있다고 생각한다. 하지만 자연상태의 뻐꾸기는 어떻게 공생의 관계가 될 수 있는지는 필자는 잘 모르겠다.

28. 청둥오리 mallard duck

보호받지 못하는 동물

[청둥오리]

초록 머리에 노란 주둥이를 가진 청둥오리는 세계 동물보호 단체인 "자연보호를 위한 국제연맹(IUCN)"으로부터 가장 홀대받는 동물이라 한다. 멸종 위험이 전혀 없는 동물이기 때문이라 한다. 지구상 어디에나 살고 있으며, 특히 인간이 조성한 공원에서도 잘 살아간다고 한다. 우리나라에도 청계천을 따라 조금 내려가면 서울의 숲 인근에 아주 많이 서식하고 있다. 물론 청둥오리도 철새의 한 종류이며 겨울이 오면 이동을 하지만, 이동하지 않는 청둥오리도 많다.

국어사전을 보면 청둥오리의 "청둥"이란 단어는 청둥호박에도 쓰인다. 청둥호박은 애호박의 반대어로 늙은 호박이라 하며, 전라도 방언으로 멍을 뜻한다고 하니, 청둥오리는 멍든 오리인가 보다.

오리란 기러기목에 속하는 수십 종의 물에 사는 새들을 일컫는다. 그중 가장 흔하게 마주치는 오리가 청둥오리다. 오리과 중에는 원앙새나 가창오리같이 매우 예쁘게 생겼고 희귀종인 오리도 있으나, 청둥오리는 보호의 대상이 아니다. 필자는 강남에서 청둥오리 요리를 먹어본 기억이 있는데 청둥오리를 먹는 것은 세계 어디에서도 불법이 아니라고 한다. 필자가 자주 산책하는 수원의 광교 호수에도 청둥오리가 아주 많다. 청둥오리만이 아니라 물닭(water fowl)도 매우 많다. 청둥오리와 물닭의 가장 큰 차이는 물닭은 물속으로 다이빙을 하여 먹이를 잡는데(diving duck) 청둥오리는 물 위에 떠 있는 식물들을 주식으로 한다(dabbling duck). 따라서 청둥오리는 물이 얕은 개천가에 주로 서식한다. 청계천 정도의 깊이가 적당한 서식지이다. 오리도 물론 잡식동물로 수초만 먹는 것은 아니다. 달팽이나 논밭의 우렁도 잘 먹는다. 40%정도의 먹이는 동물성이다.

식용으로 사육해 먹는 집오리는 청둥오리에서 사육된 것이다. 사육된 시점은 기원전 4,000년경 남부 아시아에서(말레이시아) 시작되었다. 청둥오리는 아주 오래된 유골이 발견되지 않고 갑자기 시베리아에서 나타난 것이라 하니 진화의 역사가 비교적 최근인 것 같다. 청둥오리는 철새의 일종이라 겨울에 물이 얼어붙으면 이동을 해야 하므로 아주 잘 날 수 있는 새이나 집오리는 사육된 과정에서 몸집이 2배 이상 커지면서 날지 못하게 된 것 같다. 닭은 매우 공격적인 동물이라 굳이 날 필요가 없을 것 같다는 생각을 해본 적이 있다. 새가 많은 동물원에 가면 닭이 가장 센 동물이다. 어떤 새도 닭에게 접근하기 어렵다. 이에 반하여 청둥오리는 침입자에 잘 대항하지 못한다. 많은 물새는 뻐꾸기같이 오리의 둥지에 알을 낳는 둥지기생을 하는데 청둥오리는 잘 대응을 못 한다. 여우나 독수리들이 오리의 천적이나 우리나라에는 없으니 청둥오리에게 낙원일 것이다. 그나마 청둥오리가 잘하는 것은 밤에 잘 때 한쪽 눈을 뜨고 잔다고 한다. 실제로 뜬 눈으로 침입자가 나타나는 것을 알 수가 있다고 한다. 청둥오리만이 아니라 많은 새가 안전을 위해 한 눈을 뜨고 잔다니 좀 안쓰럽다. 청둥오리도 한 쌍으로 짝짓고 사는 다른 새들과 마찬가지로 새끼를 낳을 때까지 한 쌍으로 사나 새끼가 부화하면 바로 다른 짝을 찾아 나선다.

청둥오리는 성적으로 암컷에 집착이 심한 동물로 알려져 있다. 행여 짝이 없는 암컷을 만나게 되면 끝까지 쫓아다닌다고 한다. 물론 암컷 오리는 날아서 도망을 칠 터인데 수컷이 암컷이 기진맥진하여 지쳐서 항복할 때까지 쫓아간다고 한다. 그래서 수컷의 이런 모양을 "강간의도형 비행(attempted rape flight)"이라고 한다. 특히 오리들은 물에서 살기 때문에 원치 않는 성관계가 자주 발생하고 있어, 어떤 오리들은 수컷의 정자들을 질 내에 모아 두었다가 밖으로 버릴 수 있는 재주를 가지고 있다고 한다. 동물의 왕국에만 있는 탁월한 피임법이다.

동물의 왕국에서 종이 다른 동물들 간에 교배는 절대 피하게 되는 일이다. 설사 새끼를 낳더라도 대를 잇지 못하는 것이 일반적이다. 유명한 진화론자인 도브젠스키는 하와이에 사는 수백 종류의 비슷하게 생긴 초파리(fruit fly)들이 어떻게 상대를 알아볼 수 있을까에 대한 조사를 하였다. 그 결과 초파리의 암컷들이 같은 종의 수컷을 알아내는 능력이 있다고 한다. 암컷선택(female choice)이 알려진 사건이다.

그런데 청둥오리의 경우에는 그렇지 못하다. 이종 간에 교배도 많으며, 그렇게 태어난 새끼들도 자식을 낳을 수가 있는데 물에 사는 새들이 대부분 유전자가 비슷해서 가능하다고 한다. 그래서 일부 국가에서는 청둥오리의 등장을 제어하는데 그 이유가 토종 물새들

[경주 월성 내의 안압지(월지)의 야경]

의 유전자를 보호하기 위해서라고 한다. 필자가 생각하기에 물속이라는 장소가 암컷이 피하기 어렵게 만들고, 많은 동물의 수컷들은 종을 가리지 않는 성향이 있기 때문일 것이다.

위 사진은 경주에 있는 신라의 왕궁인 월성이다. 안압지(雁鴨池)란 글자는 기러기 雁자에 오리 鴨자를 써서 마치 "기러기목 오리과"라는 전문 생물학자의 분류같이 보인다.

연못 복원 기간에 발견된 기와 조각에서 월지(月池)란 이름이 나와서 지금은 월지라 한다. 안압지란 경주가 버려지고 오랜 시간이 지난 조선조에 와서 이곳에 붙여진 이름이라고 한다. 아마도 그 당시 이곳은 많은 청둥오리의 도래지이었던 것 같다. 울산 등지가 지금도 많은 철새가 날아드는 종착지 같은 곳이니 자연 경주에도 많았을 것이다. 월지는 인공연못으로 삼국사기에 그 설치시기와 설치의도가 잘 밝혀져 있다. 삼국을 통일한 문무왕은 통일 후 왕권 모습을 본격적으로 갖추기 시작했으며 그중 대표가 되는 작업이 왕궁인 월성을 증축 보강하는 일이었으며, 왕궁 내에 태자의 거처가 될 동궁전을 짓는 것이었다. 물론 선대왕들도 즉위 후에 태자를 지명하는 일은 있었으나 문무왕대에 와서는 동궁전을 따로 만들고 그곳에 동궁을 보필할 각종 관리 기구를 설치하여서 동궁이 태자로서의 입지가 확고해질 수 있도록 의도된 것이었다. 특히 안압지에는 산같이 생긴 섬을 3곳 두었는데 당나라(당의 왕실은 불교가 아닌 도교숭배자 들이었음)에 도사들이 산다는 무산(巫山)에 있는 삼신산인 봉래산, 방장산, 영주산을 상징한다고 하니 나름 철학을 가진 의미가 있는 우리의 문화유산임에는 틀림없다.

특히 바로 인근에 있는 동궁이 거처하는 전각은 "바다에 접한 집(臨海殿 : 임해전)"이라 하고 동궁 관리부서 중에는 용왕전(典)이라는 관청을 두어 동궁이 용왕에 대한 제사를 주도했다고 하니, 문무왕이 죽어서 용왕이 되었다는 전설과 일맥상통하는 의지가 보인다.

안압지에서는 신라인들이 별의별 것을 다 빠뜨려서 생활유물만 16,000여 점이 쏟아져 나왔다. 불상도 나왔다고 하니 사연이 많았을 것 같다. 발견된 유물 중에는 구령주라고 하는 14면체 주사위가 나왔고 그 각 면에 술 먹으면서 하는 장난으로 각종 벌칙이 쓰여 있다. 대부분 술 더 마시기, 노래 부르기, 춤추기인 것을 보면 술 먹고 하는 놀이는 지금과 거의 비슷하다.

세상에 정 14면체는 없으므로 이 주사위의 4면만이 4각형이고 던지면 이 면이 넓어서 착지가 가장 잘 될 것 같다. 그렇게 자주 나올 벌칙은 자창자음(自飮自唱_혼자 마시고 혼자 노래하기), 중인타비(衆人打鼻: 다른 사람이 코 때리기), 금성작무(禁聲作舞: 소리 없이 춤추기), 유범공과(有犯空過: 누가 못되게 굴어도 아무 일 없듯이 지나치기)이다.

필자는 술을 못 먹으니 술 석 잔을 연달아 먹기 벌칙이 아닌 것이 그나마 다행처럼 생각된다.

Review

필라델피아도 수백마리의 철새들이 고층 건물에 부딪혀 죽자 소등에 동참한다

originally from the Guardian, March 13. 2021

필라델피아 소등 프로그램은 수백만 마리의 새들이 통과할 때 밤에 조명을 제한하는 것이다.

[필라델피아의 야경]

필라델피아의 야경은 앞으로 몇 주 동안 밝게 빛나지 않게 된다. 일 년에 2번씩 수백만 마리의 철새들이 고층빌딩을 지나다가 충돌하거나 보도에 부딪혀서 죽어가는 것을 막기 위하여 형제 사랑의 도시로 연합을 맺은 시에서 취한 행동에 따르는 것이다. 새 사랑 필라델피아 단체는 자발적인 프로그램으로 소등 이니셔티브를 발표하고 봄과 가을에 걸쳐 많은 곳에서 건물의 외부나 내부의 조명을 소등한다고 발표했다. 도시에서 조류를 죽음으로 끌어들이는 인공조명의 문제는 새로운 것이 아니다. "우리는 1896년에 필라델피아 시청 타워에 조명이 처음 설치되었을 때 일어난 새들의 주검이 학교의 조류학 컬렉션에 표본으로 있다"라고 드렉셀 대학의 자연 과학 아카데미에 조류학 연구자인 제이슨 웩스타인는 말했다.

지난 10월 70년 만에 가장 큰 대량 충돌 사건이 발생한 후 오듀본 미드 애틀랜틱, 드렉셀 대학 자연과학 아카데미, 델라웨어의 밸리 조류학 클럽과 두 개의 지역 오듀본 지부를 포함하는 연합이 형성되었다고 한다. 도시 주변 곳곳에서 수백 마리의 죽은 새들이 발견되었다. 낮은 구름과 비가 오는 날 큰 무리가 이동 중에 사건이 일어나게 되어 있다고 한다. "필라델피아의 밝은 도시 조명과 함께 이런 조건에서는 남쪽으로 가는 철새의 길에는 재앙이 열려 있다"고 한다.

철새들은 천체의 단서에 기대어 이동하는데, 별을 볼 수 없을 때는 밝은 도시 조명에 의해 이들을 혼란스럽게 만든다고 한다. 새들이 나무나 하늘이 유리창에 반사되는 모습을 보기 때문이라고 한다.

과학자들은 매년 3억6,500만~10억 마리의 조류가 미국의 건물이나 다른 야외 구조물과의 충돌하여 죽는다고 추정하고 있으며, 이러한 충돌은 일부 종에게는 생존문제에 큰 타격이 된다고 한다.

노란 목이나 흰 목의 참새, 회색 고양이새, 휘파람새 등이 필라델피아에서는 가장 흔한 희생자이며 전문가들에 의하면 이러한 새들은 기후 문제와 다른 포식자들에 의해서도 생존에 위협을 받고 있다고 한다.

"휘파람새와 검은 목 울새는 북미에서 기후변화로 인해 멸종위기를 맞고 있는 수백 종의 조류 중 하나이며 이런 새들이 건물충돌이라는 위험까지 더하고 있다"라고 한다.

29. 알바트로스 Albatross

가장 높이 날고 멀리 보는 새

[알바트로스 새 중에 가장 높이 가장 멀리]

알바트로스(albatross)는 새 중에 가장 큰 새이다. 캘리포니아 콘도르(condor)보다 크다. 두 날개의 폭이 3.7m라고 한다(콘도르도 큰 것은 3m에 달한다). 그러나 이 새를 특징짓는 것은 무엇보다도 새 중에 가장 높이 날고 가장 멀리 날 수 있기 때문이다.

필자가 졸업한 서강대학교의 정문을 들어서면 대학을 상징하는 탑이 있는데 그 탑 위에는 알바트로스가 앉아 있으며, 가장 높이 날고 가장 멀리 나는 새라고 적혀 있다. 한 번 날면 수년간을 착지하지 않고 날 수가 있다고 한다.

새가 오래 날기 위해서는 무엇보다도 비행에서 에너지를 거의 쓰지 않아야 한다. 덩치가 가장 큰 새가 수년씩을 쉬지 않고 날 수 있는 이유는 날갯짓(flapping))을 하지 않고 바람을 타고 다니기 때문(글라이딩: gliding)이다. 한 번의 날갯짓으로 500 마일을 간다고 한다. 이런 이유로 많은 비행기 연구자들이 알바트로스로부터 공기의 흐름을 이용하는 비행 원리를 배우고자 하는 대상이 되어왔다.

특히 특이한 날갯짓을 통하여 솟아오르거나 먹이를 잡기 위해 내려올 때도 바람을 잘 이용한다(다이나믹 활강이라 한다). 따라서 무역풍이 없는 적도 부근에서는 살지 못하며 무역풍이 있는 남극이나 북극 가까이 고위도 지역에 산재해 있다. 알바트로스는 높이 멀리 날기 때문에 살지 못하는 곳이 없을 것 같은데 유럽대륙에는 존재하지 않으며 그 이유는 아직은 미스테리라고 한다.

알바트로스는 갈매기와 같은 육식동물로 물속의 물고기를 주된 먹이로 사는데, 검은 발 알바트로스(black-footed albatross)는 유난히 오징어에 집착하여 주식으로 한다. 그런데 오징어는 바닷속 깊숙이 사는 동물로 비행하는 새들이 잡아먹기는 어렵다.

바다를 나는 새들은 물속으로 다이빙을 해도 보통 1m 정도 밖에 못 들어간다. 학자들은 알바트로스가 오징어를 잡아먹을 수 있을 가능성을 여러 가지로 추정하고 있다.

물론 오징어가 물 위로 올라올 때가 있을 법도 하지만 하루에 700~800마리의 오징어를 잡아먹는 스펌고래를 따라다니다가 고래가 뱉어낸 오징어를 주워 먹을 것이라는 추론이 제일 강하다.

아마 이 새들은 높게 멀리 날아다니니 고래를 따라다닐 가능성이 커 보이기는 한다. 바다에 사는 새들은 해양동물을 잡아먹기 위하여 눈 위에 작은 신장을 따로 지니며, 신장이 염분의 해수를 걸러내어 먹을 수 있다.

[북태평양의 미드웨이 인근 산호초 섬의 알바트로스]

위 사진은 북태평양의 미드웨이 인근 산호초 섬에 서식하고 있는 70세가 확실하게 넘은 알바트로스와 이를 연구하는 학자 존 플리스너(Jon Plissner)의 모습이다. 1930년대에 알바트로스에게 표식을 부착하기 시작한 프로젝트의 일환으로 1956년에 "Z333"라는 표식이 부착된 "지혜(wisdom)"이라는 이름이 붙여진 레이산 알바트로스(Laysan albatross)이다. 밴드를 부착할 당시 4~5세였으며 올해로 70세가 넘게 된 것이다. 표식을 지혜에게 부착한 사람은 미국 해양 및 야생동물 보호소(USFWS) 소속의 생물학자 챈들러 로빈스(Chandler Robbins)이며 이분도 2017년 97세의 나이로 타계하셨다.

위 사진의 존 플리너스 연구자는 지난 15년간 이곳에서 새들을 관찰해왔으며 이 새들의 어떻게 살아왔는지를 잘 알고 있다고 한다.

지혜라는 알바트로스는 이미 40마리의 새끼들을 성공리에 키워왔으며, 이제 70세의 나이에도 불구하고 올해에도 새끼를 낳아 부화시켰다고 한다. 알바트로스는 멀리 오래 날아다니는 대신에 귀소 본능이 아주 강한 새로 알려져 있으며, 자기가 낳은 곳에서 1m도 되지 않는 곳으로 돌아온다고 한다. 새들은 태양을 좌표처럼 이용하여 돌아오는데 이들이 어떻게 태양을 이용하는지를 잘 배워야 할 것 같다. 또한, 이 새들은 한 쌍의 짝이 평생을 같이 사는 것으로 알려져 있다. 물론 한 쌍이라고 해도 일 년에 마주치는 일은 새끼를 같이 키우는 기간(보통 90일이라고 함)을 제외한다면 몇날에 불과하다고 한다. 위에 소개한 "지혜"의 경우에도 일생 한 마리 수컷과 짝을 같이하다가 수컷이 수년 전에 죽었다고 한다. 알바트로스는 일반적으로 알려지기보다는 오래 사는 새라고 한다. 수명은 보통 50년이라고 알려졌으나 이들의 생명을 관측해온 플리스너 여사에 의하면 70세를 먹은 "지혜"가 특별히 오래 산 것 같지는 않다고 한다. 지혜의 주변 새들도 지혜에 못지않게 오래 산 새들이 즐비하다고 한다. 그럼에도 이들 사이에도 혼외정사가 이루어지며 조사된 75쌍의 새 중에 다른 수컷의 새끼를 키우는 수컷도 8마리나 된다고 한다.

알바트로스가 가지고 있는 여러 가지 기록 중에는 동물 중에 이혼율 또한 가장 낮은 동물이라는 기록도 있다.

알바트로스의 암컷은 일생을 함께 살게 될 수컷을 선택하는 데 매우 선택이 까다로워서 수컷은 암컷을 찾기 위해서는 배우기가 매우 힘든 동작을 익혀야 하는데 이 동작을 배우는 데 실패한 수컷들은 영원히 짝이 없이 살아야 한다고 한다.

알바트로스를 다치게 하는 이유 중 제일 큰 것의 하나는 낚시 배들이라 한다. 알바트로스도 갈매기만큼 낚시 배가 사용하는 미끼에 대해 매우 민감하다. 실제 많은 낚시 배가 미끼로 오징어를 사용하는데 알바트로스도 이 미끼를 먹기 위해 덤비다가 사고를 많이 당한다고 한다. 또 최근에는 미드웨이 산호초 섬들에 새로이 침범한 쥐나 고양이에 의해 알바트로스의 알들이 훼손을 입는 일이 빈번해져서 보호 당국에서 적극 대처를 하고 있다고 한다.

골프를 즐기는 사람들에게 알바트로스는 꿈의 점수이다. 골프스코어는 홀의 길이에 따라 파(par)점수가 정해진다. 파란 증권시장에서 사용하는 액면가액(par value)란 뜻이다. 알바트로스는 파보다 3점을 덜 친 것이니 좀처럼 일어나지 않는 일이다. 보통 한 번에 홀컵에 들어가면 홀인원(hall-in-on)이라 하는데 알바트로스는 파4홀이나 파5홀에서만 가능하니 홀인원과 비교하면 가능성이 매우 낮다. 홀인원의 가능성은 프로는 1/3,700이라하고 아마추어는 1/12,000이라고 하는데 알바트로스의 확률은 1/6,000,000이라 한다. 그런데 골프에서 파보다도 1점 많이 친 것을 보기(bogey)라고 하는데 이 말은 보기맨(a bogey man)에서 유래된 것이라고 한다. 보기맨이란 말을 잘 안 듣고 우는 어린애에게 어른들이 **"울면 호랑이가 잡아간다"**라고 겁을 줄 때 사용하는 영어식 표현이다. 보기맨은 실체가 없는 그냥 도깨비(goblin) 정도로 사용하는 말이라고 한다. 이에 반해 파보다 1점 잘 친 것을 버디(birdie)라 하는데 이 말은 미국 슬랭어 중에 아주 잘한 것을 **"새처럼 잘했나(bird excellent)"** 하는 말에서 시작되었다. 파보다 2점을 잘한 것을 독수리(eagle)이라 한 것은 새보다 잘했기 때문에 붙여진 것이라 한다. 그럼 알바트로스는 이글보다도 한 타수 더 잘 친 것이니 새 중에 독수리보다 더 크고, 더 멀리, 더 높게 나는 새인 알바트로스가 적절한 표현이 된 것 같다. 골프의 역사상 알바트로스로 골프경기를 흥미롭게 만든 사람은 진 사라젠(gene sarazen)이라는 골퍼이다. 현대골프의 개척자인 이분은 1935년 마스터스 경기에서 마지막날 15 번째 홀에서 알바트로스를 하며 선두와 동타가 되고 그해 연장에서 우승하였기 때문에 골프역사상 가장 극적인 장면으로 기억되는 순간이었다. 물론 골프채를 나무로 사용하던 시기에는 알바트로스는 불가능하였으나 골프채의 샤프트가 철제로 변하면서 가능해진 점수이다. 필자도 골퍼인 만큼 오늘도 알바트로스를 기대해본다. 40년을 즐겼으나 아직 홀인원을 한번도 못했다.

30. 아귀 Blackmouth angler

물고기가 물고기를 낚는 물고기

[물고기를 낚는 아귀]

물고기가 물고기를 낚는 물고기는 어떻게 생겼을까?

1833년 거의 완벽하게 구형인 물고기가 그린란드의 해안에 쓸려 내려왔고 이는 덴마크 코펜하겐의 요하네스 크리스토퍼 하그 하인하르트(Johannes Christopher Hagemann Reinhardt) 라는 동물학자에게 보내졌다.

이 물고기는 후에 축구공물고기(himantolophus groenlandicus) 또는 인간 고블러(man-gobbler)로 불리게 된 아귀이며 이때 과학계에 처음 알려지게 되었다고 한다(university of california press, 2009).

심해에 사는 아귀는 현재 12개의 과에 170종의 동물이 있다.

아귀의 영어 이름은 낚시꾼 물고기(anglerfish)로서 이름에서 이미 그들의 야생에서의 형태 일부를 들여다볼 수 있다. 아귀의 또 다른 이름으로는 빼드렁니 바다악마, 늑대 함정, 사나운 몽상가, 폭군 두꺼비 등 여러 이름으로 불리고 있다. 모양과 질감에서 환상적인 모습을 가지고 있으며, 일부는 웅크려 둥근 공모양을 하고 있고(Melanocetus johnsonii), 어떤 것은 평평하고 거대한 주둥이를 가지고 있다(Thaumatichthys binghami). 또 다른 것은 수염처럼 난 필라멘트로 덮여 있다(Caulophryne jordani).

아귀는 전 세계 어디에서나 살고 있지만, 이들은 찾기 어렵고 혼자 살아가는 동물이다. 이들은 해수면 아래 300~5,000미터의 심해에 살며, 아직도 새로운 종이 발견되고 있는 동물이다. 새로운 종이 더 발견될수록 더 괴상한 모습을 하고 나타난다. 어떤 모습이든 아귀는 심해에 사는 생물 중에는 최악의 악몽과 같은 존재라고 한다. 낚시꾼 물고기(anglerfish)란 이름이 붙여진 이유는 아귀가 물고기나 갑각류 동물의 먹이를 잡아먹는데 빛을 내어 사냥감을 유혹하여 낚시하듯이 잡아먹기 때문이다. 무시무시하게 생긴 낚시꾼들은 바다 깊은 곳에서 조용히 먹이를 유혹한다. 아귀는 매복하는 포식자이다. 아귀는 먹이가 가까이 올 때까지 어둠 속에서 조용히 물에 떠서 기다린다. 그런 다음 그들은 불운한 먹이를 유혹하기 위해 내장된 낚싯대를 사용하여 먹이가 삼킬 수 있을 만큼 가까이 올 때까지 흔들고, 숨기고, 드러내고 한다.

이러한 사냥 전략에 맞게 이들의 몸이 생겼다. 그들은 능동적으로 사냥하지 않기 때문에 빨리 수영하지 않아도 되어 몸이 유선형이 아닌 모습을 하고 있다. 내셔날 지오그래픽에 의하면 아귀가 "지구상에서 가장 못생긴 동물"이라고 한다.

깊은 바닷속에는 먹이가 거의 없으므로 잡혀 온 대부분 아귀의 위는 비어 있다고 한다. 따라서 아귀가 먹이를 마주치면 먹이가 마지막 먹이인 것 같이 행동한다. 아귀의 입은 매우 크며 종종 신체의 대부분을 차지한다. 먹이가 "입에 들어갈 수만 있다면, 그것은 몸에도 들어갈 수 있다"라고 전문가는 말한다. 많은 아귀는 원래 위의 크기를 두 배로 늘릴 수 있다. 대부분 그들의 배는 속이 빈 거품이지만 간혹 먹이를 잔뜩 위에 채울 때가 있다. 이때 이 아귀의 배를 만져보면 먹이들이 으깨지는 감각을 느낄 수 있다고 한다.

그러나 이러한 심해 괴물에 대해 너무 무서워할 필요는 없다. 이 동물은 사람을 다치게 하기에는 매우 작다. 어찌 보면 균형이 맞지 않는 이빨 모습이 귀엽게 보인다. 일부 아귀는 0.9~1.2m의 길이까지 자랄 수 있지만, 성체의 평균 크기는 16cm이다.

아귀는 빛이 닿는 해수면에서 1km의 깊은 바다에서 발광하여 먹이를 유혹한다.

[아귀는 발광체로 먹이를 유혹한다]

이 물고기는 발광 박테리아 덕분에 빛이 닿지 않는 이 깊이에서도 빛을 낼 수가 있다. "에스카(esca)"라고 불리는 아귀의 미끼는 이들 박테리아가 살 수 있도록 만들어진 공간이며, 이러한 박테리아들은 다른 곳에서는 살 수 없고, 아귀에게만 이러한 기관이 있다.

그러면 빛나는 발광 박테리아는 어디에서 오는 걸까? 아귀는 작고 투명한 애벌레로 심해에서 태어나 성체가 되기까지 수면에 혼자 떠 있다. 에스카는 아직 성장하지 않았는데 어떻게 이들이 박테리아를 모으는지는 아직 과학자들이 알아내지 못했다고 한다. 더욱이 이들 박테리아는 바다에 자유롭게 살고 있지도 않다. 따라서 아귀가 이들 박테리아를 바다에서 모았을 가능성은 매우 적은 것으로 생각된다고 한다. 아마도 이들 박테리아는 에스카로 성장할 때까지 아귀의 피부에서 살고 있지 않을까 추측되고 있을 뿐이라 한다.

다양한 아귀들이 단순히 발광 미끼만을 사용하는 것은 아니다. 필로히니치티스 바루시키니와 같은 일부 종은 광섬유 케이블과 같이 생긴 생물학적 장치를 통해 몸에서 튀어나온 정교한 조명 가이드처럼 사용한다. 크립토사라스 쿠에시와 같은 종은 등 뒤에서 빛나는 반점을 미끼로 사용하며, 타우마티치다이스 속의 아귀들은 미끼를 입안 천장에 달아 둔 것도 있다.

아귀의 이빨 역시 매우 특이하다. 아귀가 먹이를 유혹하면, 아귀가 먹이를 잡아 두기 위해 모든 방법을 강구한다. 이빨은 대부분 동물에게는 턱에 단단히 부착되어 있으나 아귀만이 예외이다. 아귀의 송곳니와 같이 생긴 치아는 눌릴 수가 있어서 압력을 받으면 접힌다. 이빨은 주차장에 설치된 스파이크 가드와 같아서 후진하는 것을 막는다. "먹이가 입에 들어가기는 쉽지만, 빠져나오기는 어렵다."

아귀의 이빨을 이해하기 위해서는 조직학을 알아야 한다. 아귀의 입에 잔뜩 달린 송곳니들을 수지에 넣어 얇게 잘라 실험을 한 결과로 아귀의 매우 당혹스러운 번식과정이 알려졌다.

심해 아귀의 많은 종은 지구상에서 가장 이상한 번식전략을 가지

[아귀의 이빨 구조]

고 있다는 것을 알게 된 것이다. 아귀의 수컷은 은유적인 것이 아니라, 말 그대로 기생충이다. 많은 심해 아귀 종에서 수컷이 많은 경우 암컷보다 열 배나 작다. 그리고 이 수컷들은 번식하는 것 이외에 아무 기능도 없다. 그들은 암컷을 추적하기 위해 고도로 발달한 향기 기관을 사용한다고 한다. 그리고 암컷을 만나면 암컷에게 먹힌다.

수컷 아귀는 암컷에게 단단히 붙어 있기 위해 입에 특수한 후크 치아를 가지고 있다. 그런 다음에는 입의 피부를 녹여 암컷의 신체에 자기를 융합하는 시키는 효소를 방출한다.

수컷은 생계를 완전히 암컷에 의존하여 살게 된다. 그들의 혈액 순환 시스템은 이들이 같은 혈액을 공유하고 있도록 병합되며 본질적으로 수컷은 살아 있는 불알 같은 기능을 한다.

"바다에서 이들 암수가 마주칠 확률이 매우 낮아서 짝을 만나면 함께 헤어지지 않도록 해야 할 것이며, 실제로 그들은 서로 간에 하나가 되는 극단적인 방법을 택한 것이다"라고 이러한 짝짓기를 설명한다. 암컷은 수컷 한 마리가 융합되었어도 짝을 계속 찾으며 지금까지 기록에는 12마리의 수컷이 달라붙은 예도 있다고 한다.

암수의 융합은 수컷이 본질적으로 여성의 신체 일부가 되는 것이기 때문에 장기이식과 유사한 생리작용이 나타난다.

2020년 사이언스 저널에 발표된 연구에 따르면 아귀가 이 위업을 관리하는 방법을 발견했다. 아귀에게는 외부 조직을 공격하는 유전자가 부족하며, T세포와 항체가 거의 또는 전혀 없다.

면역 계통이 없다면 아마 인간은 곧 죽일 것이다. 그러나 이것은 아귀들의 기생학적인 이상한 번식과정에는 꼭 필요한 생리작용이라고 한다. 바다에 있는 많은 동물은 아귀를 먹지 않는다. 아귀는 심해에서 살기 때문이며 사람도 아귀를 우연히 잡게 되는 것이지 낚시대상으로 하지는 않는다. 따라서 아귀의 개체 수는 항상 온전하다고 할 수 있다.

그러나 위협이 되는 것들이 있다. "우리에게는 깊은 바닷속의 공동체가 보이지는 않지만, 이들 심해 공동체도 해양 생태계의 다른 부분과 밀접하게 연결되어 있다." 특히 희토류 광물의 개발은 심해에 큰 위협이 될 수 있다고 한다. 내추럴(Nature)지가 보도한 신흥 기술은 해저에서 토양을 해수면까지 쏘아 올릴 수 있는데 그 과정에서 엄청난 폐기물이 바다 중간에 버려지게 된다. 이곳은 아귀만이 아니라 수만 종의 다른 동물의 서식지이다. 이러한 폐기물은 물고기의 아가미를 막히게 하고, 물고기에 붙어사는 생물을 굶겨 죽이며, 아귀에게도 불리하게 바닷물의 빛의 방향을 바뀌게 할 것이라 한다.

기후변화도 위협이 된다고 한다. 수면의 물이 예전만큼 깊은 바다로 혼합되지 않아 심해에 산소 공급이 줄어들고 있다. 사람들이 어떻게 아귀에게 영향을 미칠지는 아직은 미지수라 한다.

[originally from Live Science, April 28, 2021]

31. 오징어 Squid

지옥에서 온 동물

[오징어]

위 사진은 흡혈 오징어가 먹이를 잡아먹기 위해 8개의 발을 펼친 모습이다. 우리가 잘 먹는 동해안의 오징어와는 꽤 다르게 생겼다. 오징어는 모습이 흉측하여 지옥에서 온 오징어라 불린다.

최근 헝가리의 한 박물관에서 1942년에 발견된 흡혈오징어의 화석을 분석하였다. 현존하는 흡혈오징어는 다른 오징어들과는 달리 산소가 거의 없는 심해에 살고 있는데, 화석의 흡혈오징어도 3천만 년이나 되었으나 산소가 없는 환경에서 살았던 것으로 밝혀졌다.

오징어는 연체동물문 두족류 강에 속하는 동물이다. 연체동물은 척추동물에 대비되어 쓰는 말로 몸에 뼈가 없는 동물이며 두족류는 한문으로 두족(頭足)이라고 쓰며 머리가 다리 쪽에 붙어 있는 동물을 말한다. 흔히 오징어의 머리라 부르는 삼각형의 머리는 지느러미에 해당되며 입은 8개의 다리 사이에 있다. 오징어의 다리는 10개라 알려져 있으나 길게 생긴 두 다리는 촉완이라 하며 빨판이 있어 먹이를 감지하고 또 먹이를 잡아 두는 기능을 한다. 오징어는 육식동물이며 작은 동물성 플랑크톤에서 크게는 새우나 해파리를 잡아먹고 산다. 오징어의 입에는 부리가 있어서 먹이를 잘라서도 먹고 독을 뿜어서 잡아먹기도 한다.

두족류의 동물 중에는 오징어(squid)와 갑오징어(cuttle fish), 문어(octopus), 그리고 앵무조개(nautilus)라 부르는 원시 형태의 오징어가 있다.

[현존하는 앵무조개]

오징어도 조개 형태에서 진화하였기 때문에 조개의 흔적이 남아 있다. 물론 우리나라에는 낙지나 주꾸미와 같은 오징어와는 다른 두족류의 동물이 있다. 오징어는 매우 발달한 눈이 있어 다른 연체동물과는 차이가 있다. 오징어는 두 개의 눈이 있으며 눈으로 먹이를 사냥한다. 일부 오징어는 두 눈이 따로 움직여서 한 눈은 위를 향하고 있고 다른 눈은 아래쪽을 향하여 먹이를 찾는데 그 두 눈의 크기 역시 현저하게 다르다고 한다. 아래를 향한 눈이 현저하게 작다. 두족류의 오징어나 문어 등은 머리가 좋은 것으로 알려져 있다. 실제 오징어에게는 5억이 넘는 신경세포가 있으며, 이 수치는 쥐가 2억 개 정도라고 하니 쥐보다 영리하다는 것이 빈말은 아닐 수 있다. 일반 연체동물의 신경세포는 2만 개 정도라니 오징어는 매우 머리가 좋은 동물이다. 오징어의 움직임 역시 매우 특이하다. 오징어의 추진력은 지느러미가 하는 것이 아니라 오징어가 물을 마신 뒤 뿜어내는 힘으로 움직이는데 다른 동물들과는 다르게 머리가 다리 쪽에 있어서 거꾸로 움직이는 것 같다. 오징어는 매우 빠르게 움직이며 특히 도망칠 때는 매우 빠르게 움직이며 심지어 날치처럼 물 위를 날 수도 있다고 한다. 물 위로 올라오지 않는 문어에게는 부레가 없으나 오징어에게는 부레도 있다. 오징어는 사람만 잘 먹는 것이 아니라 고래나 물개들이 아주 좋아하는 먹잇감이다. 어떤 물개는 먹이의 90%가 오징어라 하고 스펌고래는 하루에 700~800마리의 오징어를 잡아먹는다고 한다.

오징어는 은폐에도 능하여 순식간에 몸에 빛을 내어 햇빛을 이용하여 자신을 숨길 수가 있다. 특히 바다 아래 쪽 먹잇감이 보면 마치 햇빛이 들어오는 것처럼 보이기 때문에 도피목적만이 아니라 사냥목적으로도 사용한다. 물론 오징어는 심한 알칼리성이라 포식자들 매우 싫어하는 멜라닌의 검은 색소를 쏘아서 가리기도 한다. 필자는 오징어 먹물을 이용한 머리 염색을 한 일이 있고 보니 우리가 먹물을 오히려 건강식으로 생각한다고 하니 아이러니가 아닐 수 없다.

그런데 오징어는 고대 그리스 신화에 등장하는 메두사의 모습처럼 머리가 여러 개인 괴물의 원형이라고 하고, 한때는 버뮤다 삼각

[해안에 쓸려 나온 거대한 오징어]

지대에서 큰 배를 삼키는 괴물로도 우리에게 전해온다. 실제 많은 상어가 몸에 난 상처를 보면 오징어의 공격으로 입은 상흔 들이 보이는데 거대한 오징어의 존재 가능성이 항상 상존해왔다.

지금까지 거대한 오징어(giant squid)를 실제 촬영을 한 일이 두 번 있다고 한다. 모두 같은 과학자에 의한 것인데 깊은 물에 사는 오징어를 유혹하는 가짜 먹잇감을 발광체로 하여 깊은 바닷속에 집어넣어 촬영할 수 있었다고 한다. 한 번은 2012년에 일본 앞바다에서 포착이 되었다고 하며, 한 번은 최근 멕시코만에서 촬영에 성공하였다. 물론 햇빛이 전혀 없는 심해이다 보니 상세한 행태를 알기에는 많이 부족한 촬영이었다. 이 거대한 오징어 길이는 13~18m 정도라 하며, 오징어 눈알 하나의 크기가 축구공만하다고 한다.

호주 등 세계 여러 해안지역에 거대한 오징어가 죽어서 쓸려 나왔는데 죽음의 원인은 잘 알려지지 않았다. 거대한 오징어 전설은 많이 과장된 듯하다. 이 동물은 매우 깊은 바닷속에서 사는데 배와 마주칠 일은 거의 없었을 것 같다.

32. 악어 Alligator

두발로 걷는 악어공룡

[골프장에 나타난 악어]

위 사진은 골프를 즐기러 나오신 미국악어다. 타잔 영화에 나오는 무서운 악어와는 과가 다른 종류이다.

미국에서는 악어를 '앨리게이터(alligator) 혹은 가또(gator)' 라고 하는데, 위 사진은 미국 플로리다주의 한 골프장이며, 미국 남부 해안가에 가장 많이 살고 있다.

미국악어는 아프리카 사바나 강가에서 사슴을 물어뜯는 무서운 포식자인 크로커다일(crocodile_crocs)과 같이 공격적이진 않다. 아프리카에 사는 악어는 완전 육식동물이며 사람도 잡아먹는다. 반면 미국악어는 여러 종류의 먹이를 먹으며 상대적으로 온순하다. 그래서 애완용 악어도 있다.

미국악어와 아프리카악어를 구분하는 방법은 주둥이 모습이 다르다. 미국악어는 코를 보면 둥글게 생겼고 주둥이 전체가 U자 모습을 하고 있으며 아프리카악어는 주둥이 전체가 V자 모양으로 날카롭게 생겼다. 미국악어는 위턱이 아래턱보다 커서 입을 다물면 위턱이 아래턱을 덮으나 아프리카악어는 아래턱과 위턱이 딱 맞는다. 그래서 먹는 것도 미국악어는 입으로 씹어 먹을 수 있으나 아프리카악어는 먹이를 삼킨다고 한다. 미국악어는 해안가에서도 살며 아프리카악어는 강에서만 살고 미국악어가 색깔도 진하다. 이 두 종류 악어의 가장 큰 차이는 아프리카악어는 덩치도 크고(크게는 6m에 900kg까지) 100년 가까이 생존하는데 미국악어는 덩치도 반 정도이고 수명은 반도 안 된다고 한다.

그런데 악어는 공룡이 번성하던 시절에는 두발로 걸어 다녔다고 하며, 그 증거가 될 만한 흔적이 한국에만 남아 있다. 한반도의 경상남도 진주와 고성 지역은 1억만 년이 된 중생대 백악기의 지층이며 이 지역에서 세계에서 가장 많은 공룡 발자국이 발견되었다.

[진주에서 발견된 공룡 화석]

특히 진주시에서는 공룡 발자국이 7,500개 정도가 발견되었는데 이중 발자국 한 가지가 특이한 공룡이 있어 논쟁이 되었으나 전문가들의 연구결과 이 발자국은 지금의 악어 발자국과 큰 차이가 없다고 한다. 공룡악어는 마치 티라노사우르스 공룡처럼 두발로 걸었던 것으로 추정하게 되었다. 아래 사진은 공룡악어의 모습을 추정으로 그린 것이다.

경남 진주에서 발견된 공룡 발자국은 지질연대가 1억2천만 년 전인 중생대 백악기에 해당한다. 공룡 발자국이 새겨진 이 지역은 당시 호수였으며 발자국이 남겨질 당시에 건조가 되었다.

진흙에 남겨진 발자국이 호수가 마르고 차고 하는 사이에 진흙이 단단하게 강화되어 지금까지 멀쩡하게 남게 되었다 한다. 이 지역에 가면 공룡박물관이 설립되어 자세히 관찰할 수 있다.

악어는 공룡시대라 불리는 백악기 이전의 쥐라기 시대(약 2억만년 전)에도 존재했으며, 지구가 행성이 떨어져서 공룡이 멸종하는 대 참사시기(6천6백만 년 전)를 이겨내고 지금까지 살고 있다. 일견 악어는 진화과정에서 큰 변화 없이 지금까지 살아온 진화의 역사가 매우 단출한 동물이다. 새나 도마뱀이 수천에서 수만 가지의 종으로 다양화한 것에 비교하자면 진화를 거의 멈춘 동물로 보인다. 반면에 악어라는 동물은 지구에 가장 적응을 완벽히 해내어 그런 변화가 없었다고 생각해야 할 것 같다. 악어도 위에선 본 공룡처럼 두발로 육지를 걷던 시기도 있었으며 수중에서 오리발을 갖은 악어도 있었다고 하니 아직은 악어의 진화에 대하여 많은 것이 알려지지 않은 것도 사실이다.

최근 발견된 쥐라기 시기의 악어공룡 화석의 이빨 하나가 바나나만 한 크기라고 하니 그 위력이 어마어마하였을 것이다. 공룡악어는 흉포한 악어란 뜻의 데이노수쿠스(Deinosuchus)로 명명되었다고 한다. 악어는 오래 살아온 만큼 파충류의 동물로서는 머리가 상당히 우수한 동물이다. 뇌도 잘 발달했으며 파충류 중에는 유일하게 대뇌피질도 있다. 모든 감각기관이 발달하여서 시각 청각 후각이 잘 발달되어 있어서 사냥에 능숙하다.

아래 사진은 악어가 머리 위에 나뭇가지를 들고 새가 날아오기를 기다려 새를 사냥하는 보기 드문 사진이다.

[먹이를 유인하는 악어]

포유동물도 아닌 파충류의 동물로 도구를 사용하는 모습이 사진에 잡힌 것이다. 이 악어는 새들이 둥지를 만드는 기간만 이런 행동을 한다고 하니 도구를 사용하는 것을 부정하기 힘들다.

악어는 야행성 동물이며 서식지가 강가 습지가 많아 좀처럼 생태를 관찰하기 어려웠다. 이러한 어려움은 마이애미대로 유학을 온 러시아인 디넷(Vladimir Dinets)의 열정을 통하여 악어에 관련된 많은 것이 밝혀지게 되었다dragonsongs, 2013.

디넷의 책 제목이 용의 노래인 이유는 악어도 짝짓기 시기가 되면 암수 간에 소리를 내는 데 이 소리가 대단한 합창처럼 들린다고 하여 지은 제목이다.

악어를 용이라 부른 필자의 의도가 악어를 제대로 본 것이 아닌가 필자도 동의하고 싶다. 악어의 또 하나의 놀라운 사실은 악어는 떼로 강과 호수에서 물고기를 가두어 두고 잡아먹는다고 한다. 또 분업도 이루어져서 큰 악어가 먹잇감 몰고 작고 빠른 악어들이 퇴로를 차단한다고 하니 나름 수준급 협력사냥이 진행되는 것이다. 파충류임에도 불구하고 악어는 협력사냥이 가능한 20종이 안 되는 머리가 우수한 동물에 속한다.

악어는 육지에 알을 낳아 번식하는데 암컷이 한 번에 90개 정도 낳으며, 특이하게도 알 자체로는 암수가 구분되지 않는다고 한다. 암수가 구분되는 시점은 부화 시점이며 기온이 섭씨 30도 이하이면 대부분 알이 암컷으로 태어나고, 31도 정도면 암수가 비슷하게 태어나며 32~33도에서 대부분 수컷으로 태어난다고 한다. 또 그 이상으로 온도가 올라가면 다시 암컷이 많아지는데 이는 아마도 기온에 민감한 찬피동물의 생존방법이 아닐까 한다. 즉 기온이 너무 낮거나 더운 악조건 속에서는 암컷을 많이 낳아 세대를 보존하려는 이유에서 생겨난 일일 것이다.

악어 중에 진짜 무서운 악어는 나일강에 사는 나일악어와 호주와 남아시아에 사는 해수악어라 한다. 크로커다일(crocodile)이란 말이 그리스어로 나일강의 도마뱀이라고 하며 나일강의 악어와 해수악어에게 일 년에 수백 명의 사람이 희생이 된다고 한다.

악어의 괴력은 무는 힘으로 보통악어가 11.5톤으로 모든 동물 중에 가장 강하며, 공룡 중에 가장 무는 힘이 강해 보이는 티라노사우르스에 비해서도 두 배가 넘는 힘의 크기라 한다.

호주의 해수악어 중에는 무는 힘이 15톤이 넘는 대형악어도 있다고 한다. 또한, 악어의 위에는 동물 중에 가장 산도가 높은 위액이 나와서 뼈도 다 소화가 된다고 하니 물가에 나온 웬만한 크기의 동물들은 습격하여 통째로 삼킨다. 악어의 공격 습성은 물아래에서 물위를 쳐다볼 수 있는 시력도 좋고 사냥 시에는 엄청난 스피드를 이용하여 습격 대상이 된 동물들이 피하기가 쉽지 않다고 한다. 그러나 악어는 찬피동물에 속하며 포유류의 동물보다는 오랜 시간을 먹지 않고도 버틸 수가 있어서 사냥을 자주 하지는 않는다고 한다.

"악어의 눈물" 이란 사기꾼이 흘리는 거짓 눈물이란 뜻이며 고대 로마의 신화에서 온 말이다. 그런데 실제 악어가 먹이를 잡아 눈물을 잘 흘린다고 한다. 악어가 왜 눈물을 흘리는 가에 대한 여러 주장이 있으며, 침과 같은 기능도 있고 먹이를 삼키기 위한 윤활유 같은 기능을 한다는 주장도 있다. 그러나 이 악어의 눈물에는 곤충들이 얻기 힘든 미네랄이 대량 함유되어 있어, 나비나 벌에게는 아주 반가운 먹이가 된다고 한다.

필자가 생각하기에 악어는 지구상에서 가장 잘 만들어진 동물이 아닌가 생각해 보게 만든다. 모든 감각이 우수하며, 지력도 대단하고, 힘도 세어 악어가 잡는 먹이 중에는 버팔로와 사슴 등 대형 초식동물도 포함되어 있다. 새끼도 환경변화에 맞게 그때그때 암수의 수를 맞춘다고 하니 환경변화에 대한 적응력도 다른 동물에 비할 바가 못 된다.

악어는 파충류 중에는 드물게 새끼를 잘 보호하는 동물이며 떼를 지어 사회생활도 한다. 아마도 이런 생존능력으로 악어는 다른 모든 공룡이 멸종했음에도 그 어려운 시기를 살아남지 않았나 생각한다. 악어는 지구상에 가장 강하고 멋진 동물이라 부르고 싶다.

33. 개구리 Frog

생태계의 건강 지표

[청개구리]

[세이무리아 화석]

[도롱뇽]

[무족영원동물]

개구리는 파충류보다 오래된 양서류의 동물이다.

위 사진은 위키피디아에 소개된 양서류의 대표적 동물로 종류가 많지 않다. 오른쪽 사진은 세이무리아(seymouria)라는 화석으로 지금은 멸종하였지만, 일반 양서류의 동물은 물에서 주로 사는 데 반하여 네 발을 갖고 있어 육지에 살았던 것으로 보인다. 이러한 특징으로 인해 이 동물은 나중에 진화의 역사에 등장하는 육지에 사는 파충류의 선조 격으로 대우를 받는 동물이다. 왼쪽 아래 동물은 도롱뇽이며 꼬리가 잘리면 다시 자라는 재생능력으로 잘 알려져 있다. 오른쪽 아래의 동물은 우리에게는 없으며 중앙아메리카에 사는 무족영원동물이라 한다. 이 동물은 지렁이 같이 생겼으나 머리가 단단하고 입에 날카로운 이빨이 있으며, 땅속에 살면서 독으로 먹이를 잡아먹는 동물이다. 왼편 상단의 사진이 우리가 잘 아는 청개구리(tree frog)이다.

개구리는 존재한 시간은 오래되었으나(양서류는 3억7천만 년 전 페어에서 진화) 공룡이 번성하던 시기(2억5천만 년에 등장)에는 크게 번창하지 못했다. 6천6백만 년 전 혜성이 지구로 떨어져서 공룡들이 급격하게 사라지자 수백만 년 내에 크게 번성을 하기 시작하였다고 한다. 공룡이 사라진 생태계에 현재 지구상에는 7,300종의 개구리가 있으며, 열대 우림지역에 가장 다양하게 분포하고 있다.

흔히 맹꽁이니 두꺼비이니 하여 다르게 부르는 개구리과 동물들이 따로 있으나 다 종류가 다른 개구리들이다. 맹꽁이는 땅속에서 오래 살기 때문에 몸이 둥글게 변하였으며, 두꺼비는 육지에 살고 피부에 사마귀가 잔뜩 난 개구리(warty frog)이며 습관적으로 이들을 달리 부를 뿐이다.

[두꺼비]

[맹꽁이]

개구리는 Anura라는 학명을 가지고 있는데 이 뜻은 '꼬리가 없는 동물' 이란 뜻이다. 꼬리가 없는 것이 개구리가 동물의 왕국에서 가진 가장 큰 특징이 된다. 또 개구리는 걷기보다는 뛰어오르는 동물이다. 잘 발달한 뒷다리를 가지고 있으며 온몸의 80% 근육이 뛰어오르는 동작에 쓰인다고 한다. 5.5cm 길이의 개구리가 2m를 뛰어오를 수 있다고 한다. 개구리는 다리를 이용하여 수영을 현란하게 잘하는 것은 모두 알고 있는 사실이다. 개구리의 눈은 밖으로 튀어나와 있어서 양쪽으로 360도를 모두 볼 수 있다고 하는데 귀는 따로 없다. 개구리 귀는 피부 속에 숨겨져 있으나 소리를 잘 듣는다고 한다. 개구리는 양서류이고 청개구리 등 일부 개구리가 육지에서 주로 살기는 하지만 육지보다는 물에서 사는 동물이다. 개구리의 발가락에는 물갈퀴가 달려있는데 물에서 사는 시간에 비례하여 그 크기가 다르다. 발가락에 약간 붙어 있는 것도 있고 발가락 위까지 전체적으로 물갈퀴가 달린 개구리도 있다.

개구리는 알이 부화하면 올챙이가 되고, 올챙이가 성장하면 24시간 만에 개구리로 변모하게 되는데, 이렇게 급격히 변하는 것을 변태(metamorphosis)라 한다. 올챙이는 아가미가 있고 길게 꼬리로 헤엄쳐 다니나 개구리가 되면 꼬리가 들어가고 아가미가 없어지며 작은 허파가 생겨난다. 개구리는 허파가 있지만, 물에서도 호흡할 수 있다. 개구리는 동면하는데 물속 진흙에 몸을 묻고 지낸다. 물속에서 동면하지만 호흡할 수 있다. 개구리들 중에는 두꺼비처럼 사마귀가 많아 흉측해 보여서 그렇지 실제 대부분 개구리는 피부가 아주 곱다. 개구리는 피부로 호흡을 하여야 하므로 피부 관리가 아주 중요하다. 항상 습기가 필요하며 병충해로부터 보호하기 위하여 피부를 통한 배설을 자주 한다.

두꺼비의 사마귀들은 육지에 살기 위해서 피부 보호를 위해 여러 호르몬을 생산해 내는 것이며 일부의 두꺼비는 독을 생산하기도 한다. 개구리는 알을 낳는데 암컷이 알을 낳으면 수컷이 그 위에 사정한다. 그런데 개구리의 수컷에는 남성의 성기가 없다. 개구리의 수컷은 보통 암컷보다 작으며 교미시기에 암컷의 등에 찰싹 붙어서 며칠을 간다. 마치 암컷이 수컷을 업고 있는 모습의 교미 형태로 교미 행동이 없으므로 포접(amplexus)이라 한다. 이렇게 오래 안고 있으면 암컷에게서 성호르몬이 나오는 것이라 한다. 인간이 포옹하는 이유와도 크게 다르지 않을 것 같다. 다만 시간이 하루 이상 매우 오래 걸린다. 수컷 개구리는 암컷을 얻기 위하여 크고 낮은 소리를 내야 한다. 개구리들은 번식기에 습지에 동시에 많은 개체가 모여들어 짝을 찾게 되는데 꽤 오랜 시간 지속이 된다(prolonged breeding). 이 시기에 개구리들의 소리는 매우 요란하다. 어떤 개구리의 소리는 1마일 밖에서도 들을 수 있다고 하니 조그마한 개구리의 소리가 엄청나게 멀리도 가는 것 같다.

아래 사진은 암컷 청개구리의 모습이다. 이 암컷 개구리는 소리를 내기 위해서 허파를 부풀린 것이 아니라 소리에 빠져들기 위해서 취하는 행동이라 한다.

[암컷 청개구리의 모습]

암컷 개구리는 이 장치를 이용하여 마치 우리가 사용하는 소음 제거용 헤드폰 같이 사용을 한다고 한다. 이 장치를 이용하여 수많은 개구리의 떼창과 심지어 다른 종의 개구리까지 합세하여 울어 대는 소음 속에서 자기가 원하는 소리만을 골라 들을 수 있다고 한다. 자연계에서 보기 힘든 음악 장치인 것 같다.

개구리도 자기 새끼를 보호하여야 하는데 서식지의 크기에 따라 차이가 난다고 한다. 많은 경우 알을 웅덩이에서 낳게 되기 때문에 올챙이들을 웅덩이에서 올챙이를 물어 다가 강에 놓아주는 역할을 하여야만 한다. 일부의 개구리는 암컷의 몸속에서 부화하여 암컷의 몸에서 올챙이로 태어나는 경우도 있다고 한다.

두꺼비를 제외하고는 개구리에게는 이빨이 있어도 먹이를 물 수 있을 만큼의 힘이 없다. 따라서 입속에 여러 겹으로 말아서 둔 혀를 통하여 먹이를 잡아먹으며 그 속도는 엄청 빠르다. 개구리는 0.07초 만에 곤충을 잡는데 이 속도는 사람이 눈을 깜짝하는 시간보다 5배나 빠른 시간이다. 개구리의 혀는 인간의 혀보다 10배는 부드러운 피부로 되어 있으며 침이 마치 접착제 기능을 하여 곤충을 혀에 붙여서 잡아먹는다. 개구리의 사냥 성공률은 거의 100%라 하니 최고의 사격기술을 자랑한다. 개구리는 혀로 자기 몸무게만 한 곤충도 잡아먹을 수 있다고 한다. 개구리의 침샘은 혀에 있으며 이는 동물 중에 특이한 것이라 한다.

생태계에서 개구리는 매우 중요한 기능을 하는데 개구리에게는 좀 미안하지만, 개구리가 모든 동물이 선호하는 먹잇감이라는 사실이다. 개구리가 사라지면 생태계의 먹이사슬이 중대한 위기를 맞게 되는 것이라 한다. 최근 우리에게서 잊혀가는 개구리 울음소리를 고려한다면 자연 생태계가 중대하게 위협을 받는 것이 아닌지 걱정스러운 생각이 든다. 그러나 조사에 의하면 우리나라의 개구리는 필자의 우려와는 달리 멸종 위기에 놓인 것은 아니라 한다. 특히 모내기가 끝나면 논둑에서 자주 보게 되는 청개구리도 개체가 아직은 위험 수준은 아니라 한다.

우리나라의 왕 중에 개구리라 불리는 왕이 있다. 삼국사기는 물론 삼국유사에도 전하는 동부여의 왕 금와(金蛙)이다. 고구려를 세운 주몽은 금와의 아들들이 유화의 아들인 주몽을 해하려 하며 남쪽으로 도주했다고 전한다. 금와는 우리말로는 금개구리이다. 강을 중심으로 취락을 형성하여 살았던 우리 조상을 생각한다면, 금개구리가 그 지역의 지배자를 지칭하게 된 것은 어찌 보면 잘 어울리는 상징처럼 보인다.

부여 해부루왕은 자식이 없어 하늘에 빌러 가던 중 말이 멈추어 울었다는 곤연의 금개구리는 해부루의 대를 이어 왕이 되었다. 부여가 성장하는 모습의 일환처럼 생각되는 장면이다.

우리나라에는 없으나 남아메리카의 열대 우림지역에 실제 금개구리가 서식하고 있다. 동물이 이렇게 눈에 특히 잘 띄는 색채를 가진 경우는 대부분 독이 있기 때문이다. 일반 개구리들이 보호색을 가지고 있다면 이 개구리는 경계색을 띤 것이다. 나를 잡아먹으면 맛이 없다고 선언하는 것이며, 독사 공격용 독과는 달리 방어적 수단의 독이다. 자체적으로는 독을 만들지 못하기 때문에 지네와 같이 독이 있는 곤충을 잡아먹어서 저장한 것이라 한다. 물론 금개구리의 독은 사람이 먹으면 사람도 죽을 만큼 강력하다고 한다.

중국에서 식용으로 사용하는 개구리 중에도 금개구리가 있으나 이것은 식용으로 사육한 것이기 때문에 독은 없으며 매우 맛이 있다.

Review

일본에서 새로 발견된 양서류인 대형 지네에게 신으로부터 저주받은 여자의 이름이 붙여졌다

Live Science, *April 22. 2021*

일본에서 지난 100년간 처음 발견된 지네이다.

[수십 개의 다리를 가지고 있는 지네]

지네는 수십 개의 다리를 가지고 있으며, 숲속 시내에서 살아가며, 사람의 손길이 보다 더 길다. 새로 발견된 양서류 동물인 지네는 스콜로펜드라 알시오나(Scolopendra alcyona)라고 하며, 일본 열도의 여러 섬에서 발견되었다. 이 동물은 143년 만에 일본에서 처음 알게 된 새로운 지네이며 100종류의 동물이 속해있는 스콜로펜드라 속 동물 중 세 번째로 물에 사는 지네다. 이 지네는 약 20cm의 길이이며, 20쌍의 다리를 가지고 있다. 규슈와 타이완 사이에 200개 정도의 비 화산섬으로 구성된 류큐 열도에서는 가장 큰 지네로 조사되었다. 아실로나라는 종의 명칭은 그리스 신화에서 헤라와 자신의 미모를 견주다가 신에 의해서 저주를 받게 된 아실로네에서 이름을 따온 것이다. 아실오네는 저주를 받아서 물총새로 알려진 "핼시온 새"가 된 여자다. 지네는 물총새의 다리색깔과 비슷한 제이드 초록빛이었으며, 물을 좋아하여 붙여진 이름이라 한다. 이 동물은 일본어로는 류진 오무카데라고 하는데 신화에 나온다. 수백 년 전 류큐 열도에서 류진이라는 용신으로부터 피하려고 배에 지네 그림의 깃발을 달았다고 한다. 전해오는 신화에 따르면 용신이 지네에게 귀를 물려서 지네를 무서워한다고 전한다. 알시오나 지네는 시내 바닥의 강돌 밑에서 볼 수 있거나 지네가 강에 사는 새우를 잡아먹는 모습을 볼 수 있다. 또 지네들은 자기를 잡아먹는 동물을 만나면 강물로 도망치며 이 지네는 물에서나 육지에서나 편하게 생활한다.

과학자들은 동물의 육체적 차이를 통에 비슷한 동문의 종을 분별하나 지네 속에 속하는 동물은 분별이 어렵다고 한다. "일반적으로 말하자면, 이 속의 지네는 몸이 큰 편이며 가까운 종간에는 차이가 드러나지 않는다"라고 이번 연구에 참여한 도쿄시립대학 에구치 교수는 말한다. 특히 이 지네는 같은 종에 속하면서도 몸의 색채가 달라서 더욱 어렵다고 한다. 결론적으로는 20번째 쌍의 다리에 난 털의 모습이나 성기 역할을 하는 특정 다리의 형태 차이 등을 종합하여 새로운 종으로 판별하였다고 한다. 일본이나 대만에서 육상에 사는 가장 큰 절지동물의 발견은 류큐 열도가 자연과 생물 다양성의 보고임을 알려주고 있다. 그러나 과학자들은 급격하게 줄어드는 이들의 생태환경 속에서 미처 알기도 전에 없어지지 않을까 걱정이 된다고 한다. 이런 대형 절지동물은 비록 가두어 두고 키우기가 매우 어렵지만, 애완동물로도 많이 찾아진다. 이런 애완동물 애호가들에 의해 이런 동물의 개체수가 급격히 주는 원인이 된다고 한다.

34. 메뚜기 Orthoptera

떼를 지어 사는 동물들

[백만 마리 이상이 떼를 지어 지나가는 아프리카 영양]

필자도 어린 시절 히치콕 감독의 "새"라는 영화를 보았다. 새 떼들이 금발의 여인을 공격하는 장면이 나오고 새들에 대한 공포감에 휩싸이게 만드는 영화이다. 이 영화 속의 새는 여러 종류의 새가 나오는데 갈매기도 나오고, 참새도 나오고 급기야는 까마귀 떼도 나온다. 겨울이면 날아드는 까마귀 떼를 보고 있노라면 늘 이 영화가 기억에 다시 떠오른다. 까마귀 떼가 무서워 보이긴 해도 사람을 공격한 예는 들어보지 못했다. 다만 수원의 많은 도로변에 주차해 둔 차들은 이들의 배설물로 인하여 큰 불편을 겪게 되는 것이 다반사이다. 동물 중에는 어마어마하게 큰 떼로 살아가는 동물들이 있다. 그 중 남극에 사는 턱끈펭귄(chinstrap penguin)은 커다란 떼로 뭉쳐서 낮은 기온에서 버티며 산다.

이들이 이동 시에는 보통 수천 마리가 함께 다니기 때문에 장관이라고 한다. 이 펭귄은 남극의 추운 날씨를 이겨내려 서로 다닥다닥 붙어서 살아가며 이 떼의 수를 세어본 사람에 의하면 보통 1백만 마리가 넘는다고 하며 남 샌드위치 섬(south sandwich islands)에는 2백만 마리 이상이 무리를 지어 있다고 한다.

아프리카 사바나에 사는 붉은부리참새(red billed quelea)는 한 번에 수백만 마리에서 수천만 마리가 함께 이동하며 지나는 지역의 보리나 수수 등 모든 곡식은 물론 잔디의 씨까지 다 먹어 치운다고 하며 한곳을 지나가는 데만 5시간이 소요된다.

떼 지어 날아가는 가장 유명한 새는 지금은 거의 멸종한 여행비둘기(passenger pigeon)로 1866년 기록에 의하면 폭으로 1.6km 길이로는 482km에 달하는 무리를 지어, 새 떼가 지나가는 데만 수일이 걸릴 정도로 대이동을 하였다고 한다. 이들의 개체 수는 35억 마리로 추정이 된다고 한다. 정말 어마어마한 수치이다.

포유류 중에는 아프리카 영양(wildebeests)이 이동 시에는 백만 마리 이상이 이동한다고 하며, 박쥐가 텍사스의 한 동굴에 2천만 마리가 함께 서식하고 있었다고 하며 그 광경이 심하게 두려웠다고 전한다. 그러나 뭐니 뭐니 해도 동물 떼의 최고 횡포는 우리에게도 자주 일어나는 메뚜기 떼의 횡포이다. 조선시대의 3대 재해로 꼽힌 것이 홍수와 가뭄 그리고 메뚜기 떼라 하였다고 하니, 메뚜기 떼의 발생은 가히 재난의 수준이라 하겠다.

올해 초 국내 신문의 여러 기사에도 중국 홍수에 이어 메뚜기 떼의 출현으로 운남성을 비롯한 중국 서남부가 최고의 새난 상황을 맡고 있다고 보도했다. 이 메뚜기 떼는 중국에서 발원한 것이 아니라 머나먼 아프리카의 동부와 북부에서 발생한 것인데 중국까지 날아들었다고 하니 그 위력이 상상을 초월한다.

사막메뚜기(desert locusts)라 불리는 이 무서운 곤충은 1㎢ 당 5천만 마리로 개체 수가 예상되며, 이번에 소말리아에서 케냐까지 2,400㎢에 약 2,000억 마리의 메뚜기가 발생했었다. 메뚜기 떼는 홍해를 건너서 파키스탄과 인도를 거쳐서 히말라야를 지나 중국에 도착한 것이라 한다. 메뚜기는 놀라운 거리를 비행할 수 있으며 지중해를 건너는 것은 물론이고 1988년에는 서아프리카에서 발생하여 3,100마일 거리에 있는 카리브해로 10일간 비행하여 도착하였다고 한다. 믿기 어려운 사실이다.

중국은 메뚜기 떼로 가장 어려움을 많이 겪는 나라 중 하나이다. 우리도 잘 아는 노벨문학상을 탄 펄벅(Pearl Buck)의 『대지』에는 1924년 발생한 메뚜기 떼의 습격 모습이 잘 그려져 있다. 중국에서는 메뚜기 떼에 대한 기록도 많고 기원전 700년경에 쓰인 『시경』에도 메뚜기에 대한 기록이 있다고 한다. 중국의 모든 왕조는 메뚜기와 전쟁을 해왔으며 메뚜기를 없애는 수천 가지의 방법이 전하고 있다. 그중에는 오리를 키워 잡는 방법도 있다고는 하나 효과가 작아 보이며, 봄에 메뚜기의 알이 있을 만한 곳을 찾아서 땅을 태우는 방법이 좋다고 하며 우리나라에도 전해졌다고 한다. 송(宋)대에는 급기야 메뚜기를 세금 대신으로 걷어서 식용으로 하여 메뚜기를 잡자는 시도도 하였다고 한다. 실제 메뚜기는 아프리카는 물론 유럽 여러 나라에서 식용으로 쓰인다고는 한다. 이번 메뚜기 떼의 접근에 대하여 중국 운남성 정부는 10만의 "오리" 군대를 준비하여 이들의 횡포를 막겠다는 강한 의지를 밝힌 바 있다.

올해 아프리카에서 메뚜기 떼가 급증한 이유는 지난해에 아프리카 동부에 많은 폭우가 내렸고 이로 인해 땅속에 알을 낳는 메뚜기들이 급격히 번식할 계기가 되었다고 한다.

[메뚜기 떼]

메뚜기 번식은 기후와 민감하고 따뜻한 겨울을 보내는 다음 해에 나타나는 경우가 많다고 한다. 메뚜기는 회색을 띠다가 밀도가 급증하면 서로 몸이 부딪히면서 세로토닌이라는 신경전달물질이 발생하면서 색깔이 바뀌고 급격히 생식력이 증가하며 어마어마한 떼를 형성하게 된다.

인류 역사상 최대의 메뚜기 떼는 1875년 미국 서부에서 발생한 메뚜기 떼이다. 알버트 차일드(Albert Child)가 목격한 메뚜기 떼는 510,000㎢로 남북한을 합한 면적보다도 2배 이상이 큰 어마어마한 규모이다. 이 메뚜기는 로키 마운틴 메뚜기(rocky mountain locusts)라 하는데 지금은 멸종이 되어 사라진 종이다. 이 정도의 면적의 메뚜기 떼의 개체 수는 3.5조에서 12조 마리 이상으로도 추정이 가능한 수치이다. 미주리주에서 미국 서부에 이르는 모든 곡식과 초목을 다 먹어 치웠다고 한다. 메뚜기 떼가 지나간 자리에는 곡식만 사라지는 것이 아니라 페스트가 뒤따라온다고 한다.

서기 311년 중국 서북부에는 메뚜기가 지나가고 페스트가 유행하여 이 지역 인구의 98%가 죽었다는 기록도 있다. 중국의 많은 왕조가 메뚜기 떼의 극성 이후 왕조가 바뀌는 사건도 많았다고 한다.

삼국사기에 의하면 신라는 메뚜기 떼의 발생이 유독 많았으며, 신라의 멸망과도 밀접한 관계가 있는 사건이다. 백제의 무령왕 시기인 521년에는 메뚜기 떼로 농촌이 폐허가 되어 900호가 넘는 백제인이 신라로 도주했다는 기록도 있다. 고려 시대에도 26번이나 발생했으며, 조선 시대에도 자주 발생했다. 조선의 2대 왕인 정종이 물러난 이유 중에는 메뚜기 떼의 극성을 이유로 양위를 했다고 하니 메뚜기 떼는 농업 국가인 조선의 3대 천재지변의 하나임이 분명하다. 우리의 농촌에서는 한겨울이나 초봄에 걸쳐서 논을 태우는 광경이 보편적이었는데 아마도 메뚜기를 박멸하려는 조상의 지혜가 아니었나 생각해 본다.

메뚜기는 순우리말로 "누리"라 한다. 한문으로는 누리 황(蝗)이라 하여 황충으로 부른다. 수년 전에 한국의 보수정당이 당명을 새누리당이라 하였을 때, 어떤 사학자가 "새로운 메뚜기 떼"라고 작명을 비판한 글을 본 적이 있다. 필자도 즉각 동감한 일이다. 하필이면 당명을 이렇게 지었을까 한다. 시간이 지나고 보니 더더욱 잘못 지어진 이름 같다. 그야말로 최악의 당명이 아니었을까 웃어본다.

오늘날 우리나라는 적어도 메뚜기 떼의 공격으로부터는 해방이 되지 않았나 싶다. 우선은 메뚜기가 알을 낳을 수 있는 강변이나 개천, 호수 등 주변이 잘 개발이 되어서 메뚜기가 알을 낳아 둘 수 있는 환경이 적어진 것이 아닐까 생각되기 때문이다.

그러나 세상에서 가장 큰 동물의 떼는 메뚜기가 아니라는 소식이 있다. 남미 아르헨티나의 땅속에는 수천 km에 달하는 길이에 수십억 마리의 개체를 한 집단으로 하는 수없이 많은 개미집단들이 줄지어 있다고 하니 그저 경악스러울 뿐이다.

Review

메뚜기 피해를 동물사료로 극복한다

ABC news, *February 25. 2021*

[메뚜기 떼에 갇혀 있는 농부]

케냐는 수십 년간 세계 최악의 메뚜기 폐해를 진압하고 있다. 막 출범한 버그 픽처 단체는 이런 폐해를 수익사업으로 전환하려고 시도하고 있으며 이들 곤충으로 인해 곡식을 모두 잃고 생활 터전을 잃은 "희망이 없는 곳에 희망"을 주려고 하고 있다.

과학자들에 의하면 따뜻해진 바닷물이 더 많은 비를 내리게 하여 땅속에서 잠자는 더 많은 메뚜기의 알을 부화시켰고, 거기에 더하여 메뚜기 떼를 이동시키는 사이클론의 발생은 그 피해를 더 강력하고 더 빈번하게 만든다고 한다.

버그픽쳐단체는 중앙 케냐의 라이키피아와 삼부루 지역의 단체들과 연합하여, 이들 곤충을 잡아서 사료를 만든 작업을 하고 있다. 사료는 단백질이 풍부한 동물사료이며 농사에는 유기비료로 쓰일 것이라 한다.

"우리는 희망이 없는 곳에 희망을 전하려 하는 상황이다. 이들의 사회를 도와서 곤충에 대한 기존 생각을 버리고 이를 수확하면 돈이 될 수 있다는 것을 알게 하려 한다"고 버그픽처의 창립자인 로라 스텐포드씨는 말했다.

중앙케냐의 라이키피아 지역은 곡식과 채소를 먹어 치우는 구름 같은 메뚜기 떼로 인하여 고생을 하고 있으며 살포할 수 있지 않은 밀집 지역인 5헥타르 정도의 지역 내 메뚜기 떼를 대상으로 하고 있다. 메뚜기 떼는 하루에 150km를 움직이며, 1㎢ 당 4~8천만 마리의 메뚜기가 있다. 이 떼가 농장에 닿으면 모든 곡식을 파괴한다. 가끔은 메뚜기 떼가 너무 많아 메뚜기인지 곡식인지도 구분이 되지 않는다고 한다. 벅픽처 단체는 농민들에게 메뚜기를 잡아 오면 킬로그램당 $0.4566을 지급한다. 지난 2월1일에서 18일까지 1.3톤의 메뚜기를 잡을 것으로 파키스탄의 농업연구위원회의 프로젝트에서 추진되었던 방법에 착안한 스탠포드씨가 기대를 하고 있다.

메뚜기는 밤에 풀숲이나 나무에서 쉴 때를 이용하여 횃불을 이용해 잡는다. 이 지역에서 메뚜기를 잡으면 무게를 달아 보수를 받는다. 메뚜기들은 잘게 부순 뒤 말린 후 가루로 만들어서 동물사료나 유기비료로 사용한다.

35. 바퀴벌레 Cockroach

바퀴의 지고 지순한 사랑

[독일 바퀴벌레] [미국 바퀴벌레] [동양 바퀴벌레]

바퀴벌레는 사람에게 많은 질병을 초래하는 해충이다.

습기차고 어둡고 더러운 곳을 좋아하는 바퀴벌레는 이질과 같은 많은 질병을 인간에게 옮기기도 하지만 바퀴벌레 자체가 내 뿜는 화학물질들이 사람에게 알레르기와 같은 심각한 질병을 유발한다.

바퀴벌레에 의한 질병이 잘 알려진 미국의 자료에 의하면 아이들에게서 발생하는 천식 질환의 대부분이 바퀴벌레에 의한 것이라 한다. 이들 천식환자 중 90%가량이 집안에 바퀴벌레가 있었다 한다. 미국의 가정집에 바퀴벌레는 대부분 집에 있으며, 있어도 아주 많이 있어 한 가구당 수십만 마리에 달할 만큼의 바퀴벌레가 있다고 한다. 비록 눈에 띄지 않는다고 해도 집안의 어둡고 습한 곳에는 있기 마련이라 한다. 바퀴벌레는 인간이 살아온 시간 동안 매우 해로운 동물로 존재해왔으며, 인간이 본능적으로 혐오하는 곤충 중에 파리 모기보다도 바퀴벌레가 더 크다고 한다.

필자는 메뚜기를 잡아먹는 것에 대하여는 그렇게 큰 혐오감이 없는 편이고 잡아먹을 수 있다고 생각하지만, 바퀴벌레에 대해선 그렇지 못하다. 중국의 요리 중에는 바퀴벌레 요리도 존재한다고 하는데 이 곤충은 먹을 수 없을 만큼 더러운 곤충이다.

어린 시절 기억으로 우리나라에는 바퀴벌레가 그리 많지는 않았던 것 같다. 그런데 아파트가 들어서면서 바퀴벌레가 생존하기 좋은 공간이 많아지지 않았나 생각해 본다. 바퀴벌레의 우리나라 옛 이름도 바퀴의 뜻을 가진 박회라 한다고 하니 우리나라에도 바퀴벌레는 오래전부터 있었던 것 같다. 그런데 왜 바퀴라는 이름이 붙여졌는지는 추측할 만한 이유가 없다. 바퀴벌레의 발에는 가시 같은 것이 달려있어서 어떤 바닥에서도 행동이 자유로운 편인데 아마도 이런 것을 옛말로 박회라 하지 않았나 생각해 본다.

바퀴벌레는 진화적으로 곤충 중에서 발생 시점이 가장 오래된 곤충이다. 종류도 많아 지구상에 4,500종이나 있다. 대부분 곤충이 나름 독특한 방법으로 살아가는데 바퀴벌레는 이러한 독특한 생존방법 없이도 오래 살아남았다. 아마도 바퀴벌레는 못 먹는 것이 없으니 가능했을 것으로 생각한다. 심지어 바퀴벌레는 죽은 동료의 시신도 다 먹어 치운다. 필자는 80년대 초반에 미국에 유학을 갔는데 미국에 도착하여 가장 놀란 것이 바퀴벌레의 크기이다. 한국에 많은 바퀴벌레는 대부분 1~2cm의 작은 종들이다. 간혹 야외에서 날아다니는 큰 바퀴벌레는 동양바퀴벌레(oriental cockroach)라 하는 것이며 일본의 오키나와 등지에 많이 산다. 바퀴벌레는 더운 지방에 사는 것들이 덩치가 큰데 미국 바퀴벌레(american cockroach)가 가장 큰 종류이다. 내가 보고 놀란 바퀴벌레는 미국 바퀴벌레로 크기가 9cm정도 자란다. 이런 것을 마주치면 잡을 생각이 나지 않고 도망가게 된다. 미국에도 물론 작은 바퀴벌레도 많으며 집집마다 바퀴벌레를 잡는 끈끈이 상자를 집안 여러 곳에 두고 살아야 한다. 그런데 이 상자들을 들여다보면 냄새도 심하고 알이 크기 때문에 모양도 사납다.

그런데 바퀴벌레는 박멸이 가능한 곤충이다. 바퀴벌레를 잡는 방법 중에는 분필같이 생긴 독극물을 처리하면 쉽게 박멸이 된다. 바퀴벌레는 특성상 알이나 새끼들과 접촉이 심하여 이들에게도 독이 묻게 되어 한 번에 일망타진이 된다고 한다. 실제 미국에서는 독극물 분필 가루를 사용하는 것은 불법이지만 한번 사용하면 바퀴벌레가 완전히 없어진다. 필자는 아파트 관리인이 몰래 주어서 사용해 보았는데 효과가 만점이었다.

한때 미국에서는 상금 $1,000이 걸린 큰 바퀴벌레 잡기 경연대회가 매년 열리곤 했다. 항상 우승하는 지역은 텍사스와 하와이가 번갈아 가면서 이기곤 했다. 이 지역 바퀴벌레들은 크기가 10cm가 훨씬 넘는 커다란 것 들이다. 심지어 미국 플로리다주에서는 바퀴벌레 많이 먹기 대회도 있었다고 한다. 이 대회는 참가자 중 한 명이 한 번에 12마리의 바퀴벌레를 먹다가 질식사하는 사건이 발생하여 중단되었다고 한다.

암컷을 차지하기 위한 바퀴벌레 간의 싸움에서는 어떤 놈이 이기는지는 확연하다. 런던의 한 대학에서 애완용으로도 사용되는 히씽 바퀴벌레(hissing cockroach)를 잡아 덩치가 비슷한 놈끼리 싸움을 시켰다. 싸움 뒤에 이 들을 모두 CT촬영을 한 결과 싸움에서 이기는 놈은 모두 폐활량이 훨씬 크다고 한다. 싸움에는 산소가 많이 공급되는 쪽이 힘을 잘 쓸 수 있어서 이긴다. 바퀴벌레는 머리에 난 뿔을 이용하여 상대를 받으며 상대를 뒤집으면 이긴다. 약한 놈은 강한 놈을 피하고 몸을 낮추어 뒤집혀 지는 일이 없도록 주의한다.

이 바퀴벌레는 숲에 살고 있으며 서식지에 떨어진 나뭇잎을 치워내며 살아야 가야 하므로 생존을 위해서는 힘이 많이 필요한 곤충이라고 한다. 그런데 이렇게 혐오스러운 곤충이 동물의 사랑표현 중에 가장 감격스러운 행동을 보여 과학자들을 놀라게 하였다. 오키나와에 많이 사는 동양바퀴벌레는 숲에 버려진 썩은 통나무의 빈 줄기내에서 주로 서식을 한다.

이들은 나무를 먹는 바퀴벌레(wood-feeding cockroach)라 한다. 일본 큐슈대의 하루카 오사키 교수는 간혹 날개가 없는 바퀴벌레들을 목격하였다(위 사진의 왼편 바퀴벌레). 오사키 교수는 이를 이상해 여겨서 오키나와에서 한 집단 바퀴벌레를 잡아다가 실험실에서 관찰하게 되었으며 놀라운 사실을 발견하게 된다. 이는 암수 한쌍으로 살아가는데 암수 한쌍이 짝을 맺게 되면, 수컷이 암컷의 날개를 갉아 먹고 곧이어 암컷이 수컷의 날개를 갉아 먹어서 한 쌍이 모두 날개를 잃게 되며, 함께 새끼를 잘 키우며 산다.

동물의 행태에 대해서 인간적인 생각으로 판단하는 것을 의인화(anthropomorphism)이라 하며, 동물의 왕국을 바라보는 시각에서는 절대적으로 피해야 하는 사항이다. 그런데 바퀴벌레의 이런 행위는 필자에게 의인화를 피할 수 없게 만든다.

우리의 선녀와 나무꾼의 설화에서 나오듯이 나무꾼은 선녀의 날개를 숨겨야 했고, 또 날개를 주니 선녀는 날아가 버렸다. 이들 바퀴벌레도 마치 두 사람이 서로 평생을 함께하자고 서로 서약하는 것으로 밖에는 달리 설명을 할 방법이 없다.

바퀴벌레는 다른 바퀴벌레들이 좀처럼 날지 않고 발달된 다리로 기어 다니는 것과는 달리 잘 날아다니는 바퀴벌레임에도 불구하고 날개를 없앤다는 것은 생존문제가 걸린 큰일인데 도대체 무슨 효용이 있어 날개를 없앨까 하는 생각을 골똘히 하게 만든다. 곤충 중에는 일부 거미와 같이 교배 후에 암컷이 수컷을 잡아먹는 일도 있다. 그러나 이것은 암컷이 양분을 취하기 위한 행동이다. 그러나 날개는 먹어도 양분이 될 것이 없다. 학자들은 이 바퀴벌레의 이러한 행태는 일부일처제의 극단의 모습이라 설명한다. 아마도 이 바퀴벌레 조상들의 수컷은 바람을 많이 피워 암컷이 혼자 새끼를 키우는 데 어려움이 많지 않았나 의심을 해본다. 그렇지 않다면 굳이 날개를 자를 만큼의 다른 무슨 이유가 있었을까 싶다.

필자의 친구 중에는 필리핀 사람이 있는데, 필리핀 남자는 결혼을 하면 여자에게 음식을 많이 먹여서 살을 찌게 만드는 것이 아내의 바람을 막는 가장 좋은 방법이라는 말을 들은 기억이 있다. 인간에게도 이와 비슷한 방편이 있을 법한데 우리에게 일부일처제라는 것이 그리 오래되지 않은 문화적 일이다 보니 아직 준비가 덜 된 듯싶다. 지금과 같이 여권신장이 가속화된다면 아마 인간들도 결혼식이 끝나면 곧바로 다리 하나는 분명 잘라야 하지 않을까 하고 웃어본다.

바퀴벌레가 이렇게 사랑을 심오하게 하는 것을 보니 인간도 왠지 무엇인가는 해야 하지 않을까 생각해 본다. 이들 바퀴벌레는 짝이 되면 일생 자신들의 거처인 통나무 밖을 나가지 않는다고 한다. 오사키가 잡아온 바퀴벌레는 모두 24쌍이었는데 12쌍의 바퀴벌레들은 모두 날개를 잃었다고 한다. 나머지는 아직 확고한 쌍이 못된 것 같다. 이러한 동물의 행동에 나타나는 분명한 사실의 하나는 무엇인가 유전적으로 부모의 행복보다는 자식의 양육이 진화적으로 더 중요하다는 것을 입증해 주는 것이다. 도덕적이라는 사람도 이들 해충을 통해서 중요한 삶의 이유를 반추해 보게 만든다.

36. 이 Lice

털 없는 원숭이에 살 곳 잃은 이

[털 없는 원숭이_The naked ape]

『털 없는 원숭이The naked ape』는 일찍이 한글로도 번역되어 우리에게 친근한 동물학자 모리스(D. Desmond Morris)의 책 제목이다(D. Desmond Morris, The naked ape, 1967). 원숭이 과에는 약 193종의 원숭이들이 있다. 포유류 중에는 가장 종이 많은 동물이고 보면 사람의 출신 족보가 매우 성공적인 동물에서 나온 것이라 하겠다. 그러나 이 중에서 몸에 털이 없는 종은 사람이 유일하다.

사람이 털이 없는 이유에 대해서 전문가는 물론 비전문가 사이에도 많은 추론이 있었고, 사람이 돌고래같이 물속에서 살았던 포유동물에서 진화하였다거나 혹은 외계에서 온 것이라는 억지 주장의 한 증거가 되기도 했다. 지금은 사바나에서의 생활에 따른 체온의 문제로 결론이 났지만, 한때는 동굴 생활에 뒤따르는 병리작용설이 우세했다. 사람은 추운 기후에 적응해온 시기에 사냥해온 동물을 좁은 동굴 속에서 버리는 부분 없이 남김없이 잡아먹는데 이때 온몸에 묻어나는 기름때로 생긴 피부병에 의한 것으로 생각했었다(V. Geist). 그러나 사람은 동굴생활을 하기 훨씬 이전에 몸에 털이 없는 원숭이가 되었다는 것이 밝혀졌고 그 밝혀진 동기가 재미있다.

[머리털에 사는 이]

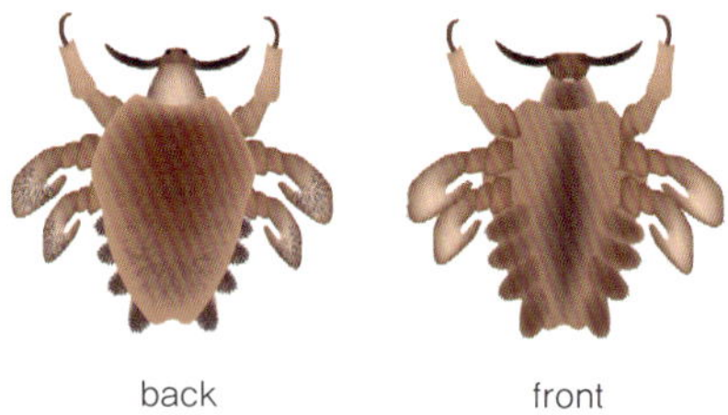

[음부에 사는 이]

"이"에는 3가지 종류가 있다. 머리털에 사는 이(head lice), 몸에 사는 이(body lice), 그리고 음부에 사는 이(pubic lice)이다. 음부에 사는 이는 사면발이라 하는데 네발이 특히 발달되어 음부의 털에 강력히 붙어 있을 수 있다. 이들 "이"는 영장류 몸에 붙어서 살아온 기간이 우리의 진화역사와 같이한다(co-evolution이라 한다).

침팬지나 고릴라가 서로 마주 앉아 이를 잡아먹는 모습은 동물의 왕국 프로에서 늘 볼 수 있는 장면이다. 사람들도 2차 세계 대전 때

[영장류 가계도]

만 하더라도 전쟁 수행 중에 필수 불가결한 작전이 "이"를 박멸하는 것이었다고 한다. 그런데 사람의 몸에서 털이 없어지면서 몸에 붙어 사는 "이"들에게는 어려움이 생겼다. 머리에 사는 이는 머리털로 음부에 사는 이는 음부로 떨어져 살게 되었는데 몸에 사는 이는 살 수 있는 터전(niche)을 잃은 것이다. 오랜 진화의 시간이 지난 후 오늘에서 보면 상당이 재미있는 상황이 만들어졌다. 사람의 머리에서 사는 이는 침팬지의 그것과 동일한 종이다. 그러나 사람의 음부에서 사는 이는 침팬지의 것이 아니라 고릴라의 그것과 같은 종으로 대체되었으며 갈 곳을 잃었던 몸에 사는 이는 사람의 의복에서 붙어서 다시 나타났다.

2000년대 초에 "이"에 대한 유전자 연구가 일시 유행했다. 이는 곤충 중에서 유전자가 비교적 단순하여 연구하기도 비교적 쉬웠고 그 연구의 가치는 인류학이 닿을 수 없는 중요한 과제인 사람과 침팬지나 고릴라의 공동조상을 가려내는 매우 중요한 주제를 다루고 있기 때문이다.

"침팬지의 이"와 "사람의 이"를 잡아서 유전자연구로 공동조상을 찾아낸다면 사람과 침팬지의 공동조상 시기도 함께 추정이 가능해지기 때문이다. 연구결과는 기대 이상으로 인류 진화에 대한 많은 시사점을 밝혀냈다. 침팬지의 이와 사람의 이의 공통 조상이 약 6백만 년 전이라 한다. 인류학자들이 예상해 왔던 그 적당한 시점으로 나와 매우 흥미롭다. 이 시기에는 침팬지의 조상과 사람의 조상이 같았다는 것이다. 물론 침팬지도 6백만 년을 진화하여 오늘의 침팬지가 된 것이지 우리 조상이 침팬지라는 것은 아니다. 고릴라의 사면발이는 인간 사면발이와 3백만 년 전에 같은 조상이었다. 인간이 3백만 년 전에 어떤 경로로 얻게 되었는지는 아직은 모른다. 다만 이 연구에서 이가 원숭이와 같이 살아온 기간은 2천만 년 전까지 소급될 수 있다고 한다. 어마어마한 기생동물의 능력이다.

문제는 갈 곳을 잃은 몸에 사는 "이"이다. 몸에 사는 이는 머리에 사는 이와 더 유사하게 생겼다. 몸에 사는 이는 의복에 붙어살다가 기어 나와 몸에서 피를 빨고 살아간다. 의복에 사는 "이"의 등장 시기는 10만 년 전으로 추정된다고 하는데, 이들 과학자들에 의하면 사람이 의복을 몸에 착용하기 시작한 시점이 10만 년 전쯤으로 생각될 수 있다는 것이다. 10만 년 전이라면 호모 사피엔스(Homo sapiens)가 25만 년경 등장한 것에 견주어 본다면 매우 그럴듯한 시점이다. 이 시기 의복관련 화석자료는 없으나 인류학자들은 4~5만 년 전에 의복이 등장했다고 추측한다.

생물학에는 공생(symbiosis)과 기생(parasite)에 커다란 차이가 있다. 서로 도움을 주지 않고 일방적으로만 이익을 준다면 기생이다. 서로 이를 잡아주면서 다정한 침팬지를(grooming) 보고 있으면 혹시라도 이가 생물학적은 아니더라도 사회학적으로는 우리와 공생하지 않았을까 하는 생각해 본다.

3장 동물의 왕국속에서의 인간

Human in Animal Kingdom

1. 말과 사람의 마라톤 시합
2. 피부의 진화: 자외선과의 전쟁
3. 인류도 초식동물이었나?
4. 예쁜 척해야 사는 아기
5. 린 마굴리스의 또 다른 진화론
6. 인간에 의해 멸종된 동물들
7. 유전적 다양성을 잃어가는 동물 스라소니

1. 말과 사람의 마라톤 시합

[말과 사람의 달리기 시합]

백 미터 달리기를 한다면 우사인 볼트라도 웬만한 개를 이길 수가 없다고 한다. 그러나 사람이 말을 상대로 42km의 장거리 마라톤을 한다면 아주 가끔은 사람이 이긴다고 한다.

린네가 18세기 초에 생물을 단위별로 분별하였다. 그중 영장류목(class) 내에 원숭이과(family)가 있고 원숭이들은 하나같이 손이 똑같이 생겼다. 이것을 '접을 수 있는 손(opposable hands)'이라 한다. 우리는 습관상 사람도 네발 달린 동물이라는 표현을 한다.

그러나 사람은 두 손과 두 발이 달린 동물이다. 이는 특히 사람은 네발 달린 동물에서 진화한 것이 아니라 네 손 달린 짐승에서 진화하였다는 것을 간과하면 안 된다.

네 손이 달린 동물은 숲에서 살기 때문이다. 마치 지느러미가 물에 사는 동물에 필요하듯 숲에 살기 위해서는 네 손이 필요하다. 영장류의 하나인 긴팔원숭이(gibbon)는 인도네시아 보르네오 숲에 살면서 긴 팔과 유연한 손목구조로 온종일 매달려 있을 수 있으며, 놀라운 속도로 숲속을 거의 날아다닌다. 침입자가 나타나면 뛰고 달리고 요란을 떨지 않고 최고의 경공 실력을 갖춘 무림의 고수처럼 조용히 사라진다.

사람은 네 손 달린 동물에서 진화하였다. 환경변화로 숲이 줄어 사바나의 생활을 시작하며 손이 아닌 발이 필요해 졌다. 인류가 숲을 걸어 나와 두 발로 걷기 시작한 것은 우리가 직립원인이라 부르는 호모 이렉터스(Homo erectus)에 비해서도 훨씬 오래된 시점이다. 탄자니아의 라이톨리 화산재 화석에는 인류가 두 발로 걸었던 발자국이 선명하게 남아 있다. 측정된 시기는 3백50만 년 전이다. 아직 인류속(genus Homo)이 존재하기 이전 시기로 남방원숭이(Australopithecus)만 발견되는 시점이다.

[탄자니아의 라이톨리 화산재 화석 발자국]

치타가 빠르다고는 하지만 오래 뛸 수는 없다. 개나 사자 등 목이 몸에 달라붙은 동물은 오래 뛸 수가 없다. 특히 이들 동물은 숨이 차서 헉헉거리면 더는 뛰지 못한다. 개가 헐레벌떡 혀를 내밀고 헉헉거리는 것을 영어로는 팬팅(Panting)이라고 한다. Panting이 시작되면 이들 동물들은 더는 달릴 수 없다. 사람은 코가 숨을 나누어 쉬기 때문에 Panting이 없다. 또 사람의 코는 흡입하는 공기를 가두었다가 들이마셔서 온도조절이 되는 까닭에 추운 날씨에 찬바람을 호흡해도 폐렴을 일으키지는 않는다.

또한, 사람이 오래 뛸 수 있는 중요한 이유 중의 하나는 이상하게 생긴 발 모양 때문이다. 사람의 발은 손 모양처럼 생긴 침팬지의 손 모양에서 변화한 바로 그 발이다.

인류학자들은 사람의 발 모양에 여러 가지 기능을 추론하기도 했다. 사냥을 위해 소리 내지 않고 살살 움직이기 위해서라는 설도 있고, 절벽을 타고 이동하기에 최적이라는 설도 있다. 나름 설득력이 있겠지만 하버드대학 인류학과의 리버만(D. Lieberman) 교수는 사

[사람의 발바닥]

람의 발은 오래 뛰기 위해 진화한 것이라 한다.

숲에 사는 영장류는 과일을 주식으로 한다(frugivore). 인류는 숲을 떠나면서 거친 풀을 먹거나(Australopithecus robustus) 동물 시체를 주워 먹고(Australopithecus afarensis) 살아야 했던 기간이 있다. 그러다 어느 시점에서 그늘이라고는 전혀 없는 사바나에서 제일의 포식자로 변화한다. 사바나의 땡볕 아래서는 사자 등 대부분 포식자는 움직임이 거의 없다. 사바나에서 먹잇감으로 목표가 된 동물들은 사람을 피해 도망치기 어렵다. 긴 거리를 두고 추격하면 사슴류의 동물은 곧 따라 잡힌다. 사람은 말도 쫓아다니고 버팔로도 쫓아가 사냥을 해 왔다. 이런 발걸음 솜씨가 만들 낸 것이 큰 게임 사냥꾼(big game hunters)의 모습이다.

사람의 발이 오래 뛸 수 있는 기능을 가져다준 데는 발바닥에 발달되어 있는 패드 덕분이다. 이것으로 달리는 충격에서 관절들을 잘 보호한다. 현대인들은 많은 사람이 허리통증과 목통증을 호소하는 경우가 많다. 그리고 그 근본적인 이유가 사람이 직립하면서 생긴 부작용이라 생각한다. 그러나 리버만 교수에 의하면 아주 잘못된 오해일 뿐이다. 인류가 직립한지는 최소 4백만 년이 지났다. 사람의 목과 허리는 유난히 잘 발달된 진화의 산물이다. 단지 우리가 이렇게 잘 진화된 생물적 특성을 잘못 사용해서 생긴 일이라 한다. 리버만 교수는 보스턴 거리를 조깅하는 사람들 중에 아프리카에서 온 학생들이 맨발로 뛰는 모습에 주목하고 있다. 달리는 운동을 시작한 사람들이 많이들 목과 허리, 무릎의 통증을 호소하는 원인으로 잘못된 신발의 사용에 있다고 권고하고 있다. "맨발로 뛰기(bare foot running)"는 누구나 시험해 볼 필요가 있다. 동물의 왕국에서 "내 몸 사용법" 하나를 추천해 본다.

2. 피부의 진화

자외선과의 전쟁

[사람의 몸에서 사라지는 털]

피부 진화에 권위자인 니나 자블론스키(Nina Jablonski) 교수는 "피부는 인간이 환경에 적응하면서 겪었던 생존경쟁의 현장을 가장 잘 보여주는 전쟁터였다"라고 하였다. 많은 유전자 변형이 이루어진 곳이고 선택이 집중되었다 한다. 그 결과로 우리는 벌거벗고, 땀을 잘 내고, 다양한 색채의 피부(naked, sweaty, and colorful)를 갖게 되었다 한다. 털 없는 원숭이가 햇빛을 가릴 수 없는 수백만 년 동안 사바나 생활에서 느끼는 가장 큰 어려움의 하나는 아마도 햇빛을 피하는 일이었을 것이다.

한국인은 햇빛을 받으면 피부가 검게 변하는 태닝(tanning) 즉 천연 햇빛차단기능(sun block)을 가지고 태어난다. 이것은 황인종에게만 있는 기능이다. 그러나 우린 이런 좋은 기능을 그렇게 달갑게 생각하지 않는 것 같다. 우리가 햇빛을 가려야 하는 이유가 피부가 검게 되기 때문만은 아니다.

자블론스키는 우리의 피부는 최근 진화 과정에서 가장 공들여 만들어진 진화의 결과라 한다. 피부 색은 자외선 노출 정도와 정비례해서 다양하게 진화하였다. 자외선에는 A, B, C의 세 종류가 있다. 자외선 C는 대기가 막아서 지표에 도달하지 않는다. 자외선 B는 우리 피부에 닿으면 표피까지만 닿는다. 이에 반해 자외선 A는 진피 깊숙하게 파고든다. 자외선은 모든 동물에게 위협적이다. 피부를 파고드는 자외선은 DNA 작용에 영향을 주며, 산화작용으로 피부를 노화시키고, 각종 암의 원인이 된다. 그런데 왜 인간이 자외선 차단에 매우 효과적일 수 있는 털을 버리고 피부를 대신하게 되었는가 하는 것은 매우 절박한 생존문제에 직면해서이다.

사람에게는 털이 없는 것이 아니라 매우 짧아졌다. 그리고 짧아진 털의 모공에는 땀샘이 위치하고 있다. 다른 동물들에게는 털에 땀샘이 없다. 개의 경우와 같이 대부분 동물은 코나 발바닥에 땀샘이 집중되어있다. 사람은 사바나에 생활하도록 만들어진 동물이 아니라 다른 영장류와 마찬가지로 숲에서 살다가 사바나로 걸어 나온 동물이다. 이로 인해 커다란 환경의 변화를 직면하게 되었고 그중 첫째가 내리쬐는 햇볕 아래서의 체온조절이 문제였다.

특히 2백만 년경으로부터 인간의 식생이 육식으로 바뀌기 시작하였다. 그 시작은 포식자라기보다는 포식자들이 먹다 남긴 사냥물을 얻어먹어야 하는 부식동물(scavenger_썩은 고기를 먹는 동물) 시기이다.

하이에나나 독수리 등 부식동물이 즐비한 사바나에서 체온을 빨리 조절할 수 있는 기능은 도망치기 위해서라도 매우 절실한 것이었다. 체온을 조절해야 하는 땀샘의 증가는 어쩔 수 없이 털이 짧아져 벌거벗은 피부로 신체의 변화를 가져왔고, 이로 인하여 제2의 심각한 위기가 왔다. 햇빛을 털 없는 피부로 막아야 한다. 피부 깊숙이 침투하는 자외선은 각종 피부질환의 문제만이 아니라 피부 내에서 필수 비타민 생성을 하는 엽산(foliate)을 파괴하여 생식 과정에 심각한 병리 현상을 일으킨다. 엽산의 부족은 태아 골격 형성에 이상 및 기형아를 낳게 되고, 정자의 생성에도 심각한 영향을 초래한다. 그래서 자외선을 막아줄 피부가 필요하였다.

인류의 모든 피부는 원래 모두 흑색이다 라고 말한다면 사람의 피부는 모든 동물에 비해 가장 검다. 검은 피부를 만드는 유-멜라닌(eu-melanin)은 자외선을 막을 뿐만 아니라 이를 흡수하며 또한 피부를 찰과상으로부터 보호하는 기적의 물질이다. 우리의 피부를 검게 하는 유-멜라닌 색소의 덕으로 인류는 사바나에서 가장 적응을 잘하는(endurance running) 제일의 포식자로서의 위치를 점하게 되었다. 그러나 사람이 초식의 대형 사냥물을 쫓아 지구 전체로 퍼져 나가면서 검은 피부는 이제 자외선 부족으로 인한 새로운 문제를 맞닥뜨리게 되었다. 자외선이 차단되자 신체는 자외선과 작용해 얻어지는 각종 필수 비타민 생성이 부족해지는 문제가 발생하였다. 특히 골격 형성에 절대적으로 필요한 비타민D는 자외선B와 작용해서 만들어지는 것이며 자외선A 역시 여러 필수 비타민B 생성에 관여한다. 사람이 추운 기후에 적응하기 위해서는 부족해지기 쉬운 비타민D나 비타민B를 외부로부터 대체해야 했으며, 이때부터 인간의 식생에 생선(비타민D)과 채소가 본격적으로 등장한다. 백인은 흑인에 비해 같은 양의 자외선B로 5~6배나 빠르게 비타민D를 생성할 수 있다고 한다. 사람의 피부가 검은 피부에서 하얀 피부로 또 황색의 다양한 피부색을 갖는 것은 진화가 보여주는 위대한 적응력의 소산이다. 현생인류보다 먼저 추운 기후에 적응했던 네안데르탈인도 피부색이 하얗다고 한다. 일부의 학자는 백인의 피부는 현생인류가 네안데르탈인과 섞여 살면서 생긴 결과라고도 한다. 특히 투명한 눈동자는 네안데르탈인의 유전자라고 한다. 피부가 하얗게 된 시기는 현생인류가 유라시아에 퍼져 나가면서부터이고, 백인의 경우 북부 유럽에 현생인류가 도달하는 시기인 3만 년 전 이래 최소 3차례 이상의 유전자 변화가 있었으며, 황인종의 경우 동북 시베리아에 도착한 시기인 약 3만 년경 밝은 색 피부를 얻었다고 한다.

일부의 견해로는 그보다는 훨씬 가까운 시기에 피부가 변했다고 주장한다. 벌거벗은 피부에는 장식과 타투가 제격이다. 조개껍질에 구멍을 내어 목에 걸고, 온몸에 무기안료로 칠을 한 역사는 현생인류의 기원과 시기를 같이한다(남아프리카에서는 40만 년 전까지 소급된다). 특히 평생 지워지지 않는 문신인 타투의 역사도 매우 길다. 5,000년 전 알프스산맥의 시신(ice-man)에는 영구적인 문신이 있다. 삼국지 동이전 역사에는 우리나라의 변한, 진한 사람은 온몸에 문신하는 것을 좋아했다고 적고 있다. 그러나 벌거벗으며 생겨난 특이한 문화내용 중에는 우리 생활에 있어서 소위 "터치(Touch)" 가 매우 중요한 소통의 수단이 된 것도 포함이 된다.

동물의 왕국에서는 하얀 피부에 대하여 별도의 자외선 보호 방책을 강구할 것을 강하게 권고한다. 하얀 피부는 자외선에 매우 취약할 수밖에 없다. 자외선을 막지 않으면 심각한 질환을 수반한다. 자외선은 피부에 침투하여 주름을 만들며 노화를 유발한다. 피부를 자외선 피해로부터 막으려면 자외선 차단 크림과 더불어 자외선으로 유발된 산화작용을 막을 고농도의 항산화제가 필수적이다. 멜라닌에 필적할 기적의 화장 물질을 기대해 본다.

Review

지구 온난화로 인하여 피부병을 앓고 있는 돌고래들

연구자들은 미국과 남미 호주 연안의 돌고래 들이 강한 햇빛에 해로운 영향을 받고 있다고 한다.

[호주 퍼스시 인근 바다에 떠내려온 암컷 돌고래 모습]

돌고래들은 지구온난화로 인해 악화된 해수의 담수화 현상에 노출된 결과로 심하게 햇볕에 그을린 뒤 피부가 갈라지면서 천천히 고통스러운 죽음을 맞게 되었다고 한다. 이들은 담수에서 짧은 시간을 견딜 수 있으나, 담수에 갇히거나 심한 폭우로 인하여 피부에서 소금기를 잃게 되면, 피부가 햇빛에 급격하고 지속으로 노출되며 이로 인해 피부병을 초래할 수 있다고 한다. 햇볕에 의해 피부에 궤양이나 병변이 생기며 동물 겉 표피의 70%가량이 영향을 입게 된다.

돌고래의 피부는 인간과 같거나 더 민감하며, 통증이 아주 심할 것이라 한다. 이러한 궤양이 처음 발견된 것은 2005년 카트리나 허리케인 당시에 루이지아나의 갯벌 호수에 갇혀 있던 큰 돌고래에서 목격되었다. 이후 기상 이변이 잦으면서 많이 목격되고 있다고 한다. **"우리는 이렇게 심하고 급격하게 증가하는 질병을 그저 동물에게만 생기는 질병이라고 말하기고 말기에는 크게 부족해 보인다. 이 병은 궁극적으로 환경이 만들 낸 질병이다"**라고 과학자들은 주장한다.

과학자들은 2007년 호주의 동부 빅토리아주의 깁슬랜드 호수에서 죽은 두 마리의 돌고래를 연구하였다. 퍼스의 해안에서 분명하게 고통스럽게 죽어가는 돌고래를 목격하였을 당시 이 암컷은 최소한 3주 이상을 피부 병변으로 고통받고 있었으며 과학자들은 발견 즉시 안락사를 하도록 조치하였다. 많은 경우 피부병은 박테리아나 곰팡이, 알레르기 등 감염으로 번져나가 죽음에 이르게 된다. 한 돌고래의 피부는 질환이 심하여 눈까지 거의 보이지 않았다고 한다. 이러한 피부병이 돌고래 전체에 미치는 영향은 적을 수 있으나 해안이나 강어귀에 사는 돌고래에게는 매우 위협이 된다.

[돌고래가 해안에서 안쓰럽게 뒤척이고 있다]

3. 인류도 초식동물이었나?

[사슴이 숲에서 잎을 뜯어 먹고있다]

사슴과 같이 숲에서 잎을 뜯어 먹고사는 초식동물을 브라우저(browser)라 하며, 얼룩말과 같이 벌판에서 풀을 뜯어 먹고사는 초식동물을 그레이저(grazer)라 한다.

초식동물이라 해서 모든 식물을 가리지 않고 다 먹는 것은 아니다. 양은 풀을 뜯어 먹고살지만 염소는 잎을 뜯어 먹고산다. 잎과 풀은 같은 식물이라 해도 광합성에 커다란 차이가 있다. 잎은 C3식물로 분류되며, 풀은 C4식물로 분류한다. 광합성의 결과로 형성되는 단백질의 탄소 동위원소에서 차이가 난다. C4식물은 주로 열대성 사바나를 덮고 있는 잔디과 식물들이며 이 C4식물은 고온 건조한 기후에서 이산화탄소를 받고 산소를 배출하는 호흡 과정에 산소를 배출하지 못하여 새롭게 형성된 광합성 방법에 의존하는 식물들이다. 아프리카에 그레이저들이 출현하기 시작한 것은 아프리카 대륙에 고온 건조한 기후가 지속되면서 열대우림이 사라지고 그 자리에 넓은 사바나의 벌판이 펼쳐지게 되었다.

얼룩말, 소, 버팔로, 영양 등 사바나를 질주하는 동물들은 다 그레이저들이며 이들은 아프리카의 기후가 변화한 1천만 년 전경 등장했다. 풀은 잎에 비해 소화하기가 거칠어서 소와 같이 위를 4개 가지고 태어나는 초식동물도 생겨나게 되었다. 물론 숲에 남아 잎을 먹는 동물들도 많다. 주로 사슴과 동물들이며 기린과 같이 잎을 먹는 부위가 차이가 나는 것도 있다. 그중에는 코끼리와 같이 아무것이나 가리지 않는 경우도 있다.

원숭이과 동물들은 곤충을 잡아먹는 식충동물(insectivore), 과실을 먹은 과식동물(frugivore), 그리고 잎을 먹는 엽식동물(folivore)이 있으며, 먹이에 따라 몸집의 크기가 차이가 있다. 초식을 하는 고릴라가 가장 크며, 곤충을 먹는 원숭이들이 가장 작다.

[과식동물의 원숭이]

[초식동물의 원숭이]

원숭이과 영장류들은 모두 잎과 과실을 먹는 동물이다. 사바나에 살고 있는 배분(baboon)들도 초식동물이기는 하나 잎을 먹는 동물이다. 이들 원숭이과 동물과 영장류의 동물 중에는 풀을 먹고 사는 동물은 없다. 그러나 인류의 조상은 상당 기간 풀을 뜯어 먹고산 것으로 밝혀져서 큰 관심거리가 되고 있다. 숲에서 벗어난 인류의 조상이 주로 먹던 것이 풀이었다고 하니 먹거리가 매우 빈약해 보인다. 인류가 유인원 중 유일하게 풀을 먹는 동물이라 한다.

2013년 미국 유타대학의 투레 첼링(Thure Cerling) 교수는 자연과학진흥재단(Proceedings of National Academy of Sciences)의 지원을 받아 화석이 보관된 아프리카의 각 지역과 박물관의 협조를 얻어 총 19종의 이름을 달리하는 고인류 화석에서 263개의 치아의 마모상태를 전수 조사하여 그 결과를 발표하였다. 다른 많은 포유동물들도 사바나의 팽창으로 숲을 잃게 되자 풀을 먹고 살 수밖에 없는 생존방식으로 바뀌어 진화하였는데 유인원 중에서도 풀을 먹고 사는 식생 동물이 등장하는 것에 대하여는 이상할 것이 없다고 하겠다.

첼링 교수에 의하면 인류의 조상은 4백만 년 이전 발견된 화석에서는 풀을 먹지 못하였다고 한다. 4백2십만 년이 된 케냐의 오스트랄로피테쿠스 애냄니시스(Australopithecus anamnesis)에 와서는 비로소 잎과 풀을 함께 먹기 시작한 것으로 조사되었으며, 3백4십만 년이 된 오스트랄로피테쿠스 아파렌시스(Australopithecus afarensis)에 와서는 풀의 섭취량이 22% 내지는 69%까지 급증하는 것을 보았다. 특히 호모(Homo) 계열이 아닌 로보스투스(Robustus)나 보이세이(Boisei)와 같이 턱 근육이 매우 잘 발달된 인류의 한 종파는 C4식물을 80%까지 먹은 것으로 밝혀졌다.

1백4십만 년 전의 인류 화석에서도 풀을 먹는 경우가 55%에 이르렀으며, 1만 년 전의 화석에서는 비로소 현대 북유럽인의 식단 구성과 같이 잎과 풀을 반반 먹는 것이 정착되었다고 한다. 곡식류 중엔 쌀, 보리, 밀 등은 C3이지만 황하문명을 이루어낸 조, 기장, 수수 등은 C4식물이다. 물론 고기류를 같이 먹었으나 사람이 본격적인 사냥을 시작한 것은 50만 년이 되지 않으며, 사냥 이전 시기 고기를 주워서 먹기 시작한 것도 2백5십만 년 전으로 보고 있다.

인류가 침팬지와 공동 조상에서 분리된 시점은 인류학에서는 6백만 년 전이라 생각하고 있다. 6~7백만 년 전의 아프리카는 남아프리카에서 동아프리카로 길게 사바나가 팽창해 나가는 시기였으며, 동시기에 인류는 숲을 잃고 사바나 생활을 하기 시작한 것으로 보인다. 3백5십만 년 전의 오스트랄로피테쿠스 애남니시스가 직립을 하였고 풀에 잘 적응해 간 것으로 보아 인류 진화의 모습이 드러나는 시기라 하겠다. 인류의 조상이 소나 말과 같이 풀을 먹고 살았다는 매우 이채로운 주장이다. 첼링 교수에 의하면 소나 말과 같은 C4식물을 주로 먹는 동물을 잡아먹었어도 조사방법의 한계로 인하여 사람이 C4식물을 먹은 것으로 오판될 수 있는 소지는 남아 있다고 한다.

고인류의 화석은 직립원인(Homo erectus)과 그 이전 고인류와의 확연한 차이는 허리의 모양에서 나타난다. 풀을 먹었던 시기 인류의 배 모양은 완전한 배불뚝이의 D라인 체형을 가지고 있다. 그러나 사냥으로 고기를 먹던 직립원인이 되면 허리가 잘록한 S라인이 되어간다. 풀을 소화하기 위해서는 강인한 턱 근육의 발달과 함께 내장의 길이도 상당히 길어야 하기 때문에 커다란 배를 피할 수는 없다. 풀로 살아가자니 많이 먹어야 하고 소화가 어려웠을 것이다.

우리 모두 S라인을 갖고 태어난 것에 감사하며 이것을 잘 지켜가는 것이 건강을 지키는 기본이라 하겠다.

4. 예쁜 척해야 사는 아기

[어미에게 귀여움을 떠는 새끼 원숭이]

사람의 아이는 침팬지나 다른 영장류의 새끼들에 비해 현저하게 예쁘게 태어난다. 예쁘게 태어나기 위해서는 포동포동해야 한다. 사람의 아이는 지방질이 15%나 차지하는데 이는 침팬지의 새끼가 3~4%의 지방질로 태어나는 것(작고 못생겼음)에 비교하면 매우 높은 수치다. 특히 사람의 아이는 산파의 도움 없이는 자연분만이 어려울 만큼 어미에게는 부담스럽게 커졌는데 자연계에서는 이렇게 어미의 희생을 초래할 만큼 비정상적으로 커진 예는 찾기가 힘들다. 그 이유의 상당 부분이 아이가 예쁘게 태어나야만 하기 때문이라 한다.

사라 블래퍼 허디(Sarah Blaffer Hrdy)는 "진화한 적이 없는 여자(The Woman that Never Evolved)"라는 논쟁이 심했던 책을 낸 동물학자이다(Cambridge: Harvard University Press, 1981). 허디는 인도에서 인도원숭이(Hanuman langurs)와 생활하면서 여성이 아니었다면 알 수 없었을 법한 어미 원숭이의 행태에 대하여 어미라는 고정관념을 탈피하게 하는 중요한 사실들을 보고하였다. 인도원숭이의 어미들은 상황에 따라 고의적으로 새끼를 죽이는 일이 있다는 것이다. 이는 동물의 왕국에서 새끼에 대한 무한한 어미들의 희생을 부추기는 통념과 크게 배치되는 일이다. 허디에 의하면 인도원숭이끼리 집단 간에 싸움이 일어나고 한 집단이 다른 집단에 의해 정복당할 경우 정복당한 집단 내의 암컷들이 자기 새끼를 고의로 죽이는 것을 보았다. 자기 새끼를 죽이는 동물행태를 영아살해(infanticide)라 한다. 허디는 어미가 자기 새끼를 죽이는 이유로 새로운 정복 집단의 수컷들이 전 집단의 새끼를 공격해 죽이는 점도 지적하였지만 그보다 직접적인 이유로 암컷들이 젖을 먹이는 기간 동안에는 수임을 할 수가

[인도원숭이 무리]

없기 때문에 새로 등장한 집단의 수컷들을 받아들이기 위한 것이라고 한다. 학계에서 커다란 비판에 직면했던 이 영아살해의 행태는 이후 공교롭게도 현존하는 대부분 인간의 원시사회에서도 보편적으로 행해지는 것으로 밝혀지게 되었다. 쌍둥이를 낳았을 경우 한 아이는 죽인다. 외부인의 아이나 부정하게 생긴 아이도 죽인다. 자기 아이라도 불구로 태어나면 죽인다.

인도원숭이뿐만 아니라 침팬지나 고릴라에서도 이러한 영아살해가 행해진다. 물론 집단으로 살지 않는 오랑우탄이나 매우 순한 영장류인 보노보(bonobo)에게서는 목격되지 않았다.

인간의 아이가 예쁘게 태어나야 하는 이유는 역설적으로 영아살해를 피하기 위한 아이 자신의 방어책이라고 한다. 통통하고, 총명하고, 건강해 보여야 어미에게 자기는 완숙하니(full term) 잘 살아갈 수 있다는 것을 보여주기 위한 것이며, 이것이 자기를 버리지 말아 달라는 새끼의 강변이라고 한다.

침팬지나 고릴라의 어미는 최소 4년에서 8년까지 한 새끼에 묶여 산다. 같은기간 내에 수임은 되지 않으며, 침팬지의 새끼는 근 4년간 어미의 몸에 붙어서 잠시라도 떨어지지 않는다. 어미에게 이 기간 새끼에게 모든 생존에 필요한 에너지를 제공하기 때문에 양육의 부담이 매우 크다.

영아살해의 위협은 영장류의 집단생활 성격에 따라 차이가 난다. 침팬지는 한 집단 내에 사는 무리는 모두 형제간이다. 새끼가 누구의 새끼인지 가리지 않으며 모든 수컷들에 의해 잘 보호가 된다. 반면 수컷은 새끼를 양육하는 일에 전혀 도움을 주지 않는다. 어미 혼자서 4년 이상을 새끼에 묶여 살아야 한다. 침팬지에게는 암컷이 쌍둥이를 낳아 기른다는 것은 불가능하다. 이런 까닭에 침팬지는 쌍둥이를 낳는 일은 없다. 원숭이 중에 타마린은 인간과 같이 쌍둥이를 낳아 기르는데 이는 타마린의 수컷이 사람처럼 새끼의 양육에 적극적으로 참여하기 때문이다.

사람은 수컷이 적극적으로 아이 양육에 참여하는 동물이다. 인간의 사회는 남자 친족에서 태어나서 성장하는 경우와 여자 친족에서 태어나서 성장하는 사회가 공존한다.

우리나라는 삼국시대와 고려시대까지 여자 친족에 살았던 사회에 속했던 것으로 알려져 있다. 조선시대에 와서 국가가 중국의 가부장적 종법제도를 받아들이면서 적극적으로 남자가 장가가지 않고 여자가 시집오도록 강제했다고 한다. 세종대왕의 옹주가 우리나라에서 최초로 시집을 가게 된 첫 사례라 한다. 율곡 이이 선생도 잘 아는 바와 같이 어머니인 신사임당의 친가에서 나서 성장한 것을 보면 "장가가는" 풍속은 이후에도 오래 지속한 것 같다. 여자 친족에서 사는 경우는 아버지가 양육에 참여하는 정도가 상대적으로 매우 낮고 주로 거주지 내의 여자들이 대리모를 행해준다. 반면 남자 친족에 거주하는 사회에서는 아버지와 친족 남성이 양육에 참여하는 비율이 현저하게 높다.

대리모를 고려하지 않는다면 인간의 양육에는 8년 이상이 소요되며 아마도 할머니가 없었다면 인간사회의 성장이 불가능해 보이는 상황이다. 인간의 아이 양육은 어미 혼자 감당하지 못한다.

인간의 아이가 예쁜 척을 해야 하는 또 다른 이유는 자기를 보호할 대리모를 해 줄 사람들에게 잘 보여야 하기 때문이다. 사람의 아이는 대리모에게 적극적으로 반응하며, 성인 남자의 경우에도 예쁜 아이를 보면 그렇지 못한 아이에 비해 현저하게 끌린다. 남성호르몬이 낮아지고 사회성을 증가시키는 옥시토신(oxytocin: 뇌 호르몬)이 증가한다고 한다. 보호 본능이 커지는 것이다.

우린 아주 가끔이기는 하지만 갓난애를 버려 죽게 한 부정한 엄마들의 기사를 신문에서 접하는 경우가 있다. 갓난애를 두고 어린 부모 둘이 PC방에서 놀다가 아기가 사망한 엽기적 사건도 있었다. 이런 사건이 생기는 근저에는 사람은 다른 포유동물들의 어미와는 달리 애가 태어난 시점에서 어미를 자식에게 강제로 붙들어 두는 생리현상이 없다(고양이 어미는 새끼의 배설물을 먹어야 산다).

사람에게는 출산 시점에서 어미에게 보호본능 호르몬인 옥시토신이 분비되지 않으며, 한 달이 지난 후에나 본격적으로 분비되기 시작한다. 왜 이러한 시차가 생기는지에 대해, 어떤 학자는 영아살해가 인간 생존에는 매우 절실한 선택 사항이기 때문이라 한다.

다시 말하자면 영아살해가 가능하도록 이러한 시차가 생긴 것이라는 것이다.

그는 지금 시대에도 아프리카의 원시사회에서는 영아살해가 광범위하게 이루어진다고 한다. 그가 목격한 흑인 사회에서는 태어난 아이의 피부가 지나치게 검으면 죽인다. 그는 인간의 피부가 밝아지게 된 까닭으로 이러한 영아살해가 주요인이라고 한다.

오늘 한국 사회에서는 저출산이 크게 문제가 되고 있다. 자손을 갖지 않으려 한다는 것은 생물학의 법칙에 완전 배치가 되는 현상이다. 결혼하지 않는 천주교의 신부와 수녀 그리고 불교 스님의 존재가 생물학에 반할 수 있다고 하더라도 이들의 종교적 신념이 내 아이, 내 형제를 넘어서는 인류 보편적 사랑으로 확대된 이유이기 때문일 것이다.

신부는 영어로 Father(아버지), 수녀는 Sister(자매)라 호칭한다. 한국사회의 저 출산문제는 영아살해에 원인을 두고 있지는 않겠지만 영아살해에 관련된 불편한 진실을 직면하지 않으면 안 된다. 그리고 동물의 왕국에서는 여성의 낙태권리 주장을 불편하다 피해가지 않는다.

5. 린 마굴리스Lynn Margulis의 또 다른 진화론

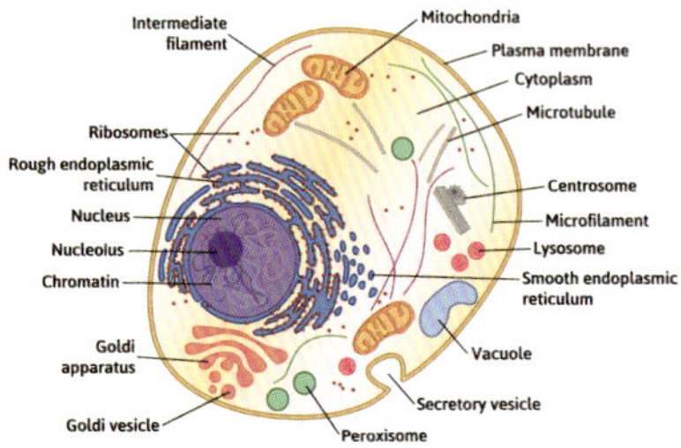

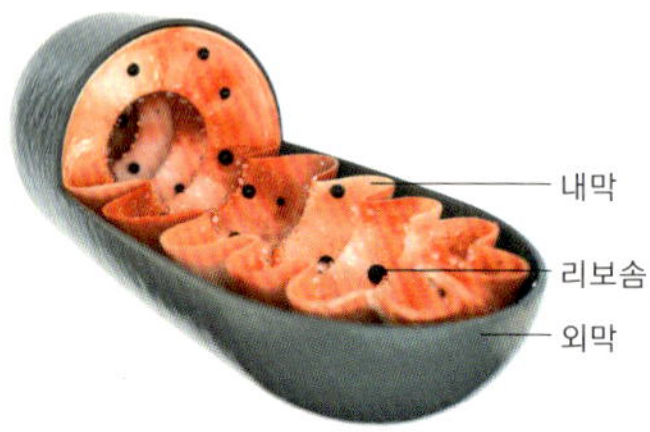

미토콘드리아

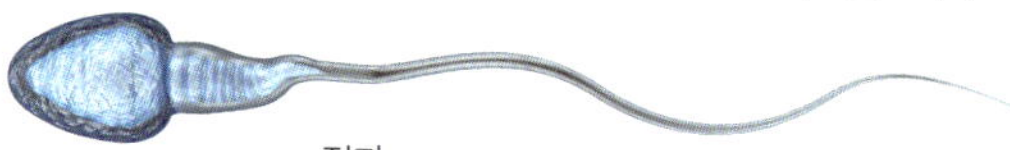

정자

[세포내 미토콘드리아 모습과 미토콘드리아를 에너지로 달리는 정자의 모습]

영어로는 욕처럼 들리는 "지구는 강인한 여자다(Gaia is a tough bitch)"라는 말은 학계에서 좀처럼 받아들여지지 않던 세포이론을 진화의 핵심 이론으로 만들어 낸 생물학계의 강인했던 여성 린 마굴리스(Lynn Margulis)가 한 말이다. 진화론의 핵심 주제는 다윈의 책 제목과 같이 『종의 기원』이다. 진화론은 동식물이 새롭게 만들어지는 과정을 설명하여야 한다. 다윈 시대에는 아직 알려지지 않았던 생물학적 이론들이 멘델에서 시작되어 어떤 형질이 다음 세대로 전달되는 유전의 실체가 밝혀지고 뒤이어 그 유전자가 규명되면서 『종의 기원』은 두말할 것도 없이 유전자 변화로 설명되는 대상이 되었다. 그러나 유전자의 설명은 마구 생기는 돌연변이가 있어야 하고, 그 돌연변이가 우월해지는 환경이 있어야 하며, 심지어는 돌연변이를 잠재우는 본체 집단이 다 사라져야 하는 과정으로, 진화란 매우 점진적이고 거의 불가능해 보이는 우연의 연속되는 과정이다.

스티븐 제이 굴드(S. J. Gould)는 고화석을 연구한 학자로서 이러한 설명은 지구 역사에서 대량의 동식물이 사라지고 또 대거 새로운 동식물이 출현한 고화석들이 보여주는 다이내믹한 진화 과정을 설명하기에는 너무나 턱없이 부족하다고 한다. 그에 의하면 유전자의 설명 체계로는 너무 점진적이어서 지구상에 진화할 수 있는 것이 아무것도 없다고 비판한다. 그는 엘드리지(N. Eldridge)와 더불어 급진적 진화의 모델(punctuated evolution)을 주장했으며 이 모델의 이론적 바탕으로 발생학을 진화론에 도입하여 빠른 시간 내에 진화가 성립할 수 있다는 학설을 주장하였다(Ontogeny and Phylogeny, 1977).

필자의 박사학위 논문도 굴드의 진화론에 영향을 받아 발생학을 정치학에 도입한 것이다. 마굴리스(Margulis)는 이러한 진화 이론 논쟁에 독보적인 기여한 학자이다. 그녀에 의하면 진화란 다윈의 생각처럼 경쟁에 의해서만 이루어지는 과정은 아니라고 한다.

진화란 생명체 간의 공생관계(symbiotic networking)로도 이루어진다고 주장한다.

여성학자의 시각이 두드러진 이론이다. 진화란 생명체 간에 우연히 같이 살게 된 동물끼리 어느 시점에서 한 동물이 다른 동물의 몸체로 침입하여 하나의 몸체가 되어서 새로운 생명체가 탄생하는 것이 더욱 본질적인 진화의 모습이라 한다. 그녀에 의해 진화론은 동물들의 종의 분화를 연구하던 수백만 년 단위의 연구에서 세포들이 합쳐지고 분화되는 단순한 세포들이 살던 시대인 수십억 년 전의 박테리아 시대로까지 거슬러 올라가게 되었다.

마굴리스 주장에 의하면 사람의 몸속에 한 생명체가 침입하여 한

몸으로 같이 살게 된 생명체가 '미토콘드리아(mitochondria)' 이다.

물론 우리의 장속에는 다른 모든 초식동물과 같이 식물을 분해하는 마이크로 바이옴(microbiome)이라 불리는 엄청난 양의 박테리아도 있으나 이들 박테리아는 사람과 일체가 아닌 독립된 생명체이다. 이에 반하여 미토콘드리아는 우리의 세포를 구성하는 가장 중요한 구조물이다. 적혈구 세포 외에 모든 세포에 존재하는 미토콘드리아는 세포가 사용하는 에너지를 공급하는 필수 기능을 하는 우리 몸의 한 중요 부분이다.

미토콘드리아는 누가 보아도 박테리아의 일종이다. 우리 몸에서도 우리 몸이기는 하나 자체적인 유전자를 가지고 있으며 독립된 생명체로 살아간다. 핵을 가지고 있는 진핵생물들은 다 미토콘드리아가 존재한다. 마굴리스에 의하면 미토콘드리아가 다른 박테리아를 침입하여 체내공생(endosymbiosis)을 하면서 모든 진핵생물(eukaryote)들이 생겨난 것이라 한다. 16억 년에서 21억 년 전 사이에 일어난 일이다.

동물들의 생식 과정을 보면 사정된 정자가 난자에 도달하기 위해서는 정자의 크기로 보면 어마어마한 거리를 헤엄쳐 가야 한다. 한 번 사정에 수천만 마리의 정자가 경쟁하며, 사정된 정자는 난자를 향하여 어마어마한 속도로 질주해 간다. 선착순이기 때문이다. 정자가 초당 5mm를 움직이는 것은 사람의 속도로는 거의 시속 500km가 넘는 속도라 한다. 정자에게 필요한 것은 최고의 연료이다. 모든 정자는 꼬리 윗부분에 연료통을 달고 있으며 이것이 미토콘드리아이다(위 그림 참조). 미토콘드리아가 매우 필요해 보이는 장면이다.

진화는 유전자의 변화만으로 일어나는 일은 아닌 것 같다. 마굴리스가 처음 이 논문을 냈을 때에는 어떤 학회지도 게재해 주지 않았다고 한다. 이 철인 여성의 중단 없는 노력으로 유전자 단위가 아닌 세포단위의 진화 이론들이 출현할 수 있었다고 한다. 필자와 같이 생물학이 전공이 아닌 사람에게는 진화의 단위는 유전자나 세포(in vivo)보다는 유기체 단위(in vitro)가 보다 흥미롭게 다가오는 것도 사실이다. 즉 기린의 목은 대를 거쳐 자꾸 높은 곳에 있는 잎을 먹기 위한 적응 노력의 결과이지 목이 긴 기린만 살아남아서 목이 길어진 것이라는 것은 앞뒤가 바뀐 듯이 들린다. 이를 진화론에서 용불용설이라 하는데 이런 주장은 결과를 놓고 원인을 억측하는 것에 불과하지 과학적 설명은 되지 못한다. 다만 진화에 대한 설명은 생명체의 여러 단계에서 다이내믹하게 생겨나는 것이라 해도 궁극에는 유전자의 화학작용으로 풀어야 할 과제임에는 틀림이 없어 보인다.

인체 내의 미토콘드리아는 인체와는 독립된 자체 유전자를 가지고 있고 또 비교적 단순하여 인류의 조상을 추적할 때 많이 사용되었다. 미토콘드리아의 유전자만 가지고도 인류 조상의 추적이 가능하기 때문이다. 그런데 미토콘드리아의 유전자 유전과정 중 번식 과정에서 인간의 유전자들이 남녀의 크로모좀이 반반씩 쌍을 이루어 융합하는데, 반하여 미토콘드리아는 수컷의 미토콘드리아 유전정보는 모두 버려지고 암컷의 유전정보만 전달이 된다.

이런 이유로 미토콘드리아로 조상을 추적하다 보면 모계의 계통만이 나오게 된다. 이렇게 해서 추적된 현생인류의 공동 어머니를 "미토콘드리아 이브(mt-Eve)"라 하며 1987년 사이언스(Science) 지에 처음 게재되었다. 이후 수정이 거듭되어 현재 현생인류의 공동 어머니는 15만 년 전 아프리카인이라고 정립되었다. 물론 이제는 유전자 정보학(genomics)이 많이 발전되어 인간의 모든 유전자를 동시에 파악하는 것이 어렵지 않게 되었고, 남자의 Y염색체 유전자를 별도로 조사할 수는 있으나 남자를 대상으로 한 계통 연구는 아직 남성 크로모좀 아담(Y-chromosome Adam)의 시기를 확정 짓지 못하고 있다.

미토콘드리아 계통연구는 인도인의 조상 연구에서 재미있는 결과를 도출하였다. 현재 인도인의 어머니계와 아버지계의 조상 계통이 매우 다르다는 것이다. 아버지들은 거의 북방계 인임에도 불구하고 어머니계는 거의 남방계 인이라고 한다. 아마도 북방계 유목민인 드라비다족이 인도에 침입하면서 현지 여성들을 아내로 차지하여 생긴 일일 것이다. 이와 비슷한 결과가 우리나라에도 있다고 한다.

우리나라 여성들은 현저하게 남방계가 많으며 남성들은 북방계가 많다고 하니 역사시대 사건과 일치한다. 청동기 시대 고인돌 묘제를 사용한 한반도의 선주 원주민들과 요동과 연해주를 건너온 북방인 들의 조상 계통 연구가 잘 밝혀질 시기가 다 되었다고 기대해 본다.

미토콘드리아가 우리 세포의 연료탱크라고 했는데 미토콘드리아가 고장이 나는 것을 노화라 한다.

노화의 가장 큰 이유는 산화 스트레스(oxidative stress)이며 산화스트레스가 가중되면 미토콘드리아가 고장이 나는 것이다. 동물의 왕국에서 산화 스트레스를 조심하라고 경고하고 싶고, 좋은 항산화제를 사용하라고 권고해 본다.

6. 인간에 의해 멸종된 동물들

[알타미라 동굴벽화에 그려진 인간사냥의 모습]

인간은 동물의 멸종에 많은 책임이 있어 보인다. 특히 최근엔 기후 온난화로 인하여 북극의 빙하가 사라지면서 많은 동물이 멸종 위기에 처하고 있다고 한다. 미국의 워싱턴주 시애틀에서는 올겨울 워싱턴 주로 회귀하는 연어의 수가 급감하고 있다고 하며, 이곳으로 회귀하는 연어 중 5종은 급격한 멸종 위기를 맞고 있다. 이 연어의 멸종 위기는 북극의 빙하가 녹으면서 바다에 차가운 해류를 만들어 연어들이 이동하는 해류에 변동이 일어나 생긴 일이라 한다.

2020년에는 영국의 철새들이 남하한 지역에 먹이인 애벌레가 기후 온난화로 인하여 꽃이 한 달 이상 일찍 피면서 애벌레들이 다 부화하여 먹이가 사라지자 철새들의 개체 수가 급격히 줄었다.

미국의 제비나 딱새 등의 철새들은 알래스카에서 남쪽으로 이동하는데, 작년에 오래 지속된 캘리포니아의 산불로 인해 이들 철새들이 내륙으로 남하하면서 내륙의 사막을 건너게 되자 먹을 것이 없어 떼죽음을 당했다고 한다. 동물이 사라지는 이유는 사람에 의한 직접적인 사냥만은 아니다.

필자는 환경보호 주의자들의 주장에 매우 냉소적인 편이나, 많은 동물이 생존의 위기를 맞고 있는 것을 보고 있자면 동물의 왕국에 새로운 의무감이 생긴다.

앞 사진은 스페인에 있는 알타미라 동굴의 벽화를 복원한 것이라 한다. 1만8,500년 전에서 1만4,000년 전 사이에 그려진 것이다. 동물이 사람의 사냥으로 인하여 사라져가는 모습이다. 사람에 의해 사라진 동물은 사람의 사냥 대상이 된 대형의 동물들이 대부분이다. 사람이 아프리카에서 나와 유라시아와 호주까지 전 대륙에 퍼져 나가는 시점(약 5만5,000년 전) 이전의 아프리카 대륙 내의 동물들은 아프리카 밖의 동물들보다 매우 작았다고 한다. 큰 동물들을 사람들이 많이 사냥해서 생긴 일이다.

12만5,000년 전을 기준으로 한다면, 아프리카 동물은 사람이 없었던 유라시아의 같은 동물에 비해 크기가 매우 작았다고 한다. 사람에 의해 멸종을 당한 동물 중에는 대형의 코끼리, 곰, 사슴들이 대표적이다. 4만 년 전 유라시아에 살던 곰은 지금 그리즐리 곰(grizzle bear)보다도 수백 파운드나 컸었으나 사람이 도착하면서 사라진다. 아시아의 작은 얼굴 곰(short-faced bear)은 일어서면 키가 3m가 넘었다고 하니, 지금보다는 동물들이 상당히 컸던 것 같다.

남미에 살던 곰과 동물인 자이언트 나무늘보(giant sloth)는 몸의 길이가 6m이고 몸무게가 4톤이나 되었다고 한다. 이들은 인류가 1만5,000년 전 베링해를 건너 아메리카에 도착하고 남미에 정착하기 시작한 1만2,000년 전 시점 지구에서 사라지게 된다. 사람의 사냥에 의해 사라지게 된 것이 분명하다.

고양잇과의 대형 포식동물 역시 사라지게 되는데 그 이유로 첫째는 사람과 경쟁하여 같은 대상의 동물들을 사냥해야 하는데 먹이 사냥의 경쟁력에서 사람을 이길 수가 없다고 하며, 둘째는 사람이 불을 사용하는 것이라 한다. 특히 농업이 시작되면서 화전이 행해지자 많은 동물이 살아갈 서식지를 잃게 된다. 조선에서 호랑이와 사슴이 사라지는 시기는 17세기에 화전이 보편화되면서부터이며, 화전으로 인하여 산에 많았던 산삼 역시 더운 지열로 인하며 많이 사라지게 되었다. 불의 사용이 많은 동물들에게 멸종의 이유가 된 것은 분명하다.

[멸종된 도도새]

사람이 멸종시킨 것이 분명하고 가장 많은 이야기와 교재로 남은 동물은 도도새(DoDo bird)이다. 필자는 도도새는 앨리스의 원더랜드에도 나오는 미련하고 순박한 동물이라 미 대륙에 살던 큰 칠면조처럼 생각해 왔다. 그러나 도도새는 아프리카 마다가스카르섬 동편으로 인도양에 위치한 모리셔스(Mauritious Island)라는 섬에만 살던 새라고 한다. 키는 1m 정도에 몸무게는 30kg 정도이며 사람을 잘 피하지 않는 매우 살이 찌고 둔한 동물로 알려져 왔다. 이 섬은 1505년 포르투갈의 식민지가 되었으며, 이후 포르투갈의 주요 무역항의 역할을 하였다고 한다. 섬에 많은 무역선이 다니면서 100년이 못 되어 섬에 아주 많던 새가 멸종되었고, 이 사건은 사람들의 입에 오랜 기간 죄스러운 마음으로 전해져 오게 되었다고 한다.

도도새는 새 전문가의 눈에는 눈의 모습이나 털의 모습이 비둘기만의 특성을 많이 가지고 있어 생김새와는 다르게 비둘기의 일종이라고 주장했다고 한다. 그런데 최근 들어 행해진 도도새의 유전자 조사에서도 이 새가 비둘깃과인 것이 확인되었다고 하니 전문가들의 분석력에 감탄한다. 이 섬을 드나드는 선원들이 가장 좋아하는 사냥감으로 그로 인해 사라지게 된 것이라 한다. 둔하고 미련하여서 멸종된 동물의 상징이 된 도도새도 실제는 섬의 환경에 놀랍도록 적응이 잘 된 동물이라 한다. 다만 사람이라는 경험치 못한 포식자에 대한 대항능력이 전혀 없었던 것이 이들이 사라지게 된 이유가 된다. 도도새는 비둘기와 마찬가지로 한 번에 한 알씩을 낳아 기르기 때문에 번식력 또한 매우 늦어서 도저히 사냥으로 인한 개체 수의 감소를 막기는 어려웠을 것이다.

도도새가 사라진 곳에 엉뚱하게 피해를 입은 것의 하나는 이 섬에 사는 수명이 300년이 되는 나무들이라고 한다. 이 나무 들은 도도새의 배설물을 통하여 번식하는데 도도새가 사라진 후 번식이 전혀 되지 않은 것이다. 한때는 섬 전체를 덮었던 나무들이 현재는 5그루만 남아 있고, 그나마 모두 300년이 넘은 것들이라고 한다.

과학자들은 이 나무의 번식 과정이 칠면조의 배설을 통해서도 가능하다는 것을 알아냈다. 따라서 복원이 가능해졌다고 하니 다행인 것 같다.

최후의 최대 빙하기(last glacier maximum)가 물러가고 간빙기의 온화한 기후가 도래하면서 지구상에 사람보다 큰 동물들이 갑자기 사라지는데 이것을 대형동물 멸종(megafaunal extinction)이라 한다. 과학자들에 의하면 대형 코끼리인 매머드를 위시하여, 서인도 제도의 1.5톤이 넘는 매너티(manatee), 동아시아의 소보다 5배나 큰 스텔라바다소(stella sea cow), 남미의 나무늘보, 유라시아의 큰 곰 등의 대형동물들이 사라진 시기는 지난 5만 년 동안 일어난 일이며 지구의 기후변화와는 상관관계가 없다고 한다. 이를 가장 잘 보여주는 사건은 기후의 변화가 비교적 적었던 호주의 경우라고 한다.

호주에 인간이 도착할 시점에 지금 캥거루에 비해 3배 이상 큰 270kg의 캥거루(giant short-faced kangaroo)가 살았으나 4만6,000년경 멸종했다. 호주 남쪽에 위치한 타즈매니아(Tasmania) 섬에서는 4만1,000년 전, 일본에서는 3만 년 전, 북미에서는 1만3,000년 전 남미에서는 1만2,500년 전에 대형동물들이 사라지는데 이 시기는 모든 현생인류가 이 지역에 도달한 시점에서 멀지 않은 시기들이다. 이는 인간의 사냥이 이들 대형동물을 멸종시켰다는 주장에 대한 부정하기 힘든 증거로 보인다.

필자도 도도새가 인간이 멸종시킨 동물의 첫 사례가 아닐까 생각한 시기가 있었다. 그러나 이제는 인간의 영향력에 의해 오랜 시간 많은 동물이 사라진 것이 분명해진 것 같다. 미국 앨 고어(Al Gore) 대통령 후보가 강력하게 주장했던 온난화를 막기 위한 세계지구기후협약에 대해 그릇된 과학이라 심하게 반대하였었으나, 오늘 미국의 새로운 바이든 대통령이 이를 다시 강하게 추진하겠다고 하는데, 왠지 찬성해야만 할 것 같은 의무감이 생긴다.

Review

대형 돼지와 왕 도마뱀이 인간사냥을 견디고 살아남았을까?

Telegraph, *March, 22. 2021*

[대형동물인 코모도 왕 도마뱀]

어떻게 거대한 돼지와 코모도 왕도마뱀은 현생인류에 의한 대형동물의 멸종 시기에서 살아남았는지에 대해 자연사 박물관의 과학자들이 새로운 이론을 밝혔다. 과학자들은 오랫동안 DNA의 흔적을 통해서만 알고 있었던 인류의 가까운 사촌 데니소반의 화석 증거를 찾고 있었다. 화석이 발견 된 지역을 분석하면서, 과학자들은 인간과 함께 진화해온 대형동물은 다른 동물들보다 유전적인 우위에 있었다는 것을 알게 되었다. 인간들이 사냥을 배웠지만, 코모도 드래곤과 같은 대형동물들은 나름대로 새로운 방어 메커니즘을 개발했기 때문에 살아남았다고 생각한다. 호주와 같은 세계 일부 지역은 이러한 대형동물이 없었기 때문에 현대인류가 도착했을 때 대형동물의 멸종사태가 발생하였다. 자연사 박물관의 크리스 스트링거 교수는 대형동물이 멸종한 호주에서는 데니소반의 화석을 발견하지 못했다. 이에 반해 인도네시아 섬, 티베트, 시베리아 등지에는 데니소반의 화석이 있었다. 이 지역에서 오늘날 살아남은 큰 동물로는 코모도 왕도마뱀, 바비루사(놀랍게도 뒤집힌 상아를 가진 대형 돼지), 타마로와 아노아스라 불리는 작은 야생 버팔로가 있다.

[대형돼지인 바비루사의 모습]

"데니소반에 대해 알 수 있는 것은 그들의 고대 DNA와 그들이 현대인류와의 교배를 통해 오늘날 우리에게 남긴 흔적을 통해서만 가능하기 때문에 아직은 신비에 싸여 있다." 또한, 그나마 불완전하지만 시베리아의 데니소반 동굴과 중국의 티베트 고원에서 얻는 데니소반의 화석이 있지만, 정작 현대인류에 남아 있는 그들의 유전자를 고려하면 이들의 화석이 발견될 만한 지역인 동남아시아나 호주에서는 이들의 화석이 전혀 없다. 따라서 과학자들은 이 지역의 화석을 전면

재검토하게 되었으며, 그 결과 자바의 직립원인, 플로레스의 호모 플로레시엔시스, 필리핀의 호모 루존니시스로 알려진 화석의 인류가 데니소반보다 이 지역에 훨씬 더 오랜 역사를 가지고 있다.

따라서 이들이 이 지역에서는 데니소반이나 네안데르탈인 보다 훨씬 더 현생인류와 가까울 것이라 한다. 연구를 이끈 크리스토퍼 헬겐 교수는 이들 살아남은 동물이 고대 인류들 사이에서 오랜 기간 함께 살아왔다는 것이 이 동물들의 생존에 도움이 되었다고 설명한다. 그는 호주와 뉴기니에서는 현대인류가 도착하자 오래지 않아 사람보다 큰 대형동물이 멸종하였는데 이에 반하여 플로레스, 필리핀, 술라웨이 지역에서는 현생인류가 도착하기 이전에도 오랜 기간 사피엔스와는 다른 인류와 함께 생활하였기 때문에 이 지역에 사는 동물들은 현생인류의 사냥술에 대해서도 잘 적응할 수 있었을 것이라고 한다.

[필리핀 칼라오 동굴에서 호모 루존니시스 화석 발견]

7. 유전적 다양성을 잃어가는 스라소니

[스라소니]

스라소니 살쾡이는 우리말 방언이며 유라시안 링크스(Eurasian lynx) 표범이다.

가장 유전적으로 다양한 생물은 어떤 종일까? 20가지 색을 갖은 나비일까? 20분마다 분열하여 유전적 돌연변이를 축적하고 있는 박테리아일까? 현재까지 밝혀진 연구에 의하면 그것은 썩은 나무에 사는 버섯이라고 한다. 반대로 유전적 다양성이 가장 적은 생물은 살쾡이라고 한다. 유전적 다양성은 생물에게 새로운 환경 변화에 적응할 수 있는 기회를 제공해 준다고 생각되기 때문에 살쾡이에게는 좋지 않은 사실이다. 유전적 다양성이란 동일 유전자 위치에 있는 DNA의 2조각이 종 내에서 서로 어떻게 다른 지를 측정하는 것이다.

토론토 대학 생태와 진화 생물학과 교수로 있는 애쉬 커터(Asher Cutter)의 설명에 따르면 DNA는 A, T, C 및 G 문자로 표현되는 쌍으로 구성되어 있으며, 그것을 묶는 몸체와 함께 뉴클레오타이드로 부른다. 유전적 다양성이란 이 뉴클레오타이드의 다양성을 말하는 것이며 같은 종 내의 두 개체 간에 다른 DNA를 나타내는 게놈 내의 구성을 백분율로 표현한다.

[치마버섯]

치마버섯(schizophyllum commune)은 최대 20%에 달하는 뉴클레오타이드의 다양성을 가지고 있다(2015). 이 연구 결과에 따르면, 이 버섯은 진핵생물에 보고된 기록 중 가장 큰 유전적 다양성을 가지고 있다. 즉, 두 개의 다른 버섯 사이에는 유전체의 구성에서 100의 위치 중 20개가 다르다는 것이다.

이번 연구는 지금까지 14.1%의 유전적 다양성을 가진 것으로 알려진 예쁜 꼬마 선충보다도 더 높은 비율이다. 대부분의 생물에서 유전적 다양성은 5%가 넘지 않는다는 것을 고려한다면 이들 종은 지나치게 높은 다양성을 보이는 것이라고 말할 수 있다. 인간의 유전적 다양성은 1%에 불과하다.

박테리아와 바이러스는 아주 높은 유전 다양성을 가지는 경향이 있다. 그러나 이들은 다른 생물의 종이라고 정의되는 것과 다른 근거로 분류되기 때문에 이들의 다양성과 진핵생물의 다양성을 일대일로 비교해서 말할 수는 없다. 설명을 간단히 하기 위해 지구상의 모든 동물, 식물 그리고 곰팡이를 포함하는 진핵생물에 대한 유전적 다양성만을 다룬 것이다.

종의 유전적 다양성에 영향을 미치는 주요 요인은 돌연변이의 발생, 모집단의 크기 그리고, 모집단의 안정성이다. 유전적 다양성은 돌연변이를 통해 생기기 때문에, 돌연변이 발생률이 높은 종에게 더 높은 유전적 다양성이 생기는 것이라고 한다. 마찬가지로 모집단이 클수록 유전적 다양성을 만드는 돌연변이를 축적시키는 더 많은 유전체 복제가 가능하다. 반면 모집단이 작을수록 유전적 다양성이 낮아진다. 유전 다양성에 대한 연구는 유전 물질을 재현하고 전달하는 개체 수에 집중한다. 이 수는 효능적인 모집단의 규모라 불린다. 물론 이 개체 수는 모집단의 총 크기에 비례하지만, 대상이 되는 효능 개체 수는 모집단의 크기보다 훨씬 작을 수 있다고 한다.

모집단이 멸종의 위기를 맞아 개체 수의 병목 현상을 겪게 되면, 매우 작은 그룹으로 시간을 보내고 반등하더라도 그 결과 모집단의 유전적 다양성은 매우 낮아진다. 이런 현상은 현대에도 유럽 들소(Bison bonasus)에 일어났다. 이 동물은 제1차 세계 대전 동안 거의 멸종 위기에 처했으며 단지 12마리만이 야생에 남게 되었었다.

High diversity

높은 유전적 다양성을 가진 치마버섯은 남극을 제외한 모든 대륙에 있으며, 수백 군집 단위의 매우 효능적인 모집단을 이루고 있다. 버섯은 또한 비정상적으로 높은 돌연변이 발생률을 가지고 있으며, 초파리에 비해서도 10배나 높은 수치이다. 유전 다양성은 종들이 그들의 환경 변화에 새로운 적응을 가능케 하기 때문에 중요하다.

"생물에게 유전적 다양성이 낮다면, 진화를 가능케 할 아무런 작동 원료가 없다"라고 한다. 만일 한 생물이 다양성이 없는 한 개의 유전적 버전을 가지고 있다면 어떤 질병이 유전자 버전을 표적으로 공격할 경우 이 생물은 멸종할 수 있다. 이와 대조적으로 어떤 생물이 유전자 내에 유전적 변이가 있는 경우에는 한 버전은 유전체를 가진 종이라도 질병에 저항하는 데 도움이 될 것이다. 그러한 위험에 직면한 동물이 살쾡이이다. 스페인 국립 생물학 연구위원회의 따르면 이베리아 살쾡이(Lynx pardinus)는 유전적 다양성이 0.026%에 지나지 않는다. 이베리아 살쾡이가 너무 작은 유전적 변이를 가지게 된 한 가지 이유는 300마리도 안 되는 모집단을 유지한 채 지난 몇 세기 동안 멸종 위기에 처해왔기 때문이다. 그들의 효능적인 모집단 개체수는 20세기 말까지 최저 30마리에 이르렀다. 개체 수가 줄어들면 유해한 돌연변이를 포함하여 돌연변이가 병목현상으로 전체 모집단에 상대적으로 더 큰 영향을 미칠 수 있다.

예를 들면, 1,000마리 개체 수에 있는 10마리의 유해한 돌연변이는 100마리의 모집단에 발생한 유해한 돌연변이보다는 충격이 더 작게 생길 것이다. 그 결과, "최근 병목 현상으로 인한 낮은 유전적 다양성은 동물에게 해로운 변이의 축적을 가중한다. 이로 인하여 전반적인 적응성을 심하게 감소시킨다고 한다."

이베리아 살쾡이의 낮은 유전적 다양성은 낮은 번식능력과 더불어 유전적인 질병이 많다는 것이다. 국제자연보전연맹(IUCN)에 따르면 멸종 위기에 처한 종은 사냥으로 인한 남획, 기후 변화와 인간 개발에 의한 서식지의 손실과 질병에 의한 먹이(토끼)의 감소와 같은 위협에 직면해 있다. 거기에 더해 유라시아 살쾡이는 유전적 다양성도 낮아 직면한 위협에 더하여 개체 수가 늘지 못하는 이유도 있다. 먹이 사슬의 상단에 있는 포식자는 그들이 먹는 작은 동물보다 개체 수가 많아질 수 없다.

"이들 포식동물, 특히 살쾡이같이 홀로 살아가는 육식 동물은 매우 낮은 유전적 다양성을 가질 수밖에 없다." "치타에서도 살쾡이와 비슷하게 유전적 다양성이 매우 낮게 나타난다(0.02%)"고 한다. 인간의 유전적 다양성은 약 0.1%로 살쾡이보다는 훨씬 높지만, 지구에 수십억 명의 인간이 있다는 사실을 생각하면 매우 낮은 것이라고 한다.

그 이유는, "우리가 상대적으로 매우 짧은 기간 동안 급작스럽게 수십억 명의 인구가 생겼기 때문이다"라고 한다. "돌연변이가 유전적 다양성을 만들기 위해서는 오랜 기간 서서히 모집단에 축적되어야 한다."

최근 역사에서 인간의 효능적 모집단 규모는 10만 명의 단위 크기일 것으로 추정되었다. 그러나 인간 모집단 규모의 장기 추정은 대략 1만 명도 되지 않았었다.

인간의 효능적 모집단 규모는 치마곰팡이처럼 수백만이 아니지만, 이베리아 살쾡이보다는 훨씬 높다. 인간이 앞으로 수천 년 동안 지금의 큰 인구를 유지한다면, 우리의 유전적 다양성도 그에 따라 증가할 것으로 예상된다고 한다.

[original article on Live Science, April 24, 2021]

4장

동물의 동물다운 행태

Animal Behavior

1. 동물의 타고난 행위들

각인행위와 고정된 행동양식

[프리미어 리그 경기 중 리버풀 팀 소속의 오언선수의 실축 장면]

위 사진은 영국 축구 경기인 프리미어 리그 경기 중 리버풀 팀 소속의 오언(M. Owen) 선수가 아주 쉬운 골을 실축 한 장면이다. 홈 팀의 응원 관중과 리버풀 선수들의 일사불란한 반응이 흥미롭다.

우리가 사람의 심리작용을 말할 때는 일반적으로 심리학이라 하고 동물의 심리작용을 말할 때에는 생물학이라 한다.

그러나 위 사진 속의 심리적 반응은 누가 보아도 생물학이 맞을 듯하다. 머리를 감싸 안은 이러한 반응은 우리의 뇌 속에 있는 앞뇌섬엽(anterior insula)이 다른 심리기전이 작용하기에 한발 앞서서 무의식적으로 반응을 했기 때문이다.

특히 시각과 손의 감각적 지각을 담당하는 대뇌 부분과 운동을 담당하는 대뇌 부분에 근접해 있는 앞부분의 앞뇌섬엽이 작용하여 손으로 머리를 감싸 안은 것이다. 사진 속의 또 하나 극적 장면은 사진 뒤편의 노란 옷을 입은 상대측 응원 관중의 모습이다. 이들은 오른 주먹을 뻗어 환호의 자세를 보이고 있다. 이는 측좌핵(nucleus accumbens)라는 다른 부분이 작용한 것이며 뇌의 이 부위는 보상 신경 네트워크를 구성하는 부위이다. 이들 상대방 응원팀에게는 환호하는 보상심리기전이 작용한 것이다.

사람의 심리라 해서 동물의 생물적 심리기능과 다르지 않을 것이다. 심리학의 합리주의 전통은 인지의 특성만을 강조하여 인간의 심리 현상이라 한다. 하지만 인간의 두뇌 연구가 발전되면서 인지작용이라는 것은 뇌의 기능이 극히 일부분이며 그나마도 뇌의 감정을 포함한 다층적 기능 구조에 피상적인 것에 불과한 것이다. 인간의 심리학도 심리학이 아닌 생물심리학(psychobiology) 내지는 심리생리학(psychophysiology)으로 심층적인 연구 대상이 되어야 할 것이다.

동물의 타고난 행위 중에 대표적인 것이 각인행위(imprinting)이다.

로렌츠(Konrad Lorenz)는 자신이 연구하던 회색기러기(Greylag goose)의 새끼들이 알에서 나와 자신을 어미 기러기로 알고 줄지어 졸졸 따라다니는 행위를 목격하였다. 병아리들은 연구 결과 로렌츠가 신고 있었던 검은 장화에 각인 된 것으로 다른 사람은 따라다니지 않는데 이 장화를 신은 사람을 따라다닌다. 이러한 각인 행위는 새끼의 성장이 빨라 알에서 부화하면 곧바로 어미를 따라다니는 많은 청둥오리와 같은 새(nidifugous birds)들에게도 똑같이 발견되는 행동양식이다. 동물의 타고난 행동양식 중에는 보다 복잡한 행위가 각인된 행동양식처럼 모듈화되어 드러나는 행위가 있다.

[로렌츠를 어미인줄 알고 따라가는 회색기러기 새끼]

동물에 대해 본능적 행동이라 말할 때 쓰는 고정화된 행동양식(fixed action patterns)이 바로 그것이다. 이는 동물들이 태어날 때 가지고 나오는 동물마다의 특수한 행동양식으로 경험과는 무관하게 드러난다. 이들 행동양식은 특정한 자극(signals)에 의해 어떤 행위 패턴이 시작(triggered) 되면 그 행위는 도중에 그 행위 대상의 목적물이 사라져도 모듈처럼 특정 행위 패턴이 완성될 때가지 지속된다.

공작새가 암컷에 관련한 자극을 받아 날개를 펼치면 남성성 과시 행위를 끝까지 하게 된다. 이런 행태는 새들의 경우 둥지를 만들고 짝을 짓고 새끼들을 키우는 모든 행동에 관여된다. 배란기가 된 암컷(stickleback fish)이 색채를 띠게 되면 수컷 물고기들이 몰려드는 행동은 대표적으로 고정화된 행동양식이다.

미국 하버드 대학의 여성 동물학자인 호피 호엑스트라(Hopi Hoekstra) 교수는 대형 실험실을 갖추고 생쥐들이 쥐구멍을 파는 행위에서 놀랍도록 고정화된 행동양식을 보여주고 있다.

그녀가 실험 대상으로 한 생쥐는 들쥐(oldfield mouse)와 사슴쥐

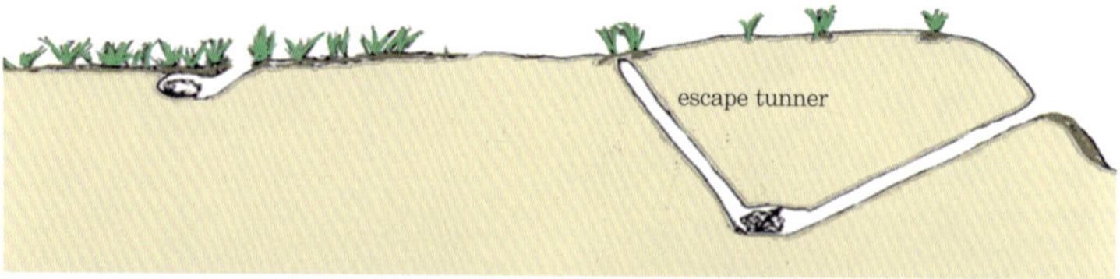

[사슴쥐(deer mouse)]

[들쥐(oldfield mouse)]

(deer mouse)이다. 이 두 종의 생쥐들은 미국 전역에 서식하며 몸체가 10cm 미만의 매우 작은 쥐이다. 생쥐들은 모든 육식동물에게는 가장 흔한 포획대상이며, 번식기간이 짧고 번식력이 좋아 전국에 널리 퍼져 있다. 이중 들쥐는 위 그림에서 매우 긴 굴 같은 쥐구멍을 파고 살고 있으며, 사슴쥐는 왼 편에 매우 짧은 쥐구멍을 파고 산다.

호엑스트라의 연구에 따르면 들쥐의 굴은 입구가 있으며 거의 직각 방향의 대피용 굴을 하나 더 판다. 그래서 뱀 같은 동물이 침입하면 대피 굴을 통하여 밖으로 탈출하게 된다. 대피 굴은 평상시에는 닫혀 있으며, 대피 시기에만 밖으로 열리게 된다. 이렇게 매우 복잡한 과정이 요구되는 들쥐의 굴 파는 행동은 놀랍게도 모든 들쥐에게 거의 똑같은 모양과 길이로 굴을 파도록 고정화된 행동양식으로 유전이 된다. 들쥐는 수대에 걸쳐서 한 번도 굴을 팔 수 없도록 실험실에서 키워진 쥐들의 새끼도 자연환경에 놓아주면 한 치의 오차도 없이 정확한 사이즈와 모양의 굴을 판다. 고정화된 행동양식이란 유전자가 유전과정에서 잃어버리지 않도록 매우 엄격하게 보존해 가는 것으로 보인다. 생존에 매우 중요한 행태이기 때문일 것이다. 호엑스트라 교수는 짧은 쥐구멍을 파는 사슴쥐와 교배를 시도하여, 어떻게 유전이 되는가를 지켜보았다. 그렇게 태어난 들쥐 새끼들 중에는 긴 굴을 파는 것을 잃어버리는 경우가 생기는데 그 차이가 일반 쥐굴의 길이에 딱 반인 경우도 있다고 한다. 정말 유전자가 고정된 행위 양식을 반만 잊은 것같이 된다.

다시 앞의 축구경기 사진으로 돌아가서 보면 사진이 보여주는 행동은 네 편/내 편(in-group/ out-group)을 가르는 "편가르기"라는 고정화된 인간의 행동양식이다. 외인공포증(xenophobia)라 부르는 이러한 행태는 인간에게 고정화된 행동양식으로 드러나는 대표적인 심리 행태이다. 미국 산타 바바라(UC Santa Barbara) 대학의 부부 교수인 존 투비(John Tooby)와 레다 코스미디스(Leda Cosmides) 교수는 인류의 진화 과정을 주목하여 2백만 년이나 지속된 수렵인의 역사가 네 편/내 편을 편 가르기라는 고정화된 행동양식을 만들었다고 한다. 이러한 행태는 수렵인들 생존에 절대적으로 필요한 심리기재이기 때문에 생겨난 것이기는 하나 현대인에게는 자유롭고 평등한 사회 건설에 가장 문젯거리가 되는 심리현상이라 경고하고 있다. 인류의 역사에서 편 가르기의 위험성은 전쟁을 일으키는 국제간의 문제에서나 히틀러의 유태인 학살은 물론 소련이나 중국에서의 소수민족에 대한 차별 혹은 지금 현재 미국에서 진행되고 있는 인종주의(racism) 갈등에 이르기까지 광범위하게 드러나 있다. 현대사회에서의 위험한 인간의 역사이며 그 기원이 수렵 역사에서 비롯된 인간에게 나타난 동물적인 고정화된 행동양식인 것이다.

인간의 심리를 생물심리학으로 바라보고 또 생물학적으로 고정화된 행동양식으로 논하는 것에 대해 아마도 인문 사회학자들은 생물학적 결정론이라 외면하기 쉬운 이론들일 것이다. 이러한 고정화된 행동양식은 환경과의 복잡한 관계에서 억제되고 분출된다. 정치가들이 이것을 악용하면 큰 재앙이 된다. 오늘날 우리나라의 정치사회는 편 가르기가 만연해 있지 않나 우려가 된다. 국제적 관계도 아니고 같은 국민 집단 간에 이러한 편 가르기 공방이 동원된다는 것은 매우 위험한 것이다. 외인 공포증이란 나와 같은 편이 아닌 사람에 대하여는 무차별적인 공격성이 용인된다는 것이기 때문이다.

밀(J. S. Mill)이 지금 세상에 살고 있다면 민주주의에 대하여 매우 다른 해석을 했을 것이다. 아리스토텔레스 이래 민주주의의 문제는 우매한 민중이 사리 판단을 잘못해서 생겨나는 문제일 것으로 간주하고 있다. 그러나 위 사진처럼 동물심리학에서 드러나는 인간의 본성은 민주주의에 매우 어두운 그림자를 드리운다. 동물심리학이 보여주는 인간은 선전선동에 참 취약하다. 최근의 히틀러 연구에 의하면 히틀러가 자신이 민중의 일원이라는 가식을 위하여 사는 집도 대외 선전용으로 하고 애완견을 쓰다듬으며 자기가 얼마나 동물을 사랑하는지 등 가증스럽게 자기선전을 해왔는지를 보여주고 있다. 참 나쁜 사람이다. 우리는 위 사진 속의 사람들로도 민주주의를 해가야한다. 그러나 그 민주주의는 동물심리학자의 진화적 심리학으로 부터의 경고를 들어야 한다. 편을 갈라서 이리저리 휘둘리는 것이 인간사회에 폭력이 만연하게 한다.

오늘날의 우리 정치사회가 편 가르기가 만연해 있음은 우리 모두가 느끼는 우울한 현실일 것이다. 인간도 여느 동물과 같이 고정화된 행동양식으로 살아가는 것이다. 고정화된 행동양식이란 것은 유발되면 끝도 모르게 진행이 된다. 편 가르기가 시작되면 끝없는 분란이 지속되고 합리적인 타협의 공간이 사라지게 된다.

그중에서 법이 편 가르기를 하여 네 법/내 법의 세상이 되는 것 같아 동물심리학의 경고가 더욱 크게 들리는 것 같다.

2. 동물들은 어떻게 가족을 알아낼까?

[양 가족]

동물들도 자기 가족을 알아야 할 이유는 자명하다. 다윈이 동물의 생존 목적이 자기 새끼들을 많이 번식시키는 것이라 했다면, "자기 새끼"란 리처드 도킨스(R. Dawkins)의 『이기적 유전자The selfish gene, 1976』의 계산 방식에 의하면 자기의 유전자를 공유하는 포괄적 적응성(inclusive fitness)라는 가족단위의 계산 공식을 써야 한다. 나와 자식은 나의 유전자의 1/2을 공유하고 있고 형제간에는 나의 유전자를 1/4 공유하고 있다. 따라서 나의 자식만이 아니라 나의 친척과 친척의 자식이라도 나와 같은 유전자를 가지고 있기 때문에, 나라는 유전자는 가족 관계 속에 포함되어 있는 나의 유전자 양을 포괄적으로 계산하여야 한다는 것이다. 즉 나의 유전자와 형제 4명의 유전자 속에 포함되어 있는 나와 같은 유전자의 양은 같다.

이처럼 나의 조카 8명이 지니게 되는 나와 같은 유전자의 양은 나의 유전자와 같다. 그러기 때문에 자연 상태에서는 내가 새끼를 많이 낳는 것보다는 형제자매가 새끼를 많이 낳는 것이 더 나은 경우도 발생한다. 벌과 개미들이 형제자매의 일부만 생식을 하고, 나머지들은 생식을 하지 않는 경우가 생기는 것이다. 동물이 자기 가족을 아는 방법은 냄새로 아는 것이 대부분이다. 양이 대표적으로 어미를 잘 알아보는데 어미의 자궁에서 나는 냄새로 안다고 한다. 그러나 다른 동물들에게서는 양처럼 간단하지 않다. 사람을 포함하여 모든 포유동물들은 자기 고유의 단백질을 생산한다.

자기표식(signature protein) 단백질은 몸 전체의 모든 세포 표면에 위치하게 되며, 이것 때문에 면역의 T세포(T-Cell)들이 자기를 알아보고 공격하지 않는다. 장기이식 전에 검사하는 조직적합성(histocompatibility) 조사는 이것을 검사하는 것이다. 땀과 소변으로 배출되는 이 자기 표식 단백질은 페로몬과 섞여 동물들이 자기 가족임을 알아내는 나만의 냄새를 만들어 낸다. 나와 냄새가 가까울수록 가까운 가족이 된다. 쥐를 대상으로 한 실험에 의하면 새끼 때부터 떨어져 키운 같은 배의 새끼들끼리는 오랜 세월이 지나도 소변의 냄새로 서로를 잘 알아본다고 한다(가족 냄새가 나는 우리를 선호한다). 동물들이 가족을 잘 알아내기 위해서는 냄새도 중요하지만 후각의 능력 자체 역시 매우 중요한 기능을 한다. 사람은 다른 동물에 비해서 후각의 기능이 퇴화되었다고 할 수 있을 만큼 뇌신경세포의 구성에서도 후각이 담당하는 세포의 수도 적다. 개는 사람보다 뇌에 40배 이상의 후각신경세포가 있으며, 코의 감각기능을 더하면 약 100배 이상의 후각능력에 차이가 난다. 특히 사람에게 코에 제이콥기관(jacobson' s organ)이 흔적으로만 남아 기능을 하지 않는데 이 기관이 있어야 말과 같이 냄새로부터 "맛"까지 느낄 수 있는 능력이 생긴다고 한다. 이런 동물들은 좋은 냄새를 맡으면 희열을 느끼는 소리를 내고 표정에서 만족감을 나타낸다.

동물들에게는 냄새를 보다 더 잘 맡기 위하여 호르몬들이 냄새를 맡는 기능을 증폭한다고 한다. 옥시토신과 바소프레신 등의 호르몬은 냄새를 수용하는 수용기(receptor)에 작용하여 냄새를 증폭하여 대상을 쉽게 분별한다. 이런 호르몬들은 냄새를 나게 하는 것이 아니라 냄새를 보다 쉽게 맡게 하는 것이다.

동물이 가족을 잘 알아야 하는 생태적 이유 중의 하나는 짝짓기 때문이다. 짝짓기라는 것이 우선은 근친교배를 피하여야 하기도 하지만 또 다른 이유는 나의 포괄적 적응성을 높이기 위해서는 넓은 의미의 가족 범위 내에서 짝을 찾아야 하기 때문이다. 수학적으로는 이 두 가지를 만족할 수 있는 짝짓기의 이상적 관계는 3중 사촌(a third cousin)과 짝을 짓는 것이라 한다. 3중 사촌이란 고조부가 같은 사촌을 말한다. 증조부가 같으면 2중 사촌이라 한다. 실제 많은 동물의 짝짓기는 대부분 3중 사촌을 중심으로 짝짓기가 행해진다고 한다. 많은 사람들이 겨드랑이에서 나는 암내로 고생을 하고 수술을 한다. 그러나 암내의 목적은 자기를 들어내서 가족이 자기를 찾도록 기능하는 것이니만큼 많은 냄새가 나야 할 것 같다. 미국의 한 여성학자는 사람을 대상으로 암내의 호 · 불호를 측정하였는데 사람도 3중 사촌 간의 암내를 가장 선호하였다고 하니 놀랍기만 하다. 짝짓기 대상 냄새는 근친 냄새와도 다른가 보다. 어미를 알아내는 것과 짝짓기 대상을 알아내는 냄새는 매우 다른데 사람들은 후각이 퇴화되어 미묘한 차이를 모른다고 해야 할 것만 같다.

우리나라의 결혼 제도는 중국의 주자학의 종법제도에 따르는 것이라 3중 사촌 간의 결혼은 불가능하였을 것 같다. 종법제도란 남자의 성씨가 우선하는 것으로 성씨 간의 복잡한 사회적 관계로 맺어지는 결혼이어서 생물학을 따르지는 않았을 것 같다. 그러나 종법제도가 없는 유럽에서는 3중 사촌 간의 결혼이 아주 흔하였다. 현 영국의 엘리자베스 2세 여왕도 3중 사촌 간에 결혼을 하였다. 다윈의 부모도 3중 사촌 간에 결혼하였다고 하며, 다윈 자신은 1중 사촌 즉 일반 사촌과 결혼하였다.

이스라엘의 키부츠(Kibbutz)는 기독교 사회주의라고 하는 공산사회를 지향하여 만들어진 공동사회생활 모델이다. 키부츠에서는 아이들을 탁아소에서 공동으로 키우는데 자기애들과 남의 애들을 가리지 않고 함께 살게 하고 키운다. 친부모를 모르지는 않으나 친부모는 퇴근 후 하루에 한두 시간씩만 자기 자식 대면이 허용되었다고 한다. 물론 이렇게 하는 목적은 여성의 노동력을 육아에서 해방시키려 한 것이다. 그런데 이렇게 어릴 때 같이 자란 아이들끼리는 어른이 되어서 서로 결혼을 하는 경우가 거의 없다고 한다. 6세 이전에 함께 자란 아이들은 커서 서로를 형제자매로 생각하지 결혼의 대상이라 생각하지 않는다고 한다. 아마도 어릴 때 함께 자라면 서로 간의 냄새를 형제자매 간으로 오해하여 성년이 되었을 때는 가족의 냄새이기 때문에 짝으로 생각하지 않게 되는 모양이다. 이렇게 보면 실제 형제자매간에 근친관계가 잘 생기지 않는 이유도 같은 이유에서 일 것 같다. 여자가 임신하면 심하게 구토를 하고 냄새를 싫어하게 되는데 이것은 어미의 가족 관련 냄새의 기억을 재조정하기 때문이라 한다. 아마도 아이의 냄새를 최우선 가족의 냄새로 세우기 위한 정지작업처럼 보인다. 자연의 섭리에 이해가 간다.

2007년 프랑스 영화인 『향수(Perfume)』라는 영화가 있었다. 의식 작용에 앞서 냄새가 인간행동을 결정짓는다는 것을 가상한 스토리다. 주인공은 향수를 만드는 천재적 재능을 갖고 인간의 의식을 좌지우지한다. 향수를 맡은 사람들은 향수를 준 사람을 신으로 생각하고 그 향수를 맡은 사람들끼리는 서로 사랑에 빠진다는 스토리다. 냄새에 대한 아주 재미있는 상상이다. 그러나 동물에서의 냄새는 짝짓기를 위한 것이 아니라 가족을 찾기 위한 것이다. 차라리 그 영화가 냄새를 맡은 사람은 서로가 가족같이 되었다고 하였다면 좋았을 뻔했다. 세계인이 한 가족이 되어간다면 차라리 냄새가 칸트의 영구 평화론보다 강력한 평화로운 사회를 향한 처방이 되지 않을까 생각해 본다.

3. 동물의 왕국에서의 짝짓기Pair-Bonding

[평원 들쥐]

[산악 들쥐]

위 사진은 매우 비슷하게 생겼으나 종(種)이 다른 두 들쥐다. 이 중 평원 들쥐(prairie vole)는 사람과 같이 암수 한 쌍으로 평생을 살아가는 동물이며, 산악 들쥐(montane vole)는 짝이 없이 일반 포유동물의 수컷과 같이 기회가 닿을 때마다 생식하며 새끼는 암컷이 혼자 키운다. 이 둘의 행태의 차이가 동물 왕국에서 인간만이 사랑으로 짝짓기를 하며 다른 동물과는 비교할 수 없다고 생각해온 인간의 남녀관계를 잘 밝혀준다.

인간의 사랑에 대하여 동물 왕국에서의 짝짓기를 비견해 보고 싶은 글에서 그 비교 대상이 쥐라서 왠지 필자의 마음이 민망해진다. 들쥐를 택한 이유는 두 가지 이유가 있다. 첫째는 쥐들이 번식력이 좋고 또 실험실에서 갖가지 생리 실험이 가능하기 때문이며, 둘째 이유는 포유동물 중에는 암수 한 쌍이 짝을 지어 평생을 사는 동물은 거의 없기 때문이기도 하다(5% 이하). 암수 한 쌍으로 사는 짝짓기는 조류에게서는 90% 이상으로 일반적이다. 대부분의 새는 암수가 짝을 지어 한 둥지에서 살며 그중 일부(9%)는 함께 새끼를 키운다. 수컷이 먹이를 물어오며, 둥지를 만들고, 둥지를 외부 침입자로부터 지킨다. 그러나 새들의 짝짓기는 평생을 가는 사람과 같은 짝짓기는 아니다. 새들의 암수 짝짓기는 한 시절의 일회용이며 새끼가 성숙하면 헤어지고 다음 짝짓기 때가 되면 다른 짝을 만나는 것이 일반적이다. 그나마도 최근의 유전학이 발전되면서 이들 새의 짝짓기는 우리가 생각하듯 정숙한 것도 아니라 한다. 이들 암수 한 쌍의 둥지에는 수컷들의 새끼가 아닌 다른 유전자의 새끼들이 너무 많다고 한다. 암수 한 쌍의 짝짓기가 수컷이 자기 자식을 확신하기 위한 것이라는 주장은 좀 설득력이 떨어지는 것 같다. 암컷의 외도에 대해서는 영장류를 연구하는 또 한 명의 강인한 여성 로웰(Thelma E. Rowell)이 쓴 동물들의 하렘(harem) 사회라는 연구가 있다. 하렘이란 두목 수컷이 여러 암컷과 함께 생활하며 두목 수컷이 하렘 내의 모든 암컷을 혼자서 번식시키는 것으로 알려져 있다. 코끼리 물개(elephant seals)나 영장류에서는 고릴라가 대표적으로 하렘을 갖고 산다.

그런데 그녀에 의하면 고릴라의 경우 숲속에서 생활하기 때문에 두목 수컷이 암컷들의 행동을 감시하려고 해도 할 수 없다고 한다. 고릴라는 암수의 크기 차이가 매우 커서 두목 수컷이 공격하면 암컷은 한주먹감도 안 된다. 그런데 그녀의 관찰에 의하면 암컷들의 외도는 매우 잦다고 한다. 특히 고릴라의 경우에는 인간들에게는 강간이라 간주될 것처럼 하급 수컷들이 기회를 틈타 행해지는데 심지어 외도를 핀 암컷은 머지않아 그 수컷을 따라 하렘을 나가서 함께 산다고 한다. 고릴라도 사람처럼 암수의 신체적 접촉은 생식 이상의 감정을 불러일으키는 것이 틀림이 없다.

평원에 사는 들쥐(prairie voles)는 산에 사는 들쥐(montane voles)와는 달리 암수 한 쌍이 짝을 짓고 산다. 평원들쥐는 새와는 달리 한 쌍으로 새끼를 계속 낳으며 새끼들을 함께 키우며 산다. 암수 한 쌍 중에 한 마리가 먼저 죽으면 남은 한마리가 새로 짝을 찾는 경우는 20% 이하라고 하니 왠지 숙연해진다. 물론 그렇다고 암컷의 외도를 막을 수는 없다. 수컷의 새끼가 아닌 경우도 많다고 한다.

동물의 짝짓기는 새끼를 낳아 기르는 방편에 준하는 것이다. 들쥐가 한 쌍으로 짝짓기를 하며 살게 된 이유에는 평원들쥐의 생활환경이 암컷 혼자서는 새끼를 키울 수 없기 때문이다. 특히 긴 풀숲에서 생활하는 들쥐들은 먹이를 구하기가 어렵고 침입자(뱀)로부터 새끼를 보호하기가 어렵기 때문이라 한다. 사람이 한 쌍으로 살게 된 이유도 크게 다르지는 않을 것이다.

허디(S. Hrdy)에 의하면 "엄마가 자식 하나를 키우기 위해서는 15년 이상을 먹여야 하므로 어마어마한 양의 칼로리를 엄마 혼자서 제공할 수는 없다"라고 한다. 아버지의 양육 참여는 인간생존에 절대적인 필요이며 이 과정에서 암수 한 쌍으로(monogamous) 살게 되었다고 한다. 평원들쥐의 연구는 암수 한 쌍으로 살게 만드는 생리적 작용과 변화에 대하여 인간에게도 동일한 생리작용의 추론을 가능케 한다. 평원들쥐와 산악들쥐의 두뇌 기능의 커다란 차이는 옥시토신(oxyticin)과 바소프레신(vasopressin)의 기능차이에서 나온다고 한다. 평원들쥐에게는 활발한 이 두 호르몬의 작용을 하고, 산악들쥐는 없다. 특히 수컷 평원들쥐에게 바소프레신의 작용을 억제하면 곧바로 짝짓기에 실패하는 것으로 조사 되었다.

옥시토신은 사회적 동물에게는 필수적으로 따라오는 작용으로 상대방에 대한 경계심을 낮추는 기능을 한다. 그런데 바소프레신의 경우에는 성교를 하는 시점에서 대량으로 발생한다. 평원들쥐에게 바소프레신의 작용은 성교란 것이 생식의 필요성과는 무관하게 상대방에게 지속적인 호감을 유발시킨다고 한다. 평원들쥐가 평생 한 쌍으로 살게 만드는 생리적 기능은 바소프레신이 한 쌍의 유대를 잦은 성교를 통해서 지속적으로 강화해 나가기 때문이라 한다. 사람의 뇌에는 바소프레신의 수용기(receptor)가 매우 높은 빈도로 반복적으로 존재하는데 이 생리 기능이야말로 사람의 부부관계가 일생을 지속하는 이유라 한다. 평원들쥐들도 성적 활동을 생식과는 관계없이 매우 자주 한다고 한다. 바텔(Bartel)과 제키(Zeki)는 "사랑이란 중독이다(love is an addiction)"라는 매우 과격한 주장을 하였다. 암수 한 쌍 짝짓기의 생리는 약물과용의 작용과 같은 똑같은 생리작용을 한다. 코카인이나 암페타민의 마약과 같이 뇌의 보상 기전에 작용하는 도파민을 대량으로 만들어 낸다. 실제 사랑이란 생리적으로 말하자면 약물의 중독 현상과 똑같다고 한다. 실제 마약중독에 사용되는 환희의 표현들을 예를 들면 **'high'** 와 같은 표현은 사랑하는 과정에서도 똑같이 나타난다. 모두 생리적으로는 같은 보상기전에서 나온 심리작용이기 때문이다.

사랑하는 사람과는 생리적으로 보면 결혼 초기에는 뇌의 보상기전의 중독 현상으로 살아간다. 그러나 아이들이 성장을 마치는 시점에 다다르면 결혼은 더 이상 쾌락 감정으로 지속되는 것은 아니며, 인간에게서는 긴 수명과 함께 상호의존성(codependence)에 의해 살아간다고 해야 할 것이다. 상호의존성이 없다면 이제 한 쌍의 관계는 생물학적으로는 해체된 것이다. 대부분 사람에게서 노년의 부부생활은 그저 바람직한 생활의 한 방편이라고 간주된다고 한다.

동물의 왕국에 사람처럼 일생을 암수 한 쌍이 살아가는 동물이 있어 인간의 결혼생활에 대하여 솔직한 모습을 들여다볼 기회가 된 것 같다. 사람이 포유동물 중에는 흔하지 않게 남녀 한 쌍의 짝짓기로 사는 것도 또한 사랑이 왜 그렇게 열렬히 필요한 것인지 또 생식과는 아무런 관계도 없는 사랑을 왜 그렇게 추구하는지도 다 생물학적으로 자연스러운 일이 되었다.

사랑은 육체적인 것(visceral)이며 때가 되면 사회적인 것으로 전환해 간다. 사랑이 육체적인 것이라 고집하면서 사회적으로 전환이 어렵게 되는 사람들도 있을 것이다. 사람은 다른 영장류에 비해 그렇게 호색한도(promiscuous) 아니다. 남성의 불알의 크기는 영장류의 평균 크기에 비해 그리 큰 편도 아니라고 한다. 남자들은 자신의 여자의 사진을 보면 자연스럽게 바소프레신이 증가한다고 하는데 모든 남편들에게 자기 마누라의 사진을 늘 보이는 곳에 두게 한다면 아마도 외도의 유혹에서 벗어날 수 있지 않을까 기대해 본다.

4. 잠자는 동물들 누가 오래 자나?

[주저앉아서 수면을 취하는 기린]

위 사진 속의 기린은 매우 피곤해 보인다. 기린은 보통 몇 주간 자지 않고도 지낼 수 있다. 모든 동물에게 잠은 필수적이다. 특히 포유동물들은 수면을 취해야 하며 수면 중에 생리현상이 조절되고 사람은 키도 큰다. REM(Rapid Eye Movement_수면 중에 안구가 급속히 움직이는 현상)은 수면상태라 부르며, 깊은 수면은 모든 포유동물에 있으며 아주 짧은 시간이라도 필요하다. 사진 속 기린은 분명 REM 수면이 필요하며, 98%정도 대부분의 시간을 서서 사는 말도 REM 수면이 필요해서 아주 가끔은 주저앉아 수면을 취한다.

그런데 동물 중에 잠을 거의 자지 않는 동물들은 대부분 대형 초식동물 들이다. 기린은 하루에 30분 정도 자며, 소는 하루 반나절을 누워 있지만, 수면은 4시간 정도, 코끼리는 2시간 정도, 말도 3시간 정도로 아주 짧게 잔다.

덩치가 작은 동물들이 오히려 오래 수면을 취하는데 그 이유는 뇌의 대사량이 몸이 작을수록 상대적으로 높기 때문이라 한다. 이들 대형 초식동물들은 우선 온종일 먹어야 하므로 아마도 잘 시간이 없는 듯이 보인다. 반면에 브라운 박쥐는 하루 종일 자며, 고양이도 아주 많이 자는 동물이다. 집고양이들이 왜 그렇게 오래 자는가에 대해서는 그저 할 일이 없기 때문이라고 하니 할 일이 없는 것과 수면과도 관계가 깊은 건 사람이나 동물이나 마찬가지인 것 같다.

[11일간을 날아서 뉴질랜드에 도착한 줄무늬 꼬리 도요새]

최근 한 뉴스에 큰뒷부리도요(Bar-tailed Godwit: 줄무늬 꼬리) 새가 미국 알래스카에서 뉴질랜드까지 12,000km 거리를 11일간 쉬지 않고 날아서 도착했다고 한다. 이들 새는 잠을 자지 않았을까 하는 의문이 든다. 더군다나 새 중에 골프에서 널리 쓰이는 알바트로스(albatross) 라는 이름을 가진 남극에 사는 새가 있다. 이 새는 한번 날기 시작하면 몇 년간 착지하지 않고 날아다닌다고 한다. 이런 새들에게는 잠이 없는 듯 보인다. 그러나 이들 새들도 날면서 잔다. 우리의 뇌가 좌우 두 개의 반구로 구성되어 있듯이 이들 새도 두 개의 반구가 있으며, 이중 한 개의 반구씩 교대로 잔다고 한다. 그런데 이렇게 뇌가 반씩 자는 동물은 새 말고도 돌고래가 그렇다고 한다. 돌고래는 자면서도 물 밖으로 숨을 쉬러 나오는데 뇌가 반만 자기 때문에 가능하다고 한다.

모든 동물은 나름대로 수면을 취한다. 잠자는 시간이 비교적 긴 쥐들은 잠을 못 자게 하면 1주일 내에 죽는다고 한다. 뇌의 활동이 많은 사람은 24시간만 안자면 환각, 환청 등의 정신이상 증상이 온다고 한다. 필자도 대학 시절 며칠씩 안자고 시험을 본 기억이 있는데, 아마도 중간중간 수면이 있었지 말처럼 날밤을 새운 것은 아닌 듯싶다. 수면은 뇌의 활동과 매우 관계가 깊다. 잠을 못 자면 집중력이 떨어지고 기억력이 약화되며 특히 작업 기억(working memory)이 영향을 많이 받는다. 수험생이 잠을 안 잔다는 것은 생리학적으로 말이 안 된다.

우리나라 사람은 유난히 꿈을 기억하는 경우가 많다. 그러나 생리적으로 꿈을 기억한다는 것은 거의 불가능하다. 사람이 잠들면 몸의 각 기관이 마비되는 것이며, 각 기관이 잠에 드는 속도도 다르다.

특히 꿈을 기억하기 위해서는 뇌에서 장기 기억을 담당하는 해마(hippocampus)가 깨어 있어야 하는데 잠에서 깨어도 해마가 늦게 깨기 때문에 꿈은 기억할 수 없다. 그런데도 꿈을 기억하는 사람은 자기가 깨어서 꿈을 대충 다시 만들어 낸 이야기일 뿐이다. 다만 꿈에서 깬 시점에서 심하게 노력한다면 꾼 꿈을 계속 꾸는 것은 가능한 일이라고 한다. 필자도 물론 아쉬운 꿈에 대해서는 이런 경험이 많다.

수면 중에 걸어 다니는 몽유병 증상을 가진 사람이 매우 많다고 한다. 대부분은 소변과 관련이 되어 있고, 몸의 여러 부분이 자고 있기 때문에 몽유병 환자는 대부분 화장실을 찾지 못한다. 몽유병은 아주 많은 사람에게 있고 대개는 크게 위험하지 않다고는 하지만 몽유병으로 인한 살해 사건도 있었다. 물론 판결은 몽유병자에게는 자발적인 의식이 없는 것일 수밖에 없으니 죄를 물을 수는 없다고 한다. 몽유병 환자는 특히 잠에서 깨우기가 매우 어렵다고 한다. 대부분 동물은 잠에서 깨우기가 어렵다.

개가 인간에게 의료적 도움을 주는 또 한 가지 예는 수면발작증(narcolepsy)이라 불리는 수면과 관련된 질병이다. 이 질병은 깨어있는 중에 각 기관이 수면에 빠지는 질병이며 아주 위험한 질병이다. 그런데 개에게서 이런 질병의 원인이 되는 유전자를 찾았고, 유전자의 발현을 막을 수 있는 호르몬(hypocretin)을 찾아 치료가 가능해졌다. 수면을 취하는 자세는 동물의 안전과 관계가 깊다. 서서 자는 동물에는 말, 기린, 낙타, 얼룩말들이 있으며, 서서 자는 이유는 도망가기 쉽게 하기 위해서라고 한다. 말이나 기린이 주저앉은 경우는 깊은 수면이 필요할 때만이다. 많은 새는 눈을 뜨고 자는 데 역시 같은 이유이다.

개코원숭이는 절벽 위 나무 꼭대기에서 아주 불편하게 잔다. 안전이 문제이기 때문이다.

사자처럼 편하게 자는 모습은 좀처럼 다른 동물에게서는 보기 힘든 모습이다. 추운 겨울을 견디는 새들은 온몸을 웅크리고 잔다. 새 중에 대표적으로 한 발로 서서 자는 플라맹고는 잠을 자는 지역이 염분이 높아 다른 동물들이 쉽게 들어오지 못하는 곳에시 잔다고 하며, 한 발로 서있는 이유는 그 바닥이 염분이 높아 염분과의 접촉 면적을 줄이기 위한 것이라고 하니 나름 잠자는 방법들이 다 있기는 있다. 사람에게는 수면 사이클이 있다. 생체리듬이라 부르는 것도 사실상은 수면 사이클의 연장선상에서 만들어진 것이다.

사람의 수면 사이클은 보통 90분 정도이며 한번 잘 때 얕은 수면과 REM(뇌의 활동이 활발하며 꿈을 꾸는 구간으로 알려진 수면상태)이라는 깊은 수면상태를 반복하게 된다. 따라서 한번 잘 때 여러 번에 걸쳐 꿈을 꾸게 된다. 수면은 뇌 기능의 조절이라는 중요한 생리작용을 하는 것으로 알려져 있다. 사람이 꿈에서 깨어나는 시기는 마지막 REM에서 깨게 된다.

우리의 기억에 남을 만한 꿈은 이 마지막 단계의 꿈이며, 이 꿈은 사람을 잠에서 깨워야 하기 때문에 대부분이 악몽과 같은 내용의 것들이다. 악몽이란 우리의 뇌가 우리를 잠에서 깨우는 기능을 해야 하니 어찌 보면 매우 당연하다고 하겠다. 사람도 깊은 수면 단계에서는 깨우기가 매우 어렵다.

잠은 신경세포와 관계가 깊다고 한다. 아무리 세포수가 적은 대장균과 생물이라도 신경세포가 있는 생물은 수면과 비슷한 행동을 한다고 한다. 해파리나 말미잘은 뇌가 없는 동물이지만 수면이 있으며 이런 의미에서 수면은 분명 뇌가 생기기 이전부터 동물에게는 중요한 생리작용이다. 하물며 동물 중에 뇌의 기능이 가장 큰 사람에게서 수면은 건강을 지키는 가장 중요한 행동일 수 있겠다. 일부 사람에게는 수면 사이클이 110분도 있다고 하는데 충분한 수면이란 최소한 7시간 이상은 자야 하는 것이 아닌가 싶다.

Review

문어도 꿈을 꾸는가?

Live Science, *March 24. 2020*

[문어가 꿈꾸는 모습]

문어가 해저에서 잠을 잘 때, 그들의 피부는 때때로 여러 색상으로 바뀌며, 어떤 때는 피부색이 창백해졌다 돌아오곤 한다. 이러한 패턴은 문어의 수면 주기가 둘로 확연하게 구분이 된다는 새로운 연구가 밝혀졌다.

"활성수면" 구간 동안 문어의 피부는 눈부신 색상으로 잔물결을 일으키듯이 색상이 변화하는데 이때 두족류는 인간의 REM(빠른 눈동자 움직임) 수면과 유사한 것을 경험할 수 있다고 저널 아이 사이언스(iScience) 지에 발표되었다. 인간은 REM 수면 중에 대부분 꿈을 꾸지만, 현재로서는 두족류가 꿈나라로 표류하는지, 아니면 그들이 꿈을 꾼다면 어떤 것에 대하여 꿈을 꾸는지는 알 수 없다고 한다.

"이 모든 꿈에 대한이 추측에서, 우리는 상당히 주의를 해야한다"라고 한 저자인 신경 과학자 시다타씨는 말한다. 그는 문어의 활성수면은 매우 짧아서 짧게는 수십 초에서 길게는 1분 정도 지속된다고 한다.

"포유류에게서는 우리가 REM 수면이라고 부르는 활성수면은 매우 길다. 그것은 몇 분에서 수십 분간 지속한다. 그래서 문어의 머릿속에서 일종의 내면의 이야기가 활발하게 진행되고 있다고 해도 그것은 전체 이야기가 될 가능성은 매우 적다"라고 한다. 문어는 긴 영화에서 가져온 비디오 클립과 같이 짧은 장면의 꿈을 꿀 수 있다고 그는 말한다. 설사 문어가 활성수면 동안 꿈을 꾸지 않는다고 해도, REM 수면은 문어도 인간과 같이 기억 같은 중요한 기능을 할 수 있다고 한다. 이 저자 들은 앞으로 문어 학습에 수면이 미치는 영향에 관해서도 추가적인 연구를 할 계획이라 한다.

문어는 색소세포를 사용하거나 피부 아래 있는 특수 색소 기관을 늘리거나 줄여서 표면의 색상과 패턴을 변경시킨다. 깨어 있는 동안 문어는 주변 환경과 혼합하기 위해 색상을 변경할 수 있지만, 동물이 쉬는 동안 색상을 계속 바뀌는 이유에 대해서는 잘 알려지지 않았고 문어의 수면에 관한 연구는 거의 이러한 현상을 탐구해온 것이다.

일반적인 문어에 관한 이전의 연구에서는 과학자들은 문어가 가만히 앉아서 피부가 유령처럼 흰색으로 변할 때를 소위 "조용한 수면"으로 설명했다. 활동성이 있는 "활성수면"에 대해서는 갑오징어와 이것과 가까운 두족류에서 더 철저하게 설명되었다. 하지만 이러한 연구에서는 오징어가 진정으로 잠들었는지 또는 그냥 "조용한 경계의 상태"에 있는지를 구분하지 않았다고 한다.

동물이 진정으로 잠들어 있는지 확인하기 위해서 과학자들은 "각성 정도"를 테스트한다. 예를 들어, 깨어 있는 동안 문어는 탱크의 물리적 진동이나 유리 바깥에 틀어 놓은 게의 비디오에 빠르게 반응한다. 잠자는 문어는 반응하는 데 훨씬 더 오래 걸리거나, 먼저 잠에서 깨어나야 하므로 전혀 반응하지 않을 수 있다.

이번 연구팀은 브라질에 있는 실험실에서 9.7킬로미터 떨어진 곳에서 잡은 4종의 열대 문어를 대상으로 각성 실험을 수행했다.

저자는 이들에 대한 비디오 녹화를 판독하여 경계 상태와 휴식상태를 구분하여 그들의 행동을 평가했다. 두족류의 행동 패턴을 주목하여, 다른 행동 상태에서 동물의 각성 정도를 시험했다. 예를 들어, 그들이 경계하고 탱크를 탐험할 때와 가만히 있어 쉬는 것처럼 보일 때의 차이를 테스트했다. 연구자들은 문어가 활성 수면 중에 정말로 자고 있는 것이 아닐 뿐만 아니라 문어도 예측 가능한 패턴으로 조용하고 활동적인 수면 사이를 전환한다는 것을 발견했다.

밝혀진 조용한 수면과 활성수면 사이의 관계는 특히 흥미롭다고 한다. 다른 과학자에 의하면 이들이 수년 동안 연구해 온 문어를 통해 목격한 행동과 일치하는 것이라 한다. 그러나 이번 새로운 연구도 4종의 문어만을 대상으로 했기 때문에 더 광범위한 연구결과가 필요하다고 한다.

연구팀은 "조용한 수면"동안 문어의 피부에서 색상이 사라지고 눈이 얇은 틈 안으로 수축한다는 것을 관찰했다. 이 상태에서 문어는 그들의 빨판과 팔 끝의 가끔 부드럽고 느린 움직임을 제외하고 아주 조용해진다. 조용한 수면의 기간은 몇 분에서 약 반 시간까지 지속될 수 있다고 한다. "조용한 수면은 항상 활성수면보다 앞서 일어난다. 그것은 일반적으로 길고 조용한 수면 상태로" 6분 이상 지속된다. "그러고는 활성수면 상태가 이어지게 된다"라고 한다.

조용한 수면이 활성수면으로 바뀌면서 극적인 차이가 드러나게 된다. 불룩하게 생겨 장기가 있는 문어의 머리와 껍질에 있는 색소세포가 갑자기 어두워진다. 동물의 장기가 있는 구조가 "갑자기 동시에 어두워지고 있다"는 것을 표시한다. 그런 다음 문어는 경련을 일으키고, 빨판을 수축시키고, 눈을 움직이고, 호흡 속도가 빨라진다. 또한, 문어는 눈동자가 커졌다가 작아졌다 하며, 생생한 색상이 몸 전체에 덮여진다고 한다.

동공이 때때로 팽창하지만 문어는 이 상태에서는 시각적인 자극에 반응하지 않는다. 마치 사람이 눈을 뜨고 잠자는 것과 유사하다. 경쟁적으로 변하는 움직임과 색상은 약 30~40 분 간격으로 주기적으로 발생한다고 한다.

"이런 것은 파충류나 조류에서 보는 것과 매우 유사하다: 길고 조용한 수면 다음에 짧은 활성수면이 뒤따라오는 것은 똑같다"라고 과학자는 말한다. 다만 포유류에게서는 유사한 패턴인 활성수면, 즉 REM은 전형적으로 다른 동물보다 오래 지속된다고 한다. 포유류에서 REM 수면으로 전환될 때에는 두뇌에서 단기기억이 장기기억으로 변환하는 것을 돕는 생리적인 과정을 수반한다.

수면이 조류나 파충류에서 유사한 기능을 하는지는 아직 불분명하며, 문어의 경우에는 명확한 단서가 없다고 한다. 저자들은 앞으로 문어의 수면이 문어의 학습능력에 어떠한 영향을 미치는지를 연구할 계획이라고 한다. 예를 들어, 수면이 부족한 문어들이 실험실 용기에서 먹이를 잘 찾아 먹는지를 연구할 수 있다. 또한, 이에 더하여 포유류에게 REM 도중에 발생하는 것처럼 특정 유전자를 표현하거나 특정 단백질을 만들어내는지 아닌지를 연구할 계획이다.

어느 시점이 되면, 문어의 뉴런에 나타나는 전기 활동을 기록할 수 있기를 희망하지만 그런 일은 믿을 수 없을 만큼 어려운 일이라 한다. 우선은 뼈가 없는 동물에게 과학자가 쉽게 전극을 부착하기가 어렵고 붙인다고 해도 호기심 많은 동물이 몸에 붙인 것을 잡아당겨서 어렵다고 한다. 물까지 고려하면 더욱 힘든 작업이라 한다. 이런 어려움을 고려한다면, 정말 문어는 꿈을 꾸는 것일까? "나의 추측은 맞는다고 생각하지만 여러 가능성을 열어 두어야 한다"라고 한다.

문어에 대해서 연구팀이 신경 활동을 녹음할 수 있을 때까지는 그들의 피부에서 일어나는 색상과 패턴의 변화에 대한 상세한 기록을 통하여 이론적으로나마 그들의 꿈에 관하여 연구를 할 수 있을 것이다. 만일 문어가 교미 중에나 나타나는 특정 색 구성을 수면 중에 나타낸다면 이런 비교는 잠재적으로 문어가 꿈꾸는 것을 엿볼 기회가 될 것이라고 한다. 이러한 비교는 마치 토끼를 쫓는 꿈을 꾸는 개가 으르렁거리다가 깜짝 놀라는 것 같은 시나리오를 생각나게 하는 것과 유사한 것이라 한다.

그러나 다시 말하자면 여기까지가 한계이며 더 많은 연구가 진행되어야 할 것이라고 한다.

5. 동물의 왕국에서의 발견한 도덕성

[드 발의 저서 보노보와 무신론자]

동물의 왕국에서 도덕성이란 인간만이 갖고 있다고 생각되는 품성으로 간주된다.

자신의 희생을 감수하면서도 타인에게 이익을 줄 수 있다는 친사회적 이타성(altruistic prosocial behavior)이 핵심이다. 도덕과 양심이야말로 사람이 살아가는 세상을 인간다운 사회로 만들어가는 핵심적 구조물로 간주된다. 이를 통해 교육이 이루어지고 사회적 강제가 행해진다. 다윈은 다른 동물에게는 찾을 수 없는 것이 인간이 가지고 있는 도덕성이라 했다. 아리스토텔레스도 그랬고 아담 스미스도 그랬다. 그러나 이렇게 당연시 생각되는 전제에도 동물학자들의 생각은 많이 변하고 있다.

우리나라에도 번역된 『침팬지 정치학Chimpanzee politics』의 저자인 프란스 드 발(Francis de Waal)은 쥐, 개, 침팬지 등 우리에게 가까운 동물들이 보여주는 감성적 행동들 중에는 도덕적 감성(moral sentiments)이라 하지 않을 수 없는 것들이 있다고 한다. 붉은털원숭이(rhesus monkey: 동남아시아의 작은 원숭이)는 먹이를 달라는 신호를 보내면 먹이는 얻을 수 있으나 동료 원숭이에게 동시에 전기 충격이 가해지도록 장치를 하면, 아무리 배가 고파도 먹이를 달라는 신호를 보내지 않는다고 한다.

쥐에게 미로를 만들고 한쪽에 먹이를 다른 한쪽에 다친 쥐를 두면 쥐들이 먹이로 가지 않고 다친 동료를 먼저 구한다고 한다. 또 호주의 한 고속도로에서 한 마리의 개가 차에 치여 움직이지 않자 같이 가던 개가 고속도로에 뛰어들어 쓰러진 개를 물어서 끌고 나왔다는 기사도 있다. 쥐에서 코끼리에 이르기까지 많은 동물은 동료 동물이 어려움에 처했을 때 물불 가리지 않고 도움을 주는 것은 쉽게 볼 수 있다. 심지어 지나가던 곰도 물에 허우적대는 다른 동물의 새끼에까지 도움의 손길을 주어 꺼내 준다. 어떤 똑똑한 개는 어시장 바닥에 놓여 있는 생선들을 보고 움직이지 않자 열심히 물을 뿌려주는 광경도 목도되었다. 개들은 잘못을 저질렀을 때는 죄의식을 느끼는 듯한 행동도 보인다. 동물들도 사랑하고, 슬퍼하고, 성내고, 동정한다. 고양이나 개가 주인에게 애교를 떠는 것은 절대 먹이만을 위한 행위는 아님은 뇌 사진을 통해서도 밝혀졌다.

다윈에 의하면 동물이 인간과 비슷한 도덕적 감정을 갖는다는 것이 곧 동물에게 도덕성이 있다는 증거가 될 수 없는 것이라 하며, 다만 도덕성이 발생할 가능성만 보이는 것뿐이라 한다. 대부분의 도덕성에 대한 정의 속에는 도덕이란 그 행동의 결과에 대한 숙고와 그에 대한 자발적 책임을 이해하고 통제할 수 있어야 하는 행위로 제한된다.

동물이 도덕적인 모습을 보이는 것은 우리가 그렇게 보아서이기 때문이며, 그렇게 보이는 행동들은 대부분 그 동물의 다른 측면에서의 본능적 행동으로 달리 해석이 가능한 것들이라 한다. 그런데 좀 더 어려운 측면이 있다. 코끼리나 침팬지는 배가 부르면 협력해야 먹이를 얻는 실험에는 참여하길 싫어한다. 그야말로 마지못해 대충대충 한다. 먹이를 당기는 흉내만 내지 협력을 하더라도 실제 무거운 것을 당기는 데는 힘을 전혀 쓰지 않는다. 그러나 동료가 협력을 요구하면 응한다. 그렇게 응하는 이유는 자기가 협력을 요구할 때 상대가 거부할 수 있다는 것을 알기 때문이다. 이를 상호 이타주의(reciprocal altruism)라 하며 동물에게도 분명히 인간의 도덕성에 기초가 되는 상호 이타주의적인 행위가 있다.

드 발은 굉장히 영리한 실험을 했다. 두 마리의 원숭이를 서로가 볼 수 있는 우리에 나란히 놓고 간단한 실험에 성공하면 오이를 상으로 주었다. 처음에는 두 마리가 다 잘 따라 한다. 그러다가 한 마리에게는 상으로 포도를 주고 다른 한 마리에게는 그대로 오이를 계속 주었다. 오이를 상으로 받은 원숭이는 포도를 상으로 준 원숭이를 보더니, 자기가 상으로 받은 오이를 집어던지고 포도를 달라고 생난리를 핀다. 원숭이는 분노를 참지 못하고 격렬하게 항의를 한다. 다른 원숭이가 포도를 먹든지 안 먹든지 자기에게는 아무런 보상의 차이가 없음에도 이 원숭이는 공정성에 대해 심하게 반발을 하는 것이다. 이 연구는 이후 사회학에 매우 큰 충격을 주어 우리가 분배적 정의라 부르는 공정성(fairness) 문제에 대한 심각한 회의를 하는 계기가 되었다. 분배를 정의 원칙의 제1원리로 세운 『정의론A Theory of Justice, 1971』을 쓴 롤즈(J. Rawls)가 꼭 한 번 보았으면 하는 장면이다. 버클리 대학의 스텐트(G. Stent)는 도덕성의 문제 역시 동물의 왕국에서 평가되어야 할 한 가지 생물학적 현상(Morality as a Biological Phenomenon, 1980)으로 지적하였다.

인간의 심리적 특성들이 생물학적 현상으로 완전히 수용되어 가는 과정은 피아제의 발달심리학이 선도하였다. 피아제는 성장과정에서 동물들에 대해 많은 관심을 갖고 자랐으며, 그의 아동심리학에 대한 관심은 어쩌면 자기 아이들의 성장과정에 대한 동물학자적 관심에서 비롯된 것이 아닐까 한다. 피아제는 자신의 세 아이에 대한 성장일기를 썼는데, 그 세 아이들이 거의 같은 시점에서 같은 성격의 지능이 나타나는 것을 발견하였다.

인간의 지능발달과정은 유전적인 뇌의 성장과정으로 설명이 가능한 것이 되었다. 스텐포드(Stanford) 대학의 행태연구소의 포이리어와 세발리어 스콜니코프(Poirier와 Chevalier Skolnikoff)는 피아제의 생물학적 발달심리학의 모델을 침팬지 등의 영장류 동물에 적용한 연구 실험을 하였다.

그들은 인간의 유아 시기의 지능 발달과정은 시간의 차이(인간에게는 4년이나 침팬지에게는 2년)는 있으나 침팬지, 오랑우탄, 고릴라 등에 모두 공통적으로 나타나는 감각 운동 능력의 성장과정임을 확인할 수 있었다. 인간성에서 도덕성이란 성장의 늦은 단계에 나타나는 것으로 피아제가 도덕성의 성장단계를 인지성장과정에 포함시키지는 않았으나, 이후 도덕성의 생물학적 발달과정은 발달심리학의 중요한 논쟁거리가 되어 왔다.

인간 정신세계의 물질과 정신의 이원론적 논쟁을 생물학적 심리학의 입장에서 다루어 온 철학자 페트리샤 처칠랜드(Patricia s. Churchland)는 그녀의 저서에서 도덕성을 포유동물이 지니고 사회성으로 규정짓고 싶어 한다(UCSD 대학교수, 저서 Braintrust, 2011).

포유동물의 등장은 지능을 생존수단으로 택한 자연선택의 과정에서 생긴 것이고 다양한 형태의 사회성이 돋보이는 동물이라 한다. 포유동물은 체온 유지를 위하여 파충류에 비하여 10배의 칼로리를 취하여야 하는 어려움이 있는데 이 과정에서 미숙한 새끼의 출산은 불가피하고 따라서 이들 미숙아에 대한 어미의 희생적인 보호가 필수적이다.

어미가 자식을 보살펴야 포유동물 생태 과정에서 나의 존재(me)만이 아니라 나의 것(mine)에 대한 존재도 나로 받아들이고 또 나아가 친척과 친지(kin and kith)에 대해서도 나의 연장선상에서 나 자신으로 받아들이는 사회성이 생겨난다고 한다. 이러한 사회성 속에 이타적이고 친사회적인 도덕성이 나타나는 것이다. 그녀는 특히 두뇌 호르몬의 하나인 옥시토신(oxytocin)의 생리현상이 바로 이 사회성을 가능케 하고 도덕성을 만들어 내는 허브라 하고 있다.

포유동물들은 서로 화해하고, 위로하고, 같이 슬퍼하고, 음식을 나누고, 함께 못된 놈을 응징하고, 남의 아이를 안아 주고 키워주고, 놀아주는 사회적 행동을 한다. 그런데 그 근저에는 이러한 행동이 자기를 즐겁게 만드는 두뇌의 보상 시스템으로 강화되고 인지 기능으로 확대되어 간다는 것이다.

도덕성이란 이렇게 타 동물을 자기로 바라볼 수는 연장선 상에서 있는 공감지능(empathy)에서 우러나는 것이라 한다.

포유동물의 뇌는 마치 파충류의 뇌에 감정 작용을 하는 감정뇌가 얹히고 또 그 위에는 인지 기능을 하는 대뇌피질이 얹혀 있는 형태로 진화하였다. 새로운 뇌 구성의 중요성은 파충류가 가지고 있는 고통(pain)에 대한 지각을 중심으로 여러 다른 감정이 더해진 것이라 한다. 즉 다른 동물이 느끼고 행동하는 것을 평가하고 예측할 수 있는 작용이 더해진 것이라 한다.

[도덕성이란 이종(異種)간에도 잘 지낼 수 있는 사회성에 있다]

통증에 수반된 사건을 기억하고 기억된 동물들의 평판을 저장하고 기억해 내는 과정의 반복으로 사회적 관계 정밀화가 된다고 한다.

처칠랜드는 다른 도덕성에 대한 연구가 대부분 부정적인 측면을 강조한 것임에 반해 긍정적인 심리작용으로 분석한 참신한 접근이다. 친사회성이란 동물의 왕국에서는 포유동물이 생존해 가는데 절대적으로 필요한 생존전략이 된다. 특히 처칠랜드는 애완견과 놀아

주는 오랑우탄의 모습에서 동물의 왕국이 보여주는 무한한 도덕성의 힘을 찾고 있다. 글 서두에 올린 드 발의 책 "보노보와 무신론자"에는 싸움에 져 낙담하고 있는 동료를 따스하게 위로해 주는 보노보의 모습이 보인다. 이 모습에는 도덕심이 인간 사회에 대하여 제공하는 따뜻한 모습이 보인다.

윈스턴 처칠에 의하면 인간 중에는 90%가 전쟁 지향적이며 10%가 평화 지향적이라고 했다고 한다. 그런데 90% 이상이 평화지향적인 동물도 있다. 그 동물이 바로 보노보이다.

인간은 6백만 년 전에 침팬지와 갈라졌는데, 우리가 아무 비판 없이 침팬지와 갈라져서 침팬지의 전쟁 지향적인 공격성을 우리의 본성으로도 생각해 왔는데 드 발에 의하면 진화 계통상 우리의 영장류와의 공동 조상이 굳이 침팬지일 필요가 없다는 것이다. 인류는 침팬지와 보노보의 공동 조상인 영장류와 조상을 같이 하고 있다.

드 발은 "종교가 없는 세상에는 도덕심도 없었다는 주장에 대해 도덕성에 대한 이해도 결국에는 인간의 생물학적인 본성에서 찾아지는 것"이라 주장하고 있는 것이다.

6. 동물들의 죽음에 대한 인식

[동료 까마귀의 시체를 장례식에 온 듯 바라보는 까마귀]

미국 UCSD 대학 내에 인류 현상의 기원에 관해 탐구하고 설명하는 것을 목적으로 하는 CARTA(The Center for Academic Research and Training in Anthropogeny)라는 연구기관이 있다. 동 기관은 매년 분기 단위로 인류의 기원과 행태에 관한 주제를 정하여 심포지엄을 개최해 오고 있다. 2017년 3월에 개최된 심포지엄은 "죽음과 나 개인의 사망에 대한 인식(awareness of death and personal mortality)"라는 주제로 행해졌으며, 동물들의 죽음에 대한 인식 문제가 발표되었다. 동물의 죽음을 발표한 옥스퍼드(Oxford) 대학의 보라 바이로(Bora Biro)에 의하면 사람을 제외한 거의 모든 동물에게서 "죽음"을 인식하는 동물은 없다고 한다. 바이로가 집중 보도한 동물은 영장류의 동물들이다. 사바나에서 영양

(antelope)을 잡아먹는 개코원숭이의 모습에는 먹이가 된 어린 영양이 아직 살아 있는지 죽었는지를 모르고 있는 듯한 행동을 취한다. 어린 영양은 곧 일어나 도망쳤다. 이어서 침팬지 어미가 죽은 새끼를 죽은 것도 모르는 채 등에 업고 다니는 모습이 보인다. 새끼는 이미 경직되어 말라 버렸는데도 침팬지 어미는 모른다. 침팬지 어미는 짧게는 한 달 길게는 수개월간 모른 채 업고 다닌다고 한다. 코끼리, 늑대, 돌고래, 기린, 쥐 등 대부분 동물도 죽음에 대해 모른다.

동물들이 대하는 침팬지 새끼의 주검은 그저 두려움과 호기심의 대상이 된다. 호기심으로 살피고 만져보고 심지어 아이들은 놀이의 대상이 된다. 이를 바라보는 어미의 모습에는 아이들이 함께 장난치듯 내버려 둔다. 일부 동물은 죽은 동료 시체를 잡아먹는 것도 목격되었는데 주로 돌고래에게서 일어나는 일이다.

거울을 보고 자기를 알아보는 몇 안 되는 동물에는 침팬지, 돌고래, 그리고 새 중에는 까마귀와 까치가 있다.

심리학자들은 죽음을 인식하는 데는 자기인식이 필요하고 타인의 마음을 읽는 능력(theory of mind)이 필요하다고 한다.

사람의 경우 자기인식은 2세 정도면 가능하고, 5세가 되어야 마음을 읽는 능력이 완전히 성숙한다고 한다. 그런데 다른 동물들은 자기인식까지는 가능하지만 음을 읽는 능력이 성숙하지 않아 죽음을 인식할 수 없다는 의견이다. 죽음의 인식에 가장 핵심적인 진화론적 관심사는 위험의 인식이다. 생존과 관련해서 사망원인에 대한 지각이 생긴다는 것은 매우 유용한 심리적 기능일 것이다.

동물의 왕국에서는 까마귀와 비둘기의 죽음에 대한 인식능력을 실험한 연구가 있다. 까마귀는 동료 시체가 발견된 곳은 피해서 다시 그 자리에 돌아오지 않는데, 반해 비둘기는 주위에 동료 시체가 있어도 전혀 신경을 쓰지 않는다고 한다. 아마도 까마귀의 행동이 죽음에 대한 영리한 이해일 것이다. 까마귀에게는 조금이나마 죽음에 대한 이해가 있다고 생각되며 인간의 죽음에 대한 인식도 죽음에 대한 두려움(dead anxiety)에서 시작되었을 것 같다.

동물의 심리 속에 인간의 모습을 보이는 또 하나의 모습은 동물도 사별에 의한 애통(grief)이 있지 않은가 한다. 침팬지의 주검에는 그와 가장 가까웠던 동료가 가장 오랜 시간 머물다 간다고 하며, 까마귀도 동료 시신 옆에 20분간이나 장례에 참석하듯 지켜보고 가는 것이 목격되었다(위 사진). 간혹 까치나 까마귀의 주검 주위에는 풀이나 나뭇가지들이 놓인 것이 발견되는 데 이런 재료는 이 동물들이 둥지를 만드는 재료라 한다. 주검에 꽃을 던지는 인간 장례의 모습을 연상케 한다.

케임브리지(Cambridge) 대학의 저명한 인류학자인 렌프루(C. Renfrew)는 장례의 시작은 현생인류에서 시작되었다고 하며, 네안데르탈인에게서 보이는 장례 흔적에 대해서는 부정적이다. 그에 의하면 인간의 장례는 내세에 대한 특별한 인간 심리와 연결된 것이다. 내세에 대한 인간 의식의 출발이 시작점이라 한다. 10만 년 전으로 추정되는 요르단의 스컬(Skhul) 유적에는 의식적으로 만들어진 인류 최초의 묘지가 발견되었다. 이곳에는 동물이 함께 순장된 것으로 보인다. 그러나 아직은 개별 장이었으나 1만2,000년경 농경이 본격화되고 정착생활이 시작되면서 본격적인 공동묘역이 형성된다. 제리코 지역에서 발굴된 최초의 공동묘역 내의 시신들은 얼굴에 가면을 씌워 두었는데 이러한 행위는 사후세계에 대한 인식에서 행해진 것이라 한다. 이후 유럽 등지에는 한 묘장에 가족이라 생각되는 여러 사람을 매장하는 공동매장 형식 등장한다. 화려한 부장물을 간직한 묘제는 기원전 3,300년 중국에서 발견된 다량의 화려한 옥(jade)을 두른 주검이 발견되는데 이는 부족사회가 성장하면서 생긴 높은 지위의 인물일 것이다. 동시기의 중앙아시아 여러 곳에는 금장식을 한 주검들이 등장하고 이들에게 영생이라 하는 죽음에 대한 새로운 관념이 시작되었다. 국가의 등장은 피라미드를 만들어 내고 진시황 능을 만들어 냈다. 모두 영혼불멸에 대한 기대일 것이다. 심리학은 인류학과는 약간 다른 의견을 낸다. 영생불멸에 대한 의식의 문제가 아니라 죽음을 부정하는 심리(denial of death)를 심각한 원인으로 삼고 있다. 죽음을 부정하면 많은 문제가 생긴다. 대표적인 것이 인간 순장의 문제이다. 사망자가 생전에 쓰던 모든 물건을 부장하고 거기에 더하여 모든 식구를 데려간다. 대가야의 고령 지산동 산록에는 어마어마하게 큰 고분들이 즐비한데 그중 가장 큰 무덤에는 시신과 함께 부장된 시신이 33명에 달한다. 조선시대에 100칸짜리 대저택에도 노비가 30명 정도면 최대라 하는데(보통 한집에서 같이 사는 솔거노비 수는 30명 정도이다. 퇴계 이황 선생도 노비 수가 근 300명이었다). 함께 사는 솔거노비 전체를 데려간 것이다. 가야 인근 고분에도 모두 순장을 하고 있으며 10구 정도 순장한 묘는 아주 많다.

신라에는 적석목곽묘라 불리는 묘제가 있다. 얼마나 단단하게 만들었는지 금관이 즐비하게 나오는 고분들이 도굴을 당한 예가 거의 없다. 적석목관분에는 시신을 안치한 목곽 외에 부장물을 따로 넣는 목곽이 별도로 존재한다. 경주에서 가장 큰 적석목곽분은 황남대총으로 남북으로 부부라 생각되는 두 시신이 안치되어 있으며, 여자의 시신의 부장목곽에서는 금관을 포함하여 4만점이 넘는 유물이 나왔다. 나라 전체의 보물을 부장한 것 같은 느낌이다. 내물마립간이라 추정되는 황남대총을 마립간마다 만들었으니 그 수고와 비용이 한 나라를 망쳤을 것 같다는 우려가 앞선다. 종교의 중요한 기능 중 하나는 소박한 묘제를 사용하게 만드는 기능을 한다. 신라의 과대한 고분 건축 전통을 중단시킨 인물은 불교를 받아들인 법흥왕 이후 왕들의 묘제에서 비교적 소박한 묘들이 시작된다.

로마의 모든 황제는 죽어서 신이 된다고 한다. 그래서 황제가 죽으면 거대한 신전을 만드는데 그 건축물이 어마어마하다. 완숙한 종교는 권력자인 왕이 신격화되는 것을 막는다. 신이 되지 않는 왕들에게는 소박한 묘제가 채용된다. 종교가 죽음을 잘 관리해왔다고 생각된다. 우리는 지금 목관에 시신을 지하에 안치하고 봉토를 세우는 한반도의 가장 오랜 묘제를 사용하고 있다. 요동과 한반도의 청동기 시기까지는 석관묘와 지석묘가 채용되고 돌을 사용하다. 목관묘는 중국에서 시작되어 전래해 온 것으로, 철기시대에는 목관묘에서 수장급 유물이 출토되어 오늘날의 주류 매장 법으로 정착되었다 한다. 렌프루(Renfrew)가 보기에는 유사 이래 최고의 매장 시설은 인도의 타지마할이라 한다. 인도 무굴제국의 한 왕이 자신이 총애하던 부인 마할을 위해 건축한 것으로 사랑의 표현이다. 아마도 동물의 왕국이 애통한 심리의 연장선에 있을 것이다. 아이들에게는 죽음에 대해서 두 가지 역설을 가르친다. 한 가지는 의사가 말하는 생물학적 종말이다. 더 이상 사람으로서 행동하지 않는다는 것을 알게 된다. 7세가 된 아이들은 죽음이라는 것이 기계와 같이 부품이 고장 나서 더 이상 움직일 수 없다고 생각한다고 한다. 그러나 아이들이 성장해가면서 죽음에 대해 사후가 따로 있으며 그곳에서 새로운 삶을 찾는다는 종교적 설명을 받아들이게 된다. 성년이 된 대부분 사람에게 죽음에 대해서는 혼란된 의견이 주도적이라 한다.

동물은 죽음에 대한 인식이 없다. 키에르케고르(Kierkegaard)등 많은 철학자는 인간이 가장 중요한 특징 중의 하나는 죽음을 안다는 것에서 찾았다. 내가 죽는다는 것을 알기 때문에 내가 살아 있다는 것이 얼마나 큰 행복인가를 느끼게 해 준다고 한다. 아마도 동물의 왕국에서는 행복을 찾기 힘들 것 같다.

7. 장수하는 동물과 장수하고 싶은 사람

[불멸의 해파리]

우리나라에는 십장생이라 해서 오래 사는 동·식물이라 알려진 것들이 있다. 십장생으로 생물이 그중 반 이상이며 동물은 학과 사슴 그리고 거북이이다. 이들 동물 중 실제 장수하는 동물은 거북이 정도이며 그것도 갈라파고스 거북이로서 일반 거북이들은 그리 오래 살지 못한다. 갈라파고스 거북이는 약 150년을 사는데 하루에 16시간을 잠만 자고 먹이도 한번 먹으면 1년을 견딜 수 있다고 하니 그 장수의 비결은 우리가 그리 배울 것이 없다고 생각된다. 동물학자들은 이런 동물이 어떻게 아직까지 살아남았는지가 미스터리라 한다.

실제 자연계에서 십장생이 되는 동물 대부분은 바다에서 산다. 아마도 바다가 육지보다 스트레스가 덜한 모양이다.

죽지 않는다고 알려진 동물은 "불멸의 해파리(immortal jellyfish)"가 있다. 불멸의 해파리라 부르는 이유는 상처를 입거나 생식을 하는 시기가 되면 다시 어린 시기로 몸이 변한다. 그러나 이런 과정이 무한정 계속되지는 않을 것이나 현재까지는 모른다고 한다. 그런데 하와이에는 4,000년 이상을 산 산호초가 있다. 산호초는 풀이라 명명되었지만, 실제는 동물이라 하니 놀랍다. 그 이유가 거의 자라지 않기 때문이라고 하니 그리 배울 것이 못 된다.

불가사리도 매우 오래 산다고 한다. 물론 식물 중에는 4,000년 이상을 산 나무도 있다. 영국의 한 소나무의 수령은 4,800년이라니 소나무가 십장생의 하나는 맞다. 아주 작은 생물인 알지나 곰팡이류는 10,000년 이상도 산다고 하니 최고령 생명체는 비교하기가 어렵다. 이에 반하여 동물 중에는 대부분 큰 동물들이 오래 살며 활머리고래(bowhead whale)는 200년 이상을 살고 그린랜드에 사는 상어도 그 이상 살 수 있다고 한다. 또한, 육지에 사는 동물 중에는 코끼리가 100년 이상 오래 살고 코끼리는 암컷이 죽을 때까지 생식이 가능하다. 사람에게 매우 가까운 동물 중에는 일본 정원에 사는 색깔이 예쁜 잉어(koi)가 150년 이상을 산다고 하니 십장생에 선정을 해도 부족함이 없어 보인다. 새 중에는 앵무새가 사람만큼 살 수 있다고 하니 가장 오래 사는 새일 것이다.

사람의 수명에 관해서는 아직도 이론이 많다. 최근 한 신문에 "조선왕조 17대왕 효종이 47세에 붕어하셨는데… 당시 백성의 평균 수명이 35세 이하였던 것에 비해 십년 이상 오래 산 셈이다"라고 한 기사를 볼 수 있었다. 이 기사의 내용은 인간의 수명과 평균수명의 비교를 크게 오도하고 있다. 47세의 사망은 지금도 요절이고 그 당시도 요절에 속한다. 조선시대 백성의 수명이나 현대의 인간 수명은 같은 것이다. 47세가 된 효종의 생존기대치나 지금 47세인 우리의 생존

기대치는 거의 같은 것이다.

동물의 수명이란 같은 해에 태어난 동물 중 10%가 살아남는 기간을 수명이라 하는데 이 수치는 크게 변하지 않는다. 전 근대사회의 평균수명은 어느 지역을 불문하고 거의 35세였다. 그 이유는 유아의 사망률이 매우 높아서이지 성년이 된 사람의 생존기대치는 크게 다르지 않다. 물론 조선시대에는 의술이 미약하여 10%가 살아남는 나이가 현대에 비해 훨씬 못 미칠 수도 있으나 크게 다르지 않을 것이다. 장수에 관련해서는 많은 가짜 뉴스가 판을 친다. 고혈압, 당뇨, 암, 중풍, 치매 등 노인병에 대하여 의술이 완벽히 극복한다는 가정하에서 인간이 살아갈 수 있는 기한이 인간수명이라면 인간의 최대 수명이 한동안은 120세라 알려졌지만, 이는 과장된 것이라 한다. 현재 생물학계가 추정해낸 인간의 최대 수명은 104세이다. 이 104세의 수명도 노인병의 완벽한 극복이라는 가정을 없앤다면 85세에서 거의 변하지 않았다고 한다. 앞으로는 과학이 맞는다면 모든 사람이 104세를 살다가 104세에 달하면 약속이나 하듯이 동시에 다 같이 죽어갈 것이다. 이를 생명표로 그리면 사각형의 그래프가 되고, 이것을 생명표의 사각형화(rectangular of human life-span)라 한다. 사람이 죽는 이유에 대해서는 칼로리의 소비가 주된 논리로 설명이 되어 왔다. 이러한 생각은 연어를 연구하던 인간 동물의 수명 과학자가 연어의 생태에서 얻어 온 주장이다.

동물에게는 나름 일생 사용할 수 있는 에너지의 양이 정해져 있다고 생각한 것이다. 연어가 바다를 회유하여 강에 다다르면 결사적으로 상류에 닿고 알을 낳는 과정을 거친 후 머지않아 죽게 되는 데 이처럼 주어진 에너지를 다 사용하면 죽는 것이 수명이라 생각했다.

이들에 의해 진행된 인간의 수명 연구는 일본인의 장수 비결에 대한 기막힌 답을 내었다. 일본인의 식생활 특성이 매우 소식임을 주목하였고, 특히 전후 어린 시절 잘 먹지 못하고 큰 세대에서 장수 현상이 나타난다고 하였다. 이후 이 주장은 확산이 되어서 지금에 알려진 최고의 장수비결은 어릴 때 지나친 영양이 인간의 수명을 줄인다고 알려지게 되었다.

필자의 생각에는 그리 믿을 것이 못 된다. 사람은 열역학 제2법칙에 의해 죽은 것이다. 엔트로피가 증가하는 것을 막기에는 생체 비용이 너무 많이 들기 때문이다. 우리 몸에는 37조에 달하는 세포가 있다. 수명과 관련해서는 세포의 관리 능력이 핵심이라 하는데 사람에게는 100년 정도의 관리 능력이 주어진 것이다.

동물 중에는 오래 살지 못하는 동물이 있는데 대표적인 것이 쥐와 같은 설치류 동물들이다. 쥐는 길어야 4년을 산다고 한다. 따라서 쥐는 번식력이 강하며 성장 속도도 매우 빠르다. 미국의 수명 연구 과학자는 어떤 인터뷰에서 인간이 오래 사는 방법을 집요하게 캐묻자 마지못해서 한 답이 가관이다. 물론 오래 사는 방법은 없으나 굳이 묻는다면 한 가지 말할 수 있는 것은 독(毒)을 조금씩 먹는 것이라 한다. 실제 독을 만들어 내는 동물들이 장수하는 편이며 세포들에게 스트레스를 주어 세포의 관리기능을 높이는 것이라 한다. 그에 의하면 지렁이는 먹이를 주지 않고 환경에 스트레스를 주면 곧바로 생식을 중단하고 살아남기 위해 긴장을 하게 되는데 이 과정에서 지렁이의 수명이 30%가 증가했다고 한다. 아마 우리도 수명을 늘릴 수 있는 방법이 있기는 한 것 같은데, 따라 하기에는 영 내키지 않는 것 같다. 우리의 옛말에 내시들이 장수한다고 했는데 빈말만은 아닌 것 같다. 한 사회의 구성인구 평균 수명이 35세라면 여성들이 10명 이상의 아이를 낳아야 인구가 유지되는 것이라 한다.

노르웨이의 여성들이 아이를 가장 많이 낳아서 전근대 시기엔 대부분 10명 이상의 아이를 출산하였다고 한다. 우리의 할머니 세대까지 자식을 7~8명을 낳은 것도 많다고는 할 수 없는 것이라 한다.

우리의 평균수명이 길어지면서 나타나게 된 결과가 아마도 우리의 미래세대에 인구가 줄어들게 되는 기현상을 초래한 것 같다. 오래 사는 것도 인류사회에 커다란 변화를 일으키는 이유가 되었다고 생각한다. 어찌 보면 인구가 줄게 되는 것도 자연스러운 생물학적 현상이 아닐까 한다. 내가 오래 살아 있자니 아이들의 공간이 부족한가 보다.

생물이 죽지 않고 살아가는 방법을 대를 이어 가는 방법에서 찾았다. 필자가 집안의 족보상으로는 23대의 자손이다. 나를 만들기 위해 나의 부모와 조상만 222(4,194,304)명이 필요하다. 한 1,000년 전 고려 초를 생각하여 10대만 거슬러 올라간다면 나를 만들어낸 우리 조상 수는 42억 명이 넘는다. 생물학적으로 아마 우린 죽을 수가 없어 보이는 수치이다.

아마도 생물학적으로는 우린 죽어가는 것이 아니라 몸을 달리 하는 것뿐이라고 하고 싶다.

스피노자는 "인간의 심리란 마치 그 존재 목적이 행복을 추구하도록 만들어진 것 같다"라고 했다(Looking for Spinoza: Joy, Sorrow, and the Feeling Brain, 2003, Harvest Books).

다윈의 학생들이 우리에게 당신의 삶의 목적이 자식을 가능한 한 많이 키워내는 것이라 말을 하고는 있지만, 21세기 대한민국의 인구는 줄고 있다. 스피노자가 옳을 것이다. 우리의 심리는 그렇게 행복을 추구하도록 움직인다.

우린 건강해야 하고, 이 기회에 우리를 병마와 싸워 이길 수 있게 해주는 약과 병원의 과학자들에게 무한한 감사를 드린다.

8. 동물이 살아남는 법

[가지벌레]

위의 사진은 가지벌레(stick insect)라 불리는 곤충이다. 남극을 제외한 모든 지역에 살고 있다고 하는데 우리나라에서는 들어본 적은 없다. 이 곤충은 걸어 다니는 나뭇가지(walking stick)라고도 불린다는 데 이 이름이 더 어울린다. 이렇게 생존해 가는 방법을 가진 동물을 은폐동물(cryptic animals)이라 한다. 동물이 이런 모양으로 자기를 숨기는 이유는 주변의 환경에 자기의 모습이 어우러져서 포식자들이 알아보지 못하게 하는 것이다.

툰드라에 사는 하얀 털 여우는 흰 눈의 배경에서는 찾아내기 어렵다. 호랑이를 위시하여 줄무늬를 갖는 경우도 배경의 그늘과 함께 어우러지며 자기를 숨기는 기능을 한다. 북극의 흰곰 경우에는 빛의 반사를 통하여 자기를 숨길 수 있다고 한다.

아래 보이는 남미의 도마뱀은 주변 나무에 어우러져 있어 도저히 우리의 눈으로는 구분하기 어렵게 한다. 또한 그다음 사진은 커다란 나뭇잎에 붙어 있는 애벌레의 모습으로 대단한 은폐동물의 예이다.

[남미의 도마뱀]

[동호랑이 애벌레]

그런데 이와 반대로 자신을 잘 드러내 보이는 동물(conspicuous animals)이 있다. 예를 들어 벌과 같이 노란색, 검은색, 흰색, 빨간색 등의 색채를 띠고, 또 이 색채는 빛이 나서(chromatic) 그늘에서도 잘 눈에 잘 띄게 한다. 동물이 이렇게 잘 보이게 하는 것도 생존 방법이 된다는 것은 역설적이지만 사실이다.

[무당벌레]

[밀크위드벌레]

[바다달팽이]

[노랑나비]

눈에 잘 띄는 동물의 특성은 공격 수단이 있으므로 포식자에게 알아서 피하라는 신호(warning signals)이다. 벌도 그렇지만 고슴도치 등 여러 포유동물도 이런 방법을 택하는 경우도 있다. 나방이나 나비와 같은 곤충의 경우 경고신호와 더불어 맛이 없거나 독성을 가지는 공격 수단을 쓴다.

은폐 수단을 쓰는 곤충이 많이 살아남는지 아니면 잘 보이는 곤충이 잘 살아남는지는 많은 곤충학자의 관심거리였다. 곤충에게 은폐생존(crypsis)이나 경고생존(aposematism) 방식이 생겨난 이유는 새가 등장하면서부터 곤충에게는 이전에 없었던 강력한 포식자를 마주하게 된 것에서 비롯된다고 한다.

최근 유전자 연구에 의하면 이런 곤충이 생겨난 것은 6천6백만 년 전경 새가 등장하면서부터라고 한다. 동물학자들은 경고생존이 매우 효과적이었을 것이라 생각한다. 그렇지 않았다면 이러한 생존 방식은 진화하기 어려웠을 것으로 생각되기 때문이다(Sherratt, 2002).

그렇지만 경고 방식이 효과적이기 위해서는 포식자인 새들의 먹이에 대한 기억력이 뒤따라야 한다. 새가 나방을 먹어보고 고약한 맛에 뱉어버린 기억이 얼마나 갈 것인가가 관건이다.

새가 따로 맛을 가릴 수 있는 진화적 과정은 생길법하지 않기 때문에 새가 배우는 경험이 중요한 변수이다. 학자들은 가능하면 새의 기억으로 설명하려 하지 않는다. 동물에게 과거의 기억력을 상정한다는 그것 자체가 설명하기 어렵기 때문이다. 차라리 새들은 이상하게 생긴 것은 잘 먹지 않는다는 먹이에 대한 보수적 성향으로 설명하려 한다.

실제 두 종류의 곤충을 실험실에서 실험한 결과에 따르면 아무래도 은폐를 하는 쪽이 더 많이 살아남는다고는 한다. 단지 맛이 없는 경우에는 먹다 말기 때문에 생존 가능성이 별도로 있다고 하며, 이런 경고생존 방식의 동물들은 상처에 대해 매우 회복력이 좋다고 하는 특성도 있다. 또한, 새들이 기억력이 좋지 않다면 이런 경고 방식 동물이 살아남는 방법은 단체로 뭉쳐서 살면 효과적이라고 하며, 실제로 이들 동물은 대게 집단을 이루고 살고 있다.

[독있는 뱀]

[독없는 뱀]

오른쪽 뱀과 같이 자기는 독성이 없으면서 왼쪽의 독사와 같이 모양만 비슷하게 변화한 생존방식도 있다. 이를 모방(mimicry) 생존방식이라 한다.

[나방]

나방 역시 경고 방식으로 살아간다고 할 수 있으며, 날개를 펴면 마치 뱀의 입모양처럼 보인다. 나름 여러 가지 생존방식을 가지고 있다. 그런데 사람이라고 이러한 생존방식에 자유로운 것은 아니라고 한다. 일생을 야생에서 늑대와 생활을 한 가이스트(Valerius Geist)는 사람이 동물의 왕국에서는 현저하게 못생긴 동물이라 한다.

인간은 어쩌면 경고 방식의 생존전략을 택한 것일 수 있다. 사람이 직립을 하면 웬만한 동물보다 키도 크고 특히 발바닥까지 치렁치렁하게 자라는 머리털은 동물에게 큰 경고가 될 수 있다고 한다. 사람은 특별한 독성이나 공격 수단이 없으나 현저하게 이상하게 생긴 모습 때문에 사바나에서 하이에나도 사람을 공격하는 일이 극히 드물게 만든다고 한다. 나름 경고신호가 잘 먹힌다고 한다. 긴 머리를 출렁거리며 달리는 모습을 상상하면 우리가 귀신같다고 생각하듯 다른 동물들도 사람을 피해야 한다고 생각할 수 있기는 있을 것 같다.

찰스 다윈은 어떤 애벌레들이 현저하게 잘 보이는 색채를 가지고 있는 것을 보고 그 이유에 대해 고민을 하게 되었다고 한다.

다윈은 동물에게 화려하고 과장된 모습을 가지게 되는 이유는

'성적선택(sexual selection)' 으로 설명이 되는 것으로 간주했다.

공작새나 뿔 큰 엘크처럼 생존에는 불필요한 모습들이 과장되어 나타나고 이러한 특징은 수컷들이 암컷에게 잘 보이기 위해 생겨나는 현상이라 설명했었다. 그런데 애벌레는 아직 성적으로 성숙한 상태가 아닌데 왜 이렇게 무모하게 현저한 색채를 띠게 되는지 의문이 생겼다고 한다. 다윈은 동시대 인물로 진화론을 별도로 주장한 월러스(Alfred Russell Wallace)를 찾아가서 이유를 묻게 되었다고 한다. 월러스는 그 이유로 경고색채(warning color)를 지적하였다고 하니, 두 분 다 훌륭한 과학자임에는 틀림이 없는 것 같다.

잡아먹고 잡아먹히는 동물들 간에는 오랜 무기 경쟁이 지속된다. 동물이 숨는 방법에는 위장하거나 밤에만 다니거나 땅속에 살거나 하는 방법이 효과적일 것이다. 그러나 포식자도 진화하여 이들을 잡아먹는다. 모양만 변화하는 것이 아니라 냄새도 바꾼다. 어떤 개미는 다른 맛없는 곤충의 냄새를 내고 다닌다고 한다. 박쥐가 좋아하는 호랑이 나비는 박쥐의 소리를 혼란시키기 위해서 여러 소리를 낸다고 하니 동물이 살아남는 방법은 끝없이 다채롭다.

마지막 사진이 낙엽이 아닌 나비라면 깜짝 놀라지 않을까 한다.

9. 동물의 왕국에서의 가짜뉴스와 동물자살

[한스에게 숫자를 가르키며 더하기를 하고있다]

동물의 왕국에도 가짜뉴스가 많다. 특히 유명 셀럽들이 존재한다. 그중 "똑똑한 한스(Efecto Clever Hans)"라는 "말(Horse)"이 유명해졌다. 말은 많은 관중 앞에서 수학계산을 해내는 등 지적 능력을 인정받고 있었다. 비록 간단한 산수이지만 2+2을 보여주면 앞발을 들어 네 번을 두드려서 답을 준다. 매스컴을 뜨겁게 했던 일은 "말"이 말을 하는 드라마를 만들어 내는 데까지 이르렀다. 말의 초능력을 조사하기 위해서 전문 심리학자가 동원되었고, 조사에 의해 가짜뉴스라는 것이 밝혀졌다. 말은 실제 산수를 하는 것이 아니라 조련사의 표정이나 관중의 기대에 찬 반응을 말이 민감하게 알아차렸고 언제 발 구르는 것을 멈추어야 하는지를 알고 있었던 것이다.

[해안에 밀려들어온 죽은 고래 떼]

동물의 초능력에 관련한 가짜뉴스도 많지만 가장 큰 이슈로 등장하는 것은 동물들이 자살을 한다는 것이다. 코끼리가 죽을 때를 알아 죽은 곳이 따로 있다든지, 고래 떼가 죽어 해안에 밀려들어 오는 일들을 자살했다는 이야깃거리로 만드는 등 많은 사건들이 있다. 실제 이런 가짜뉴스 사건 중 대표적인 것의 하나는 1958년 미국 디즈니사가 만들어 낸 다큐멘터리(documentary) 필름이다. 디즈니 필름은 고도의 촬영 기술을 동원하며 쥐같이 생긴 북부 유럽의 레밍(lemmings)이 단체로 물에 뛰어들어 자살하는 것을 화면에 담았다. 필름에는 레밍의 개체 수가 환경에 넘치게 과도하게 많아지면 그 일부가 전체를 위해 단체로 희생(mass suicide)을 한다는 해설이 따라온다.

인간의 사교집단에나 있을 법한 이 가짜뉴스는 그럼에도 지금까지 세계 곳곳의 아이들 교재에 실려 있다고 한다. 아이들에게 희생정신을 무장시키는 최고 걸작 필름으로 활용되고 있다. 실제 레밍은 갑자기 큰 떼로 나타난다고 한다. 이들이 떼로 이동하다 보면 밀리고 넘어지고 하는 인사 사태가 일어난다. 게다가 당연히 강을 건너야 할 지형에 이르면 대형사고가 발생한다. 이들이 지나간 강바닥에는 시체들이 즐비할 정도이다. 동물 자살에 대한 진화론적 이론은 없다. 하물며 단체 희생에 대한 이론은 있을 수가 없다. 레밍사건은 전체주의적 사고에 편향된 가짜뉴스의 한 위험한 유형이다.

동물 자살 뉴스에 등장하는 베스트 셀럽은 뭐니 뭐니 해도 탄자니아의 곰비(gombe) 지역에서 오랜 기간 침팬지와 같이 한 집단 소속원으로 생활해온 제인 구달(Jane Goodall)의 보고서에 나오는 플린트(Flint)라는 어린 침팬지이다. 플린트는 어미 구실을 훌륭히 하는 어미 침팬지 플로(Flo)의 늦둥이로 태어났다. 플린트는 나이가 든 플로에게는 매우 부담스러운 개구쟁이였다고 한다. 그러던 어느 날 플로가 사고로 죽자 혼자 남은 플린트는 깊은 시름에 빠졌고 아무것도 먹지 않은 채 오래지 않아 죽었다. 우리말로는 "마마보이"인 플린트에게는 어미의 사망은 감당하기 어려운 충격으로 다가온 것 같다. 애완견들에게는 특히 이런 종류의 자살 보도가 매우 많다. 주인을 사별한 개들 중에는 주인을 지키다가 식음을 전폐하고 주인을 따라 죽었다는 기사는 매우 많다.

오배리(R. O' Barry)는 돌고래 연구소의 소장이었다. 오배리는 자기가 데리고 있는 케시(Kathy)라는 돌고래와 같이 많은 TV프로그램에 참여하였고 긴 시간 생활을 같이 해왔다. 그러던 어느 날 연구소에서 오배리에게 급한 전화가 왔다. 케시가 이상하다는 것이다. 빨리와 달라는 소식에 연구소로 달려왔는데, 마치 케시가 죽기 전에 오배리를 마지막으로 보고 싶었다는 듯이 오배리를 보자 물 밖으로 나와 크게 숨을 몰아쉬더니, 물속으로 깊게 가라앉았고 이내 숨을 멈추었다고 한다. 오배리는 햇볕에 너무 많이 탄 케시의 피부와 늘어진 지느러미, 온몸에 난 상처를 가슴 깊이 담았다 한다. 돌고래의 자살 장면을 직접 목도한 것이다. 중국의 한 동물연구소에서는 곰이 사육되고 있었는데 어느 날 새끼 곰의 계속되는 비명소리에, 크게 흥분을 한 어미가 자기의 쇠창살 우리를 부수고 나와 울고 있는 새끼 곰을 안아 입을 막고 숨을 멎게 하더니 자신은 벽에 심하게 부딪혀서 자살했다고 한다. 새끼의 울음소리에 포유동물의 어미들은 매우 민감하게 반응하는 것도 사실이겠지만, 애가 너무 울어 대서 애의 숨을 막아 죽게 한 경우는 사람 사이에도 가끔은 일어나는 일이긴 하다. 그러나 어미가 죽은 것에 대해서는 그냥 분노 발작(temper tantrum)에서 벌어진 일로 흔히 생길 법한 사고일 것이다.

동물의 왕국에는 부엉이바위도 있다. 심리학적으로는 노 대통령의 자살은 자살 관련 심리이론에 완벽히 부합한다. 사회심리학에서는 첫째가는 자살 동기가 사회적으로 완벽해지려는 의지(volition of social perfectionism)이다. 더 이상 남 앞에 당당하게 나서지 못할 정도로 심리적 타격을 입으면 자살에 이른다는 것이다. 이 상태를 자기 자신을 고통에 가두어 버리는 것(entrapment)이라 한다.

침팬지 예룬(Yeroen)은 네덜란드의 아른헴 동물원(Arnhem zoo)의 두목(a male) 이었다. 영장류의 두목은 늘 도전을 받는데 어느 날 그간 같은 편이 돼주었던 루잇(Luit)의 배신으로 두목에서 밀려나게 되었다. 낙심한 예룬은 다음날 동물원 담벼락 절벽 아래로 떨어져 죽어 있는 것이 발견되었다. 이 책의 저자인 드 발(De Waal)은 이 사태를 자살이라고 부르고 싶어 한다[침팬지 정치학_chimpanzee politics].

한국은 OCED 국가 중 자살률이 가장 높은 나라이다. 일 년에 인구 10만 명당 약 25명이 자살을 하는데 이는 OECD 평균이 11명인 것에 비하면 지나치게 높다. 현대 산업화된 사회에서 사람이 총기를 포함한 폭력으로 인한 사망이 5명도 안 되는 것을 생각하면 너무나 높은 수치이다. 자살에 이르는 과정은 과도한 스트레스, 상실감, 슬

픔, 낙심과 이로부터 헤어 나오지 못하는 절망감으로 알려져 있다. 어미를 잃은 침팬지나 주인을 잃은 개를 통해 동물의 왕국에도 사람과 똑같이 느끼는 고통과 슬픔이 있다는 것을 안다. 또한, 소위 자해(self-harm) 행위도 똑같이 목격되고 있다. 다만 자살이라 부르는 매우 의식적인 인간의 행태를 이들 동물에게 돌린 순 없을 것이다.

동물의 왕국에서 보면 인간은 자살할 수 있는 유별난 동물이다. 우리나라는 또 자살을 많이 하는 유별난 사회이다. 아마도 우리 사회가 우리 사회 구성원끼리 서로 고통을 주고 분노케 하는 상황이 유별나게 많지 않나 우려가 되나 그렇지는 않을 것이다. 자살의 위험에 처한 사람은 서로가 도와서 구해 내야 한다. 자살 위험집단 군은 스스로를 막다른 골목으로 가두어 두는 경향이 있으며, 여러 차례 자해 과정이 반복되어 나타난다. 스스로는 빠져나오기 어려우며 주위에서 협조가 절대적으로 중요하다. 특히 자살의 원인 중에는 90% 이상이 한 번쯤은 정신 병력이 있었다고 한다. 우리나라가 자살률이 높다는 것에는 무엇보다도 우리 사회가 죽음에 이르는 병인 "우울증" 등 정신병에 대해 드러내지 못하는 어려움이 있어서 일 것이다. 우리나라 사회가 유난히 못되어 먹은 사람들이 많이 사는 사회는 아닐 것이기 때문이다. 우리 사회가 정신병에 대하여 드러내지 못하고 힘들게 만드는 풍토를 없애야 한다. 우울증은 대처가 가능한 질병이다. 사람은 다른 동물과는 판이하게 뇌가 성숙을 마치려면 25년이나 걸린다.

침팬지의 새끼는 생후 2년이면 사람의 6~7년간의 인지성장을 마친다. 인간의 뇌는 "성장기간"이라는 후유증을 동반하지 않을 수 없는 긴 위험기간이 있다. 동물의 왕국에서 부면 인간은 정신병에 취약한 별난 동물이다.

5장 인류의 진화

Human Evolution

1. 인간을 부르는 복잡한 호칭들
2. 현생인류와 고대인류
3. 현생인류는 살고 네안데르탈인은 멸종한 이유
4. 화산이 초래한 겨울 그리고 인간의 진화
5. 호모 날레디: 인류의 퇴화
6. 무엇이 인간의 큰 뇌를 만들어 내었나?
7. 한반도 최초의 현생인류

1. 인간을 부르는 복잡한 호칭들

[침팬지]

[고릴라]

[오랑우탄]

[긴팔원숭이]

동물의 왕국에는 인간을 부르는 복잡한 호칭들이 있다. 린네의 생물학 분류에 따르면 사람은 동물계→척추동물문→포유동물강→영장류목→유인원과→인류속→인간종 으로 분류될 것이나 인간은 다른 동물과는 달리 좀 더 복잡한 분류 기준을 사용한다.

최근 발견된 화석에 의하면 영장류는 6천5백5십만 년 전 지름이 10km에 달하는 소행성이 지구와 충돌하여 육상의 대부분 공룡이 멸종하자 그 빈 공간에 급격히 번성한 포유동물의 하나다. 이 화석은 플레시아다피폼(plesiadapiforms)이라 하며 지금의 다람쥐같이 생겼고 치아가 매우 작은 동물로 모든 영장류의 조상이 된다. 영장류의 가장 큰 육체적 특징의 하나는 엄지손가락이 따로 있고 다른 손가락을 잡을 수 있는 것(opposable fingers)이다.

영장류란 분류는 우리가 원숭이라 부르는 모든 동물을 포함한다. 그런데 원숭이(monkey)란 말은 인간과 가장 가까운 영장류를 유인원(apes)이라 부르는 말에 상대적으로 사용된다.

영장류 중 원숭이는 절반도 되지 않으며 대부분 신세계 영장류(new world primates: 아메리카)를 부를 때 주로 사용한다.

유인원은 오랑우탄(pongo), 고릴라(gorilla), 침팬지(pan), 인간(homo) 4종의 영장류를 지칭하며 긴팔원숭이(gibbon)는 약간 떨어지는 유인원(the lesser Ape)이라고 하여 유인원의 하나로 포함하기도 한다.

그러면 아프리카에 많이 사는 개코원숭이(baboon), 인도원숭이(langur)와 일본원숭이(macaque) 등은 구세계원숭이(old world primates: 아프리카와 유라시아)이기 때문에 전문적으로는 원숭이라 부르기 어렵고 차라리 유인원에 가깝다고 해야 할 것이다. 침팬지는 인간과 98.6%의 같은 DNA를 공유한다(이 수치는 매우 가변적이었으나 최근 유전체학(genomics)의 발달로 더는 변하지 않을 것 같다). 인간이 침팬지와 1.4%의 유전자만 다르므로 DNA의 차이만으로는 그 특성을 비교하기 어렵다.

따라서 1.4%의 차이는 단순한 DNA로 차이로 나타나는 일대일의 차이가 아니라 보다 복잡한(어쩌면 커다란 증폭 기능을 갖는) 생리

작용의 변화로 설명돼야 할 것이며 그 생리작용 중에는 환경의 요인이 절대적으로 수용되어야 한다.

인간은 침팬지와 가까운 관계로 이들을 합하여 호미닌(Hominin)이라 별도로 칭하고 이런 분류는 속(genus)과 종(species) 사이에 족(tribe)이라는 새로운 분류 단위를 하나 더 사용한다. 침팬지와 인간은 같은 족 내의 동물이다. 지금은 멸종하였지만 침팬지의 조상이 아닌 남방원인(Australopithecus)과 같은 인간의 조상들이 있다.

이들을 인간의 조상으로 포함시키기 위하여는 Hominінan이라는 족의 하위단위 호칭을 사용한다. 호미닌 족 아래에 인간과 침팬지를 구분하기 위해서이다. 그런데 고릴라, 침팬지, 인간은 유인원 가운데에서 오랑우탄과는 거리가 있을 정도로 가깝기 때문에 이들을 묶어서 호미나인(Hominine)라는 호칭을 사용한다. 과의 하위 단위이다. 호미니드(Hominid)라는 오랑우탄을 포함하는 말이며, 긴팔원숭이를 포함하여야 호미노이드(Hominoid)라는 학명의 유인원과가 형성된다. 그러니까 우리말로 유인원(apes)이란 말은 분류의 단위에서 과(family)에 해당한다. 그 밖에도 영장류 목(primate order) 아래에는 코의 생김새에 따라서 마른 코와 젖은 코로 분류하며, 이들을 다시 신세계 영장류와 구세계 영장류로 구분하여, 인간이 포함된 구세계 영장류를 따로 앤트로포이드(anthropoid)라고 한다.

인간의 종을 호모 사피엔스(Homo sapiens)라 하며 생존해 있는 동물은 사람밖에는 없다. 그러나 수만 년 전에 멸종한 네안데르탈인이나 데니소반인은 현생인류와 유전적으로 거의 같기도 하고 또 혼혈이 된 것이 분명해져서 과학계에서는 네안데르탈인과 데니소반은 인간과 같은 종에 포함시켜야 한다고 한다. 따라서 인간의 종에 대한 하위분류가 생겨났고 현생인류를 호모 사피엔스 사피엔스

(Homo sapiens sapiens)라 칭하며 네안데르탈인은 호모 사피엔스 네안데르탈렌시스(Homo sapiens neanderthalensis)라 분류하기도 한다.

[네안데르탈인 상상도]

[데니소반 상상도]

물론 필자도 곳곳에서 이렇게 너무 복잡한 분류에 집착하지는 않았으나 우리 인류(homo)란 말은 인류 속(genus Homo)을 지칭한다는 것을 알아야 하며, 속명인 Homo는 대문자로 적고, 종(species)를 나타내는 단어는 sapiens와 같이 소문자로 적어야 한다. 인류의 조상을 분류하는 단위에서 오스트랄로피테쿠스(Australopithecus)의 속이 Homo로 변하게 되는 데 이 시기가 본격적인 인류의 모습이 확연해지는 시점이라고 해야 할 것 같다.

2. 현생인류와 고대인류

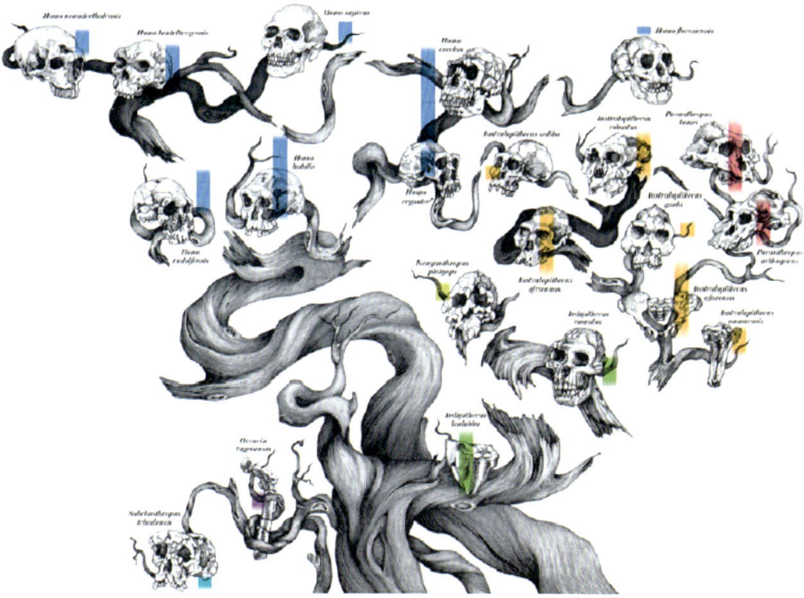

[인류 조상의 진화나무]

필자는 이 글 곳곳에서 현생인류(modern human)이니 고대 인류(archaic human)이니 하는 개념을 자주 사용하였다. 고대 인류는 현생인류에 대해서 마치 개와 늑대의 경우와 같이 고대 인류가 현생인류보다 머리도 크고 사나운 모습을 한 것같이 묘사하였다. 그렇다고 그러한 차이를 시기적으로 분별해 내는 것은 매우 어려운 일이다.

위 그림은 종의 기원을 표현할 때 사용되는 진화나무(phylogenetic tree)이다. 이 나무는 사이언티픽 아메리칸(Scientific American)이 그린 것이며 인류 조상을 진화나무의 줄기로 표시하기 어려운 상황을 아주 잘 표현하고 있다. 고대 인골은 최근에 아주 많이 발견되어서 필자가 대학 시절 서너 개의 고대 인골로 추정하던 때와는 격세지감이 든다. 또 그중 3백만 년이 넘은 고대 인골 중에는 전신이 거의 완벽하게 발견된 인골도 있으며 이들 인골 모두에 대해 과학적 분석이 나름 충실하게 이루어졌다. 필자는 나름대로 해석이 있어 현생인류의 출현에 대해 위 그림과도 일부는 다른 이해를 하고 있다.

인류의 시작은 동식물 분류 단위인 인류의 속(genus Homo)의 이름이 붙여진 호모 하빌리스(Homo habilis)에서 시작한다. 위 그림의 최하단에 있는 인골의 그림은 아프리카 차드에서 발견된 사헬란트로푸스 차덴시스(Sahelanthropus tchadensis)라 명명된 6백만 년 이상이 된 화석이다. 인류가 침팬지와 조상이 같았다고 생각되는 7백만 년에 가까운 시기의 인골이어서 사람과 침팬지의 공동 조상으로 기대하였으나 최근의 연구에 의하면 인류의 조상은 될 수 없다고 한다. 인류의 조상이 이렇게 여러 모습으로 등장하고 있고, 또 그 인골 간의 계통이 이어지지 않아서 그중 어느 인골이 우리의 직접적인 조상이 될 것인가에 관해서는 흥미로운 연구들이 지속할수록 격론이 진행되어 아직은 공인된 결론은 내지 못하고 있다고 보아야 한다.

인류 조상은 모두 아프리카에서 나왔다는 유전학적 확신이 있으나 위 그림의 인골이 모두 아프리카에서만 발굴된 것은 아니다. 오히려 직립원인(Homo erectus)의 경우에는 빠른 시기에 인도네시아의 직립원인이 아프리카의 직립원인보다 더 세련된 석기를 사용하고 뇌 용량도 증가하여 이들이 아프리카로 회귀했다는 주장을 하기도 한다. 특히 70만 년 전 중국의 직립원인은 두개골의 모습이 현생인류와 가깝고 이들이 아프리카보다 선행되어 변하기 때문에 인류의 기원은 아프리카에만 국한될 수 없다는 주장은 지속한다.

그러나 인류의 출현은 자연과의 응전의 산물이다. 지구는 자전축이 기울어져서 대규모의 기후변화를 일으킨다. 아프리카 땅의 넓이는 미대륙의 4배에 달하며 지구 에너지 순환에 커다란 영향을 받는다. 지구는 5백만 년 전 이래 차고 건조한 기후와 덥고 다습한 기후가 급작스럽게 변화하고 또 반복되었다. 그 기간 중 수십 년간 지속하는 차고 건조한 기후가 아프리카에 8번이나 도래하였다. 8번 반복되는 시기마다 아프리카는 열대 우림지역이 커다란 사바나 지역으로 변모해 갔으며 이 과정에서 많은 동물 특히 숲에 살던 동물이 사라지고 사바나에 사는 새로운 종이 출현하게 되는 변화가 반복되어 나타났다. 인류의 조상은 이 과정에서 숲을 나와 사바나 생활이 시작된 것이다.

이제 식물도 변화하여 C3라 불리는 숲속 식물이 아닌 C4라 불리는 사바나의 잔디 과 식물들로 식생이 바뀌어 간다. 두 차례의 앞선 길고 찬 건조한 기후가 지나간 자리에 4백만 년 이전 시점에 우리 인류의 최초의 조상인 남방원인(Australopithecus)이 나타난다.

그림에서 보듯 남방원인에는 여러 인골이 존재한다(위 그림에서 오른쪽 부분). 대부분 오래가지 못했던 것으로 보이며, 다양한 모습을 하고 있다. 이 중 가장 특징적 모습을 한 오스트랄로피테쿠스 로부스투스(Australopithecus robustus)는 단단한 두개골을 가지고 있으며 C4의 사바나 잔디 식물에 가장 잘 적응한 모습을 가지고 있다. 두뇌는 아직 450cc 정도이며, 남녀의 덩치도 다른 영장류와 같이 큰 차이가 나는 특성이 있다. 남성의 키는 130cm이며 여성은 110cm로 상당히 차이가 난다. 동시기에 함께 존재했던 오스트랄로피테쿠스 아파렌시스(Australopithecus afarensis)는 상대적으로 비교적 얼굴이 길며 부드러운 모습을 하고 있다. 오스트랄로피테쿠스 아파렌시스가 호모 하빌리스(Homo habilis)라 불리는 현생인류의 시작점이다. 석기의 등장과 발전 양상은 현생인류의 조상을 추적하는 가장 좋은 지표로 사용된다. 최초의 석기로 인정되는 석기를 사용한 인류의 조상은 호모 하빌리스《Homo habilis (Handy man)》이며 오스트랄로피테쿠스 아프리카누스(Australopithecus africanus)와 혼용으로 사용되기도 하고 오스트랄로피테쿠스 하빌리스(Australopithecus habilis)로도 불리는 첫 번째 현생인류의 직계 조상으로 분리되어 이들에게는 호모(Homo)의 명칭이 부여된다.

호모 하빌리스는 동시기의 다른 오스트랄로피테쿠스 계열과는 다르게 고기를 식용으로 많이 먹었던 것으로 알려져 있다. 호모 하빌리스에서 보이는 석기의 형태는 올도완석기(Oldowan stone tool industry)라 하여 돌을 직접 타격하여 만들어진 날카로운 면을 사용하는 것으로 동물을 사냥하는 데는 부적합하나 죽은 동물을 해체하는 용도로 사용한 것으로 보인다. 따라서 호모 하빌리스는 죽은 동물을 주워 다 먹는 스카벤저(scavenger)로 이해되고 있다. 호모 하빌리스의 뇌 용량은 고기를 먹는 시기와 함께 상당히 커져서 가장 큰 인골은 900cc에 달하는 큰 머리를 가졌다. 이들의 최초의 석기는 3백3십만 년 전에 등장하여, 2백6십만 년 전의 에티오피아 레디-게라루(Ledi-Geraru)에 이르면 석기공장이라 부를 만큼의 다량의 석기들이 한 곳에서 발견되기 시작한다. 이 시기의 인류는 죽은 고기를 주어서 석기공장으로 가져가 석기를 만들어 처리하고, 여러 가족이 함께 먹었던 것으로 보이는데, 이 석기공장에는 석기만이 아니라 먹고 버린 동물 뼈가 함께 발견되었다.

호모 하빌리스(Homo habilis)는 2백만 년 전에 직립원인 호모 에렉투스(Homo erectus)가 등장하면서 사라지게 된다. 직립원인은 사바나 생활에 완벽히 적응한 모습을 갖고 있다. 현대인과 거의 같은 몸동작(gait)을 갖게 되며, 전형적인 수렵채집인의 모습을 하고 있다. 직립원인은 아프리카를 나와 유라시아 전 지역에 퍼져 나가게 되면서 다양한 인종으로 분화되고, 또다시 융화되는 과정을 거치게 된다. 아프리카를 나와 가장 가까운 곳인 우크라이나의 드마니시(Dmanisi) 동굴에 도착한 시기는 1백8십만 년 전으로 매우 이른 시기에 아프리카를 나오게 되었다. 이들은 인도, 인도네시아의 동남아를 거쳐 중국 남방에까지 넓은 지역으로 퍼져 나가게 된다. 1백6십만 년 전에 자바에 도착한 직립원인은 아프리카의 직립원인과 매우 유사하며, 70만년 전에는 한반도와 가까운 북경의 주구점에 도착하게 된다. 그런데 최근 중국 남부에서 발견된 직립원인은 2백1십만 년 전으로 추정되고 있어 학계에서는 직립원인 이전에 이미 호모 하빌리스도 아프리카를 나오지 않았는가 하는 추정을 하고 있다.

드마니시(Dmanisi)의 초기 직립원인은 의외로 뇌의 용량이 1,000cc가 넘는 직립원인의 뇌 용량과는 달리 600cc로 호모 하빌리스보다도 작다. 이렇게 두뇌가 작아진 인류 중에는 호모 날레디(Homo naledi)나 호모 플로렌시스(Homo florensis)도 있으며, 이들은 적응에 실패한 인류의 모습을 하고 있다.

인류의 특징적인 모습의 하나는 코가 오뚝하게 선 모습이다. 인간은 다른 동물에 비해 후각신경계가 퇴화된 모습을 하고 있는데, 이렇게 코가 오뚝하게 선 이유는 건조한 기후에 습도를 유지하기 위한 것이라는 전통적인 해석에 더하여, 사바나에서 냄새를 더 잘 맡기 위한 것이라는 주장도 있다. 이것은 인간이 사바나에서 포식자로 등장하게 되는 중요한 특징이라 한다. 직립원인은 최초로 불을 통제할 수 있고 음식을 불에 구워 먹었다는 대상으로 지적되고는 있으나 아직은 그 흔적이 잘 찾아지지는 않는다고 한다. 불을 피우는 부싯돌은 석기시대가 마감되는 기원전 5,000년 시기까지 대부분 기간에 수렵인이 휴대하는 필수품이었으나 직립원인에게서는 그런 모습이 잘 보이지는 않는다고 한다.

현생인류의 등장이 20만 년 전이면 확연해진다. 우선 중석기시대(middle stone age)라 불리는 고대 석기류의 일대 혁신이 진행된다. 직립원인은 아슐리안(Acheulean) 석기를 사용하였으나, 이 석기의 전통은 놀랍도록 오랜 기간 변화 없이 사용된다. 인류는 사바나의 수렵채집 활동은 물론 조개를 비롯한 다양한 해양자원을 이용하게 되며, 사막이나 숲에 이르기까지 여러 환경을 추구하게 된다. 석기는 작은 돌날 석기가 등장하며 이 작은 돌날을 창끝에 달아서 파괴력이 있는 창을 만들었으며, 화살촉으로 이용한 것이 분명한 작고 날카로운 석기 잔재들도 발견된다. 이들은 잔석기를 창끝에 달아 쓰기 위해서는 끈만이 아니라 접착제를 이용하여 붙였으며, 재질의 사용에서도 불에 구운 돌을 이용하여 한층 단단한 재질을 구워냈다. 또한, 석기에 필요한 특수한 재질을 얻기 위하여 수백 km 밖에서 구한 석기 재질을 이용하여 만들고, 한 번 사용하였던 석기를 재가공하여 사용하는 등 혁신적인 변화가 일어난다. 이러한 변화를 가능케 한 것은 인류가 추상적 사고를 하였다는 것, 사전 용도를 계획하여 도구를 만들었다는 것, 기왕의 도구에 혁신이 더해졌다는 점, 그리고 색채를 이용하기 시작하고 장식물이 발견된다는 점에서 상징적 행위(symbolic behavior)의 모습이 등장하는 현생인류의 특성이 잘 보인다. 그러나 인골 모습의 변화에서는 고대 인류의 등장은 50만 년 전으로 소급하고 있다. 현생인류의 모습 특히 두개골의 모습에서는 모로코의 제벨 이르후드(Jebel Irhoud)에서 발견된 30만 년 전 인골은 인류 두개골의 진화 방향을 이미 잘 보여주고 있다. 현생인류의 모습은 작은 얼굴을 특징으로 하고 있으며, 아이브로우(eyebrow)에서 그 특징이 잘 나타난다. 현생인류의 직계주상인 고인류에서 이마가 생기며 머리가 높아지고 두개골의 좌우가 옆으로 늘어나며 특히 뒤통수가 뾰족하지 않고 둥글고 평편하게 변화한다.

제벨 이르후드(Jebel Irhoud)의 인골은 아직 이 시기에는 중석기를 사용하지는 않았으나 인골만의 모습으로 말하자면 현생인류의 특징을 부분적으로 잘 갖추고 있다. 특히 이 인골은 뇌 용량이 1,450cc에 이르며 이는 현생인류보다도 뇌가 커진 것이다. 뇌가 커지고 얼굴이 수직으로 변화하여 현생인류와 비슷해져 가는 중요한 모습이다. 현생인류는 20만 년 전 남아프리카의 여러 동굴에서 발견된 수준 높은 중석기 문화를 가진 집단을 현생인류의 등장이라 하며, 혹은 한층 시대를 낮추어서 10만 년 전 동아프리카와 동북아프리카 일대에서 주도적으로 변화하는 돌날 세석기(blade stone tool industry) 문화를 가진 집단을 현생인류로 국한하기도 한다. 따라서 현생인류에 앞서는 고대인류(archaic Human)는 55만 년에서 20만 년 전에 아프리카에 살았던 인류를 말하며 현생인류의 바로 위 조상에 해당한다고 하겠다. 동아프리카의 리프트 밸리(Rift Valley-에피오피아에서 탄자니아에 이르는 지역으로 많은 고인류 화석이 발견된 곳)의 전문가인 남아공의 비리하네 아시파워(Berhane Asfaw) 교수에 의하면 고대인류는 60만 년경에 등장하며 1단계에서 뇌 용량이 증가하며, 둘째 단계에서 얼굴모습이 작아졌다고 한다. 현생인류의 얼굴 특징으로 특히 송곳니 뒷면(postcanine fossa)이 움푹 패기 시작했으며, 마지막으로 현생인류의 눈두덩이 뼈가 낮아지고 양옆으로 가늘게 변화한 보습으로 진행이 되었다고 특징적 변화를 설명하고 있다. 위 그림에서 보듯이 현생인류는 네안데르탈인과는 다른 방향으로 진화해 갔음을 알 수 있다.

우리가 20만 년 전에 살았다면 동시기에 호모(Homo)에 속하는 9인종이 같이 살았을 것이다.

호모 사피엔스(Homo sapiens), 호모 데니소반(Homo denisovan), 호모 네안데르탈인(Homo neanderthal), 호모 하이델베르겐시스/로데

시아니스(Homo heidelbergensis/rhodesiense), **호모 안테세소르/마우리티니쿠스**(Homo antecessor/mauritanicus), **호모 에렉투스**(Homo erectus), **호모 플로렌시스**(Homo floresiensis), **호모 루소넨시스**(Homo luzonensis), **호모 날레디**(Homo naledi) 등이 함께 살았었다.

인류의 조상을 특정하기 어려운 현실을 잘 말해준다. 이들 중에는 현생인류에 의해 사라지기도 하였으나 적지 않은 경우에는 퇴화된 경우도 있다. 그러나 진화의 모습은 여기서 끝나지 않는다. 현생인류의 모습은 지난 만 년간 신석기의 농업사회가 진행되면서 오히려 더 빨리 모습이 변하였다. 두개골 후면이 훨씬 납작하게 들어갔으며, 두개골의 높이가 현저하게 올라가고, 얼굴 전체가 더 수직으로 진행되고 있다. 어쩌면 필자의 능력으로는 정리하기가 어려운 광범위하고 복잡한 주제인 현생인류와 고대인류의 출발과 그 특징에 대하여 동물의 왕국에서 정리를 해 보았다.

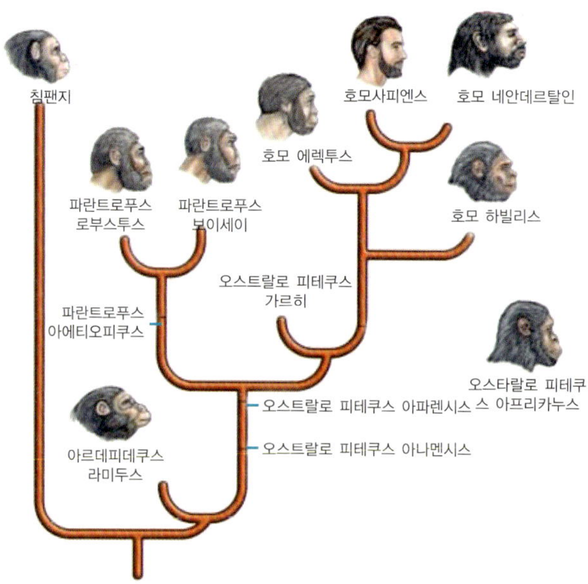

[초기 인류의 조상]

Review

인류의 조상 영장류가 공룡시대에도 살았었다

Live Science, *March 1. 2021*

우리의 조상은 다람쥐같이 생겼을 것이라 한다.

[푸가토리어스 맥키베리(Purgatorius mckeeveri)]

푸가토리어스 맥키베리(Purgatorius mckeeveri)라 이름지어진 새로 복원된 영장류의 모습, 영장류 중 가장 오래된 것으로 알려져 있다. 과학자들은 최초의 영장류 화석을 확인했으며 한때 공룡과 함께 살았을 인류의 고대조상으로 알려진 쥐 크기의 생물로 작은 고대 치아를 보여주고있다.

치아는 2밀리미터 길이이며 플레시아대피폼(Plesiadapiforms)으로 알려진 가장 오래된 영장류의 그룹에 속하는 것이다.

이것들은 1980년대에 몬태나 북동부에 있는 포트 연합 지대에서 발견되었으나 이제서야 공식적인 새로운 연구 결과로 확인되었으며, 2021년 2월 24일 간행된 로얄 소사이어티 오픈 사이언스 저널에 발표되었다.

초기 영장류는 약 6,600만 년 전 백악기 시대가 끝나고 거대한 소행성이 지구에 떨어져 날지 못하는 공룡을 쓸어버린 대량 멸종을 초래한 후 이제 생명이 다시 회복되기 시작했다는 것을 보여주는 것이라 한다. 연구진은 멸종 사건 후 10만5,000년에서 13만9,000년 사이 화석으로 시기를 밝혔다.

그러나 이 생물들은 공룡과 함께 살았던 이전 시기의 지금은 알 수 없는 영장류 조상에서 진화했을 가능성이 있다고 연구자들은 말했다.

워싱턴 대학 생물학과 그레고리 윌슨 만틸라(Gregory Wilson Mantilla) 교수는 "그것은 우리의 혈통, 그래서 그것은 우리에게 특별한 의미가 있다고 생각할 때, 몬태나 북동부에서 공룡과 함께 살고 이 [멸종] 이벤트에서 살아남았다는 것은 매우 가슴이 떨리는 일이다"라고 말했다.

"그들은 아마 외모에서 다람쥐와 같았을 것이다"라고 한다.

그들은 현대의 짧은 얼굴을 가진 영장류에 비해 훨씬 더 긴 주둥이를 가졌으며 시각보다는 후각에 더 많이 의존하여 눈은 머리 양옆에 달려 있다. 연구진은 치아에서 수집된 정보와 푸가토리어스에 대해 기존에 알려진 정보를 바탕으로 매키버리를 복원하는데 이용하였다고 한다.

화석은 약 6,590만 년 된 것으로 추정되는 암석에서 발견되었다. 고대 치아를 통해 만틸라(Mantilla)와 같은 과학자들은 백악기-고제3기 멸종 시기에서 어떻게 동물들이 살아남았고 고제3기(약 6,600

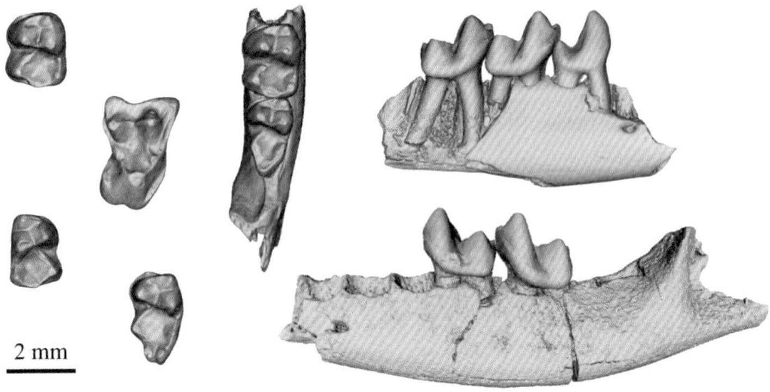

[푸가토리어스 맥키베리의 약 6,590만 년전 화석]

만~2,300만 년 전)와 그 너머로 진화하였는가를 이해하는 데 큰 도움이 된다고 한다. "우리가 보고 있는 것은 강인한 회복 능력이 우리의 혈통을 보여주는 것이다"라고 만틸라 교수는 강조한다.

영장류는 멸종 사태 이후 생태계가 복원하는 기간 가장 먼저 번성하게 된 동물이라고 한다.

"그들은 나무에 살고 있었으며, 다른 대부분 포유류는 땅에서 낮게 살고 있었다." 플레시아다피폼(Plesiadapiformes) 연구에 초점을 맞춘 토론토 스카버러 대학의 인류학과 교수인 메리 실콕스(Mary Silcox)는 이 연구가 "매우 흥미롭다"라고 말했다. 초기 고제3기의 기간에서 식별 가능한 영장류가 있었다는 것은 포유동물이 날지 못하는 공룡이 사라진 마지막 날에 진화를 시작했음이 분명해진 것이라 한다. 또한, 실콕스는 "이런 중요한 물증이 북미에서 발견되었다는 사실도 중요하며 영장류 진화의 초기 단계에서 이 대륙의 중요성을 뒷받침한다"라고 덧붙였다.

3. 현생인류는 살고 네안데르탈인은 멸종한 이유

[알타이 데니소바 동굴(Denisova Cave in Altai): 혼혈의 현장]

고생인류의 유전자 연구에 독보적인 기여한 막스플랑크연구소(Max Planck Institute)의 스반테 페보(S. Paabo)는 2020년 9월 30일 네이처(Nature)지에 현재 유행하고 있는 코로나19(covid-19) 질병과 관련하여 매우 재미있는 연구결과를 발표하였다.

그는 코로나19 환자 3,199명을 대상으로 유전자 조사를 한 결과 환자 중에 네안데르탈인에서 현생인류에 유입된 유전자를 가지고 있는 환자에게서 코로나19의 호흡기 질환이 위중하게 나타났다고 보도하였다. 인간의 유전자 중 3번 크로모좀 내의 한 유전자가 사스(Sars), 코로나19, 독감(Influenza) 등의 바이러스 병균에 대한 항

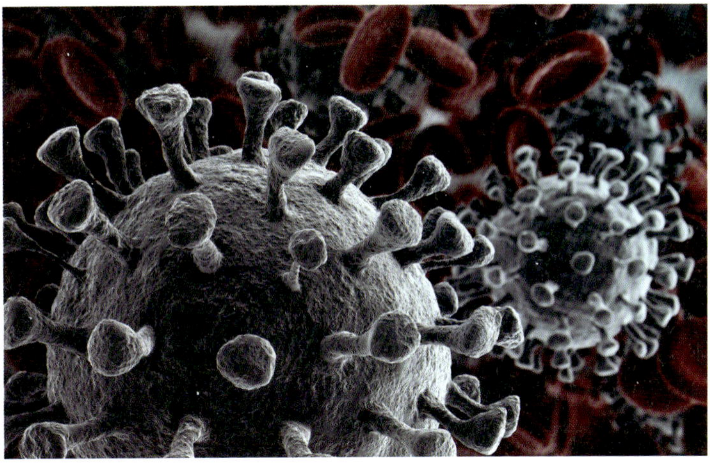

코로나19 바이러스]

체작용과 관계하는 것으로 알려져 있다. 물론 필자는 이러한 유전자의 영향을 질병자체와 일대일로 연관시키는 논리에는 매우 소극적인 생각을 하고 있으나, 이태리나 유럽인이 극동아시아인에 비해 과도하게 높은 사망률을 보이는 것이 이러한 까닭에 기인한다는 것이 매우 흥미롭다. 한국인의 경우 사망자의 90% 이상이 기저질환자와 고연령층이라고 한다.

페보는 고대인골에서 유전자를 추출해 낼 방법을 개발하여, 2010년 네안데르탈인에 대한 전 유전자 구성(sequencing)을 복원하는데 성공하였다. 그 복원 결과 중 가장 특기할 만한 사항은 그때까지 인류학계의 너무나 오래되고 중요한 논쟁이었던 네안데르탈인과 현생인류와의 혼혈관계에 대한 종지부를 찍었다는 점이다. 페보에 의하면 혼혈의 결과로 현재 유럽인에는 2% 이상의 네안데르탈인 유전자가 남아있으며, 동아시아인에게 이보다 높게 존재한다고 한다.

특히 현재인류에게 조금씩 남아있는 네안데르탈인의 유전자를 모아보면 네안데르탈인의 유전자를 20% 이상 찾을 수 있다고 하며,

최근 연구에 의하면 더 늘어서 41%의 유전자가 우리에게 산재하고 있다고 한다.

페보는 특히 이들 네안데르탈인의 잔재는 현생인류의 여러 종류의 질병(면역 이상, 백혈병, 제2형 당뇨병, 크론질병, 담즙성 간경화 등)에 관계하고 있음을 오래전부터 주장하였다. 네안데르탈인의 유전자 흔적은 극동아시아인에게 특히 높아 66% 이상의 인구에서 피부나 질병의 특질이 발견되나 이번 코로나-19에 관련된 유전자는 다행히 극동아시아인에게는 없다고 한다.

고대인류에 대한 유전자 연구는 현생인류의 진화과정에 숨겨진 내용이 있다는 것을 알아냈고, 그중 하나가 네안데르탈인과의 혼혈 문제이며, 인류의 혼혈관계는 네안데르탈인만이 아니라 최소한 2종의 다른 인류와도 적지 않은 혼혈이 있었음을 말한다고 한다.

러시아 시베리아 남부에 위치한 알타이산맥은 우리에게는 매우 익숙한 이름의 산맥이다. 우리의 언어를 우랄알타이계 언어라 하며, 알타이산은 한문으로는 금산(金山)이라 하여 금을 숭상하던 풍습이 있었고 신라의 금관 양식을 통해 보면 이곳 주민의 역사가 우리의 역사와도 닿아 있다고 하는 지명이다. 지금은 알타이 공화국의 알타이산맥에 있는 데니소바(Denisova) 동굴에 인류의 혼혈 과정을 추측 가능케 하는 여러 고인류의 유골이 함께 발견되었다.

이곳 동굴에는 12만 년 전 네안데르탈인의 유골에서 시작하여, 4만 년 전 현생인류의 유골이 발견되었으며, 오랜 기간을 거쳐서 한 곳에서 여러 고인류가 교대로 혹은 함께 거쳐 간 흔적이 발견되었다. 특히 이곳 동굴에서 발견된 인골 중에는 네안데르탈인도 아니고 현생인류도 아닌 데니소반(Denisovan)이라 불리는 제3의 인골이 발견되어 커다란 반향을 일으켰다. 데니소반은 유전적으로 현생인류보다는 네안데르탈인과 가까우며 말레이시아와 인도네시아 그리고 나아가서 멜라네시아(Melanesia)와 호주의 원주민에 이르기까지 현생인류와의 혼혈이 높게 나타난다.

현생인류와 네안데르탈인의 공동 조상은 60만 년 전인 것으로 추정되나 데니소반과 현생인류의 공동 조상은 100만 년 전 이상으로 추정된다. 극동아시아인에게는 데니소반의 유전자가 발견되지 않아서 이들 데니소반은 주로 남아시아에 걸쳐 생활하였던 것으로 추측되고 있다. 페보(Paabo)의 연구에 의하면 이들 네안데르탈인과 데니소반 이외에도 최소 한 종류의 인류와 혼혈을 하였는데 인류학계에서는 아직 그 존재를 확인하지 못하고 있다. 데니소반 동굴에서는 13살 정도의 소녀 인골이 발견되었는데 인골의 아버지는 데니소반이고 어머니는 네안데르탈인 것이 밝혀져 혼혈 관계는 현생인류만이 아니라 다른 고생인류 간에도 있었던 것이 확인되었다. 물론 이 혼혈은 이종(異種) 간의 생식 관계로 많은 이종 간의 교배에서와 같이 다음 대에서는 새끼를 낳지 못하는 경우가 많았다.

현생인류와 네안데르탈인과의 혼혈에서도 엄마가 네안데르탈인이면 새끼를 전하지 못하였으나, 엄마가 현생인류이면 새끼를 전할 수가 있어 혼혈의 결과가 지금까지 전해온다고 한다. 또한, 혼혈이 이루어진 시점은 최소한 20만 년 전 아프리카에서 시작되어 여러 번 여러 시기에 있었던 것으로 밝혀졌다. 네안데르탈인은 유럽 전역에 걸쳐서 특히 지중해 연안에 많은 유골이 남아있다. 유골이 많은 만큼 네안데르탈인 유골 중에도 서로 간에 많은 차이가 있어 현생인류와 같이 단일한 종으로 보기 어렵다고 한다. 특히 현생인류와 아프리카에서 공존하였고 그 윗대의 조상에 대하여 같은지 다른지는 매우 논란이 많고 아직 그 계통이 확립되어 있지 않다(네안데르탈인의 조상으로 호모 하이델베르겐시스 *Homo heidelbergensis* 가 지목되고 있다).

선대의 고인류에도 여러 종의 고대 인류가 존재하기 때문이다.

직립원인 호모 에렉투스(Homo erectus)라 부르는 고대 인류는 단일한 종으로 특정하기 어려울 만큼 여러 모양을 하고 있어 더욱 그 계통을 확정하기 어렵게 한다.

현생인류는 50만 년 전 이전에 등장하는 고대인류(Archaic human)를 조상으로 하고 있으나 이 인류가 네안데르탈인과 같은 조상인지 아닌지를 분명하게 가르지 못하고 있다. 다만 31만5천 년 경은 확연한 네안데르탈인이 존재하며, 15만 년경에는 이들이 아프리카를 나와서 유럽지역에 광범위하게 살았다. 네안데르탈인은 동굴 사람이라 불리며, 대부분의 거주지가 동굴로 알려져 있다. 현생인류도 동굴을 선호했으나 우리나라의 경우 대부분 바위 그늘이라고 부르는 열린 곳에 있다. 네안데르탈인은 생활 반경이 좁고, 장거리의 교역이 없었던 것으로 알려져 있다. 석기의 재질도 모두 인근 5km 이내의 가까운 곳에서 구한 것들이다. 이에 비하면 현생인류의 석기 재질은 수백km에 달하는 먼 곳에서도 교역을 통해 조달된 모습을 하고 있다. 네안데르탈인 신체적 특징은 키는 남자는 165m 정도이며 여자는 153m 정도로 현생인류보다 작은 체구이나, 팔다리가 짧고 골격이 매우 다부지게 생겼으며, 남성의 두뇌 크기는 1,600cc로 현생인류보다 크다.

네안데르탈인이란 일상어는 매우 둔하고, 원시적이며, 잔인한 사람을 부를 때 쓰는 욕처럼 쓰이는 말이기는 하나, 나름 무스테리안이라는 발달한 석기문화를 갖고 있고, 눈으로는 따라 하기 어려운 르왈로아 석기제작 기술도 있으며, 바늘 없이 만들어진 의복과, 장식도 많았던 것으로 나름 상당한 지적 수준에 도달했던 것으로 평가되고 있다. 네안데르탈인이 지구상에서 시리지는 광경은 약체 국가가 침략 국가에 의해 영토를 조금씩 조금씩 밀려 쫓겨나는 장면처럼 매우 애처롭게 보인다. 현생인류는 약 4만8천 년경 터키인 아나톨리에서 나와 발칸반도에 진입하게 되고, 이로 인해 네안데르탈인은 계속 유럽 변방인 북유럽, 영국, 스페인 남부 등으로 밀려나다가 마침내 4만 년경이면 지브로울터 인근에 마지막 유골을 남기고 다 사라진다.

재러드 다이아몬드(J. Diamond)를 위시한 많은 인류학자들은 현생인류의 타 인종에 대한 심각한 공격성을 네안데르탈인의 멸종에 가장 큰 이유라고 주장하고 있으며, 그 과정 또한 매우 잔인한 도륙(extermination) 과정이었을 것이라 상정한다. 그러나 현생인류의 탓만은 아니라는 주장도 매우 설득력이 있다. 특히 이 시기는 지질연대로는 하인리히(Heinrich) 4기라 불리는 혹한의 시기였다. 물론 네안데르탈인의 짧은 팔과 다리(추위에 표면적을 줄인다)나 넓은 코(찬 공기를 덥힌다)를 가지고 있어 현생인류보다 추위에 잘 적응할 수 있다고는 하나, 네안데르탈인의 생활지인 숲이 급격히 줄어들고 초원과 스텝이 널리 전개되면서 살아가는 공간이 줄어들었다 한다. 이 시기에 현생인류에게 최초의 바늘이 발견되었고 의복이 발달되어, 초원과 스텝지역의 사냥에 능한 현생인류가 생존경쟁에서 굳이 전쟁이 없더라도 훨씬 우위에 있다.

또한, 4만 년 전경에 발생한 이탈리아의 캄파니아 이그님브라이트(campanian ignimbrite) 화산의 분출은 유럽의 기온을 섭씨 2~4도가량 더 낮추게 되어, 최후의 네안데르탈인마저 생존하지 못하게 된 마지막 결정타가 되었다고 한다.

네안데르탈인 하면 즉각적으로 언급되는 한 가지 사항은 수많은 이들의 유골들에 상처와 질병의 흔적이 너무도 많이 남아있다는 것이다. 인류에게 문화라는 측면이 없다면 자연 상태에서 다른 중대형 동물들에 비해 현저하게 약한 모습이 잘 드러난다.

네안데르탈인은 동물을 사육하고 버팔로와 매머드를 사냥하는 현생인류에 비해 자연 상태에서 매우 취약한 동물이었다. 많은 인골이 야생 동물들에 의해 희생되었으며, 특히 곰과 같은 동굴 생활을 하는 동물이 극히 위험하였다. 곰, 고양잇과 맹수들, 그리고 늑대의 순서로 이들에게 희생되었고, 하이에나보다는 강했던 것 같다고 한다.

그러나 현생인류 역시 네안데르탈인에 의해 역으로 생존을 위협받던 시기가 존재했었으며 두 인류는 오랜 기간 같은 지역에서 생활한 흔적이 많이 있다(레반트나 그리스). 현생인류는 아프리카에서 나와 아주 빠른 시기에 호주까지 이동한다. 6만 년 전에 나왔다면 호주에 인간이 도착하는 시기는 5만5천 년이다. 그러나 유럽은 거리상 매우 가까운 지역임에 반하여 현생인류가 발칸에 들어가는 시점이 4만8천 년인 것을 보면 네안데르탈인의 존재가 현생인류에 크게 위협적인 장애가 되었던 것은 확실해 보인다.

다이아몬드는 그의 책 『제3의 침팬지The Third Chimpanzee, 1991』에서 현생인류와 침팬지 간의 유전적 차이는 1.6%로 고릴라와 침팬지 간의 2.6%보다도 적다고 한다.

그는 인류의 성공 비결 뒤에 숨어 있는 우리가 침팬지와 공유하고 있는 배타적인 공격성에 대해 이러한 폭력성이 미래 인류의 생존에 큰 재앙이 될지 모른다고 경고하고 있다. 인류의 역사에서 문명이 앞선 국가와 뒤처진 국가 간에 충돌이 생기면 약한 국가에 대량학살(genocide)이 끊이지 않았다고 한다. 현생인류와 네안데르탈인의 관계도 이와 같았을 것이라는 주장에 대하여, 필자는 인간은 제3의 침팬지라고 믿는 사람이긴 해도 네안데르탈인의 멸종에 대하여서는 환경의 탓이라고 약간의 책임을 돌리고 싶다.

4. 화산이 초래한 겨울 그리고 인간의 진화

[인도네시아 수마트라섬인 토바]

동물의 왕국에 찾아오는 가장 무서운 자연환경의 재앙 중에는 화산이 가장 무섭다. 화산폭발로 인한 화산재의 충격도 크지만 대기 중에 뿜어지는 아황산가스를 내포하는 가스와 먼지는 수년간 햇빛을 차단하여 그 피해가 광범위하게 오랜 기간 지속한다. 그중 가장 획기적인 화산 분출은 7만3,880년 전 인도네시아 수마트라섬인 토바(Toba)에서 발생한 화산 활동이었다. 토바의 화산은 인도 전역에 10cm 이상의 화산재를 쌓아, 숲을 황폐화하고 초원으로 만들었는데, 그 조사 과정에서 화산재의 분포 지역이 점점 넓게 확인되기 시작하더니 급기야는 인류 탄생의 요람지인 동아프리카와 남아프리카까지 덮친 것으로 밝혀졌다. 토바 화산은 약 6년간이나 지구를 덮고 있었으며, 동시기는 이미 최후 빙하기에 진입한 시점에서 발생하여 화산으로 인한 겨울의 가속화는 그 여파가 이후 1,800년간이나 인구증가를 억제하였다고 한다. 이 기간을 인류의 생존을 위협하는 인구감소의 병목기간이라 한다. 동 시기의 재앙으로 남아시아 동물의 왕국에서는 약 12종의 대형 포유류가 멸종되었으며, 그중 살아남은 동물도 멸종 위기를 직면한 동물도 많다. 현생 하는 호랑이들은 모두 여기서 살아남은 호랑이 1쌍의 새끼들로 알려질 만큼 큰 영향을 입었다. 현생 호랑이의 유전형질은 다른 어느 동물에 비해 유전적 다양성이 적은 경우에 속한다. 미국 일리노이(Illinois) 주립대학 인류학과 스탠리 앰브로즈(Stanley Ambrose) 교수는 인류의 생존능력의 변화가 이 시기를 전후하여 확연하게 변화한 것을 유물에서 목격하였다. 동시기에 현생인류와 공존하였던 호모 네안데르탈인(Homo neanderthal)은 이러한 환경 변화 적응하지 못하여 도태되어갔고, 이에 반해 현생인류는 적응에 성공한 이유를 찾아내어 현생인류의 진화적 특이점을 규명하였다. 이 기간을 거치면서 나타난 네안데르탈인과 현생인류의 가장 큰 차이는 네안데르탈인이 다른 영장류와 같이 사회생활의 집단 단위가 무리(troop)에 머물러 있는 반면 현생인류의 집단 단위는 부족(tribe)으로 커진 것을 강조하고 있다. 앰브로즈 교수는 그 증거로 동시기 동아프리카 현생인류의 유물에서 발견되는 이전시기와는 획기적으로 달라진 문화 양상을 나열하고 있다. 동물이 한 병력(troop) 단위를 넘어 집단(tribe) 단위로 살기 위해서는 많은 것들이 변해야 한다. 현생인류와 대비되는 네안데르탈인은 매우 좁은 지역을 영역화하여 친족 집단으로만 살았고, 그러한 까닭에 이웃 병력과의 물리적 분쟁이 매우 심했던 것으로 보인다. 비교적 많은 수의 인골이 남아있는 이들에게서는 관절염이나 골절이 없는 온전한 인골은 찾아보기 힘들다고 한다. 심지어 이들의 인골 중에는 분명하게 서로 잡아먹었던 치아 자국도 많다고 한다. 아마도 카니발리즘(cannibalism)이 만연했던 것 같다.

물론 동시기의 주거 형태가 남아있는 것은 아니나 현생인류가 병력 단위의 생활에서 집단 단위로 전환되었음을 잘 알려 주는 사건은 이들의 유적에서 발견되는 석기들의 재질(석영)이 주변에서는 찾을 수 없는 70km 이상 떨어진 장거리에서 가져온 것이며, 몸을 표식하는 안료나 선물로 사용되었을 것 같은 장식물들이 존재한다는 것이다. 사람의 사회생활이 십 수인의 병력 단위에서 수 백인이 함께 살아가는 부족이 존재한 증거물들이라 한다. 확대된 사회의 지평(extended social landscape)은 무엇보다도 사회 안전망을 구성한다. 협력하여 먹이를 구하며 영역을 지키고, 또 부족 너머의 원거리 교역은 부족한 물자를 공급할 수 있으며, 위기의 상황에서 피신처가 생겨난다. 동물의 왕국에서 개미나 벌과 같이 사회 전체가 한 유기체처럼 살아가는 사회적 동물(eusocial animal)들을 제외한다면 현생인류가 이에 비견할 수 있는 본격적인 사회적 동물이 된 계기가 될 것이다(E. O. Wilson, On Human Nature, 1979). 인류는 약 200명 정도의 부족 단위로 이후 오랜 기간을 살아가게 된다. 그러나 인류가 집단을 이루기 위해서는 많은 생리적 변화들이 선행적으로 전제되어야 한다. 우선 다른 병력 인을 부족으로 받아들이기 위해서는 외인공포증(xenophobia)이 약화되어야 할 것이다. 호르몬 작용에서 남성호르몬이 줄고 옥시토신(oxytocin)과 바소프레신(vasopressin) 기능이 확대되어야 한다. 인류학에서는 이러한 변모를 설명하기 위하여 많은 가설들이 제출되어 있다. 제일 중요한 가설은 하버드대학의 랭햄(R. Wrangham) 교수의 요리가설(cooking hypothesis)이다. 그에 의하면 인간만이 아니라 침팬지도 동물을 사냥하여 잡아먹기는 하지만 날고기를 씹어 먹지는 못한다고 한다. 사람은 몇 시간을 씹어야 하며 침팬지는 더 오랜 시간을 씹어야 한다고 하니 우리가 육회를 먹는 부분은 아마도 소 부위 중에 극히 일부분에 해당할 것이다. 고기를 불에 구우면 씹을 수도 있지만 스타치 식물을 불에 요리하면 체내에 소화를 도와서 영양 효과도 30% 이상 증가하는 것이라 한다.

사람이 불의 사용을 음식에 도입하면서 사람들에게는 사회생활을 가능하게 하는 생리적 변화가 생겨났다고 한다. 물론 이런 단순한 가설만으로는 충분한 설명은 되지 못할 것이다. 인간의 불의 사용 시기는 현생인류의 등장보다는 분명 오래되었으나 본격적으로 생활화된 시기는 현생인류가 요리에 사용하면서부터라고 한다.

앰브로즈 교수는 석기의 변화에서 찾아볼 수 있는 인류의 지적 능력 변화를 더 강조하고 있다. 인류가 석기를 사용한 시기는 2.5백만 년이나 된 것이고 네안데르탈인도 매우 정교한 석기를 사용할 줄 알았다. 석기의 사용은 그것이 얼마나 장기적으로 계획되어 만들어졌는가 하는 점이 중요하다. 침팬지는 물론 그 자리에서 주워서 사용한 것이고, 호모 에렉투스(Homo erectus)에게서도 석기란 현장에서 즉흥적으로 제작되어 사용 후 버려지곤 하는 것이라 한다. 이러한 석기의 사용에서 본격적인 도구로 사용되기 시작하는 것은 인류학에서 중석기시대(middle stone age)에 이르러서이다. 중석기의 대표적인 것은 작고 얇은 돌을 나무 위에 둘러 붙여 만드는 창이나 칼을 말하며, 이는 즉흥적인 도구가 아니라 계획적으로 그 용도가 정해진 산업적 생산품이다. 이러한 도구들은 하나만이 아니라 세트로 제작되는데 이를 도구세트(tool-kit)라 하며 고도 제작기술이 요구된다. 앰브로즈가 특히 강조하는 점은 이러한 석기의 제작에는 기대 기억(prospective memory)이라고 하는 특수한 작업 기억력(working memory)이 필요한데, 우리 두뇌인 전두엽의 전극 전전두피질(frontopolar prefrontal cortex)의 발달과 밀접하게 인과관계가 있음을 강조하였다. 또한, 접착제를 사용하여 돌을 칼에 부치는 과정은 조합적 두뇌 기능(constructive memory)이 수반되어야 하므로 중석기의 석기 발전은 인간 지능발달의 커다란 진전을 의미한다고 한다. 앰브로즈에 의하면 화산겨울(volcanic winter) 기간 동안 인류가 얇은 돌날과 뼈로 만든 화살촉이 등장하고 접착제로서 껌과 불을 이용한 여러 접착제가 사용되기 시작하는 것은 현생인류가 지능을 이용하여 적극적인 생존방식을 추구하는 모습이라 강조한다. 그에 의하면 석기제작에 드는 조합적 두뇌 기능이 인류의 언어기능을 담당하는 두뇌 부위인 브로카(broca) 영역을 발달시켜 인류의 언어 사용에 문법적 구조(syntax)가 자리 잡게 된 것이라 한다. 인도 북부에서는 최근 이 시기를 살았던 인류의 흔적을 찾아냈다. 이 유적은 화산이 분출하는 시기에 이 지역에는 아프리카와 동일한 중석기를 사용하는 현생인류가 살았으며, 화산이 초래한 겨울에서도 살아남았다는 것을 확인하였다. 이들은 인도에서 아라비아로 역류하는 새로운 석기 문화의 주인공이며 마침내 인도양을 따라 아시아와 오세아니아로 퍼져 나가는 인류의 주인공이 되었다고 한다. 멸종의 위기가 만들에 낸 진화의 한 모습이다.

제주도에는 우리나라의 가장 오래된 신석기 유적이라 하는 수백점의 석기와 관련 유물이 발견된 고산리 유적이 있는데, 이 유적은 일본 후지산의 화산활동으로 뒤를 잇지 못하고 단절되었다. 백두산의 화산활동 등의 영향에 대한 연구가 필요하다고 하겠다.

필자는 앰브로즈 교수의 의견과는 조금은 다르게 언어의 중요성을 좀 더 강조하고 싶다. 언어능력의 발달이 모든 것을 선행하지 않았을까 한다. 네안데르탈인은 목에 현생인류와는 달리 목청이 따로 없다고 한다. 양자의 차이는 언어의 존재가 너무 많은 것을 달리한 이유가 된다. 위기의 순간에 서로 의사소통을 할 수 있다는 것이 가장 중요하지 않았을까 생각해 본다.

5. 호모 날레디 *Homo naledi*

인류 퇴화의 모습

[호모 날레디]

인류가 속한 호모(Homo) 속에도 10여 종의 인류가 존재했다. 그 중 우리가 속한 호모 사피엔스(Homo sapiens)를 제외하면 나머지 종은 다 멸종했다.

그들의 멸종 원인 중 가장 큰 이유는 아마도 현생인류와의 경쟁에서 도태되고 전쟁에서 제거되었을 것이다. 그렇다고 현생인류가 항상 우세한 것만은 아니었다. 현생인류가 처음 아프리카를 나온 10만 년경의 이스라엘 지역에는 이들이 호모 네안데르탈인(Homo neanderthal)에 의해 역으로 생존을 위협받던 시기도 있었다.

2013년 남아프리카의 한 동굴에서 인류학계를 경악하게 하는 인골 유적이 발견되었다. 남아프리카의 두 청년은 자신들의 생업을 포기하고 고대 인골이 발견되었던 지역에서 고대 인골 화석 발견에 전념하기로 하였고 마침내 2013년 인골의 발견을 보고할 수 있었다.

지금은 "떠오르는 스타 동굴(the rising star cave)"이라 불리는 이 동굴 깊숙이에 최소 15인의 완벽한 인골이 산재해 있었다.

이 동굴의 상황을 경악게 하는 것은 100m에 가까운 동굴 깊이에 위치하며 들어올 수 있는 통로가 좁고 험악하여 성인 남자는 도저히 들어갈 수가 없다. 발굴은 모두 체구가 작은 여성들에 의해 이루어졌으며, 최첨단의 과학장비가 동원되어 연구가 진행되었다.

특히 인골의 연대측정에는 제약사의 신약 임상 방식인 블라인드 테스트(Blind Test : 진품과 가품을 아무도 모르게 썩어서 측정)가 동원되었다.

연구의 결과는 많은 것을 의아하게 만들고 있다. 발굴된 인골은 노년에서 아이까지 그리고 남자와 여자의 전 세대와 성별 모두가 발견되어 매우 정확한 신체의 특성을 파악할 수 있었다. 이들의 뇌 용량은 450~600cc 사이의 매우 작은 크기에 불과한데, 당시 동시대에 공존하고 있는 호모 사피엔스의 뇌 용량은 지금 우리와 비슷한 사이즈이다.

이들을 호모라 부르기에는 너무 뇌 용량이 작고 호모 에렉투스(Homo erectus)라 해도 이 시기엔 1,000cc에 해당하는 큰 사이즈이다.

호모 날레디(Homo naledi)라 호칭된 이 인골은 시기측정이전에는 최소 2백만 년을 거슬러 올라갈 것을 기대하였고, 이들이 우리와 공유하는 치아나 신체적 특성으로 미루어 짐작하건대 호모 날레디는 최초의 호모 사피엔스로 큰 주목을 받아왔다.

그러나 시대 측정의 결과는 이 동굴 내의 인골은 23만6천 년에서 33만5천 년으로 측정되었으며, 이 시기에 왜 이런 인골이 존재하였는가에 대한 엄청난 혼란을 초래하였다.

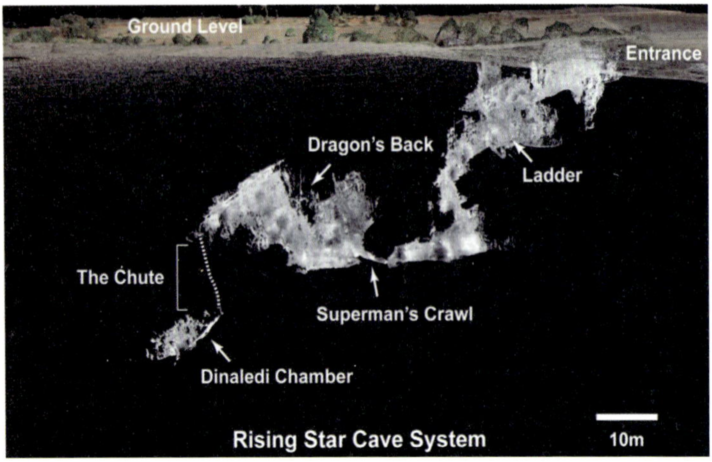

[떠오르는 스타 동굴의 위치]

호모 날레디의 성인 평균 신장은 140cm로 매우 작은 편이다. 지금은 사라진 호모 중에는 난쟁이 인류(hobbit)라 불리는 호모 플로렌시스(Homo florensis)가 있다. 이들은 인도네시아의 플로레스(flores) 섬에서 발견되었다.

신체가 1.1m 밖에 안되는 매우 왜소한 인류이다. 이들은 키가 작은 것 외에는 다른 호모들과 큰 차이가 없다. 아시아에 널리 퍼져 있던 호모 에렉투스의 한 지류가 환경에 적응하지 못하고 작은 모습으로 퇴화되었다고 생각하고 있으며, 이들은 오랜 기간 그 지역에서 생존해 왔는데 현생인류가 아프리카를 나와 호주로 전파하는 시점인 5만 년 전경에 현생인류에 의해 멸종된 것으로 보인다.

인류의 진화과정에는 진화만이 아니라 퇴화의 과정도 여러 번 반복되었을 것이다. 호모 날레디는 이런 측면에서 많은 시사점을 준다. 호모 날레디가 현생인류의 신체와 가장 다른 측면은 손이 크고 팔이 위로 자유롭게 움직인다는 것이다. 기어오르기(climbing)에 적합한 팔과 손을 갖고 있다. 아마도 다른 동시대 인류와는 다르게 숲에 살았던 것으로 추측된다.

인류가 침팬지와 다르게 분화하여 숲에서 나와 사바나에 적응해 왔으나 어느 시점에서 숲으로 돌아가 적응했을 가능성도 있다. 사바나의 적응에 실패하여 숲으로 돌아가면서 신체도 작아지고 뇌의 크기도 줄어들지 않았나 하는 추정이다. 남아프리카에는 많은 특이한 대형 포유동물이 지금도 살아가고 있다. 남아프리카에 사는 긴코원숭이나 임팔라 등은 진화적으로 동아프리카나 북아프리카에 사는 같은 종류의 동물들에 비해 퇴화하는 형질을 지니고 있다고 한다. 어찌 보면 아프리카 중앙에서 경쟁에 실패한 종들이 고립되어 살고 있는 지역이라 한다. 호모 중 일부가 이곳에서 퇴화되는 한 과정에서 살고 있었다고 보아야 할 것이다.

호모 날레디의 인골 발견에 또 하나의 중요한 의문을 던지는 것은 이들 인골이 왜 이렇게 깊은 곳에서 발굴되었는가 하는 점이다. 이곳은 어떤 동물이라도 출입이 자유롭지 않다. 매우 깊고 험하고 좁다. 학자들은 매장의 가능성을 가장 큰 것으로 추측하고 실제로 밖에서 버려졌을 때 이곳까지 어떻게 흘러들어왔는가도 심각하게 연구를 하고 있다. 그러나 이들 인골 중에는 상당수가 어린아이의 것이고, 장례의 흔적은 없다.

호모 네안데르탈인도 매우 정교한 매장의 문화가 남아있어서 이들에게서도 매장의 가능성을 충분히 기대할 수는 있다. 다만 매장의 현장이 아니었다면 이들은 굉장히 큰 두려움으로 생활을 해 온 것이 아닌가 추측해 본다. 지금도 터키 그리스 등지에 가면 모든 산이면 산마다 사람이 피할 수 있는 곳들엔 피신처가 자리를 잡고 있다. 역사가들은 기원전 12세기경 중앙아시아에서 서남아시아로 대거 침략이 있었고, 이집트의 파라오들이 이들과 전쟁하는 기간 이 지역은 전쟁의 소용돌이 속에 휘말렸고 그 전쟁이 얼마나 치열하였던지 다들 산꼭대기로 피신을 간 것이라 한다. 이러한 전쟁의 흔적은 남아메리카의 산속 잉카문명 속에서도 그대로 발견되는데 이들은 성안에 또 성을 쌓아야 할 만큼 힘들게 살았다고 한다. 호모 날레디도 이러한 도피의 흔적이 아닐까 하는 추측을 더해본다.

퇴화한 호모 날레디의 모습은 우리 인류가 환경 적응의 실패한 한 모습이다.

호주의 주변 섬에 태즈메이니아(Tasmania)라는 섬이 있는데 근대에 서양인들이 이 섬에 진입하였을 때 석기도 사용할 줄 모르는 인간을 마주하였다.

인류학자들이 그 지역을 조사한 결과에 의하면 이들도 과거에는 석기를 사용할 줄 알았는데 고립되어 사는 동안 그 재현기술을 잊게 된 것이라 한다. 문화적 퇴화의 한 모습이다. 우리는 우리 미래에 대한 많은 공상과학영화들에서 환경이 파괴된 지구의 모습을 볼 때가 있다. 그러나 환경파괴의 문제가 퇴화에 핵심일 수는 없다. 인류에게서의 퇴화란 의식주의 문제에 발생하는 잘못된 문명의 사용에 있을 것이다.

6. 무엇이 인간의 큰 뇌를 만들어 내었나?

[대형동물을 사냥하는 홍적세의 인류의 조상]

2백6십만 년 전에서 1만1,700년 전 홍적세시기를 통하여, 인간과 또 가까운 고인류의 두뇌는 크게 성장하였다. 최근 텔아비브 대학의 과학자들은 그 이유에 대한 새로운 가설을 내놓았다.

인류의 두뇌가 커진 것은 인류의 주요 먹잇감인 큰 동물이 점차 사라져가자, 작고 빠른 동물을 잡기 위하여 인류의 두뇌가 커질 수밖에 없었던 것이라고 주장한다. 이 가설은 이른 시기 인류의 조상은 코끼리와 같이 많은 지방을 취할 수 있는 큰 동물을 사냥하는데 특화되었으나, 차츰 이러한 동물의 개체 수가 감소하기 시작하자 작은 먹이를 잡아먹어야 하는 상황에서 이들 중 머리가 특히 비상한 사람이 더 잘 적응할 수 있었을 것이라 한다.

궁극적으로, 성인 인간의 두뇌는 2백만 년 전 평균 650㎤에서 1만 년 전에 농업 혁명 절정 시기에 약 1,500㎤로 커졌다. 또 이 가설은 농업이 시작된 후 인간의 뇌 크기가 1,300㎤로 약간 감소한 이유도 설명이 된다고 한다. 사라진 여분의 조직은 더 이상 사냥에 쓰일 필요가 없었기 때문이라고 한다. 이 새로운 가설은 인간 기원 연구의 추세를 거스르는 주장이다. 이 분야의 많은 학자들은 인간의 뇌가 커진 이유는 하나의 큰 압력에 의한 것이 아니라 여러 작은 압력에 대응하여 성장했다고 주장한다. 그러나 이스라엘 텔아비브 대학 고고학과의 미키 벤도르(Miki Ben-Dor)와 란 바카이(Ran Barkai) 교수는 환경의 한 가지 주요 변화가 더 나은 설명을 제공할 수 있다고 주장한다.

"우리는 먹이의 크기가 작아지는 것이 두뇌가 커지는 것뿐만 아니라 인간의 생리와 문화에 수반된 다른 많은 변화에 대해서도 일관된 설명이 가능하다고 보며, 이러한 진화의 과정에 대해서도 먹이의 크기가 좋은 인센티브가 된다고 주장한다"라고 바카이는 말했다.

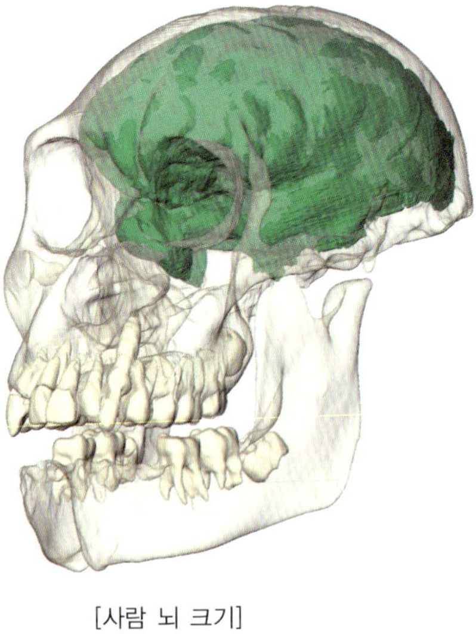

[사람 뇌 크기]

인간의 기원을 연구하는 학자들은 "다양한 적응의 모습을 한 가지 이유로 설명하는 데 익숙하지가 않으나 이제는 달리 생각할 때가 되었다"라고 한다. 뇌는 생물학적으로 비용이 많이 드는 기관이기 때문에 인간의 뇌 성장은 진화적으로 보면 매우 특별한 일이다. 호모 사피엔스의 뇌는 몸무게의 2%만을 차지하지만, 신체 전체의 산소 중 20%를 사용한다. 오늘날 인간 두뇌의 평균 무게는 1,352g으로, 우리의 가장 가까운 친척으로 살아있는 침팬지의 두뇌를 384g이나 초과하는 것이다. 바카이와 벤 도르의 이번 가설은 호모 하빌리스에서 시작되어 직립원인(Homo erectus) 시기에 절정을 이룬 인류의 특징으로 우리 조상들이 초기 홍적세 기간을 통하여 아프리카에서 가장 크고 느린 동물들을 사냥해 먹고사는 전문 포식자였다는 것이 그들 주장의 핵심이 된다.

『체인류학 연감 저널Yearbook of Physical Anthropology』에 발표된 논문에서 이들은 대형동물을 사냥하는 것이 식물을 채집하면서 수반하여 작은 동물을 먹이로 잡아먹는 것보다는 적은 노력으로 훨씬 많은 칼로리와 영양소를 취할 수 방법이었다는 많은 증빙을 제공하고 있다. 또한, 현대 인간은 다른 영장류보다 지방을 훨씬 더 잘 소화시킬 수 있으며, 인간의 생리, 위에서의 산성도, 창자의 디자인 모두가 인간이 기름진 고기를 먹는 방향으로 진화했음을 보여준다고 한다. 이들은 다른 저널에 발표된 논문에서도 인류의 석기와 생활양식의 변화 양상은 큰 먹이에서 작은 먹이로 변화한 것을 잘 보여준다고 한다. 예를 들면, 바카이의 아프리카 현장 작업에서 그는 코끼리 뼈로 가득 차 있는 직립원인의 생활터를 발견했으며, 뒤이은 20만 년에서 40만 년 전 생활터에는 이러한 흔적이 없어진다고 한다. 또 그 이후 근래의 생활터에서 비교적 작은 사슴과 동물을 주로 먹었던 것으로 밝혀졌다고 한다.

전체적으로 약 460만 년 전부터 아프리카 전역에서 1,000kg이 넘는 동물들이 감소하기 시작했으며 약 1백만 년 전에는 350kg 이상의 초식동물이 감소하기 시작했다고 연구자들은 논문에서 밝혔다. 이렇게 동물이 작아지는 원인은 명확하지는 않지만, 기후가 변화한 것이거나 인류의 사냥에 의한 것이거나 또는 둘 모두가 이유가 된 것일 수 있다. 가장 크고, 가장 느리고, 가장 뚱뚱한 동물들이 현장에서 사라지면서, 인간은 이제 작은 동물로 전환하여 적응해야만 했을 것이라 한다. 이러한 전환은 작은 먹이를 추적하고 잡기 어려운 작은 동물을 사냥하는 일은 더 복잡했을 것이기 때문에 인간의 두뇌는 더 크게 성장해야만 하는 진화의 압력을 받게 된 것이라고 한다. 이렇게 커지게 된 두뇌는 홍적세 기간을 통해 변화한 많은 인류의 행태 변화에 대해서도 좋은 설명이 된다. 작고 떼를 지어 사는 먹잇감을 사냥하기 위해서는 먹이의 위치를 전달하고 추적하기 위해 언어와 복잡한 사회구조가 필요해진다고 하며, 불의 사용 역시 작은 동물에서 뼈와 기름을 분리하고 가능한 한 많은 칼로리를 추출하는 데 도움이 되었을 것이라 한다.

연구자들에 따르면, 도구와 무기 기술 역시 사냥꾼들이 작은 동물을 잡기 편하도록 무장이 된 것이라 한다.

인간의 뇌 진화에 대한 단일 원인 가설은 과거에는 잘 받아들여지지 않았다. 스미소니언 인간기원 프로그램의 수장이며 고생물학자인 리처드 포츠(Richard Potts) 박사에 의하면 이번 새로운 가설에 대하여는 많은 이견이 있다고 한다. 예를 들자면 포츠 박사는 초기 인류가 과연 대형동물들을 사냥했었는지 자체가 아직은 분명하지 않다고 한다. 일부 유적지에서 큰 포유류 뼈에 인간의 도구 자국이 있지만, 인간이 동물을 사냥했는지 아니면 주워 다가 먹었는지는 아무도 모른다고 한다.

포츠는 이 가설은 가끔 이전 시간과 장소에는 적용되지 않을 수 있는 것을 특정 시기로부터 주장하고 있다고 한다. 예를 들어, 40만 년 전에 유럽에 살았던 네안데르탈인은 식물이 귀한 겨울에는 대형 먹잇감을 사냥했는데, 이러한 상황은 수십만 년 전에는 사실이었지만 수백만 년 전 열대 아프리카에서는 있을 수 없는 일이라고 지적한다. 그리고 두뇌에 관련해서는, 크기가 모든 것은 아니라 한다. 이해를 더 어렵게 만드는 것 중에는, 뇌 모양 역시 홍적세 기간을 통해 변화하였으며 6만 년전에서 10만 년 전 사이에 지금의 인도네시아에 살았던 일부 고대인류 중에는 호모 플로렌시스와 같이 두뇌가 작아진 경우도 있다. 그런데도 이 작은 뇌를 갖고도 호모 플로렌시스는 작은 코끼리와 큰 설치류를 모두 사냥했다고 한다.

인류와 사람과 가까운 고대인류 군에서 뇌가 커지는 이유에 대해서는 아직 제대로 이해되지 못하고 있다고 하며 그 이유는 필요한 유적이 거의 없다고 한다.

예를 들자면, 30만 년 그리고 40만 년 전의 유적지로 확실하게 밝혀진 곳이 서너 곳은 있지만, 인류의 진화 가계도는 홍적세 기간 동안 많은 가지가 있으며 두뇌 크기 역시 항상 일정하게 선형적으로 진화한 것은 아니라고 고생물학자인 존 혹스(John Hawks)는 지적하고 있다. 큰 동물이 감소한 것도 아닐 수 있다고 한다.

이번 연구는 "대형 초식동물들이 감소하고 두뇌가 커지는 모습을 스케치한 것인데 망원경을 통해 진화를 본 것이라면 일종의 사실로 보인다"라고 혹스는 덧붙였다. "하지만 실제로는, 양쪽 중 한쪽의 세부 사항만을 본다면, 뇌 크기의 증가가 더 복잡해 보일 수 있으며, 대형 초식동물의 감소가 더 복잡하게 보일 수도 있다. 이 둘의 관계는 처음부터 간단한 관계로는 그릴 수 없는 것처럼 보인다"라고 평했다.

그러나 이 논문은 고대 인류들이 홍적세 기간 실제로 큰 포유류를 사냥했다는 사실에 주목하고 있다고 한다. 화석이 발견되는 지역에는 큰 동물들을 보존하기 힘든 전제가 있다. 인류가 사냥했든지 주워왔든지 코끼리 전체를 생활터로 가져오는 것은 아닐 것이다.

대신 고기 몇 점씩을 가져올 것이며 이러한 사실은 미래의 고생물학자나 고고학자가 현장의 모습을 생생하게 그리는 데 큰 어려움이 남는다고 한다.

"여하튼 인간의 진화 역사에서 인간의 먹이에서 대형동물의 비중은 계속 논의가 될 것이며 정말 그것이 인간이 되는 길에 얼마나 중요한 일인가 자체도 계속 논의가 될 수밖에 없을 것이다"라고 혹스는 말했다.

필자는 이스라엘 교수들의 새로운 주장에 대해 비판을 한 포츠 교수나 혹스 교수의 글을 많이 접했었다. 두 분 교수의 주장이 훨씬 더 비중이 있다고 생각한다. 그러나 이스라엘 교수들의 주장은 매우 흥미롭다. 화살에 독을 바르고, 어망을 치고, 덫을 놓는 일은 작은 동물을 잡기 위해 우리가 머리를 많이 써야 할 수 있는 일이 아닐까 한다.

[originally published on Live Science, March 12, 2012]

7. 한반도 최초의 현생인류

[데이트하다 돌을 주운 주한미군 그렉 보웬] [전곡리주먹도끼]

현생 하는 지구의 모든 인류는 아프리카인과 비아프리카인 둘로 구분할 수 있다. 아프리카 밖의 인류는 약 5만5천 년 전 아프리카에서 나와 전 세계로 퍼져 나간 한 가족의 자식들이다. 반면 아프리카에 남아있던 인류는 단일 가족의 자식이 사는 것은 아니다. 아프리카에는 여러 가족의 자손이 살고 있다. 아프리카를 나온 이 가족은 오랜 세월을 거쳐 아프리카에서 출발하여 유라시아 대륙의 가장 먼 지역인 극동의 한반도에 언제쯤 도착하게 된 것일까 하는 호기심이 생긴다.

오퍼 바-요제프(Ofer Bar-Yosef)는 하버드대 인류학과 교수이다. 그에 의하면 인류가 아프리카를 나와 유라시아와 오세아니아의 세계로 퍼져 나간 사건은 5차례나 된다. 직립원인(Homo erectus)이 나왔을 것이고, 네안데르탈인(Homo neanderthal)이 나왔고, 현생인류(Homo sapiens)가 나왔다. 지금 이스라엘이 있는 땅을 레반트(Levant)라 부르는 지역인데 아프리카를 나오면 자연 이 지역을 거쳐 간다. 요제프는 이 지역의 고인류 유적 전문가로서 인류의 탈아프리카 사건은 2차례가 더 있었다는 것이 그의 중요한 발견이다. 그에 의하면 직립원인이 나오기 이전에 한차례 더 나왔으며 네안데르탈인이 나오기 이전에 구현생인류(archaic humans)가 나왔다는 것이다.

극동의 한반도는 유라시아에서 레반트로부터 거리가 가장 먼 지역이다. 5차례의 탈 아프리카인 중 어느 인류가 한반도에 도착하였는지가 한반도 최초의 인류를 규명하는 지름길이 될 것이며, 모두가 다 도착한 것은 아니다. 인류의 이동 과정에는 이동경로를 보여주는 한 가지 분명한 증표가 있는데 그것이 이들이 이동 중에 남기게 되는 석기이다. 직립원인에게는 아슐리안 석기라 부르는 큰 양면돌날(Bi-facial) 도끼, 네안데르탈인에게는 무스테리안이라 칭하는 르왈로아식 석기를 쓰며, 현생인류는 좀돌날(blade) 세석기를 쓴다.

석기란 우리의 부엌칼과 같이 생활의 필수품으로 이동 중에 지참해야 할 필수품이다. 이들이 지나간 곳에는 필연적으로 남게 마련이다. 석기 제작 기술의 변화는 문화적으로는 전파가 어려운 것이며, 이주민이 직접 갖고 간 것으로 보아야 한다. 한 석기 문화는 상당 기간 같은 전통이 지속된다. 특히 현생인류의 좀돌날 기술은 얇은 칼날 같은 조각을 떼어내어 여러 개를 나무 끝 주위에 묶거나 접착제로 붙여서 칼같이 사용하는데, 재질의 문제에서나 제작의 문제에서 이주민이 왔다는 증거가 되지 기술만 전파되었다고 보기는 어려운 기술이다. 따라서 유라시아 대륙 전 지역에 세석기가 퍼져 나간 진로와 시기를 측정한다면 인류의 이동 과정은 석기만으로도 충분히 알 수가 있다.

직립원인이 과연 한반도에 왔었는가 하는 문제는 우리의 교과서 내용과는 다르게 매우 회의적이다. 한반도의 연천군 전곡리에서는 6.25당시 미군에 의해 발견된 전형적인 아슐리안 양면 돌도끼가 발견되어 지금도 선사 기념관으로 보존되고 있으나, 이것만으로는 직립원인이 왔었다고 주장하기에는 매우 부족한 증거이다. 직립원인은 155만 년 전에 레반트를 떠나 중국 남방에 약 89만 년 전에 도착했으며, 주구점의 북경원인은 50~30만 년경으로 추정되고 있다.

그러나 이들 주구점에 도착한 직립원인은 전형적인 아슐리안 돌도끼는 쓰고 있지 않았기 때문에 전곡리에서 발견된 아슐리안 돌도끼만으로는 직립원인이 한반도에 왔으리라는 주장은 크게 잘못된 것이다. 후대에 누군가에 의해 우연히 만들어진 것으로 아슐리안 돌도끼와 매우 비슷하게 생긴 석기라고 해야 할 것이다.

네안데르탈인이 한반도에 왔었는가에 대해서도 매우 회의적이다. 한반도에는 네안데르탈인의 석기 제작 기법인 르발루아 석기가 발견된 사실이 없다. 인류학계의 큰 관심거리의 하나인 극동아시아의 네안데르탈인의 존재(네안데르탈인의 유적은 북부유럽과 이베리아반도에 매우 많다)는 부정적이었으나 최근에 중국 길림성에서 르발루아 석기를 발굴했다는 보고가 있어 학계의 기대를 받고 있다. 한반도에는 네안데르탈인 흔적이 전혀 없다. 네안데르탈인은 20만 년 전에 레반트에서 유라시아 대륙 전체로 퍼져 나갔으며 길림성 도착 시기는 7만 년보다는 가까운 시기이다.

우리 역사 교과서에는 한반도의 구석기 석기시대 유적에 대해 여러 기술이 있다. 북한에 있는 상원모루동굴, 공주의 석장리 유적 등에 대한 언급이 있고, 30~40만 년 전이라는 소개도 나온다. 동굴에서 출토된 짐승의 뼈들로 추정한 것이다. 그러나 이 시기에 한반도에 존재할 수 있는 인류는 직립원인이어야 하는데 학계에서는 매우 부정적인 평가를 하고 있다. 일본에는 현생인류 도착 이전의 구석기 시대 유적은 없다.

현생인류는 5만5천 년 경에 레반트를 떠나 유라시아 전체로 퍼져나갔다. 아프리카를 나온 모든 인류가 그랬듯이 한줄기는 인도를 통해 남방 해안을 따라 내려갔고 일부는 유라시아를 관통해 알타이 지역에 닿게 된다. 무슨 이유에서 인지 이들의 움직임은 알타이 지역에서 더 나가지 못하고 오래 지체되는 경향이 있다. 알타이 지역의 데니소바동굴에는 현생인류만이 아니라 네안데르탈인과 또 데니소반이라 부르는 제3의 인류 화석이 동시기에 나와서 인류학적 조사 연구가 매우 흥미로운 지역이다.

페보(Paabo)가 이끄는 독일의 막스플랑크연구소(Max Planck Institution) 고인류 유전자 연구소에서는 이들의 유전자를 분석한 결과 현생인류와 네안데르탈인 간의 혼인이 있었으며 현대의 유럽인에게는 3% 이상의 유전자가 이들과의 혼혈에서 생긴 것이라 한다. 데니소반인 역시 현생인류와 혼혈이 있었으며 동남아시아인이나 호주에 이르기까지 5%에 이르는 유전자가 이들과 혼혈의 결과라 한다. 일부의 학자는 직립원인 와 현생인류 간의 혼혈 가능성도 큰 것으로 주장하고 있다.

현생인류가 중국에 도착한 시기는 약 3만8천 년이며 중국 북경 인근의 전원(田園_Tianyuan) 동굴에서 현생인류 인골이 발견되었다. 이들 전원동인(田園洞人)은 극동아시아 최초의 현생인류이며 석기는 좀돌날이 아닌 직립원인 시대이래의 중국지역의 뗀석기(core and flake)가 발견되었다. 이들에게서 뼈로 만든 바늘이 출토되고 유전적 조사에 의해 현생인류의 특징이 확인되었다.

현생인류는 베링해가 얼어붙은 최후 빙하 극성기(Last Glacial Maximum)인 1만5천 년 경에 아메리카 대륙에 진입하게 된다.

이들 현생인류가 한반도에 도착한 시기는 빨리 잡아도 3만 년 이전에는 불가능한 시점이다. 공주 석장리 유적의 상위층은 2만8천 년 전 시기로 측정되는데 이 시기가 한반도 최초의 현생인류 출현시기와 잘 어울리는 시점이다. 일본 오키나와에서 발견된 현생인류의 유골 시기는 2만2천 년 전으로 추정되어 한반도보다는 늦은 시기에 일본에 도착했음이 분명해진다. 수원시의 수원 역사 소개문에는 수원에도 수십만 년 전의 석기가 존재한다는 설명과 실제 박물관에 발굴된 석기도 진열되어 있으나, 이는 근거가 없는 설명이며 그 시기에 해당하는 직립원인이 한반도 존재는 기대하기 어렵다.

KBS에서는 한반도 최초의 인류를 소개하는 교양프로를 여러 차례 제작하여 방송하였으며, 청주 두루봉의 "흥수아이"를 최초의 현생인류로 소개하고 있다.

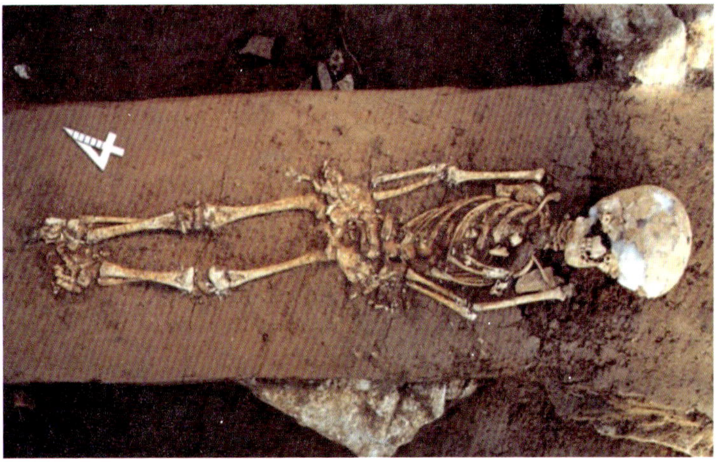

[흥수아이 충북대 박물관]

청주 두루봉에 대해서는 엄청난 양의 석기와 함께 인골이 발굴되었다고 홍보가 되었고 흥수아이는 모든 교과서들에 빠짐없이 소개되는 한반도 최초의 현생인류이나, 최근 조사연구에 의하면 발견된 인골은 그리 오래되지 않은 것으로 밝혀졌고 석기라 불리는 것도 대부분 근거가 없는 것들이라 한다.

우리나라에서 구석기 시한을 자꾸 올려 잡는 습관은 버려야 한다. 올려 잡고 싶으면 직립원인이나 네안데르탈인으로 말을 해야 한다. 아프리카를 떠난 시점이 5만5천 년 전인데 어떻게 그보다 이른 시기에 한반도에 올 수가 있겠는가? 우리 아이들에게 잘못된 교육의 문제만이 아니라 세계사에 아무도 거들떠도 볼 수 없는 우리의 선사시대 역사는 하루빨리 다시 쓰여야 할 시기에 와 있다. 매우 창피한 일이다.

역사학자들은 글로 쓰인 역사를 역사시대라 한다. 따라서 글로 쓰이기 이전 시대에 대해서는 매우 무관심하다. 이러한 역사학자들의 무관심 속에 특히 우리의 선사시대의 역사는 많은 오류가 산재해 있고, 기상천외한 주장이 난무하다. 『한국고대사 2014년, 경세원』는 서울대학 국사학과를 오랜 기간 지켜온 노태돈 교수가 정년을 맞는 시점에 저술한 책으로 한국고대사에 대한 많은 논쟁을 일괄 정리한 듯한 훌륭한 저술서이다. 이 책에는 한국의 구석기시대에 대하여 4페이지를 할애하고 있는데 그가 보여준 선사시대에 대한 무지와 오류는 우리가 얼마나 세계의 보편적인 역사와 동떨어진 세계관에 살고 있는가 하는 우울한 현실을 보여준다. 동물의 왕국과 별도로 존재하는 역사는 없다.

6장

질병과의 전쟁

Evolutionary Medicine

1. 치매치료의 활로 그리고 고마운 동물들
2. 숙주를 좀비로 만드는 기생충
3. 암 : 동물에게도 많은 암
4. 다른 동물에게도 심장마비가 있을까?
5. 팬데믹 질병으로 바뀐 유럽인의 조상
6. 파리 모기 그리고 기생충
7. 왜 얼룩말에는 위궤양이 생기지 않을까?

1. 치매치료의 활로 그리고 고마운 동물들

[제인 구달_J. Goodall]

오늘날 전 세계가 코로나19 창궐의 사태를 맞은 것에 대해 동물의 왕국에서 존경받는 제인 구달(J. Goodall)이 중국인의 그릇된 동물과의 관계에 대하여 조용하지만 매우 엄중한 질책을 하였다.

동물복지(animal welfare)는 그냥 착한 일이기 때문에 하는 것이 아니라 인간과 동물의 왕국(animal kingdom) 과의 관계가 인간 생존 문제에 핵심이 되는 주요 과제(essential subject)이기 때문이다.

중국인이 시장에서 야생동물을 사 먹는 것은 너무 가까운(too close) 관계이며 동물 자신들에게는 병이 되지 않으나 사람에게는 심각한 질병을 일으킬 수 있는 매우 위험한 관계라 경고했다.

의료의 목적으로 희생되는 많은 동물에 대해서는 동물의 왕국의 일방적인 희생이 허용 된다. 매우 안쓰러운 사안이지만 극히 "제한적"이라는 전제를 달아 윤리 문제를 덮고 넘어간다. 1985년 세계를 떠들썩하게 만든 인간과 동물의 왕국과의 관계에 심각한 문제가 있었다. 베이비 페이(Baby Fae)라 불리는 미국의 한 아이가 기형적인 심장을 갖고 태어나서 심장이식이 꼭 필요한 상황이 생겼다. 이 아이의 담당 의사인 베일리(L. Baily) 교수는 그의 대학이 보유한 긴코원숭이의 심장을 아이에게 떼어줄 생각을 했다. 아마도 수술이 성공하였다면, 장기이식이라는 의학계가 염원하는 문제에 근본적인 답을 줄 수 있는 의료 역사상 가장 획기적 기여로 남았을 일이었다.

침팬지도 아니고 긴코원숭이인 영장류 심장으로 사람 심장에 완전하게 이식이 가능하다는 것은 상상만 해도 매우 흥미로운 일이며 생물학계의 커다란 승리로 보인다. 그러나 이식 후 3개월 만에 아이는 죽었다. 이종 간 장기이식을 해낸 베일리 교수에게 의료적 책임을 묻고 싶지는 않다. 수술은 잘 되었고 심장도 기능을 잘 하였으나, 엉뚱한 곳에서 문제가 발생한 것이다. 매우 불행하게도 아이의 혈액형은 O형인데 긴코원숭이는 O형이 극히 드물다(아메리카 원주민은 혈액형이 둘만 있다고 한다). 대부분 긴코원숭이의 혈액형은 AB형이 많다고 한다. 베이비 페이는 결국 혈액형 충돌로 인한 면역반응으로 사망한 것이다. 이 기념비적 사건은 이후에는 다시 시도된 적이 없다. 정말 놓치기 아까운 기회가 사라졌다. 알츠하이머성 치매는 병이다. 대부분의 동물은 뇌가 노화로 인하여 기능이 떨어지지만, 야생의 침팬지는 물론 동물원에서 보호하고 있는 나이가 많은 침팬지도 알츠하이머성 치매는 없다. 알츠하이머성 치매약이 개발되지 못하는 가장 큰 이유 중 하나는 동물들이 치매에 걸리지 않기 때문에 병리를 밝힐 수 있는 모델이 없기 때문이다. 쥐도 치매에 걸리지 않는데 유전자 변형을 통하여 일부 치매 증상을 유발해서 환자 모델로 사용하고는 있다. 그러나 이런 모델은 사람이 겪는 치매 병리의 극히 일부 증상만을 발현시킨 것으로, 치료제가 개발되어도 효과는 사람에게 기대하기 어렵다. 실제로 쥐 모델에 효과적인 치매약들은 이미 개발되었으나 사람의 임상시험에서 모두 실패하였다. 오히려 이런 잘못된 모델을 사용함으로써 어마어마한 시간과 돈이 헛되이 낭비되었다. 그런데 너무도 기적 같은 일이 동물의 왕국에서 벌어지고 있다. 개와 고양이 같은 반려동물들이 사람과 매우 유사한 알츠하이머성 치매를 앓고 있다는 것이 밝혀졌다. 알츠하이머성 치매는 신경세포 내에 인화 작용으로 엉킴(tangle)이 생기고 신경세포 주위에 베타 아밀로이드가 집착되는 플라크(plaque)가 생겨 신경세포가 죽어가는 과정이 복합적으로 진행된다. 이러한 알츠하이머성 치매는 노화와는 다른 병리 현상이다. 젊은 사람에게도 일어나는데 다우니 장애인들에게 자주 보이는 사망원인이기도 하다.

반려견의 나이 15세는 사람 나이 100세에 해당된다. 13세의 반려견이라면 사람 나이 80세에 해당된다. 사람이 80세에 이르면 거의 50%의 인구가 치매 증상을 보인다고 한다. 반려견은 이보다 훨씬 높은 빈도로 치매가 나타나는 것으로 알려져 있다.

동물의 왕국에서 알츠하이머성 치매를 앓고 있는 동물들은 모두 공통의 진화 역사가 있다. 개는 늑대에서 순화되었으며, 고양이는 자체적으로 순화되었고, 사람도 고대 인류(Archaic Homo)에서 순화된 진화의 역사를 공유한다. 한 동물이 순화되기 위해서는 공통으로 발달이라는 오랜 성장 기간을 겪게 되며, 뇌의 기능에 사회성이라 불리는 전전두엽이 가장 늦게 발달하는 등 일련의 뇌구조와 이에 수반되는 호르몬 등에 공격성을 누르고 순화를 시켜야 하는 성장기간이 뒤따른다. UCLA대학의 리버만(M. Lieberman) 교수는 알츠하이머성 치매가 일으키는 가장 핵심적인 뇌기능 손상이 늦게 성장하는 부분에서 먼저 병리 현상이 진행된다고 하고 있다. 아마도 이러한 공통의 진화 역사가 같은 동물들이 같은 질병을 앓게 되는 것에는 나름 특별한 관계가 있다고 생각된다. 더욱 놀라운 사실은 이런 반려동물에서 사람과 매우 유사한 알츠하이머성 치매가 있음을 발견하고 또 그 치매에 대한 치료 약물을 개발하여 임상 3상을 완료한 사건이 한국의 과학자에 의해 발견되고 개발되었다. 이제 세계 의학계의 난제 중에 난제인 치매를 극복할 수 있는 대로가 열렸다고 해야 할 것이다. 신약개발과정에서 동물을 통한 병리 모델이 있다는 것은 아마도 시작이 반이라는 표현이 가장 잘 어울리는 사안이다.

한국 ㈜지엔티파마의 곽병주 박사는 알츠하이머성 치매가 신경세포 밖에서 일어나는 베타 아밀로이드의 집착에 기인하는 단일 과정이 아니라는 사실을 오래전부터 주장해온 과학자다. 반려견의 치매 연구를 통해 그의 주장을 확실하게 입증했으며, 아울러 그가 그렇게 오랜 기간 주장해온 복합적인 신경세포 사멸 경로에 대해 치료제 역시 복합기능으로 개발되어야 할 것임이 자명해졌다. 곽병주 박사는 자신이 개발한 알츠하이머성 치매치료제가 반려견 치매치료에 매우 효과적 임도 입증하였다. 이런 의학계에 쾌거를 이룬 곽병주 박사는 머지않아 한국 최초의 노벨 의학상을 가져다 줄 과학자가 될 것을 기대해 본다. 제인 구달이 말하는 사람 생존 문제에 핵심이 되는 동물과의 관계 정립은 동물의 왕국 반려견이 사람의 질병 극복에 해답을 주고, 사람이 역으로 그들의 말 하지 못하는 어려운 질병에서 구해내 주는 관계가 가장 이상적인 관계가 아닌가 생각해 본다.

2. 숙주를 좀비로 만드는 기생충

[기생충에 의해 좀비가 된 개미]

기생충들은 보기에 역겨워서 사진을 피했다. 필자의 어린 시절에는 학교에서 연례행사로 기생충 검사를 했었으며 그러한 노력 덕에 우리나라에서는 최근에 기생충에 대한 두려움이 많이 사라졌다.

우리가 잘 아는 회충, 편충, 촌충은 그 이름대로 생겼다.

회충(roundworms)은 둥글게 생겼고, 편충(whipworms)은 이름 그대로 머리 부분이 채찍의 손잡이처럼 생겼다. 촌충(tapeworms)은 마디마디로 길게 이어져서 25m나 길게 자란다. 기생충은 자연세계에서 동물들의 공생관계의 형태이긴 하나 기생충은 숙주에서 일방적으로 해를 주는 동물을 말한다.

자연계에는 300,000종에 해당하는 기생충이 있으며 사람에 기생하여 사는 동물도 300종이 넘는다고 하니 기생은 동물계에서는 나름 확실한 생존 방법임은 분명하다. 현재 인류 사회에서 회충이나 편충에 감염된 사람도 10억 명이 넘는다고 하니 기생충 감염은 사람 사회에서는 매우 흔한 일이다.

2019년 봉준호 감독이 만들어 미국에서 아카데미 베스트 영화상을 받은 "기생충"이란 영화와 같이 사람 사회에도 기생충으로 살아가는 생존 방법이 아주 많을 것이며 건강한 사회를 유지하기 위해서는 사회에서의 기생충 박멸도 체내의 회충, 편충의 박멸만큼 중요한 일일 수 있다.

동물이 기생하는 여러 방법 중의 하나는 "기생충"영화에서와 같이 숙주의 먹이를 통하여 전파되는 것(trophically transmitted)으로 회충과 편충이 대표적인 예이다. 이들 기생충은 숙주의 몸에서 알의 형태로 배변을 통하여 토양에 버려지며, 토양에서 길게는 1년 이상 살다가 부화시기에 맞추어 먹이에 붙어서 다른 숙주를 찾게 된다. 이들은 체내에 들어가 혈관과 간을 통해서 나름 숙주 몸에서 복잡한 과정을 거쳐 성장하다가 소장에서 성체로 살게 되며 암수로 구분되어 하루에 만개(편충)에서 이십 만개(회충)에 이르는 알을 낳게 된다. 영화 "기생충"에서와 같이 이들 기생충은 결국에는 숙주를 파멸시키는 결과를 낳을 수는 있으나, 기생충에게도 숙주가 죽는 것은 서로 간에 원하지 않는 결과라 할 수 있다. 따라서 어떤 기생충은 숙주의 건강은 전혀 해치지 않고 숙주의 난자에 기생하여 좋은 양분만을 취하며 사는 기생충도 있다. 물론 이로 인해 숙주는 새끼를 낳지 못하게 된다(거세 기생충 parasitic castratos 라 한다).

이에 반하여 말벌처럼 숙주(꿀벌)를 공격하여 죽이고 그 사체에다 알을 낳아 키우는 매우 공격적인 방법도 있다(parasitoids).

물론 거머리는 기생충이며 자기가 직접 숙주에 붙어서 기생을 한다. 기생하는 방법 중 가장 놀라운 것은 제3자를 통하여 숙주에 도달하는 기생이다. 이들에게는 자기를 숙주에게 데려다줄 제3자를 잘 조종할 수 있어야 하는 비상한 방법이 동원된다. 이런 기생충 중에는 사슴이나 소와 같은 초식동물의 간에 기생하는 란셀흡충(lancet liver fluke)이라는 기생충이 있다.

요행이라는 뜻으로 사용하는 "후러꾸(Fluke)"라 불리는 기생충이다. 이 기생충은 다행히 사람에게는 기생하지 않으며, 초식동물의 배설물을 통하여 전염되는데 이들이 배설물에서 부화하여 다시 초식동물의 간에 도달하는 과정이 기가 막힌다.

2018년 사이언티픽 리포트(Scientific Reports)에 보고된 조사에 따르면 배설된 기생충의 알은 달팽이가 먹고 달팽이의 분비물을 통해 개미가 먹게 되는데 개미의 몸으로 들어간 기생충은 개미의 뇌에 기생하여 개미를 좀비로 만든다. 좀비가 된 개미는 나무줄기를 이유없이 올라타는 데 이것은 사슴류의 초식동물의 먹이가 되기 위해서 개미를 조종하기 때문이다. 기생충이 주최(host)의 행동을 조종하는 좀 으스스한 기분이 드는 자연 상태의 생존 모습이다.

인지심리학자이며 철학자인 대니얼 데넷(Daniel Dennett)에 의하면 개미를 조종하는 기생충의 기생방법이야말로 우리의 정치나 종교에서 사용되는 선전문구 들에 비유할 만하다고 사회에 경고하고 있다. 그는 이러한 기생 방법은 사람 사회에 뿌리 깊게 작용하고 있다고 하며 이를 "사악한 문화자(vicious meme)"라 불렀다. 만일 봉준호의 "기생충"영화가 회충의 기생 방법을 패러디한 것이라면 이 영화는 앞으로도 기생충의 기생 방법에 따라 여러 편의 기생충 후편들이 만들어질 수 있을 것 같다. 사람의 기생충과의 역사는 오래되었다.

대부분 기생충은 눈으로도 확인할 수 있는 크기이며 이집트나 그리스에서도 잘 알려진 질병이다. 2010년 단국대학교 의과대학 기생충학 교실에서 서민 교수 등이 한반도 고 기생충 지도를 완성하여 우리나라 기생충의 과거와 현재의 상황을 잘 알 수 있게 되었다.

조선시대 회묘라는 특이한 묘제를 사용하기 시작하면서 시체들이 부패하지 않고 미라 상태로 발견되는 경우가 종종 있어 기생충 연구가 비교적 활발히 진행될 수 있었다. 조선시대 생활 터전 발굴 현장에서 잘 보여주듯 토양의 어느 곳을 조사해 보아도 회충과 편충의 기생충 알이 많다고 한다. 이는 인분을 비료로 사용하였던 농업 방식에 비추어 보면 어쩌면 매우 당연한 결과라고 할 수 있다. 특히 경남 하동에서 발견된 한 산모의 미라 시신에서는 폐흡충(페디스토마) 성충이 100마리 이상이나 발견되었다. 이 기생충은 민물의 게나 가재 등을 통하여 전염되는 것으로 이 정도의 기생충 양이라면 숙주가 된 산모는 사망에 이를 수 있다고 한다. 연구자에 의하면 사망 원인은 임신이 아니라 기생충으로 사망했을 가능성이 크다고 한다. 그 이유는 특히 게장을 많이 먹었을 뿐만 아니라 게나 가재 등을 약재로 많이 사용하였기 때문에 산모가 보신용으로 가재를 많이 먹게 되지 않았나 의심하고 있다.

우리나라에서 고 기생충에 대한 연구를 가능하게 한 이유 중의 하나는 전북 익산의 왕궁리 터 발굴 과정에서 화장실이 분명한 분뇨 유구가 발견 되었기 때문이며, 이를 계기로 삼국시대에 이르는 기생충 연구가 가능해졌다. 기생충은 삼국시대에는 경주의 여러 수로에서 회충과 편충이 발견 되었으나 조선시대에 비하면 적었던 것으로 조사되었다. 부여 등지에서는 발견하지 못하여 우리나라에 기생충이 출발한 시기는 오래되었으나, 광범위하게 퍼져 나간 시기는 인분을 비료로 사용하기 시작한 조선시대 초기라 한다.(극히 일부 청동기 시대 유적에서도 기생충이 발견되었다) 우리나라에서는 가장 많이 발견된 기생충들은 회충과 편충, 촌충 그리고 간흡충(간디스토마) 등이다. 특히 민물 생선을 날로 먹던 식습관으로 인하여 간디스토마가 지금까지도 건강 문제가 되고 있다. 민물에 사는 게나 가재 등 갑각류 동물이나 민물 생선은 건강에 심각한 위해를 줄 수 있는 기생충을 수반하므로 주의해야 한다.

우리와 같이 사는 개나 고양이 그리고 가축들도 다 기생충에 감염되기 쉽다.

개에게 잘 발견되는 사상충은 학명이 공포의 회충(roundworms)으로 길이만도 3cm에 달하는데 수십 마리가 개의 심장벽을 뚫고 살아가므로, 개에게는 당연히 치명적이다. 2010년 우리나라의 한 조사에 따르면 10% 이상의 개가 사상충에 감염이 되었다고 한다. 개도 토양을 통해 회충, 편충, 촌충 등을 옮길 수 있으니 기생충 검사가 꼭 필요하다. 그런데 사람에게 모기가 기생충인 말라리아를 옮기는 것과 같이 개에게는 사상충을 옮긴다. 사상충은 개에게 많고 고양이는 적으며 사람에게는 옮기지 않으니 그나마 다행이다.

기생충도 동물에 따라 다른 기생충에 특화되어 있으나 사람과 같이 사는 동물 중에는 돼지가 사람과 거의 같은 기생충을 가지고 있다. 개의 회충은 사람의 회충과는 다른 종이기는 하나 돼지는 같은 종의 회충이다. 따라서 돼지고기는 잘 익혀 먹어야 하는 말이 회자되는 것이다. 기생충을 박멸할 약은 잘 발달되어 있다. 반려견의 기생충도 충분한 약물이 발달하여 있다.

그러나 필자는 기생충보다 사람 사회에서 기생충처럼 살아가는 사람들이 있다는 것, 또 이들 기생충이 성공적인 모습으로 살아간다면 그러한 사회는 건강치 못하리라는 것이 더 두렵기만 하다.

Review

어떤 매미는 몸이 없이 섹스에 미친 좀비가 된다

Live Science, *May 22. 2021*

[매미의 매소스포라 시카디나 곰팡이]

2013년 과학자 앤지 마시아스는 감염된 매미를 "죽음을 뿌리는 소금 통"이라 했다. 함께 태어나는 매미가 하는 일은 짝짓고 평화롭게 죽는 것이 하는 일의 전부다. 그런데 매미로 부화한 것 중에는 좀비 매미로 만드는 곰팡이로 매미의 엉덩이 전체가 곰팡이 정원이 된 매미도 있다. 매미 새끼들이 땅속에서 수액을 마시는 17년 동안, 그 옆에는 치명적인 적이 그 나무 근처에서 기다리고 있었다.

매소스포라 시카디나(massospora cicadina)라는 곰팡이는 13년 또는 17년을 기다려 매미로 성장하는 마술 매미를 공격하는 곰팡이다. 이 곰팡이는 매미 엉덩이를 먹어 치우며, 황색의 복부 모양 포자 덩어리를 그 자리에 남긴다. 또한, 그 곰팡이는 매미의 두뇌에 침입하여 매미의 짝짓기 행위를 자극한다. 곰팡이는 촉수를 매미 몸체에 가라앉히며, 엉덩이가 포자 봉지로 대체된 후에도 살아있다. 그 시점에서, 곰팡이는 감염된 매미를 조종하여 감염되지 않은 곤충과 짝짓기를 하게하며 포자를 같은 무리의 다른 매미에 퍼뜨리도록 만든다.

[매미는 짝짓기 후 숨을 거둔다]

"곰팡이는 여러 종의 매미들에게 영향을 미치며 특히 마술매미에 대한 피해가 크다" 라고 퍼듀 대학의 곤충학자인 엘리자베스 반스 교수가 말했다. 이 종의 곰팡이는 주기적으로 나타나는 매매들에게 병균이 된다. 곰팡이의 생명주기는 매미와 거의 똑같이 진행한다. 곤충학자 라우프(Michael J. Raupp)에 따르면 곰팡이의 포자는 나무 주변의 토양에 휴면상태로 있다가, 주기적으로 발생하는 매미새끼들의 골격외부에 달라붙는다고 한다. "매미의 표면에 붙은 화합물이 포자에 신호를 보내면 자라기 시작한다. 곰팡이는 매미의 피부를 관통하고 번식하여 매미를 곰팡이 정원으로 바꿔 놓는다."

1867년부터 1915년까지 뉴욕주에서 식물학자로 활동한 찰스 호튼 펙은 1879년 뉴욕 주립 자연사 박물관의 연례보고서에서 매미를 용해하는 곰팡이에 대한 설명을 최초로 발표했다. 2,700종의 북미 곰팡이를 묘사한 전문 균 학자인 펙은 매미를 감염시키는 이 곰팡이는 "내가 아는 다른 어떤 것과도 다르다"라고 강조했다. 펙은 "초기 단계에서 이 곰팡이는 곤충의 몸에 완전히 숨겨져 있다"라고 썼다. 그러나 감염이 진행됨에 따라 "복부의 말단 고리가 떨어져서 그 안에 가루상태의 포자가 드러난다"라고 했다.

펙이 좀비처럼 감염된 매미에 대한 상세한 설명을 쓴 지 130년이 지난 후 웨스트버지니아 대학의 식물 및 토양 과학 박사 후보인 앤지 마시아스(Angie Macias) 연구원은 매미를 "죽음을 뿌리는 소금통"이라고 불렀다. 마시아스는 뉴욕주 이타카에 있는 코넬 대학교에서 학부생이었을 때 "살인적인 작은 곰팡이"에 대해 알게 되었고, 2013년 블로그 게시물에서 곰팡이와 매미 호스트에 대해 글을 썼다. 매미 떼는 엄청 많이 생기는 것으로 악명이 높으며, 감염이 만연되었을 것이라고 예상된다고 한다. 곤충이 떼로 발생하는 것은 이 전염성 곰팡이에게는 아주 좋은 조건이다. 몇 퍼센트가 감염된다고 해도 아주 많은 수치가 된다고 한다. 그러나 이 곰팡이는 주기적 매미에게만 전염하며, 이 곰팡이로 인해 매미가 절멸하는 것은 아니다. 이 곰팡이도 균형에 맞는 환경조절에 잘 적응한다. 약간은 경악스럽고 두려워 보이지만 공포의 대상은 아니라고 한다.

3. 암 Cancer

동물에게도 많은 암

[파라사우롤로푸스]

동물의 왕국에는 질병을 진화론적으로 접근해야 한다고 생각하는 사람들이 있다. 사람이 겪는 질환 중에는 진화의 기간 동안 오히려 순기능을 했기 때문에 병이라 단순히 부르기에는 질적인 차이가 있는 질환들이 있다. 진화론적 의학(evolutionary medicine)에 의하면 선택된 인체의 형질에 의한 것이다. 20세기 초에 하와이안 원주민들이 영국의 초빙을 받아 런던에 간 일이 있었다고 한다. 이들은 영국정부로부터 융숭한 대접(극진한 대접)을 받아서 지금도 호놀루루시에 가면 제일 큰 대로명이 킹 스트리트(King street)이며 퀸 스트리트(Queen street)도 그 옆에 있다.

영국 초빙에 감사해서 붙인 도로명인데 왕과 여왕의 이름은 번잡하여 그냥 King과 Queen이라 했다고 전해진다. 그런데 이들이 영국을 방문 중에 하루 3끼 식사를 처음 접하였다고 한다. 아침에 밥을 주어, 먹을 수 있을 만큼 먹었는데, 점심을 주어 또 먹을 수 있을 만큼 먹고 또 저녁식사를 만찬으로 거나하게 차려주자 이들 하와이안들이 자기들을 죽일 셈이냐고 화를 많이 냈다고 한다.

서양에서 하루에 삼시 세끼를 먹는 것은 산업혁명 이후에 정착된 것으로 알려져 있다. 중세의 서양인들은 하루에 2끼를 먹었다고 한다. 그러나 우리나라와 같이 문화가 오래된 지역에서는 삼국시대에도 삼시 세끼를 먹었다고 적고 있다. 그러나 대부분 지역에서는 하루에 한 끼가 흔했을 것이다. 배가 고플 때 먹는 것이 아니라 먹을 것이 있을 때 가능한 한 많이 먹어서 며칠이고 굶는 것이 일반적이지 않았을까 한다. 아마도 영국을 방문한 하와이안 들도 한 번에 가능한 한 많이 먹고 며칠을 견디는 것이 보통이지 않았을까 한다. 진화론적 의학자들에 의하면 제2형 당뇨병은 이러한 식생활의 불규칙성에 적응하기 위해서 생겨난 체질이라 한다. 당뇨병이란 몸에서 당분을 분해해서 지방으로 저장하는 과정에 문제가 생긴 병이다.

다이아몬드(J. Diamond)의 연구에 의하면 "조상이 먹을 것이 많지 않은 환경에서 살아왔다면, 그 후손들에게서 체질적으로 당분을 몸에 오래 두기 위해서 당뇨병 현상이 생긴 것"이라 한다.

현재의 제2형 당뇨병은 우리나라의 경우는 매우 높은 편이나 산업혁명이 일찍 시작되어 먹거리가 풍족했던 유럽인들에게는 많지 않은 질병이라 한다. 이와 비슷한 논리로 고혈압도 마찬가지다. 근세에 들어 소금이 풍부해지고 음식을 통해 과다한 소금을 섭취하여 생긴 병이라는 생각과는 달리 진화론적 의학에서는 고혈압이란 소금을 몸에서 아끼는 체질을 말한다.

조상들이 소금을 충분히 섭취하지 못하고 살아오면서 몸에서 소금을 잘 배출하지 않는 체질이라 한다. 아프리카 흑인이 원래 살던 아프리카를 떠나 미국에 도착하면서 갑자기 많은 소금을 섭취하게 되자 고혈압 환자가 급격히 많아졌다는 연구도 있으나 진화론적 의견에 동조하고 싶다.

우리나라에는 고혈압 환자가 매우 많으며 그런 이유에서 보면 일반 농민들에게는 소금이 풍부하지 않았을 수도 있다. 우리가 병원에서 고혈압이나 제2형 당뇨병의 진단을 받는다면 그 원인이 본인의 식생활 때문인 경우는 거의 없다. 고혈압은 93% 이상이 본태성고혈압이라 하며 당뇨병도 그에 못지않게 본태성이라 한다. 조상 탓이다. 이미 발병한 상태에서는 소금이나 설탕이 건강에 큰 위해가 될 수 있으나 우리가 그런 것을 많이 먹는다고 생기는 병들이 아닌 것 같다. 물론 맥도날드 햄버거를 많이 먹어서 생기는 당뇨도 있으나 그런 것은 제1형 당뇨이며 치명적이나 우리나라에는 많지 않다. 그런데 암은 유전적 이유가 5~10%밖에 안 된다고 한다. 20% 이상이 담배가 원인이며 음주가 원인이 되는 경우도 10% 정도라 한다. 그러나 이러한 통계는 무엇인가 크게 잘못된 것이다. 암의 유발 요인이라고 간주한다고 해서 이해가 가는 것도 아니다. 먼저 유전적으로 암의 발생도 있어야 유발이 되는 것이라 생각된다. 유전적 이유가 선행되어 세포를 만들어 내는 우리의 유전정보에 이상이 생긴 것이다. 우리 몸에는 약 37조의 세포가 존재한다. 고장이 나도 별로 이상할 것이 없는 수치이다. 세포란 유전정보에 의해서 일정 부위에 주위 세포와 균형 있게 성장한다. 그런데 고장이 생기면 주위를 무시하고 혼자만 무한정 자라나게 된다. 자기만 자라나면 양성종양이라 하나 주위의 세포까지 공격하게 되면 악성종양이라 부르고 우리가 암이라 하는 것이다. 세포 간에는 밀접하게 연계가 되어있어 이러한 돌연변이가 생긴다면 곧 죽여버리는 청소관리 기능이 있다.

이를 세포자연사(apoptosis)라 하는데 암세포는 이러한 처리 과정을 피해 간 것이다.

생물학에 의하면 모든 다세포동물들은 모두 암이 발생한다. 동물과 식물 그리고 곰팡이에도 암은 존재한다. 암의 발생 빈도는 세포 수치에 비례할 것이다. 따라서 큰 동물일수록 암이 많이 걸려야 수치상 당연한 확률이다. 그러나 실제는 그렇지 않다. 포유류 동물에서 암이 가장 많이 걸리는 동물은 코끼리가 아니라 쥐다. 개도 사람보다는 암에 많이 걸린다. 연구에 의하면 개는 사람보다 암에 걸릴 확률이 4배나 높고 10세 이상의 개는 2마리 중 1마리는 암이 있다고 한다. 현대에 들어 사람에게 암이 급격히 늘었다는 주장은 사람의 평균수명이 길어져서 나타난 결과를 잘못 해석한 것이라 생각한다. 물론 개도 사람과 같이 현대에 오면서 평균수명이 늘게 되었고 그 결과로 나이 먹은 사람이나 개에게서 암이 급격히 늘어난 것처럼 보이는 것이지 발병 원인에 차이가 있는 것은 아니다.

코끼리는 암에 잘 걸리지 않는다고 한다. 생물학 상식을 벗어난 이 수치는 암연구자들이 오랜 기간 고민거리가 되었다고 한다. 아리조나 대학의 에이미 보디(Amy Boddy) 교수에 의하면 세포의 절대적 수치보다도 중요한 것이 세포의 성장 속도라고 한다. 코끼리는 성장 속도가 매우 늦은 동물이며 쥐는 성장 속도가 매우 빠른 동물이다. 성장 속도가 빠른 동물은 암이 많다고 한다.

개는 사람보다 성장 속도가 빠른 동물에 속하므로 개가 사람보다 암의 발생 빈도가 높을 것이다. 세포의 성장을 촉진시킨다는 영양제가 있다면 피하라고 권하고 싶다. 탈이 난다.

코끼리가 성장 속도가 늦은 대신에 불완전한 세포의 사멸을 인도하는 세포자연사(apoptosis) 기능이 매우 잘 작용할 것이라고 에이미 보디 교수는 유추하고 있다.

그런데 공룡은 크기 때문에 암이 많았던 동물이다. 암은 연한 세포에 주로 발생하기 때문에 화석에 남기 어려운데도 불구하고, 많은 공룡의 화석에서 뼈에 생긴 암들이 발견되었다. 7천5백만 년이 된 하드로사우르스(Hadrosaur)라는 공룡은 97마리를 조사했는데 27마리에서 암이 발견되었는데 이것은 놀랍게 많은 수치이다. 공룡은 몸집이 큰 만큼 많은 암으로부터 고통을 받았을 법도 하다. 생물학적 확률에도 준하는 결과인 것 같다. 암의 발생 원인에 대하여 환경적 요인을 논하기는 어렵다. 헬리코박터 파일로리라는 위에 사는 세균이 위 속에 지속적으로 궤양을 일으키고 이로 인해 암이 생긴다는 이론은 전 세계를 주목하게 만든 대표적인 암의 환경적 요인이다. 그러나 최근의 연구에 의하면 B형 간염이 간암의 제일 유발 요인이라 한다. 그러나 파일로리와 크게 다르지 않을 것이다. 이들 세균들이 어떻게 유전 작용을 간섭하는지를 보여야 할 것이다.

동물의 왕국에서 의사도 아닌 사람이 의학 문제를 언급하는 것은 위험한 일이라고 필자도 생각한다. 다만 공룡이 덩치가 커서 암이 많았다는 사실에 매우 공감한다. 암이 없는 동물도 있다니 배울 것도 많을 것이다.

코끼리에게는 세포자연사(apoptosis)에 관련된 유전자가 사람에 비해 40배나 많다고 한다.

암이란 말은 그리스의 히포크라테스가 만든 말로서 게딱지(crab)라 불렀다고 한다. 한의학에서는 기가 엉기고 혈이 뭉친 것을 종양이라고 했다고 하는데, 기라는 것이 없는데 어떻게 화병이 암이라 하는지는 잘 모르겠다. 암에 대한 진화론적 의학의 성과를 크게 기대해 본다.

4. 다른 동물에게도 심장마비가 있을까?

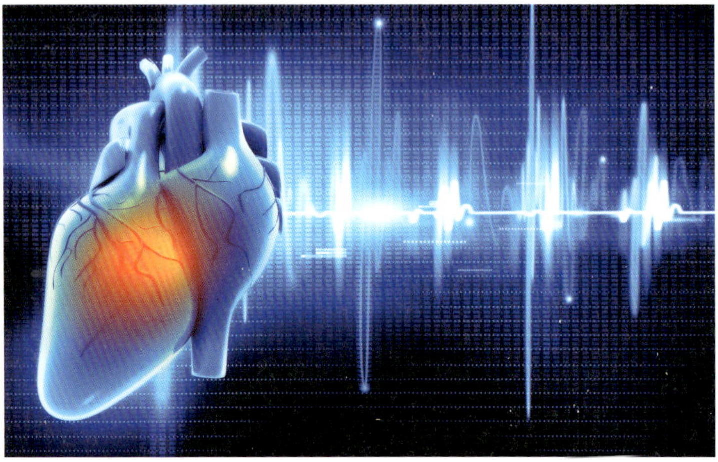

[박동중인 심장]

이론상은 가능하지만 다른 동물에게는 심장마비가 없다. 미국에서는 40초마다 한 명이 심장마비에 걸린다. 이 수치는 일 년을 계산하면 매년 805,000명의 심장마비 환자가 발생하는 것이다. 그렇지만 이 통계는 사람에게만 적용이 된다. 사람을 쇠약하게 만들고 죽음에 이르게 하는 이러한 병은 다른 동물에게는 없다.

대부분 동물은 심장마비가 생기지 않는다. 우리에게 가장 가까운 침팬지도 없다. 다른 동물들도 심장 문제는 있지만, 지금까지 알려진 사실에 의하면 심장마비는 거의 발생하지 않는다.

"일반적으로 다른 동물은 관상동맥이 막히는 심장마비에 의한 자연사가 생기지 않는다"라고 UCSD의 심장전문의 필립 고츠는 말한다.

심장마비란 산소를 함유한 혈액이 심장에 다다르는 혈관이 막혀서 생기는 일이며 산소부족으로 인하여 심장세포 일부가 죽게 되어 발생한다.

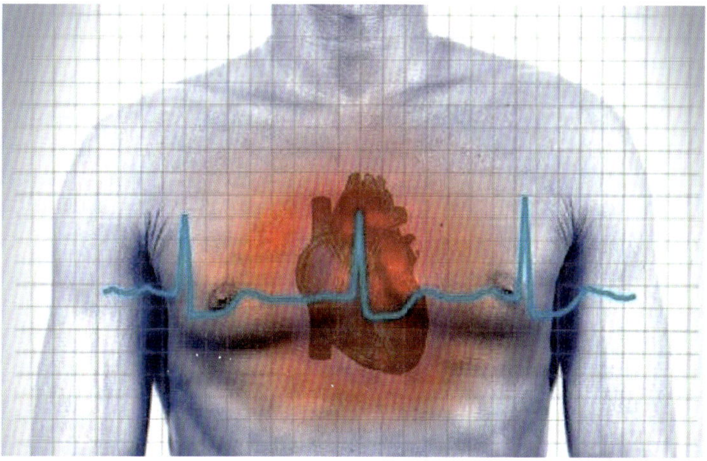

[심장병의 원인은 혈류가 차단되는 것]

이렇게 심장의 일부가 죽게 되면 심장이 수축을 못 하게 되며 이로 인하여 몸 전체로 수축 신호를 알리는 전기 파동이 전달되지 않게 된다. 그런 이유로 심장이 멈추게 되며 심폐소생술(CPR)을 하지 않으면 죽게 된다.

"모든 포유동물의 심장은 비슷하게 생겼기 때문에 이론상 모든 동물은 심장마비에 걸릴 수는 있다"라고 전문가들은 말한다. 그러나 이론상으로는 그렇지만 대부분은 발생하지 않는다. 예를 들면 개에게도 심장마비는 드물게 발생한다고 한다. UCSD 대학의 부부 교수인 니씨 바키(Nissi Varki)와 아짓 바키(Ajit Varki) 교수에 의하면 침팬지는 사람과 가까운 동물이면서도 물리적 운동이 부족하고 콜레스테롤 수치가 높지만 심장마비는 생기지 않는다고 한다.

심장마비에 관련된 질문은 차라리 왜 다른 동물은 없을까를 묻지 말고 왜 사람에게만 생기는지를 살펴야 할 것이라 한다. 사람들이 심장마비는 인류가 정주(定住) 생활을 하게 되고 영양이 나빠져서 생긴 것이라 여긴다. 물론 이런 것이 어느 정도 관계는 있다. 죽상동맥경화증(atherosclerosis)이 심장마비의 주된 원인이다. 붉은 고기류, 고지방 유제품, 운동 부족 등이 이 경화증을 일으키는 위험요인들이다. 그러나 처음 심장마비가 온 사람의 15% 정도는 어떤 심장병 위험도 없던 사람이다. 오히려 심장마비는 독특한 돌연변이 때문이 아닐까 하고 의심하여야 한다. 독특한 돌연변이를 가진 사람에게 N-글리코릴뉴라민산(Neu5Gc)이라 불리는 특수한 당분 분자를 만들지 못하게 하는 작용을 한다. 즉 Neu5Gc의 당분을 만드는 CMAH 유전자를 비활성화 시킨 것이다. 연구자들은 이 유전자를 쥐에게서 비활성화 시킨 결과 콜레스테롤이 높아지고 죽상관상동맥경화가 생겼다. 그렇지만 이들 쥐도 실제 심장마비에 이르지는 않았다. 넓게 보아서 이 돌연변이가 왜 다른 동물에게는 없는 심장마비에 사람이 취약한가를 설명한다고 한다. 다른 동물이 심장마비에 걸리지 않는 이유의 하나는 이러한 것에 대한 조사가 부족하여 생긴 결과라 할 수 있다.

과학지에 실린 심장마비는 모두 포유동물에 대한 것이었다. 많은 동물들도 급사하는데 이때 이 동물에 대하여 부검을 하지 않기 때문에 다른 동물에 심장마비가 없는지는 실제로 잘 모르는 일이라고 한다. 척추동물의 심장 구조만 비교하여 본다면 연구자들은 어느 동물이 심장마비에 취약한지를 알 수 있다고 한다.

포유동물과 조류의 심장은 산소를 관상동맥을 통해서 얻는 한 가지 방법만 있다. 관상동맥은 작은 동맥으로 갈라지고 모세혈관을 통해 심장근육이 이산화탄소를 버리고 산소를 주워온다. 포유동물과 새들은 혈관을 통해서만 체내 산소를 얻을 수 있다. 까닭에 포유동물이나 새에게 관상동맥이 막힌다면 심장은 산소 공급처를 잃게 되고 심장마비에 이르게 된다. 그러나 척추동물들은 약간 다른 방법으로 심장마비를 막는다. 혈관과 모세혈관을 통해 산소를 공급받는 것 이외에도 심장이 스펀지 피부로 되어있어 심장 방으로 산소를 가진 혈액이 스며들 수 있게 한다. 마치 스펀지의 공기로 물이 스며드는 것과 같은 원리이다. 피가 심장 벽으로 깊숙이 스며들기 때문에 산소가 피에서 심장으로 직접 들어간다. 조류와 포유동물들의 심장 벽은 단단하여 피가 스며들지 못한다.

관상동맥이 막혀도, 이러한 산소 공급의 보조 기능으로 심장마비가 일어나지 않는다. 스펀지 피부의 벽을 가진 척추동물에게서는 심장마비가 훨씬 덜 일어날 것이다. 이번 과학자들은 스펀지 피부의 심장을 가진 악어를 통하여 실험하였다.

악어의 심장에는 혈관이 있지만 스펀지처럼 생겨서 심장 주위에 피가 가득하며 이 피는 혈관에서만 오는 것은 아니다. 피부에 관류가 있어 혈액이 모인다.

지금까지의 연구에 의하면 악어는 심장마비가 생기지 않는다. 연구자들은 악어의 관상동맥을 묶는 실험을 하였지만 악어의 건강 문제를 해치지 않았다. 악어들이 운동을 하였지만 심장에는 문제가 없었다. 악어의 심장 두 방은 매우 스펀지처럼 생겼다고 한다. 사후 해부에서도 악어의 심장에는 세포사멸이 발생하지 않았다고 한다.

[originally published on Live Science, May 10, 2021]

5. 팬데믹 질병으로 바뀐 유럽인의 조상

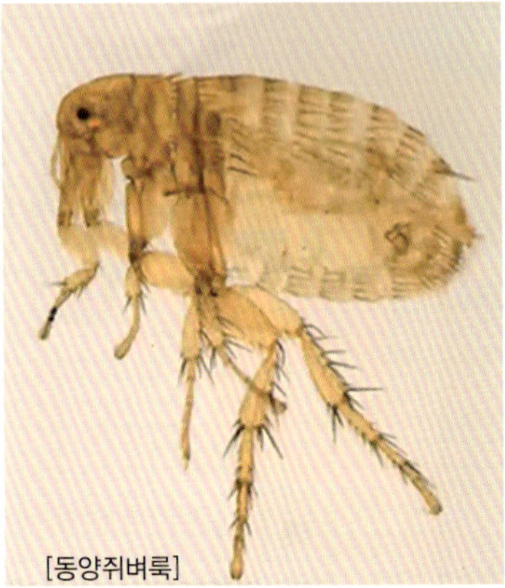

[흑사병의 바이러스를 옮기는 동양쥐벼룩과 일반 인간벼룩]

우린 최근 코로나19(Covid-19)라 불리는 유행병에 온 세계가 힘든 시기를 겪고 있다. 범유행병(pandemic disease)란 지역을 가리지 않고 보편적으로 전염되었다는 뜻이다. 미국의 질병관리 의료진들은 코로나19는 영원히 사라지지 않을 풍토병(endemic disease)이 될 것을 걱정하고 있다.

인류 역사에는 여러 차례 이와 유사한 질병으로 세계 인구의 생존이 위협받았던 때가 있었다. 그중 가장 알려진 팬데믹 질병은 14세기 유럽에서 발생하여 유럽인구의 최소 1/3을 사망시켰다는 흑사병이다. 이병은 19세기에도 세계 각지에 창궐하였고 마침내 중국에도 발병하여 천만 명의 인명을 앗아갔다.

흑사병은 동양쥐벼룩이 옮기는 질병이다. "동양쥐벼룩"이란 이름을 갖게 된 것은 흑사병의 최초 발생지가 중국으로 의심되고 있었으며 실크로드를 통해 유럽에 전파되었다고 알려졌었다. 그러나 최근 유럽인의 DNA 연구가 집적 시작되면서 흑사병 발생에 대한 새로운 주장이 대두되었다. 흑사병은 유럽에서 시작된 것이며 이 지역의 풍토병으로 오래 기간 자리 잡고 있었다고 한다. 인류학자들의 발굴에 의하면 기원전 3,000년 전(지금으로부터 약 5,000년 전) 유럽의 주인이 동방에서 오는 새로운 주민으로 바뀌는 대규모 인구이동 사건이 발생하였는데 그 원인이 흑사병으로 알려진 페스트균(Yersinia pestis_Yersin은 명명자)이다. 적어도 중앙 유럽 주민의 1/2 이상이 인구이동 전에 질병으로 희생되었다 한다. 이는 마치 스페인의 수백 명도 안 되는 함대가 잉카제국을 무너뜨릴 수 있는 것과 유사하다.

유럽인이 옮긴 천연두는 당시 미주 대륙 인디언 주민의 70%를 팬데믹으로 희생시켰다고 한다. 천연두에 면역이 있던 당시 스페인 군대는 커다란 전쟁 없이 아메리카 대륙을 정복할 수 있었다. 지금 유럽인의 조상 연구는 매우 잘되어 있다. 많은 사람이 유전체 연구에 참여하게 되어 유전 데이터도 풍부하고 또 그 분석 내용이 인류학 연구 결과와 잘 부합되는 훌륭한 조상 연구가 되어있다. 유럽인 유전자 연구에 의하면 3개의 큰 부류의 집단이 혼성되어 나타난다.

첫째 **고대 수렵인(ancient forager)으로** 현생인류의 초기 이동시기인 수만 년 전에 이 지역에 정착하여 살았는데, 약 8,000년 전 소아시아의 농경인이 유럽에 진출하기 시작하자 유럽의 주변으로 밀려났다. 지금도 이들의 유전자는 북부 유럽과 스페인의 남부 유럽에 높은 빈도로 남아있다.

둘째 **농경인으로** 8,000년 전 소아시아의 아나톨리에서 출발하여 중앙 유럽을 점령하였으며 이들에 의해 유럽의 선형도기(Linear band keramic)가 성립되었다. 이들은 이후 수천 년간 북부 유럽과 영국에 진출하면서 고대 수렵인과 유전자를 섞이며 살게 되었다.

셋째 중앙아시아의 초원지대에 살던 유목민들의 침투로 유럽인의 유전자를 구성하는 제3의 세력이 되었다. 얌나야(Yamnaya)인이라 부르는 청동기 문화를 갖은 이들 유목민의 침입은 중앙유럽인의 70%를 교체하는 대규모 인구이동으로 매우 짧은 시간에 이루어졌다. 이러한 이동이 가능했던 이유로 추정되는 사건이 흑사병의 유행이다. 스웨덴의 이시기 인류유적에서 흑사병의 존재가 확인되었다.

지금의 유럽인의 구성은 이들 3부류의 현생인류 집단으로 구성되었다는 것이 유전학 연구나 인류학연구에서 잘 부합되고 있다. 이중 고대 수렵인은 검은 피부에 투명한 눈동자를 가졌으며 투명한 눈동자는 네안데르탈인으로부터 획득한 유전형질로 알려져 있다.

저자의 동물의 왕국 스승이신 슈베르트(G. Schubert) 교수는 자신이 네안데르탈인을 많이 닮았다고 자주 농담을 하였는데 그분의 조상이 아일랜드인(Irish)라 하니 허황된 농담만은 아닌 듯싶다. 인류학의 오랜 논쟁거리인 현생인류와 네안데르탈인의 혼혈 가능성은 유전학적으로 이미 확증되었다(Paabo, Origin of Us, 2011 BBC series).

또한, 서양인의 하얀 피부의 등장에는 농경민이나 유목민의 유전에서 찾아질 것이다. 이들 선형도기문화의 농경민 중에는 우리나라 부산 가덕도에서 발굴된 수십 기의 인골이 이들과 유전자상 같은 조상이어서 많은 화제가 된 사실도 있다. 팬데믹은 주민을 대체할 만큼의 큰 후유증을 남긴다. 뒤따라 들어온 사람에게는 열린 환경의 큰 기회가 되는 것은 생물 세계의 자연스러운 현상이다. 한반도에도 여러 차례의 주민교체가 있었다. 아직 팬데믹의 존재가 확인되지는 않았으나 전쟁의 흔적은 많다.

한국인에 대한 유전자 연구가 미진하여 우리의 조상 연구가 아직 준비되지 못한 것은 못내 아쉽다. 우리나라에도 여러 차례 유전자

연구가 진행되었으나 고조선이란 패러다임에 갇혀서 전혀 방향을 잡지 못하고 있다는 것이 필자의 소견이다. 우선은 중앙부인 중국인의 분석이 완성되어야 하고 그 주변에 해당되는 한반도연구가 뒤따라야 할 것이다. 한반도는 분명 연해주에서 이어지는 고대 수렵인의 존재가 강하게 남아있을 것이다(퉁구스어족). 우리의 조상은 중국 농경인의 진출로 밀려 나간 유럽의 고대 수렵인과 비견될 수 있을 것이다. 부여 송국리 유적은 한반도에 도작농경 시점을 알리는데 이 시기가 본격적인 농경민의 도착 시기로 생각할 수 있다. 이 시기는 중국의 농경 시작에 비하면 매우 늦은 시기라 할 수 있는 기원전 500년대임을 감안한다면, 우리도 유럽인의 구성 3집단 혼혈 패러다임과 크게 다르지 않은 조상의 혼혈 결과가 도출될 것이다. 우리의 역사책에는 한국인의 형성은 청동기시대 지석묘를 쓰던 집단이라 한다. 이들은 한반도 전체에 널리 그리고 기원시기까지 주류세력으로 살아왔다. 이들은 요동에서 온 것이 분명하며 이들은 쌀농사 이전의 초기 잡곡 농경인이라 한다. 우리나라도 유목민의 역사가 있다고는 하나 주민집단을 바꿀 정도의 대규모는 아닐 것이다. 한국인은 고대 수렵인과 요동으로부터 들어오는 농경인 간의 혼혈로 보는 것이 좋겠다. 광개토대왕 비문에 한(韓)이라 불리는 조상과 예(濊)라 불리는 조상이 있다. 한은 농경민으로 예는 수렵민으로 보아도 큰 무리가 없을 것이다. 농경문화는 사회의 안정과 인구증가를 보장하는 문화이기는 하나 건강이라는 측면에서 보면 매우 다른 판단이 가능하다. 농경의 시작 이후 고대 인골에는 이전에는 없던 충치가 만연해 있으며, 건강이 고대 수렵인에 비해 매우 열악하다. 특히 우리가 겪어온 10대 전염병은 모두 농경민의 돼지나 소의 목축에서 비롯된 것이다. 건강은 동물의 왕국에서 매우 중요한 테마이다. 코로나19(Covid-19)의 풍토병화 진행에 대해 커다란 우려를 전한다.

6. 파리, 모기 그리고 기생충

[파리]

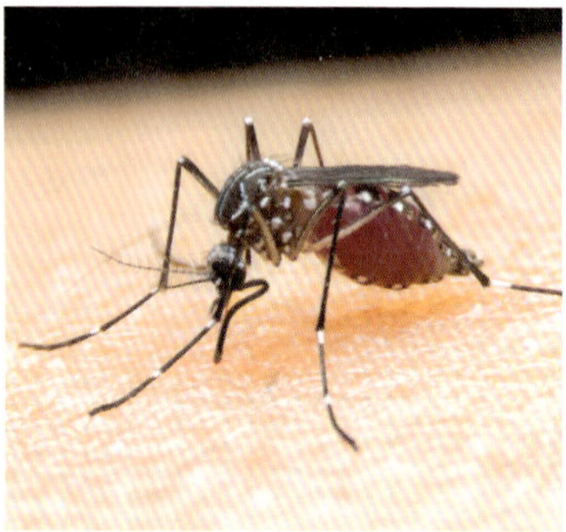
[모기]

모든 동물을 위협하는 해로운 병을 옮기는 해충으로는 파리, 모기가 가장 유명하다.

20세기 초 아프리카에서 시작된 서구식의 목축은 파리의 한 종류인 체체파리(tsetse fly)가 옮기는 질병(우역: rinderpest)에 의해 소들이 몰살당하고 이후 거의 중단되었는데 이를 두고 사람들은 체체파리야말로 "아프리카를 사람으로부터 가장 잘 지켜낸 수문장(the best game warden in Africa)"이라 하였다. 체체파리는 사람에게도 수면병을 일으키며 아프리카의 많은 동물도 이를 피해 가지 못한다. 그런데 동물 중에 체체파리를 가장 잘 피할 수 있는 동물이 얼룩말이라 한다. 얼룩말이 줄무늬를 갖게 된 이유는 파리가 얼룩말의 줄무늬에는 착시 현상이 생겨 착지하기 어렵기 때문이라 한다. 파리를 피하는 매우 현명한 방법 같다.

파리와는 다르게 모기는 더욱 피하기 어렵다. 면역을 대표로 해서 모든 동물은 나름대로 해충들로부터 살아남는 법을 터득했다. 아마도 살아남은 동물들에게는 나름 복잡한 방어 체제를 구축했기 때문일 것이다. 사람은 면역작용이 있어 엄마가 이겨낸 면역작용이 자식들에게로 이어져 간다. 사람에게는 치명적인 전염병인 콜레라나 장티푸스 혹은 임질 등의 질병이 다른 동물들은 걸리지 않는 질병이다. 어떤 영장류도 걸리지 않는 이들 질병이 사람만 걸리는 이유는 굉장히 아이러니하다. 아프리카에서 대형동물들을 괴롭히는 질병은 모기가 옮기는 기생충인 말라리아다. 2018년 한 해에 말라리아로 희생된 인명이 50만 명에 달한다고 하니, 말라리아는 아직도 사람에게 매우 위협적인 질병이다. 사람이 콜레라나 장티푸스에 걸리는 이유는 사람의 생리가 유전적으로 말라리아에 대응하기 위해서 혈액 단백질에 변형이 생겼기 때문이라 한다.

사람은 아프리카에서 분명 침팬지나 고릴라 등에 비해 말라리아에 잘 걸리지는 않는 동물이다. 그럼에도 그것만으로는 역부족인 듯하다. 현재 아프리카인 중에는 적혈구가 낫처럼 변형이 되는 유전이 있으며, 이것을 가지고 태어나는 사람은 말라리아에 걸리지 않는다고 한다. 다만 이러한 형질의 소유자는 말라리아를 피할 수는 있어도 생존기간이 40~60세에 불과하며 생존기간 중에도 심한 통증에 시달린다고 한다. 이처럼 말라리아는 사람의 유전자 변형이 수반되는 생존 문제가 걸린 매우 큰 위협이다. 이러한 모습들은 파리와 모기가 얼마나 인간 생존에 위협적 존재인가를 잘 말해주고 있다. 말라리아도 기생충의 일종이다. 사람의 간에 기생하여 번식한다. 기생충들이 숙주를 공격하는 여러 방법이 있는데 이들 기생충은 나름 절묘하게 매개체를 이용한다. 닭과 돼지는 코로나19에 감염되지 않는다고 한다. 만일 감염이 되었다면 유사 이래 최대의 대량 가축 도살 사태를 맞을 뻔했다. 애완동물들이 문제인데 개나 고양이가 감염되었다는 보도는 홍콩에서도 있었고 미국에서도 발생하였다.

그러나 아직은 매우 산발적인 보도에 불과하며 애완견은 코로나 바이러스에 감염되지 않는 것으로 알려져 있다. 그나마 다행스러운 것은 고양이는 감염이 되는데 아직 감염의 위험성이 크게 보도되지 않고 있다. 애완동물을 도살해야 할 상황이 도래하지 않았으면 하는 바람이다. 고양이가 알아서 사람과 거리 두기를 했으면 한다. 우리는 지금 유사 이래 들어보지 못한 전염력이 강한 바이러스와 싸우고 있다. 온갖 생물학적 처방이 뒤따르고 있다. 코로나 바이러스는 다른 바이러스와 마찬가지로 사람 혈액의 특정 단백질에 쉽게 달라붙는 적응력을 발휘하고 있다. 혈액형이라는 것도 궁극에는 세균과의 전쟁에서 생겨난 것이고 "O"형의 혈액형은 코로나에도 강하고 말라리아에도 강하다고 한다. 면역세포(T-Cell)는 경험이 필요하다. 백신 작용은 면역세포가 지니는 기억력에 의존한다. 불행한 사실은 면역이란 섯이 소량이라도 어떻게 하든지 한 번은 걸려야 하고, 살아남은 면역세포들이 다음 세대로 이어져야 한다.

전 세계는 코로나 바이러스로 인해 많은 어려움을 겪고 있지만 코로나를 이겨낸 시점에서는 사람의 질병과의 전쟁에서 금자탑이 될 과학의 진전을 가져올 것이다. 코로나를 이겼다는 것은 사람의 면역체계에 대한 획기적인 이해의 증진을 전제하는 것이다. 연일 신문에는 유전학자들이 답을 해야 할 질문들이 넘쳐난다. 다행히 한국인과 일본인은 이번 코로나 질병으로 인한 사망률이 유럽이나 미국에 비해 현저하게 낮다고 한다. 우리의 조상들이 그들의 조상과는 매우 다른 질병 감염의 역사가 있었을 것이다. 어머니에게서 전해 받은 면역세포는 경험에 의해 만들어진 것이다. 이번 질병이 세균에 의한 인류의 종말이라는 최악의 미래 시나리오에 선제적으로 대응하는 계기가 되었으면 하는 바람뿐이다.

Review

모기를 멀리하는 방법

Live Science, *June 1, 2021*

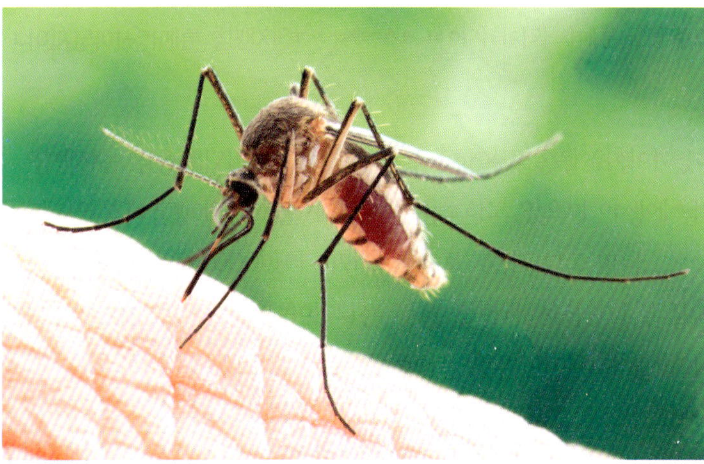

[피를 빨아먹는 모기]

모기가 귀 가까이에서 윙윙 소리를 내는 이유가 이런 소리를 내어 사람이 때려잡기 쉽게 만들기 위한 것은 아닐 것이다.

혹한의 추위가 지나가면 옆집에서 들려오는 바비큐 소리만큼 여름이 왔음을 느끼게 하는 것은 없을 것이다. 그러나 여름 모임의 악몽 중에는 귓가에서 요동치는 모기의 윙윙거리는 소리일 것이다. 그러면 도대체 왜 이 피를 빨아먹는 곤충은 귓가를 헤매며 또 왜 신경질 나는 소리를 내는 것일까? 귓가에서 윙윙거리는 소리는 대체로 모기의 날개가 부딪치는 소리다. 이 소리는 멀리 가지 못하며, 모기가 바로 귓가에 있다는 것이다.

윙윙거리는 소리는 암컷 모기일 가능성이 크다. 모기는 암컷과 수컷이 매우 다른 삶을 산다. 수컷 들은 멀리 나다니며 꽃의 넥타를 먹고 살며, 사람이 움직임에 관심이 없다. 그러나 암컷은 알을 낳기 위하여 충분한 에너지가 필요하며 짝짓기 후에는 피를 마셔야 한다. 암컷 모기는 희생물을 찾기 위한 특수한 도구가 장착되어 있다.

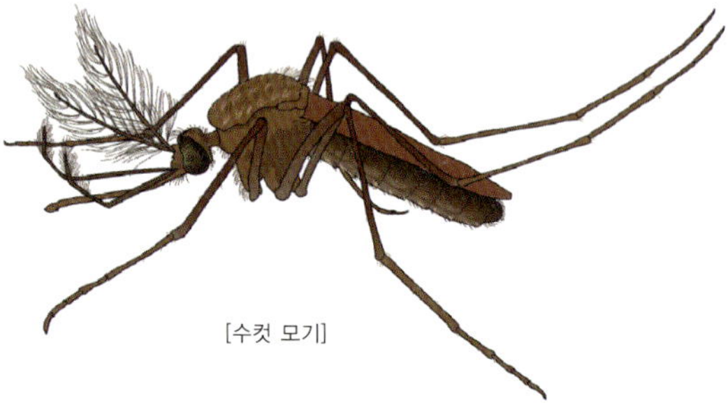

[수컷 모기]

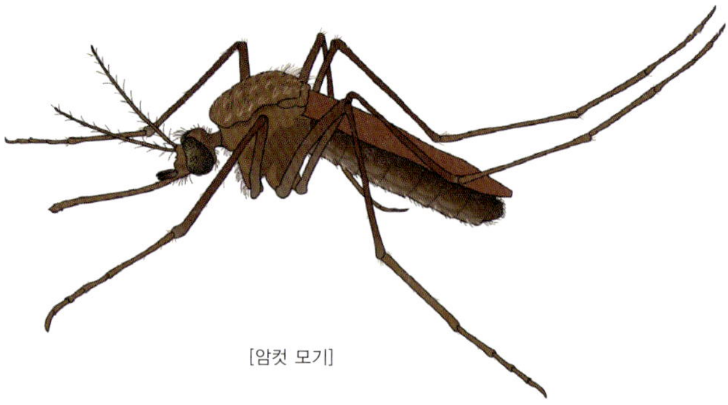

[암컷 모기]

[수컷 모기는 사람의 피를 빨아먹지 않는다]

암컷 모기는 먼 거리에서도 우리 몸의 원뿔 모양의 관에서 발생하는 이산화탄소를 감지한다. 이산화탄소는 암컷 모기에게 호스트가 있음을 알린다. 그리고 그 발생 처를 알기 위해서 왔다 갔다 하며 살피는 것이다. 달리 말하자면 우리는 대부분 이산화탄소를 얼굴을 통해 내뱉기 때문에 모기가 우리 얼굴 주위에서 윙윙거리는 것이다.

모기가 접근하면 체온을 찾아 몸을 찾게 되며, 이산화탄소에 따라 희생자를 물게 된다. 암컷 모기는 발에 맛을 느끼는 촉감이 있으며 먹을 만한지를 살핀다. 어떤 연구에 의하면 모기는 O형의 피를 선호한다고는 하는 데 믿을 만한 연구는 아니라 한다. 그렇지만 희생자의 유전이나 식성 등이 영향을 미칠 것이라고는 한다.

특히 사람의 피부는 모기에게 독특한 향기를 전하게 되는데 일부 연구에 의하면 피부에 다양한 박테리아를 갖은 사람보다는 박테리아가 적은 피부의 가진 사람을 선호한다고 한다. 특히 이들 흡혈 곤충들은 검은색과 같은 진한 색채를 아주 좋아한다고 한다. 이 암컷 모기는 초당 거의 500번의 날개를 움직이며 450~500Hz의 소리를 내는데 이 소리는 우연하게도 오케스트라가 음을 맞추는 기준인 A조에 해당한다고 한다. 이 소리는 사람에게는 높은 음의 드론이 내는 소리같이 들리지만, 수컷 모기에게는 아주 훌륭한 음악이다. 마치 짝을 찾아 헤매는 감미로운 고음의 선율이 된다.

연구자는 이 조의 고음을 암컷 모기에게만 들려주고 수컷 모기에게만 들려주는 실험을 하였는데, 암컷 모기들은 반응을 보이지 않았으나 수컷 모기들은 마치 천상의 음악을 들은 듯이 난리가 아니었다고 한다. 대부분 모기는 사람의 머리를 향하지 않으며 모기에게 향기로운 냄새를 내는 발을 향하지만, 소리가 머리 주위에서만 들리기 때문에 착각하는 것이라 한다.

말라리아 기생충을 옮기는 암컷 모기는 사람의 발 냄새를 좋아하며, 이 냄새는 림버거 치즈가 내는 독특한 냄새와 같은 향기라 한다. 실제 모기들은 림버거 치즈에 많이 몰린다는 것이 검증되었다. 모기를 피하는 가장 좋은 방법은 밝고 긴 옷을 입어야 하며, 곤충을 쫓는 방향제를 사용하고, 모기 서식지를 없애는 것이다. 모기는 해 뜰 무렵이나 해 질 무렵에 활동한다.

7. 왜 얼룩말은 위궤양이 생기지 않을까?

[얼룩말]

대부분 위궤양의 원인은 스트레스이다. 그리고 사람은 스트레스에 찌드는 동물 중에 하나다. 스트레스의 크기로 말한다면 사자에 쫓기는 얼룩말의 상황이 매우 클 것이다. 스트레스 상황에 동물이 처하면 신체 내에 비용이 큰 생리현상들이 일어난다. 심장박동 수가 급증하며, 정신이 날카로워지고, 면역체계가 긴장한다. 에너지의 소비가 증가하며, 콜티졸(Cortisol)과 같은 신경 호르몬이 샘솟는다. 이를 돕기 위하여 신체는 성장을 멈추고, 생식을 중단하고, 급기야는 소화 작용을 억제한다. 스트레스는 동물에게 살아가는데 꼭 필요한 생존 기능을 담당한다. 얼룩말에게 스트레스는 사자다 더 빨리 또 더 오래 뛰어 달아날 수 있게 만드는 생리 기능이다.

얼룩말은 사바나에서 사자와 같은 포식자들로 인하여 심한 스트레스 속에 살아가야 함에도 스트레스로 인해 위궤양이 생기는 일은 없다.

[사자가 얼룩말을 사냥하고 있다]

『왜 얼룩말은 위궤양이 생기지 않는가Why zebras don't get Ulcer?』는 미국 스탠퍼드 대학의 저명한 행태 생물학자인 사폴스키(R. Sapolsky)의 저서 명이다. 저자는 책에서 생리와 심리 간에 중요한 인과관계를 재정립하고자 한다.

사폴스키에 의하면 스트레스란 모든 동물이 갖고 있는 필수적인 생리현상이다. 그런데 왜 이러한 정상적인 생리현상이 사람에게는 위궤양과 같은 심각한 병리를 일으키게 하는가에 대한 의문점을 묻고 있다. 그의 예상과 같이 대부분 동물은 스트레스에 의해 위궤양이 생기지 않는다. 다만 위궤양이 생기는 동물은 사람만이 아니며, 사람과 유사한 뇌기능을 갖춘 영장류에게는 공통적으로 발생한다는 것을 알았다. 다시 말하면 영장류라 불리는 동물들이 다른 동물들과는 달리 "심리적"으로 생각한다는 이유로 스트레스가 위궤양에 이르게 한다는 것을 발견하였고 이것이 사람의 심리를 이해하는 데도 큰 기여를 한 것이다.

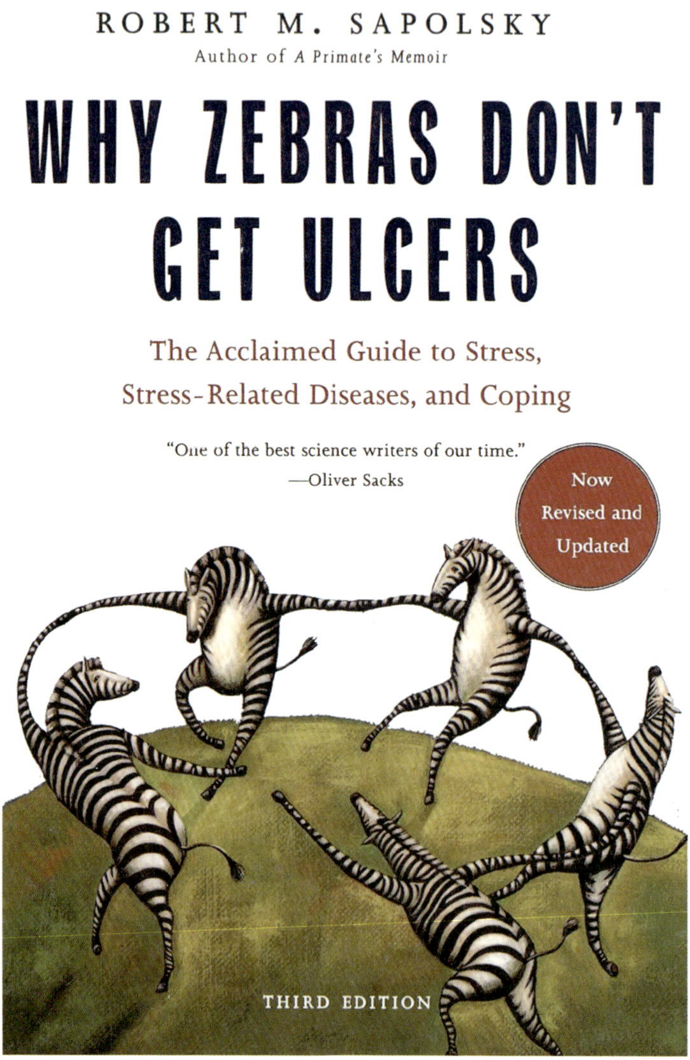

[사폴스키의 왜 얼룩말은 위궤양이 생기지 않는가]

얼룩말이 위궤양이 생기지 않는 이유는 생물체가 갖는 정상 회복 기능(homeostasis) 이 원만해서이다. 스트레스 상황이 종료되면 곧 바로 정상상태로 생리현상이 돌아간다. 그러나 스트레스 상황이 종료되어도 심리작용이 따로 존재하여 그 스트레스 상황을 기억하고 또 그 상황을 가상적이라도 지속적으로 연상하고 확대 재생산까지 한다면 스트레스적 생리작용은 정상으로 환원되지 못하고 오히려 악화하여 병리적 원인이 될 수 있다.

사람이 겪는 스트레스의 문제는 이러한 심리적 원인에 기인하는 것이고, 이 같은 아픔은 사람만이 겪는 것은 아니다. "심리적" 동물들이 겪는 병이다.

동물 심리에 대한 고전적인 저작으로 『동물의 마음: 인지를 넘어 의식까지』라는 책이 있다. (Animal Minds : Beyond Cognition to Consciousness, Donald R. Griffin, 2001)

동물의 마음에서 안다는 것(awareness)과 생각한다는 것(thinking) 사이에는 커다란 괴리가 있다. 영장류의 동물들은 사람, 침팬지, 오랑우탄, 고릴라, 긴팔원숭이 등과 이에 버금가는 원숭이들 개코원숭이나 일본원숭이 등은 대표적인 생각하는 동물들이다.

"심리적" 이란 단어는 이들 영장류에게만 제한적으로 사용되어야 할 것이다. 이와 같이 생각하며 사는 동물들에게는 생각할 수 있는 능력으로 인하여 생존에 많은 이로운 측면이 있겠으나 다른 한편으로는 위궤양과 같은 생각 하지도 못할 어려움과 함께 살아가야 한다. 생각하는 동물은 누군가 날 해하려 온다는 것을 안다면 대비해야 하고 필요하면 선제적으로 대응해 간다. 스트레스 상황을 다른 일보다 더 잘 기억하고 선제적으로 대응해 가는 것이 오히려 생각하는 동물이 늘 해야 하는 일이다. 생각하는 동물에게는 위궤양이 발견되었다. 영장류 모두에게 심각한 위궤양이 발견되었다.

스트레스를 하소연하며 살아가야 하는 상황은 이들 영장류 모두에게 공통적인 업보일 것이다. 스폴스키가 이 책을 통하여 주장하고 싶은 논제는 사람의 "심리"란 것은 생리학으로만 설명해낼 수 없는 심리학 고유의 영역이 따로 존재한다는 것이다. 전문가가 아니라면 생소하게 들릴 수 있는 이 주장은 뇌 과학이 거대한 진전을 이룬 20세기 후반 이후에 이르면서 점차 전통적 인문사회학적 심리학이 과학적 이론체계로서의 위치를 상실해 가는 시기에 매우 반향이 큰 성과라 평가받는다. 생물학으로 다 설명할 수 없는 심리 영역이 별도로 존재한다는 것이다.

우리가 살아가는데 스트레스 자체는 매우 정상적인 생리 기능이다. 이를 위궤양에 이르지 않게 하기 위해서는 적당한 선에서 과도한 심리의 개입을 막으면 피해 갈 수 있다. 불교는 사람을 일체의 고액(스트레스)으로부터 해탈시키는 것을 지혜의 목적으로 삼고 있다. 참선이 아마도 우리에게 알려진 최선의 스트레스 해소법이 될 수 있지 않은가 한다. 석가모니는 고행과 요가 등 여러 방법을 통해서 고통에서 해탈할 방법을 모색하셨다. 그리고 대승불교에 이르러 관세음보살을 통해 올바른 참선의 방법을 제시한다.

"色不異空 空不異色(색불이공 공불이색), 受想行識 亦復如是(색즉시공 공즉시색)"라고 했다.

현상은 빈 것과 다르지 않고, 빈 것은 현상과 다르지 아니하니, 지각하고 생각하고 행동하고 의식하는 것 또한 다 같이 현상이 빈 것과 다르지 아니함과 같다.

보이는 세계도 없으며 의식세계도 없다는 가르침이다. 심리작용을 부정하는 것을 참선이라 한다. 아마도 큰 스님들은 얼룩밀처럼 위궤양이 없었을 것만 같다.

7장 기 타

Other

1. 동물의 왕국을 지키신 분들 Trimates' Primates

[제인 구달]

[다이앤 포시]

[비루테 갈테카스]

동물의 왕국은 세 명의 아름다운 여인들에게 말할 수 없는 큰 빚을 지고 있다. 필자는 이 책을 마치면서 세 분을 기억하고 싶다.

위 사진의 첫 번째 여인은 런던에서 태어나 아프리카 탄자니아의 곰베 국립공원(Gombe Stream)에서 침팬지와 60년을 살아온 제인 구달(Jane Goodall)이다.

가운데 여인은 르완다에 서식하는 산악 고릴라의 수호 전사로 살았던 『안개 속의 고릴라Gorilla in the Mist』의 저자인 미국인 다이앤 포시(Dian Fossey)이며, 마지막 여인은 30년간을 인도네시아에서 생활하며 아무도 몰랐던 오랑우탄에 대해 연구하고 그들을 지켜낸 UCLA 대학의 학생 비루테 갈테카스(Birute Galdikas)이다.

세 분을 통칭해서 영장류(Primate) 에서 따온 단어인 세 친구(Trimate)라 부른다.

이 분들은 모두 인류의 기원에 대해 불후의 업적을 남긴 루이스 리키(Louis Leakey)에 의해 선발되고 재정적으로 지원을 받아 본격적인 필드 연구가 가능하였다.

루이스 리키는 일찍부터 고인류의 생태를 알기 위해서는 같은 환경에서 사는 침팬지나 고릴라의 연구가 절대적으로 필요하다는 것을 알았고, 많은 학생을 키워 현지에 파견하였으나 모두 실패한 끝에 급기야는 이 세 여인을 만나 원하는 답을 들을 수 있게 되었다.

필드의 적응은 세 사람에게 다 20대의 어린 처녀로서는 감당하기 어려운 과업이었음에는 틀림이 없다.

제인 구달은 어머니를 동반하고 나서야 안전 문제로 제한을 받던 필드 조사가 가능했으며, **다이앤 포시**는 내전의 와중에 있는 콩고의 산속에 홀로 천막을 치고 살아가는 강인한 의지를 보였다. **비루테 갈테카스** 역시 인도네시아의 한 조그마한 시골에서 날로 줄어 들어가는 오랑우탄 생활 터전 속에 버려진 새끼 오랑우탄의 보모 역할을 하며 어려운 환경을 이겨냈다.

세 분의 연구결과는 이 책의 곳곳에 실려 있다. 제인 구달은 곰베의 침팬지들이 자기를 한 집단 구성원으로 받아들여지기까지 수년이 걸렸다 회고하고 있다. 다이앤 포시는 고릴라들은 특히 경계심이 강하고 이들 고릴라들이 마주했던 사람이 모두 잔인한 밀렵꾼이었기 때문에 좀처럼 가까이 가기가 힘들었다고 회고한다. 그녀는 마침내 고릴라의 몸짓과 소리까지 흉내를 내며 접근했다고 한다.

이들은 이전까지 영장류에 대해 가지고 있던 잘못된 편견을 모두 바꾸어 놓았다. 챔팬지는 도구를 쓰며, 육식한다는 것도 알았고, 집단 간에 매우 공격적이라는 것도 알았다. 다이앤 포시가 연구한 고릴라는 킹콩 영화에 등장하는 괴물이 아니라 함께 앉아 셀러리를 함께 나눌 수 있는 아주 순한 동물이라는 것도 알게 되었다. 오랑우탄에 대해서는 비루테 갈테카스가 없었다면 아무도 그 생태를 알 수 없었던 머나먼 정글 속의 신비한 동물에 불과했다. 특히 이들 모두가 여성이라 이전까지의 남성 위주로 된 연구들과는 많은 차이가 있었다.

또한, 세 여인은 연구자만이 아니었으며 지나치다고 생각될 만큼 활동적으로 동물의 왕국을 지키는 수호전사 들이었다.

제인구달 연구소(Jane Goodall Institute)는 각종 의학 연구에 악용될 수 있는 동물 학대에 대해 가장 주의를 환기시키는 주된 연구소이며, 다이앤 포시는 그의 지원금을 연구비보다도 고릴라 보호에 많이 썼다고 할 만큼 밀렵꾼들과 전쟁을 해 왔고, 이로 인하여 이른 나이에 밀렵꾼들에 의해 피살된 것으로 추정되고 있다. 비루테 갈테카스 역시 인도네시아의 오랑우탄 서식지 보호를 위해 많은 정치적 행동에 참여하고 기금을 모아 이 들을 지켰다.

이제 연세가 많이 드신 분들이시나 노익장을 과시하는 모습에 필자는 동물의 왕국의 아름다운 사람으로 오래 기억하고 싶다. 다이앤 포시는 그녀가 가장 아끼던 고릴라 디지트(Gorilla Digit)가 밀렵꾼들에 의해 도살되고 훼손되자 거의 그에 대한 보복으로 밀렵꾼들을 생포하고 강력한 무력적 대응도 마지않았다고 한다. 그녀는 죽은 후 자신이 그렇게 아끼던 디지트가 묻힌 르완다의 한 공원에 디지트 옆에 묻혔다고 하니 그나마 위안이 된다.

2. 누이를 사랑한 왕자

[울산 태회강 하류의 선전리 각석]

최근 역사 저널 그날의 유튜브에 수년 전에 제작된 KBS 역사스페셜 "울주 천전리각석 신라왕조의 비밀"이 올라왔다. 이 프로는 "누이를 사랑한 왕자: 천전리 각석의 비밀"이라는 부제를 달고 있다.

천전리 각석은 울산 태화강 하류에 있는 반구대 암각화에서 멀지 않은 상류 방향에 있다. 반구대의 암각화가 그려진 바위처럼 이곳의 바위도 도화지처럼 평평한 바위가 수직으로 서 있으며, 각석에 반구대처럼 선사시대의 여러 그림이 그려져 있다. 그림은 반구대의 동물 그림과는 달리 동심원과 마름모로 된 여러 기하학 문양이 새겨져 있다. 그런데 위 사진에서 보이듯 각석에는 아랫부분에 한문으로 여러 낙서가 어지럽게 쓰여 있는데 낙서를 한 사람들이 대부분 삼국사기에 수록된 유명한 화랑들이라니 야단은 못 치겠고 오히려 귀중한 역사적 자료가 되었다.

이 각석에 글의 백미는 위 사진 가운데 아래편에 있는 긴 문장으로 되어있는 두 편의 글이다. 글 내용에는 글을 쓴 연도가 적혀 있는데 앞선 글은 525년에 쓰였고 두 번째 글은 14년 뒤에 앞의 글을 추모하기 위하여 쓴다고 적혀 있다.

앞글을 쓴 분은 신라에 불교를 들여온 법흥왕의 동생인 사부지갈문왕이라 적고 있다(사부지는 고대 신라어로 서 있는 어른의 뜻이며 한문 立宗 으로 입종갈문왕이라 한다). 두 번째 글을 쓴 사람은 사부지 갈문왕의 부인이었던 지몰시혜비(=지소부인)가 후에 진흥왕이 된 입종갈문왕의 자식 삼맥종을 데리고 이곳에 와서 사부지갈문왕을 함께 추모한다고 적고 있다. 그리고 이 프로그램에는 한국고대사에 원로이신 경북대의 주보돈 교수와 계명대의 노중국 교수가 이 글에 대해 해설을 하고 있다.

동물의 왕국과는 거리가 아주 먼 사학과 교수님들의 해설이라고는 하지만 필자가 듣기에는 너무나 현실과 동떨어진 해설을 하는 것이 매우 애처롭다. 두 분에 의하면 사부지 갈문왕이 누이를 사랑하였던 비밀이 적혀 있다고 하고 사부지 갈문왕은 이곳에 그와 동반하였던 사랑하는 누이와 결혼하지 않고 법흥왕의 딸과 정략결혼을 하였다는 것이 신라왕조의 비밀이라고 한다.

그리고 이러한 친족 간의 정략결혼은 우리나라에도 있었고 일본은 지금까지도 유행하며, 고려시대 까지 흔한 경우가 되었다고 해설을 달고 있다. 이들에 의하면 친족 간의 결혼이 무슨 정략결혼의 하나인 것처럼 역사적 해설을 달고 있다.

사부지갈문왕은 자신의 친구 같은 누이(友妹)와 함께 이곳에 와서 나들이했으며 이곳이 지명을 "글 쓰는 바위 계곡(書石谷)"이라 이름을 지었다고 적고 있다. 친구 같은 누이라는 말은 지금도 쓰는 말로 예쁜 누이라는 뜻이다. 이 프로그램에서는 우매인 어사추녀랑(於史鄒女娘)을 사부지갈문왕의 4촌이라 추측을 하고 있다. 당시 신라에서는 4촌간의 결혼이 많았던 것에 착안하였던 것 같다. 4촌이라면 할아버지가 같은 관계인데 사부지 갈문왕의 아버지는 지증왕이고 지증왕의 아버지인 습보갈문왕의 같은 자손들이 된다. 특히 추녀랑(鄒女娘)의 이름 뒤에는 왕이라 호칭이 붙어 있어 이 여자가 당시 신라에서는 가장 높은 지위에 있던 여성분임에는 틀림이 없다. 신라의 가장 큰 고분인 황남대총의 금관은 왕이 아니라 왕비의 묘에서 나온 것임을 감안한다면 추녀랑이 왕인 것도 이상할 것이 없다.

추모의 글을 남긴 사부지갈문왕의 아내인 지몰시혜 부인은 사부지갈문왕도 돌아가시고 추녀랑도 돌아가셨다고 적고 있다. 지몰시혜 부인에게 사부지갈문왕은 삼촌이었고 추녀랑도 가까운 친척임에는 틀림없다. 돌아가신 두 분이 이곳에 다녀가셨다는 말을 전해 듣고 이곳으로 자식을 동반하여 추모하려고 온 것이다.

이 글에는 누이를 사랑한 비밀도 없고 신라 왕실의 정략결혼도 없다. 왕만 그런 것이 아니라 진골의 신분사회인 신라의 결혼이 모두 그랬을 것이다.

법흥왕이 자식이 없고 동생인 사부지갈문왕마저 타계한 시점에서 아직 7세(삼국유사에는 14세)밖에 되지 않은 어린 진흥왕이 왕이 될 수 있었는가가 대한 해답은 정략적인 것이 아니라 가족 단위에서 왕에 오를 순서를 잘 연구해야 할 문제일 것이다. 물론 진흥왕이 왕위에 오르는데 크게 기여한 거칠부나 이사부의 존재에 대해서도 다 가까운 친족이었으나 순서에 닿지 못하는 것일 것이다.

삼국사기에 의하면 22대 지증왕, 23대 법흥왕, 24대 진흥왕, 25대 진지왕도 다 박 씨 부인을 아내로 맞고 있다. 신라가 박혁거세에 의해 세워졌고 신라중대에 와서도 왕비는 박 씨에서 나와야 한다고 역사가들은 말한다. 역사가들이 밝혀주어야 할 많은 사안이 있다. 모즉지매금왕(법흥왕)은 사부지갈문왕과 형제간이다. 그런데 사부지갈문왕은 신라를 만든 6부 중에 사량부에 속하나, 모즉지매금왕은 양부에 속한다. 형제가 6부(部)간에 다른 부에 속하는 경우이다. 이것이 가능한 이유는 법흥왕이 박혁거세의 6부인 양부로 장가를 가서 생겨난 일일 것이다. 장가를 간 형이 부(部)를 달리하게 되었고 김 씨의 사량부에서 양부로 장가가는 사람이 왕이 된 것 같다. 어쩌면 내물왕 이래 왕들이 김 씨인 것은 맞지만 다들 박 씨 집안에 장가를 가서 왕이 된 것으로 보인다.

26대 진평왕의 부인은 김 씨이다. 더 이상 양부의 박 씨 부인이 나오지 않으며 이를 보면 박 씨의 양부에 커다란 변화가 생겼다. 25대 진지왕은 여자 문제로 인하여 음란하다 하여 국인에 의해 왕에서 쫓겨났는데 이와 함께 박 씨 부인은 나오지 않는다. 26대 태종무열왕인 김춘추는 김유신의 동생 문희와 결혼하여 문무왕을 나았으니 박 씨 부인으로 장가가는 풍습이 당나라의 풍습과 함께 사라진 듯하며, 신라에서는 성골이 사라졌다고 전한다. 진평왕은 김 씨와 결혼을 하였으니 이젠 김 씨 왕조가 된 것이다.

이후 박 씨의 양부는 신라말기에 다시 등장하여 신라 마지막 왕들인 신덕왕, 경명왕, 경애왕이 박씨 왕이라 전한다. 이들 세 분의 왕도 박 씨에게 장가를 가서 박 씨라고 전할 뿐 다들 지금 족보로는 아버지가 김 씨이다. 신라의 결혼 양식은 고려시대에도 내내 전하는 결혼풍습이다. 우리나라에만 전하는 풍습이 아니라 인류 사회에 보편적인 결혼 풍습이다.

영국의 왕실은 고조할아버지의 자손 내에서 결혼을 하는 8촌간의 결혼이 진행되었고 일본의 경우는 최근에도 4촌간의 결혼이 많은 것을 고려한다면 우리나라와 매우 비슷하였다.

우리나라 성씨의 등장은 모두 조선시대에서 중국의 종법제도가 시행된 이후에 생겨난 것으로 고려시대에도 성씨가 많지 않았다.

동물의 왕국에서 들여다본 천천리의 각석은 당시 신라의 결혼 양식을 들여다볼 아주 좋은 예 이지 누이를 사랑한 비밀이나 신라 왕조의 정략결혼에 관한 사항은 아니다.

우리 삼국의 역사는 모두 부(部) 체제라 하여 5개의 부나 6개의 부에서 단일한 성씨의 중앙집권제 국가로 진행하였다. 결혼제도에 대한 본격적인 인류학적 연구가 진행된다면 훨씬 이해 가능한 친족 집단과 국가의 형성 관계가 잘 보일 것이다. 고대사의 더욱 과학적인 재구성(reengineering)이 가능해질 단서가 아닐까 한다.

글을 마치며

이 책은 특성상 필자가 독자에게 특정의 논점을 펼쳐 보이고자 하지는 않았다. 필자는 사회과학자로 성장해 왔으며, 사회과학자로서 생물학이 전 학문 분야에 물밀 듯이 밀어닥치는 시기를 겪었다. 인류학은 문화인류학이 생물인류학으로 빠르게 전환되어 갔으며, 심리학은 뇌 과학의 한 분야로 개편되었다 해야 할 것이다.

패트리샤 처칠랜드(P. Churchland)에게 철학도 이 시기에 이르러서는 뇌 신경철학(Neurophilosophy)이 되었다. 사회학은 Siobiology의 영향으로 머지않아 존폐가 문제 될 것이라는 예감이 나돌았다.

필자가 있던 정치학에도 생명정치(Biopolitics) 분야가 정치 학회에 하부 분야로 등록이 되고 미국정치 학사를 쓴 소밋(A. Somit)이 이를 주도하였다. 경제학도 생물학 영향에서 벗어나지 못했으며, 행태경제학이 등장하여 수학모델에 의존하던 전통 경제학에 동물로서의 새로운 주체(actor)가 등장하였다. 이런 격변의 세월이 40년이 흐르다 보니 필자는 뱁새가 황새를 쫓듯 허둥지둥 대야만 했다. 그동안 많이 알게 되었고 많이 변했다.

동물의 왕국은 인간이 인간의 모습을 거짓 없이 들여다볼 수 있는 창이다. 동물에게는 우리가 심리라 부르는 혼돈의 이유가 없다. 그런 의미에서 우리가 동물의 행동을 본다면 그 동물의 현시점 동기나 목적도 중요하지만, 그 동물은 본래 그렇게 행동하도록 태어났다는 생각을 하게 된다. 이런 본성적인 행동을 동물에게서는 고정된 행동양식(fixed action pattern)이라 한다. 동물에게서 유전적 영향이란 이 고정된 행동양식이 대를 이어서 지속되도록 유전자들이 놀라운 조화를 이루는 것이다.

사람에게서도 유전자가 착오 없이 발생하도록 힘들게 지켜내는 고정된 행동양식이 있을 것이다. 가장 큰 뇌를 가지고 있으니 당연히 고정된 행동양식도 가장 잘 착오 없이 만들어 낼 것이다. 그렇지만 인간에게는 유전자가 이런 행동양식이 발달과정이라는 긴 시간을 거쳐서 완성되도록 조정되었다고 보인다. 따라서 인간에게는 다른 동물과는 달리 발달과정에서 정신병적이라는 오류도 적지 않게 수반되는 것이다. 우리가 도덕이라 부르는 윤리 문제도 이런 행동양식이 성장과정에서 형성되어야 하는 생물학적인 과제일 수밖에 없다. 정치학이 가장 우려하는 인간의 고정행동양식은 외인공포증(xenophobia)라는 것이 있다. 사회과학에서 편견이라 부르는 행동양식은 많은 동물에게도 있다. 이런 것이 대규모 사회에 사는 사람에게는 부정적인 기능이 보인다고 하여 하루아침에 없애도록 노력하자고 없어지는 것은 아닐 것이다. 이런 행동 과정은 우리의 오랜 진화 과정 동안 생존에 중요한 '순기능'을 하였을 것이다. 이런 행동양식은 전쟁에 얼룩진 인간사를 매우 자연스러운 것으로 볼 수 있고 그 속에서 대안을 찾아야 하는 것이 아닌가 한다.

중국의 정사에 하나인 삼국지에 보면 3세기 한반도에는 최소 70여 개의 소국이 존재하고 있었다고 기록하고 있다. 당시 백제란 지금 서울 풍납동을 중심으로 한 매우 소규모의 국가였을 것이다. 3국을 제외한 나머지 국가는 역사에서 사라진다. 당시의 잔인한 살육상을 우리는 잘 모를 수 있다.

동물의 왕국의 창을 통해 본 인간 모습 중 가장 두려운 것은 침팬지가 너무 공격적이라는 점에 있다. 인간과 가장 가깝다는 침팬지는 이웃 집단을 기회만 되면 공격하여 대량학살을 저지른다. 또 그런 공격의 양상은 머리 좋은 동물의 전략적인 습격에 해당한다. 매우 순한 고릴라나 보노보와 같은 다른 유인원에 우리 조상의 모습을 기대해 보기도 하지만, 필자가 보기에 인간은 침팬지를 훨씬 더 많이 닮았다.

필자도 순한 사람, 착한 사회라는 표현을 곳곳에서 하였다. 필자가 의미하는 이 착한 사회란 하버드대 동물학자인 리처드 랭햄(R. Wrangham)의 주장에 따른 표현이다. 그는 인간 사회의 특징을 마치 늑대가 개로 순화되듯이 인간도 고대인류에서 현대인류로 순화되도록 진화한 것이라 한다. 이런 점에서 필자도 순한 사람 여성화된 사회란 정치적 지향성을 드러내곤 하였다.

필자는 인간의 진화과정 그리고 한반도에 온 최초의 인류에 대하여 관심이 많았다. 역사학과를 졸업하고 한국사 연구의 발전을 지켜본 사람으로서 우리나라의 선사시대 연구는 매우 뒤떨어져 있다. 2차례에 걸친 KBS 한반도 최초 인류에 대한 해설이나 제주도에 발견된 고대 인류의 발자국에 대한 해석은 참으로 답답할 수준의 내용이었다.

필자는 제약회사에 오랜 기간 몸담았으며, 동물을 대상으로 하는 전 임상과정을 지켜보았었다. 이 글을 통해 작게나마 반려견이 치매연구의 모델이 될 수 있었던 사실에 대해 반려견에게 감사하고 싶은 마음이 든다.

아마도 치매 연구를 몇십 년 앞당길 수 있는 길을 열어 주었고 인류의 미래에 대한 커다란 선물이라 생각한다. 또 이 연구결과가 한국인에 의해 진행되었다는 사실에 큰 기쁨은 말할 수 없다.

■ 참고문헌

[동물의 왕국에 들어가며]

- Waddington, C. H.(1966). Principles of Development and Differentiation. New York: Macmillan Company.
- Ra, Chong Phil(1994), "Individual Development, Political Socialization, Biopolitics: A Punctuated Equilibria Model of Political Socialization," in A. Somit and S. A. Peterson eds., Research in Biopolitics, pp 275-297.
- Pinker, Steven(2002), The Blank Slate: The Modern Denial of Human Nature, Penguin Books
- Schubert, G. and Masters, R.(1991), Primate Politics, Southern Illinois University.

1장 정의로운 평화(Just Peace)

1. 동물의 왕국에서 들여다본 정의로운 평화(Just peace)

- Rummel, R. J.(1981), Just Peace, V. 5 of Understanding Conflict and War, John Wiley & Sons.
- Sapolsky, R(2004), "Emergence of a Peaceful Culture in Wild Baboons", PLoS Biol 2(4): e124.
- Eysenck, H.(1954), The Psychology of Politics, Routledge., Holt, Rinehart, and Winston.
- Cattell, R(1977), Handbook of Modern Personality Theory , Hemisphere Publishing, Washington.

2. 침팬지와 사자: 영역적 동물

- Tiger, L. and Fox R.(1971), The Imperial Animal.
- Pusey, A. and C. Packer(1997), "The ecology of relationships," Behavioural Ecology, edited by J. Krebs and N. B. Davies, Blackwell.
- Peterson, D. and Wrangham R.(1997), Demonic Males: Apes and the

Origins of Human Violence, Marine Books.

- Boehm, C.(2012). Moral Origins: Social Selection and the Evolution of Virtue, Altruism, and Shame. New York: Basic Books.
- Goodall, J.(1990), Through a Window: 30 years observing the Gombe chimpanzees London: Weidenfeld & Nicolson; Boston: Houghton Mifflin.

3. 보노보

- Wrangham, R.(2019), The Goodness Paradox: The Strange Relationship Between Virtue and Violence in Human Evolution. Pantheon.
- Schubert, G(1991), Sexual Politics and Political Feminism, Greenwich, JAI Press.

4. 착한 사람이 이기는 사회

- Axelrod, Robert(1984), The Evolution of Cooperation, Basic Books,
- Axelrod, Robert(2006), The Evolution of Cooperation (Revised ed.), Perseus Books Group.
- Pinker, S.(2011), The Better Angels of Our Nature, Penguin: Why Violence Has Declined," Penguin Books, New York.

5. 경쟁이 만들어 내는 진짜 사회적 동물

- Baker, R.R. & Bellis, M.A.(1989), "Elaboration of the Kamikaze Sperm Hypothesis: a reply to Harcourt," :865-867.
- Moore, H.D.M., Martin, M. & Birkhead, T.R.(1999), "No evidence for killer sperm or other selective interactions between human spermatozoa in ejaculates of different males," :2343-2350.
- Wilson, E. O.(1975), Sociobiology: The New Synthesis, Belknap.
- Boomsma, J.(2007), "Kin selection versus sexual selection: why the ends do not meet," Current Biology 17: R673-R683.
- Lewontin, R. and Rose, S.(1984), Not in Our Genes: Biology, Ideology and Human Nature, Pantheon.

6. 할머니 가설과 인간수명

- Hawkes, Kristen(2004). "Human longevity: The grandmother Effect." Nature. 428(6979): 128–129.
- Williams, G. C.(1957), "Pleiotropy, natural selection, and the evolution of senescence," Evolution. 11(4): 398–411.
- Bogin, Barry(2001), Patterns of Human Growth(2nd ed.), Cambridge, UK & New York: Cambridge University Press.
- Crittenden, Alyssa(2020), "The Foundations of Cooperative Breeding," COMPARATIVE ANTHROPOGENY: EXPLORING THE HUMAN-APE PARADOX, CARTA UCSD, Presentation. 2020. 10. 24.

7. 레비아단

- Pagels, E.(1995). The Origin of Satan: How Christians Demonized Jews, Pagans, and Heretics. New York: Vintage Books.
- Roberts, M.(1938). Liesen, Laurette T. and Walsh, Mary Barbara, The Competing Meanings of 'Biopolitics' in Political Science: Biological and Post-Modern Approaches to Politics(2011). APSA 2011 Annual Meeting Paper.

2장 우리에게 친근한 동물들(Animal Kingdom)

1. 한반도의 호랑이

- Bradford, A.(2021), "Tiger: The Largest Cats in the World," Live Science, June. 2004.

2. 용: 동물의 왕국에서 바라본 첨성대

- 정연식, 〈선덕여왕과 성조의 탄생〉《역사와 현실》74, 한국역사연구회, 2009.
- 정연식, 〈첨성대의 기능과 형태에 관한 여러 학설 비판〉《역사학보》204, 역사학회, 2009.

3. 말

- Anthony D. W. (2007), The Horse, the Wheel, and Language: How Bronze-Age Riders from the Eurasian Steppes Shaped the Modern World, Princeton University.

4. 돼지

- Orwell, G (1945), Animal Farm: a Fairy Story, London

5. 소

- University of Groningen, "Predecessor of Cows, The Aurochs, Were Still Living In The Netherlands Around AD 600," ScienceDaily, 15 December 2008.

6. 개

- Price, Edward(2008). Principles and Applications of Domestic Animal Behavior. Cambridge University Press.
- Diamond J.(1997), Guns, Germs, and Steel: the Fate of Human Societies, W. W. Norton.

7. 개: MRI로 증명하 반려견의 사랑

- Shepard P.(1992), Nature and Madness. San Francisco: Sierra Club Books,
- Berns, G.(2013). How Dogs Love Us: A Neuroscientist and His Adopted Dog Decode the Canine Brain. New Harvest.

8. 곰

- M. Stiller, G. Baryshnikov, H. Bocherens, A. Grandal d'Anglade, B. Hilpert, S. C. Munzel, R. Pinhasi, G. Rabeder, W. Rosendahl, E. Trinkaus, M. Hofreiter, M. Knapp(2010)

9. 고양이

- British Association for The Advancement Of Science (2017), "Ancient Egyptians Mummified Their Cats wirh Utmost Care." ScienceDaily. 13 September.

10. 늑대

- Oregon State University(2018). "Yellowstone streams recovering thanks to wolf reintroduction." ScienceDaily. ScienceDaily, 8 November.

11. 늑대개

• Valerio Donfrancesco and et al. (2019),

12. 코끼리

• Angela S. Stoeger, Daniel Mietchen, Sukhun Oh, Shermin de Silva, Christian T. Herbst, Soowhan Kwon, W. Tecumseh Fitch (2012).

13. 매머드

• Martin, P. S.(2005). Twilight of the Mammoths: Ice Age Extinctions and the Rewilding of America. University of California Press.

14. 여우

• Price, Edward(2008), Principles and Applications of Domestic Animal Behavior, Cambridge University Press.

• Diamond, Jared(1977), Guns, Germs, and Steel: The Fate of Human Societies, W.W. Norton.

15. 물개 • Burney J Le Boeuf, R. Condit, J. Reiter(2019)

16. 신세계원숭이 • Richard F. Kay (2013)

17. 침팬지

• Matsuzawa, T. VIDEO: Chimp Memory Beats Humans', National Geographic News, May 9, 2008

• Shettleworth, S.J.(2010). Cognition, Evolution and Behavior (2 ed.). Oxford Press, New York.

18. 큰뿔사슴

• Maria Joao Fernandes Martins, T. Markham Puckett, Rowan Lockwood, John P. Swaddle & Gene Hunt (2018)

19. 하이에나

• Geist, V.(1979), Life Strategies, Human Evolution, Environmental Design: Toward a Biological Theory of Health, Springer-Velag.

20 박쥐

• Silke L. Voigt-Heucke, Michael Taborsky, Dina K.N. Dechmann (2010)

21. 토끼

• CSIRO Australia (2006), "Virus May Control Australia's 'River Rabbit'," ScienceDaily, 8 September.

22. 고래

• UCTV(2020), VIDEO "Do We Really Understand Why Whales Sing?"(2020. 05)

• Pinker, S.(2004), How the Mind Works, W. W. Norton and Company.

• Levintin, D.(2007), This is Your Brain on Music: The Science of Human Obsession, E. P. Dutton.

23. 암탉

• NIH/National Institute of Mental Health, (2008), "Human Brain Appears 'Hard-wired' For Hicrarchy." ScienceDaily, 24 April.

24. 해동청

• Simon Potier, Margaux Lieuvin, Michael Pfaff, Almut Kelber (2019)

25. 비둘기

• Peter Olsson, David Wilby, Almut Kelber(2016)

26. 까마귀

• Huizinga, J.(1944), Homo Ludens, Switzerland: Routledge.

• Poirer, H. J. and Chevalier-Skolnokof, S. eds.(1977), Primate BioSocial Development: Biological, social, and Ecological Development, Garland.

27. 뻐꾸기

• Maria Abou Chakra, Christian Hllbe, Arne Traulsen(2016)

28. 청둥오리

• Patricia L. R. Brennan, Christopher J. Clark, Richard O. Prum(2009) ,Published online before print December 23.

29. 알바트로스

• Remi Fay, Christophe Barbraud, Karine Delord, Henri Weimerskirch(2017)

31. 오징어

• Timothy H Frawley, Dana K Briscoe, Patrick C Daniel, Gregory L Britten, Larry B Crowder, Carlos J Robinson, William F Gilly(2019)

32. 악어

• V. Dinets(2013). Dragon Songs: Love and Adventure among Crocodiles, Alligators, and Other Dinosaur Relations, Arcade Publishing.

33. 개구리 • Lee et al.(2021), "Mediated"

34. 메뚜기

• Christine N. Meynard, Pierre-Emmanuel Gay, Michel Lecoq, Antoine Foucart, Cyril Piou, Marie-Pierre Chapuis(2017)

35. 바퀴벌레

• Mari Fujita, Chow-Yang Lee, Ryuichiro Machida(2020)

36. 이

• University of Utah(2008). Ecology and Evolution of Transmission in Feather-feeding Lice(Phthiraptera: Ischnocera).

3장 동물의 왕국속에서 인간(Human Evolution)

1. 말과 사람의 달리기 시합

• Bramble, D. & Lieberman D.(2004), "Endurance running and the evolution of Homo," Nature, 432 : 345-352.

• Lieberman, Daniel(2013). The Story of the Human Body: Evolution, Health and Disease. Pantheon Press.

2. 피부의 진화

- Jablonski, N. G.(2012) Living Color: The Biological and Social Meaning of Skin Color. Berkeley, University of California Press.

3. 인류는 초식동물이었나?

- Alemseged, Z., Cerling, T. E., Grine, F. E., Kimbel, W. H., Leakey, M. G., Lee-Thorp, J. A., Manthi, F. K., Reed, K. E., Sponheimer, M., Wood, B. A. & Wynn, J. G.(2013). "Isotopic evidence of early hominin diets," Proceedings of the National Academy of Sciences, Vol. 110(26), 10513-10518.

4. 예쁜 척해야 사는 아이들

- Hrdy, S.(1981), The Woman that Never Evolved. Cambridge: Harvard University Press.
- Hausfater, G. and S. Hrdy, eds.(1984) Infanticide: Comparative and Evolutionary Perspectives. New York: Aldine Publishing Co.

5. 린 마굴리스의 또다른 진화론

- Margulis, Lynn(1998). Symbiotic Planet: A New Look at Evolution, Basic Books.
- Eldredge, Niles and S. J. Gould(1972). "Punctuated equilibria: an alternative to phyletic gradualism" In T. J. M. Schopf, ed., Models in Paleobiology. San Francisco: Freeman Cooper. pp. 82-115.

6. 인간에 의해 멸종된 동물

- Tobias Andermann, Søren Faurby, Samuel T. Turvey, Alexandre Antonelli, Daniele Silvestro(2020)

4장 동물의 동물다운 행태(Animal Behavior)

1. 동물의 타고난 행태들

- Tooby, J. & Cosmides, L.(2005). Evolutionary psychology: Conceptual foundations. In D. M. Buss(Ed.), Evolutionary Psychology Handbook. New York: Wiley.

• Dewsbury, Donald(1991). "Psychobiology". American Psychologist. 46(3): 198–205.

• Alcock, John(2001), Animal Behavior: An Evolutionary Approach, Sinauer Associates

2. 동물들은 어떻게 가족을 알아낼까?

• Dawkins, R(1976), The Selfish Gene, Oxford University.

• Tiger, L. and Shepher, J.(1975), Women in Kibbutz, Harcourt, Brace, Jovanovich.

3. 동물의 왕국에서의 짝짓기

• Fink, S.(2006). "Mammalian monogamy is not controlled by a single gene." Proceedings of the National Academy of Sciences. 103(29): 10956–10960.

• Barash, D. and Lipton, J.(2001). The Myth of Monogamy: Fidelity and Infidelity in Animals and People. New York: Henry Holt and Company.

4. 잠자는 동물 누가 더 오래 자나?

• Nath, R., Bedbrook, C., and Abrams, M.,(2017) "The Jellyfish Cassiopea Exhibits a Sleep-like State," Current Biology, Vol. 27 Issue 19.

5. 동물의 왕국이 발견한 도덕성

• Stent, G. eds.,(1981), Morality as a biological Phenomenon, Stanford University.

• Churchland, P.(2019), Conscience: The Origins of Moral Intuition, W. W. Norton & Company.

• Churchland P.(1986), Neurophilosophy: Toward a Unified Science of the Mind-Brain, The MIT Press.

• Heidt, J.(2012), The Righteous Mind: Why Good People Are Divided by Politics and Religion. Pantheon.

6. 동물의 죽음에 대한 인식

• Awareness of Death and Personal Mortality(2017), UCTV, CARTA(2017. 03)

• Tsoukalas, I(2018). "Theory of Mind: Towards an Evolutionary Theory,"

Evolutionary Psychological Science. 4(1): 38–66.

- Renfrew, A. C.(2008), Prehistory: The Making of the Human Mind, Modern Library.

7. 장수하는 동물과 장수하고 싶은 사람

- X. Liu(2015). "Life equations for the senescence process," Biochemistry and Biophysics Reports. 4: 228–233.
- Adrian John, "Animals with longest life span," Wonderlist. com.
- Damasio, Antonio(2003), Looking for Spinoza: Joy, Sorrow, and the Feeling Brain, Harvest Books

8. 동물들이 살아 남는 법

- Jolyon Troscianko, Jared Wilson–Aggarwal, Martin Stevens, Claire N. Spottiswoode (2016)

9. 동물의 왕국에서의 가짜뉴스와 동물 자살

- Rick O' Berry' s Dolphin Project
- De Waal, F. (1982), Chimpanzee Politics: Power and Sex among Apes, Harper.

5장 인류의 진화

1. 인간을 부르는 복잡한 호칭 들

2. 현생인류와 고대인류

- Scientific American, (2014), "The Human Evolution," Special Issue.
- CARTA (2019), "Anthropogeny: The Perspective from Africa," May 31.

3. 현생인류는 살고 네안데르탈인은 멸종한 이유

- Michael Staubwasser, Virgil Dragusin, Bogdan P. Onac, Sergey Assonov, Vasile Ersek, Dirk L. Hoffmann, Daniel Veres (2018)

4. 화산이 초래한 겨울 그리고 인간의 진화

- Ambrose, S(2015), "Volcanic Winter, Population Bottlenecks, and Human Evolution," Peabody Museum lecture.
- Richard Wrangham(2009) Catching Fire: How Cooking Made Us Human, Basic Books.
- Wilson, E. O.(1979), On Human Nature, Harvard University.

5. 인류의 퇴화

- Hawks, J.(2016). "The Latest on Homo naledi," American Scientist. 104(4): 198.

6. 한반도 최초의 현생인류

- Ofer Bar-Yosef et. al.(1998), Neandertals and Modern Humans in Western Asia, Kluwer Academic.
- Reich, David(2018). Who We Are And How We Got Here – Ancient DNA and the New Science of the Human Past, Pantheon Books.

6장 질병과의 전쟁(Diseases)

1. 치매치료의 활로 그리고 고마운 동물들

- Lieberman, M.(2013), Social: Why Our Brains Are Wired to Connect, NY: Crown.
- Goodall, J(2020), "Jane Goodall speaks some hard truths to the people of China about the Coronavirus," Nature, March. 21 Interview.

2. 숙주를 좀비로 만드는 기생충

- Dennett D.(2006), Breaking the Spell: Religion as a Natural Phenomenon, Penguin Group.
- Crick, F(1995), The Astonishing Hypothesis: The Scientific Search for The Soul. Scribner reprint edition.
- Diamond, Jared(2012), The World until Yesterday, Penguin Group.

3. 암

- Amy Boddy, Organismal Evolution and Cancer Defenses, Cancer Insights at ASU.

4. 팬데믹 질병으로 바뀐 유럽인 조상

- Paabo, S.(2011), Origin of US, BBC Series
- Seguin-Orlando A, Korneliussen TS, Sikora M, Malaspinas AS, Manica A, Moltke I, et al.(November 2014). "Paleogenomics. Genomic structure in Europeans dating back at least 36,200 years". Science. 346(6213): 1113–18.
- Kraus, J.(2016), "Ancient European Population History," UCTV, Carta Symposium.

5. 파리 모기와 싸우는 유전자

- Kwiatkowski, D. P.(2005), "How malaria has affected the human genome and what human genetics can teach us about malaria," American Journal of Human Genetics. 77(2): 171–92.

6. 왜 얼룩말은 위궤양이 생기지 않을까?

- Sapolsky, R. M.(1998), Why Zebras Don't Get Ulcers: An Updated Guide To Stress, Stress Related Diseases, and Coping. 2nd Rev Ed. W. H. Freeman.
- Griffin, D.(2001), Animal Minds: Beyond Cognition to Consciousness, University of Chicago.

7장 기 타

1. 동물의 왕국을 지킨 사람들

- Morell, V.(1995), Ancestral Passions: The Leakey Family and the Quest for Humankind's Beginnings. New York: Simon & Schuster.
- Morell, V(April 16, 1993), "Called 'Trimates,' Three Bold Women Shaped Their Field" Science. 260(5106): 420–425.
- Goodall, J(2009), Hope for Animals and Their World: How Endangered Species Are Being Rescued from the Brink, Grand Central Publishing.

나종필의 **동물의 왕국**

Chong Phil Ra 'S **Animal Kingdom**

발　행　2021년 10월 30일 초판 1쇄
저　자　나종필
발행인　석종환
교　정　박경선
발행처　도서출판 예림
주　소　경기도 남양주시 강변북로 632번길 9 영석빌딩 3층
전　화　02-921-6045　　팩　스　02-921-4524
http: // www.yelimbook.com
등　록　2000년 5월 15일 [등록번호 제 1-2685]
ISBN　978-89-6475-184-8

정　가　28,000 원